高等院校计算机应用系列教材

唐永华　主　编

马　俊　边　璐
王　坤　刘亚璇　副主编

# Photoshop 2020 平面设计实例教程

清華大學出版社

北　京

## 内 容 简 介

本书由艺术高校长期从事Photoshop教学工作和平面设计的教师编写，将设计基础理论与软件操作相结合，使读者既能熟练掌握软件操作，又能培养设计思维和审美能力，实现"软件技术＋审美＋创意"的有效结合，指引读者掌握优秀的设计技术，创作出更具美感的精良作品。

全书共分14章，主要内容包括平面设计相关知识，Photoshop 2020工作界面与基础操作，创建选区并对图像进行基本编辑，图像的调整，绘图与颜色填充，图像的修改与修饰，矢量图形，编辑文字，图层功能的使用，蒙版和通道的应用，滤镜的设置与使用，3D功能和动画制作，动作、批处理及图像输出，平面设计实战等。

本书可作为高等院校相关专业图像处理课程的教材，也可作为相关培训机构的培训教材或Photoshop爱好者的自学用书。

本书配套的电子课件、素材、实例源文件可以到http://www.tupwk.com.cn/downpage网站下载，也可以扫描前言中的二维码获取。



图书在版编目(CIP)数据

Photoshop 2020平面设计实例教程 / 唐永华主编. —北京：清华大学出版社，2023.1

高等院校计算机应用系列教材

ISBN 978-7-302-62168-3

Ⅰ.①P… Ⅱ.①唐… Ⅲ.①平面设计—图像处理软件—高等学校—教材 Ⅳ.①TP391.413

中国版本图书馆CIP数据核字(2022)第213239号

责任编辑：胡辰浩
封面设计：高娟妮
版式设计：孔祥峰
责任校对：马遥遥
责任印制：曹婉颖

出版发行：清华大学出版社
网　　址：http://www.tup.com.cn，http://www.wqbook.com
地　　址：北京清华大学学研大厦A座　　邮　　编：100084
社 总 机：010-83470000　　邮　　购：010-62786544
投稿与读者服务：010-62776969，c-service@tup.tsinghua.edu.cn
质 量 反 馈：010-62772015，zhiliang@tup.tsinghua.edu.cn
印 装 者：三河市铭诚印务有限公司
经　　销：全国新华书店
开　　本：203mm×260mm　　印　　张：17.75　　字　　数：536千字
版　　次：2023年4月第1版　　印　　次：2023年4月第1次印刷
定　　价：98.00元

产品编号：093838-01

# PREFACE 前言

Photoshop是Adobe公司平面设计中非常重要的图像处理软件，广泛应用于图像、图形、文字、视频等领域。它功能强大，易学易用，深受平面设计人员和图形图像处理爱好者的喜爱。

本书从平面设计相关知识讲起，以循序渐进的方式讲解软件的基础操作、核心功能、图像处理的高级功能，以及UI设计、网站Banner、公众号首图、微视频插图、超现实海报设计、商业广告设计等常见领域的实战应用。本书采用“知识点＋案例”的写作模式，先介绍“知识点”，解析软件功能，使读者能够深入学习软件功能和操作技巧；后介绍“案例”，通过一个或两个具体案例的制作过程，将知识点融入案例中，使理论与实践兼顾，做到“学为所用，学以致用”。同时，本书从实际应用出发，精选8个热门行业的综合应用案例，通过案例的学习，使读者掌握Photoshop在多个领域的设计理念，提升综合实战技能，并能举一反三、触类旁通地解决相关图像处理与设计问题，提高应用Photoshop解决实际问题的能力。

全书共14章：第1章为平面设计相关知识；第2～13章为Photoshop 2020的核心功能及应用；第14章为Photoshop热门行业的综合实战案例。

平面设计是Photoshop应用最为广泛的领域。通过本书的学习，读者可以掌握色彩原理、图形创意、排版及印刷工艺等知识，掌握软件的实际操作和设计的相关技巧；在使用Photoshop时结合平面设计相关知识，可以创作出具有艺术性、符合审美规律的优秀作品；通过综合实战案例的应用，在实战中学习和提升，可以提高综合实战能力。

本书具有以下主要特色。

内容全面，通俗易懂。本书几乎涵盖了Photoshop 2020的所有工具、命令的常用功能，由浅入深，从基础知识、中小案例到综合实战案例，逐层深入、逐步拓展。本书图文结合、清晰明了，使读者一学即会，即学即用。

案例丰富，实用性强。本书突出实用、强化技能训练，既有丰富的理论知识，又有大量精美、多样的案例分布在各章节中。读者通过案例操作可以快速熟悉软件功能并领会设计思路，达到理论与实践的融会贯通。

专业教师之作，设计理论与软件操作相结合。本书由艺术高校长期从事Photoshop教学工作和平面设计的教师编写，其具有丰富的教学经验和设计经验，他们在编写本书时，将设计基础理论与软件操作相结合，使读者既能熟练掌握软件操作，又能培养设计思维和审美能力，实现“软件技术＋审美＋创意”的有效结合，指引读者掌握优秀的设计技术，创作出更有美感的精良作品。

本书由唐永华任主编，马俊、边璐、王坤、刘亚璇任副主编。第1章由马俊和边璐编写，第2、3章由唐永华编写，第4～6章由马俊编写，第7～9章由边璐编写，第10、12、13章由王坤编写，第11、14章由刘亚璇编写，此外，参编人员还有徐茂艳、丁娜、梁原、武洋，全书由唐永华统稿。

本书可作为各类高等院校平面设计、插画设计、环境设计、产品设计、数字媒体、印刷与包装等相关专业图像处理课程的教材，也可作为相关培训机构的培训教材或Photoshop爱好者的自学用书。

# 前言

由于作者水平有限，书中难免有不足之处，恳请专家和广大读者批评指正。在本书的编写过程中参考了相关文献，在此向这些文献的作者深表感谢。我们的电话是 010-62796045，邮箱是 992116@qq.com。

本书配套的电子课件、素材和实例源文件可以到 http://www.tupwk.com.cn/downpage 网站下载，也可以扫描下方的二维码获取。

作者

2022 年 6 月

CONTENTS 目录

## 第 5 章　绘图与颜色填充



## 第 6 章　图像的修改与修饰



## 第 7 章　矢量图形

# 第1章 平面设计相关知识

Photoshop 在图像数字化处理以及特效方面功能强大。在平面设计与制作中，Photoshop 被广泛应用于广告创意、包装、海报、书籍装帧、印刷和制版等各个环节，并且引发了印刷业的技术革命，也成为图像处理领域的行业标准。可以说，平面设计是 Photoshop 应用最为广泛的领域。

平面设计以图形、图像、文字、符号、色彩等视觉元素为载体进行信息传递。做好平面设计，除了掌握好软件的运用，还需要掌握以上各方面的专业知识，具备相应的造型能力、构图能力等。创意是平面设计的第一要素，没有好的创意，就没有好的作品；构图可以解决图形、图像和文字等之间的版面关系；文字的编排会运用到书籍、画册、杂志、网页等设计实践中；色彩是好的平面设计作品不可或缺的元素，在画面色彩的运用中应注意其调和、对比、平衡、节奏与韵律等。

平面设计是一门综合性的艺术形式，好的平面设计作品需要艺术与科技的结合。本章介绍了作为平面设计师需要掌握的色彩原理、图形创意、排版以及印刷工艺等相应的知识。这些艺术形式语言也体现在之后的每个章节中。希望本书的读者在使用 Photoshop 创作时能结合平面设计相关知识创作出具有艺术性、符合审美规律的优秀作品。

# 1.1 色彩相关知识

一幅优秀的作品离不开合理的色彩搭配。色彩直接作用于人的视觉系统，并且可为人带来一系列的心理效应，色彩有着丰富的对比与和谐关系，是处理画面的最活跃因素之一。Photoshop 软件中含有强大的色彩调节工具，可以调节颜色的色相、明暗和纯度等色彩关系，想要处理好这些色彩关系，首先要掌握色彩的相关知识。

## 1.1.1 光与色

物体本身是没有颜色的，颜色只是物体对光的反射，而物体反射的光在大脑中形成的反映就是颜色。人们之所以可以看清楚周围的色彩，是由于光反射到视网膜，经过锥体细胞感受色觉，形成对色彩的判断。如果我们处在一个无光的环境下，那么也就无从判断物体的颜色。牛顿利用图 1-1 中的三棱镜将五彩的太阳光分解成色彩的光谱，有红色、橙色、黄色、绿色、青色、蓝色、紫色，这些光被称为七色光。这个实验结论最终可以理解为“太阳光是由七种颜色构成的”。在物理学特性中，人眼能看见的光线在光谱中是很小的一部分，即从 380nm( 纳米 ) 到 780nm( 纳米 ) 的区域为可见光谱，是人们可以感觉到的色光。红端 780nm 以外的红外线为不可见光谱，是人们感觉不到的色光。

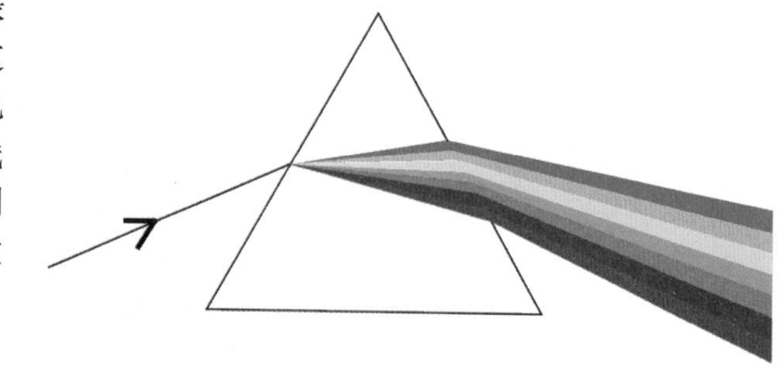

图 1-1　牛顿光谱

## 1.1.2 色彩的混合

两种或两种以上的色彩混合后会产生新的色彩，这种现象被称为色彩混合。色彩混合可以分为加色混合、减色混合和中性混合。色彩的应用过程就是对色彩的混合配置。

### 1. 色光三原色

英国物理学家托马斯•杨和德国物理学家赫尔姆霍兹的研究结果表明，红 (Red)、绿 (Green)、蓝 (Blue) 三种光波并不能被其他光波混合出来，却可以按一定比例混合出各种光色，因此其被确定为光的三原色。由色光三原色按不同比例和强弱混合，可以产生自然界的各种色彩变化，彩色电视屏幕就是由这三种颜色的发光小点组成的。计算机绘图即以红、绿、蓝 (RGB) 各 256 阶变化，搭配组合出 1677 万 (256×256×256=16 777 216) 种色彩。

不同颜色的色光越混合就会越明亮，比混合前的各色光的平均亮度更亮，色光三原色等量组合可以得到白色，因此这种色彩混合被称为加色混合，如图 1-2 所示。

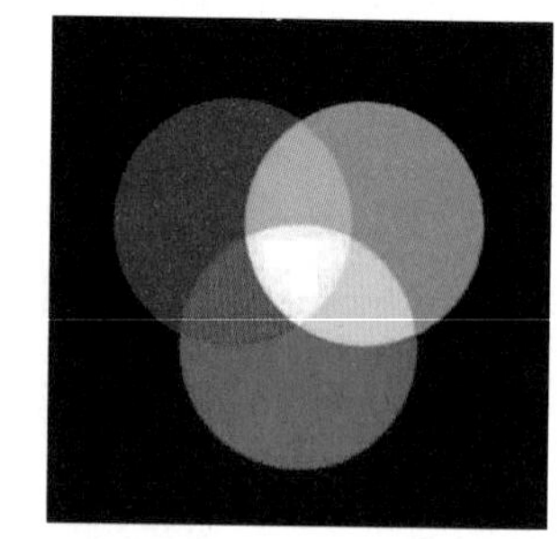

图 1-2　色光三原色

### 2. 色料三原色

色料三原色是指蓝、红、黄三种颜料或染料，同样不能由其他原料混合出来。这三种颜料或染料按不同的比例混合后，由于对各种色光的吸收和反射的程度不同，因而能够混合成各种色彩。当色光被全部吸收后，则会呈现黑色。色料混合后产生的混合色，比混合前的颜色平均亮度低，并且随着混合的次数增多而亮度不断变低，颜色的纯度也会下降，所以这种混合被称为减色混合。在减色混合中，色料混合后会互相吸收对方反射出来的部分色光，从而使颜色变暗，如图 1-3 所示。

### 3. 间色

三原色中，任意两种原色相混合后产生的色彩称为间色，又称第二次色。色光中的间色为黄光、品红光、青光，如图 1-4 所示。色光的间色色彩正好为色料的三原色。色料中的间色为橙色、绿色、紫色，如图 1-5 所示。

将间色与原色相混合，或间色与间色相混合得出的色彩叫复色，又称第三次色或再次间色。

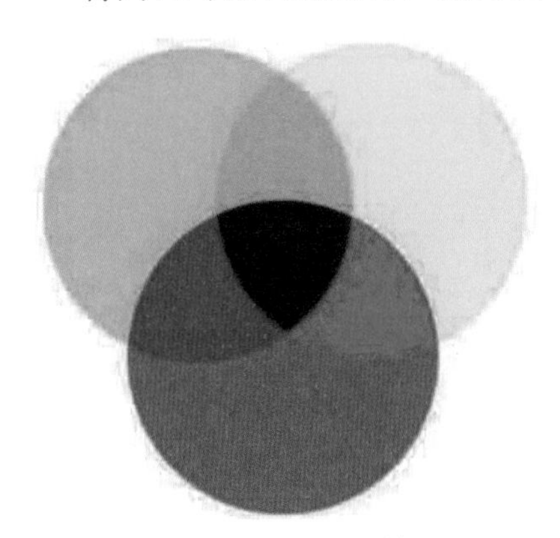

图 1-3　色料三原色

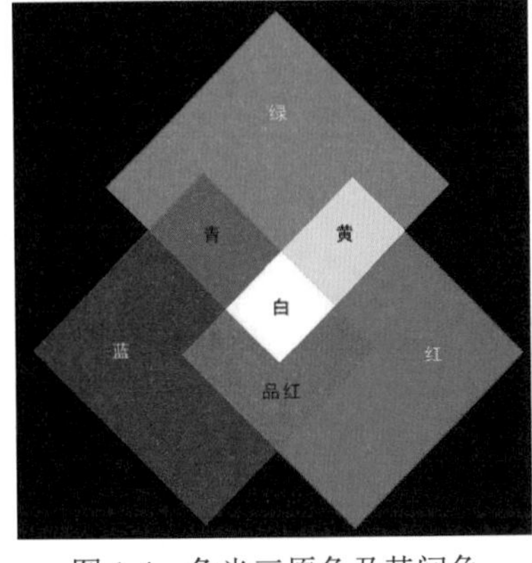


图 1-4　色光三原色及其间色

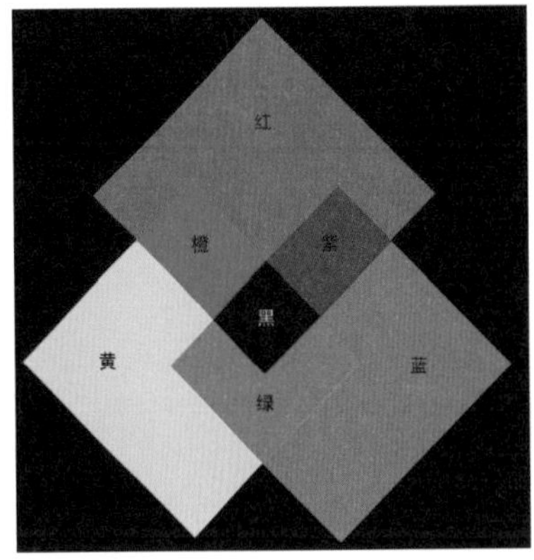


图 1-5　色料三原色及其间色

## 1.1.3 色彩的三要素

任何色彩都具有特定的色相、明度、纯度这三种属性。色相、明度、纯度被称为色彩三要素。

### 1. 色相

色相是指色彩的特征，如红、橙、黄、绿、蓝、紫等颜色。在光学中以波长来进行色相区分，如波长 640 ～ 750nm 为红色，光 ( 单色光 ) 的颜色因波长而异。按照波长从长到短的顺序，颜色依次为红、橙、黄、绿、蓝、靛、紫。按照光的波长顺序排列出色相环，色相环将各种颜色首尾连接在一起，使波长较长一侧的红色连接另一端 ( 波长较短一侧 ) 的紫色，形成一个环，如图 1-6 所示。

### 2. 明度

明度是指色彩本身明暗深浅的程度，也称为色彩的亮度。无彩色中，明度最高的是白色，明度最低的是黑色，如图 1-7 所示。

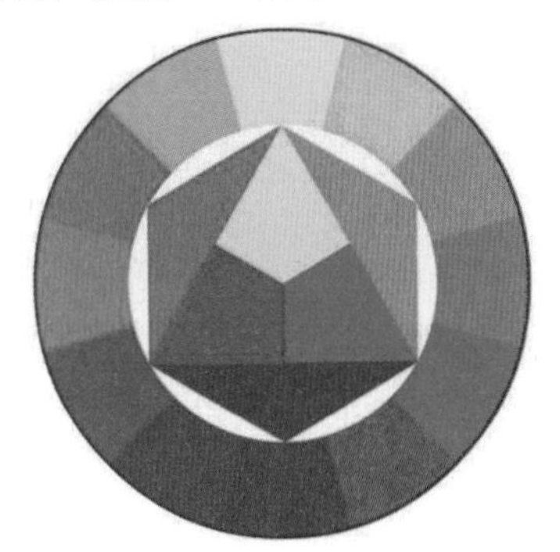

图 1-6　色相环

图 1-7　颜色的明度变化

### 3. 纯度

纯度是指色彩的纯净鲜艳程度。纯度越高，色彩越艳；纯度越低，色彩越浊。

图 1-8 所示的孟塞尔色立体是由美国色彩学家孟塞尔以色彩的三要素为基础创立的色彩表示法。

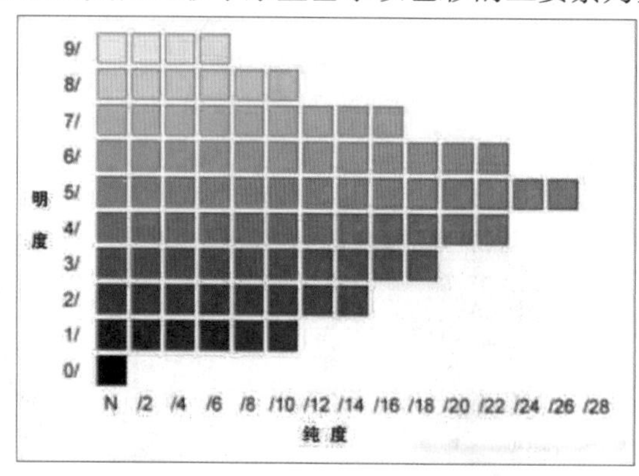


图 1-8 孟塞尔色立体(局部)

## 1.1.4 色彩的对比

色相对比：通过色相间的差别造成的色彩对比。色相对比根据对比的强弱又可分为同类色对比、邻近色对比、对比色对比与互补色对比，如图 1-9 所示。

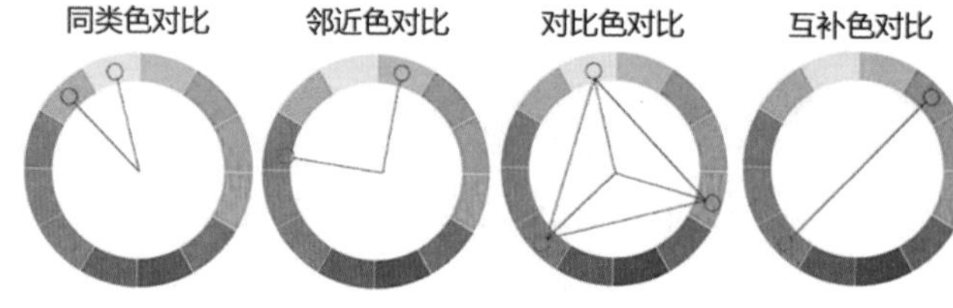


图 1-9 伊顿色相环

明度对比：色彩间深浅层次的对比。色彩的层次和空间关系主要依靠明度对比来体现，如图 1-10 所示。

纯度对比：色彩间含有多少标准成分的对比。一般来说，纯度大、色彩艳丽使人兴奋，中纯度基调丰满、柔和、沉静，低纯度单纯、柔弱，如图 1-11 所示。

冷暖对比：人对色彩的冷暖感觉基本上取决于色调。人们通常把某些颜色称为冷色，某些颜色称为暖色，这是基于物理、生理、心理以及色彩自身的特点。冷暖的感觉是相对的而不是绝对的，往往通过比较才能确定其色性，如图 1-12 所示。

图 1-10 明度对比

图 1-11 纯度对比

图 1-12 冷暖对比

## 1.1.5 色彩的调和

调和是多样的统一。自然界中颜色的明暗、强弱、冷暖、灰艳的色调变化和相互关系都有一定的秩序，而色彩的调和，不仅是指色彩的类似、统一和单调的一致，还关系到一个重要的、不可或缺的组成部分，也就是色彩对比。

对比产生和谐：从色彩视觉的生理角度上看，互补色的配置是调和的。人在看某一色彩时，总会欲求与此相对应的补色来取得生理上的平衡，如图 1-13 所示。

秩序产生和谐：秩序和节奏是色彩的自然规律，人们常会在不知不觉中运用自然界的色彩秩序去判断色彩艺术是否和谐，如图 1-14 所示。

平衡产生和谐：色彩调和与色相、明度、纯度、面积有关，色彩面积均衡是一种创造色彩和谐美的方法，如图 1-15 所示。

图 1-13　补色对比

图 1-14　色彩秩序

图 1-15　色彩和谐

色彩调和需要在色彩对比的变化统一中体现出来。不协调的对比色，可通过增强统一的方法来调和，而单调的色彩，则要运用增强对比的方法来调和。例如，原本色相对比太弱或太强的色彩组合，从明度和纯度两方面拉开或拉近距离，以此来增强画面的调和感；或者运用序列法，对能产生强烈对比关系的色彩进行有秩序的组合，有时为了达到整体统一，也可以加入同一色彩去统一色调。

## 1.1.6　平面设计中色彩的使用方法

色彩是平面设计不可或缺的表现元素。色彩搭配是决定一幅作品是否精彩、是否动人的重要手段。作为平面设计师，只有充分了解色彩的语言，掌握在平面设计中运用和搭配色彩的原则与方法，才能完成一幅优秀的平面设计作品。

在一幅画面中，使用色彩的数量既不要单一，也不要采用过多的色彩——前者会使设计单调乏味，而后者会使设计轻浮花哨。使用的色调相对单一时，可通过调整属性达到明暗对比的平衡；使用强烈的对比色调时，要同时运用中间色进行衬托，达到色调对比的平衡；要想使平面设计的主题风格相统一，还要注意冷暖色调的选择；想要给欣赏者留下深刻的印象，在补色、相似色运用以及色彩属性的调整上，要个性鲜明、有特点。

多样的色彩可带给人们不同象征、不同联想及不同感知。不同的色彩给观赏者带来的心理感受是不同的，这也是平面设计师必须掌握的。例如，红色是一种具有强烈刺激效果的色彩，代表着热烈、兴奋、吉祥和警示，如图 1-16 和图 1-17 所示；橙色使观赏者产生欢欣、轻快的感觉；黄色使人感到明亮、快乐，由于和金色较近，又有着皇权的象征；绿色是介于暖色调与冷色调之间的色彩，象征着生命和希望；蓝色让人感觉遥远、凉爽、清新，有高科技感，如图 1-18 和图 1-19 所示；紫色则给人以忧郁、神秘之感；中性色同样也能够给观赏者带来不同的心理感觉，白色让人感觉清洁、明快，黑色让人感觉深沉、幽静，灰色让人感觉温和、高雅。

图 1-16　红色联想 1

掌握色彩的语言，抓住色彩带来的不同的心理感受与所引发的不同联想，遵循色彩搭配的原则，灵活采取恰当的方法，就能取得和谐优美、令人难忘的视觉效果，创作出优秀的平面设计作品。

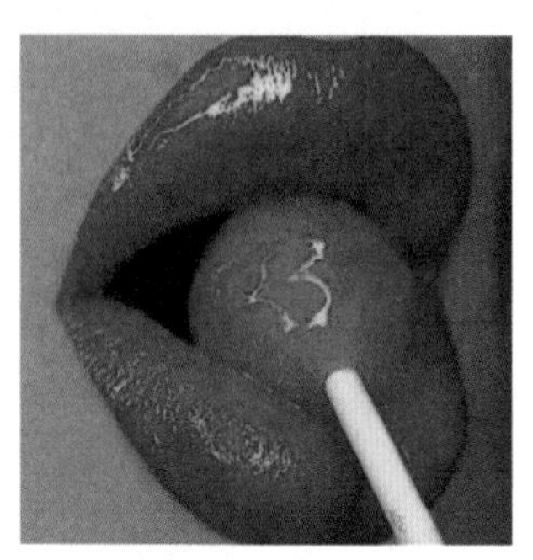

图 1-17　红色联想 2

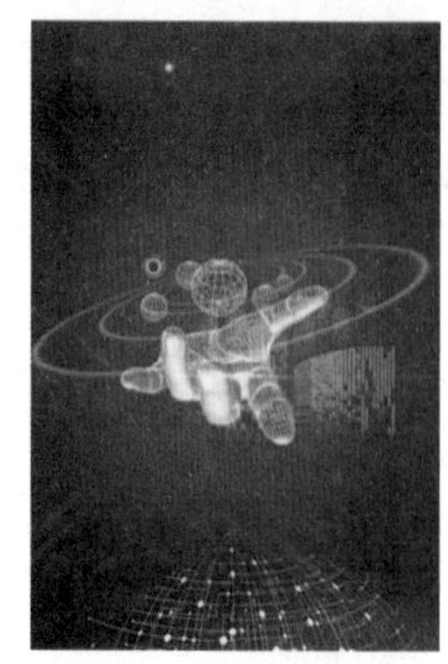

图 1-18　蓝色联想 1

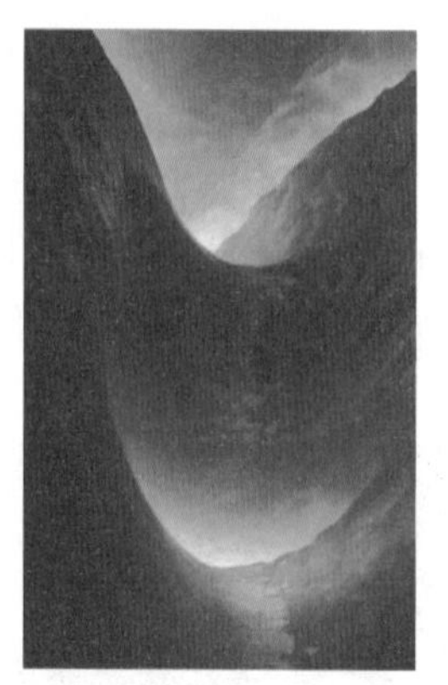

图 1-19　蓝色联想 2

## 1.2 平面设计与印刷

印刷是将文字、图片等原稿经制版、施墨、加压等工序，使油墨转移到纸张、织品、皮革等材料表面上。印刷工程分为印前技术、印刷技术、印后加工技术三个步骤。印刷品的生产，首先要经过原稿的设计和选择来对原稿的图文信息进行处理和制版，这几个步骤统称为印前技术；把油墨转移到承印物上的过程称为印刷技术；使经过印刷机印刷出来的印张获得最终所要求的形态和使用性能的生产技术称为印后加工技术。

印刷类作品的主要服务对象为出版印刷、广告印刷、包装印刷和特种印刷四个大类。在印前技术这一步，原稿的设计大都属于平面设计。平面设计属于二维设计的形态，而印刷工艺又是在被看作二维形态的纸面上进行，所以印刷工艺在平面设计这一设计分类中应用得非常广泛，绝大多数作品的实现要依靠印刷技术。没有了设计，印刷工艺也不能实现其价值。可以说，平面设计与印刷工艺存在某种程度上的共生关系。

随着专业领域计算机硬件及软件的高速发展，印刷产业尤其在印前领域，作业流程逐步实现更加完善的数字化。Photoshop 是 Adobe 公司推出的一款功能强大、使用范围广泛的优秀的位图图像处理软件，它一直占据着图像处理软件的领袖地位，是平面设计的必用软件，广泛涉及图像、图形、文字、视频、出版等各方面。在计算机的控制下，扫描、直接制版、数码打样、数字印刷机等设备实现了数字式联合作业。数字化模式的印刷过程，如图 1-20 所示，也需要经过原稿的分析与设计、图文信息的处理、印刷、印后加工等过程。印刷有多种形式，分为传统胶印、丝网印刷、数码印刷等。印刷作品的制作加工工艺十分复杂，如印前的出片制版、打样，印后的覆膜、上光、烫箔、压型、装订粘合等之间设计的工艺流程、加工设备、加工材料繁多，每个步骤都对设计效果产生影响，所以在设计时应考虑如何让作品更完美地按照设计师的意图实现出来。了解印刷的相关知识以及工艺有助于在设计初期便能考虑到成品能否实现，对于成本的控制以及工艺的选择都具有指导意义。

图 1-20　大型打印机

### 1.2.1 印刷色

桌面打印机、印刷机、喷绘机等印刷设备的色彩模式通常使用 CMYK。CMYK 是青色、品红、黄色以及黑色英文首字母的简称，为了避免 Black( 黑色 ) 与 RGB 中的 Blue 混淆而改为 K。CMYK 是颜料调配的三原色，因为吸收光线，为减色混合，理论上由 CMY 这三种油墨的混合色可以获得黑色，但是由于目前制造工艺还不能生产出高纯度的油墨，CMY 相加的结果实际是一种暗红色，所以另外添加黑色油墨组成四色印刷色。

在 Photoshop 中，图像的色彩模式有 RGB 模式、CMYK 模式、GrayScale 模式以及其他色彩模式。对于设计图像采用什么模式要看设计图像的最终用途。如果设计的图像要打印或印刷，最好采用 CMYK 模式，如图 1-21 所示，这样在屏幕上所看见的颜色和输出打印颜色或印刷的颜色比较接近。如果使用的是 RGB 模式，可以转换成 CMYK 模式。需要注意的是，在转换模式后，就无法再变回原来的 RGB 模式。因为 CMYK 色彩模式没有 RGB 色彩模式的色域广，RGB 色彩模式在转换成 CMYK 模式时，会找一些相近的替代色，这样才会使整个色彩成为可以印刷的色彩。因此，在将 RGB 模式转换成 CMYK 模式之前，一定要先存储一个 RGB 模式的备份。这样，如果不满意转换后的结果，还可以重新打开 RGB 模式文件，也可以在建立新的 Photoshop 文件时，就选择 CMYK 模式。这种方式在整个作品的制作过程中，所制作的图像都在可印刷的色域中，可以防止最后的颜色失真。

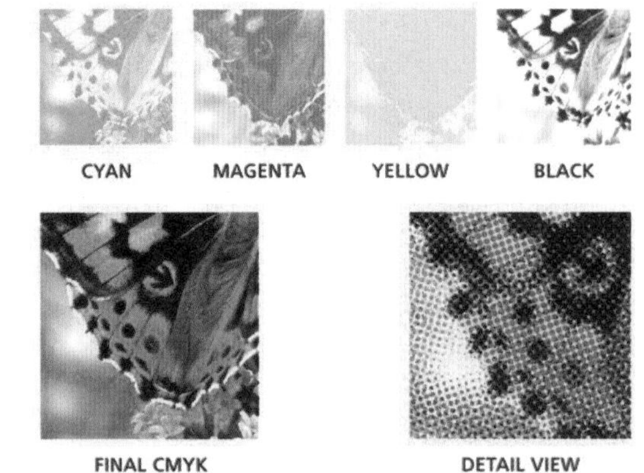

图 1-21　四色印刷

如果图像是灰色的，则用 GrayScale 模式比较好，因为同样是中性灰颜色，用 CMYK 模式表达图像所占用的磁盘空间要大得多。如果用 CMYK 模式表示灰色图像，印刷时出菲林有 4 个版，不仅会增加费用，还会引起印刷时灰平衡控制不好时的偏色问题，当有一色印刷墨量过大时，会使灰色图像产生色偏。

## 1.2.2　专色

专色印刷是在印刷前根据油墨的配比，将一个设计好的颜色的油墨调配出来，再在印刷机上单独印刷出来，而不是使用 CMYK 四个基本色做四次叠加印刷。 任何一种颜色都可以转换成专色。专色油墨覆盖性强，具有不透明的性质，在色彩方面也较 CMYK 更加艳丽。专色印刷的价格比较高。通常在颜色要求比较高的情况下使用专色印刷，如企业标准色等，可以通过潘通 (Pantone) 色卡等工具来快速查询专色效果。潘通色值在全世界通用，潘通油墨也是经厂家专业调配，能最大程度减少颜色偏差，软件中也都有相对应的潘通色库。使用专色印刷的色彩，相对于四色油墨来说色彩更能够保证印刷中颜色的准确性。

图 1-22　金属油墨

另外，一些特殊工艺需要使用特殊的专色墨，如专金、专银、荧光墨等，这些都是 CMYK 四色墨不能调配出来的，需要使用专色印刷。专金、专银的金银色带有反光质感，属于金属油墨，也称印金、印银，有区别于烫金箔或金箔卡纸的金属质感，如图 1-22 所示。印刷色的色彩范围有限，不能表现出在计算机中鲜艳亮丽的色彩，像荧光色需要选择荧光专色来表现，印刷出来的荧光色是在油墨中添加了荧光剂的专色油墨。相对于四色的暗淡，荧光油墨会显得更加鲜艳、抢眼，如图 1-23 所示，但是荧光油墨有价格昂贵、保质期短、色彩不易控制的缺点。

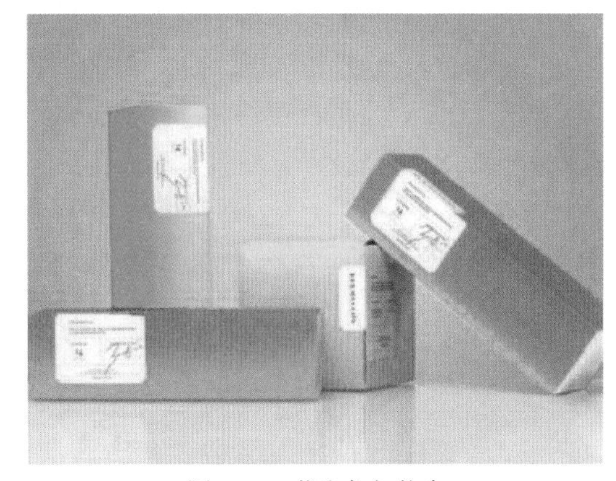
图 1-23　荧光色包装盒

## 1.2.3 出血位

出血位是一个常用的印刷术语，指印刷时为保留画面有效内容而预留出的方便裁切的部分。印刷中的出血是指加大产品外尺寸的图案，在裁切位加一些图案的延伸，专门给各生产工序在其工艺公差范围内使用，以避免裁切后的成品露白边或裁到内容。尺寸在制作时分为设计尺寸和成品尺寸，设计尺寸总是比成品尺寸大，大出来的边要在印刷后裁切掉，这个要印出来并裁切掉的部分就称为出血或出血位。

## 1.2.4 图像精度

如果图像用于印刷，应确保图像分辨率在 300dpi 以上，一般杂志印刷用 133lpi 或 150lpi，因此杂志、画册印刷厂制品采用扫描分辨率为 300dpi。大多数精美的书籍印刷采用 175lpi ～ 200lpi，因此高品质书籍采用的扫描分辨率为 350 ～ 400dpi。普通报纸大约采用 85lpi，彩色杂志大约采用 150lpi，美术画册、精美的艺术书籍则可能用到 300 lpi。扫描图像用于印刷时，需根据印刷的精度要求确定分辨率。

## 1.2.5 文字

应用文字时有可能精心选择的字体交付印刷后，印刷厂却没有这种字体，所以设计师在给印刷厂文件时，如果确定不会有文字的修改，可以将文字 ( 包括复合字体 ) 全部转曲，如图 1-24 所示，这样能避免各种字体的缺失问题。转曲即设计稿完成后对稿件进行印刷，为了防止字体丢失或者更换，将源文件中的字体图片化的过程。

图 1-24　文字设计

## 1.2.6 纸张

国内常用印刷用纸有铜版纸、胶版纸、商标纸、牛皮纸、瓦楞纸、纸袋纸、玻璃纸、防潮纸、白卡纸等。胶版印刷要求印刷用纸具有更平滑的表面、更好的印刷性能，能够承受较大的温度和水分变化而不出现卷曲现象。

单面胶版纸：主要用于印制宣传画、包装盒等。

双面胶版纸：主要用于印制画册、图片等。胶版纸质地紧密、伸缩性较小、抗水能力强，可以有效地防止多色套印时的纸张变形、错位、拉毛、脱粉等问题，能给印刷品保持较好的色质纯度。

胶版涂层纸：又称为铜版纸，是在纸面上涂有一层无机涂料再经超级压光制成的一种高档纸张，纸的表面平整光滑，色纯度较高，印刷时能够得到较为细致的光洁网点，可以较好地再现原稿的层次感，广泛地应用于艺术图片、画册、商业宣传单等的印刷。

凹版印刷纸：凹版印刷纸洁白坚挺，具有良好的平滑度和耐水性，主要用于印刷钞票、邮票等质量要求高而又不易仿制的印刷品，如图 1-25 所示。

图 1-25　凹版印刷纸

白板纸：白板纸是一种纤维组织较为均匀、面层具有填料和胶料成分且表面涂有一层涂料，经多辊压光制造出来的纸张。纸面色质纯度较高，具有较为均匀的吸墨性，有较好的耐折度，主要用于商品包装盒、商品表衬、画片挂图等的印刷。

常用的纸张规格，胶版纸按纸浆料的配比分为特号、1 号和 2 号三种，有单面和双面之分，以及超级压光与普通压光两个等级。纸张克重有 50、60、70、80、90、100、120、150、180g/m$^2$ 等，其中常用的双面胶版纸有 70、80、90、100、120g/m$^2$ 等，单面胶版纸有 50、60、70、80g/m$^2$ 等。书纸的常见克重有 70、80、100、120、140、180g/m$^2$ 等。另外，非常规使用的纸张称为特种纸。特种纸可以在颜色、厚度、纹理、印刷效果、光泽、挺度等许多维度不一样，可以根据具体的需求来选择。

## 1.3　图形创意表现

人类社会的发展离不开创新，而在设计行业，图形创意一直在各个领域都起到举足轻重的作用。无论是在广告还是包装，甚至书籍装帧、VI 设计领域，图形创意都是绕不开的话题。因为它综合了人类的想象力和创新思维，并且将这些元素以视觉传达的形式表现出来，使要传达的信息在观看者脑海中留下深刻的印象。

在图形创意作品中，经过人们多年的经验总结，较常用的创意手段可以分为同构图形、共生图形、异影图形、复合图形、无理图形、散集图形、增殖图形、延异图形、混维图形等类别。总结和学习这些创意手段可以为我们在思考创意时提供思路上的指引，从而更好地抓住图形创意的要领。下面通过列举几种构型方式初步了解如何进行图形创意。

- 同构图形：如图 1-26 ～图 1-28 所示，是指将相互间有联系的元素组织在一起的构型方式。这种联系可以来自外形，也可以来自更深层次的寓意，将这些元素共同构成图形，以达到传达某种象征性意义的作用。

图 1-26　同构图形海报 1

图 1-27　同构图形海报 2

图 1-28　同构图形海报 3

- 共生图形：如图 1-29 ～图 1-31 所示，通常指两个或两个以上元素共同构成图形时，一个元素成为另一个元素的存在条件，失去一方时另一方就不能成立，元素与元素之间呈现一种相互依存的共生关系。例如，一些体现正负形的图像，或者一些一笔连到尾的图形属于这种共生关系。

图 1-29　共生图形海报 1

图 1-30　共生图形海报 2

图 1-31　共生图形海报 3

- 异影图形：如图 1-32 ～图 1-34 所示，是指通过与主题形象产生一定反差的投影来传达信息，这种反差可以是含义上的，也可以是形式上的，传达信息的效果简单而有效。

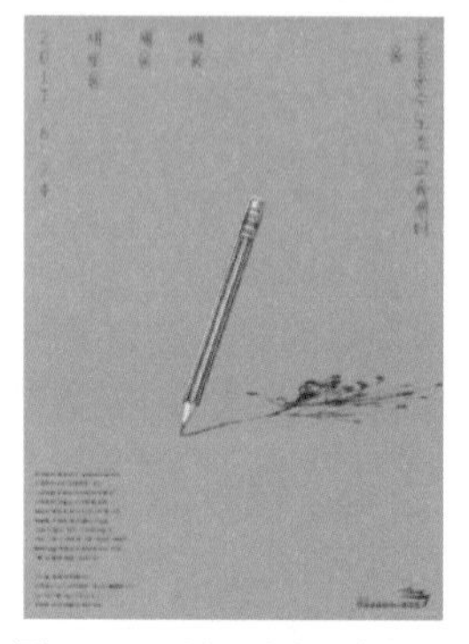
图 1-32　异影图形海报 1

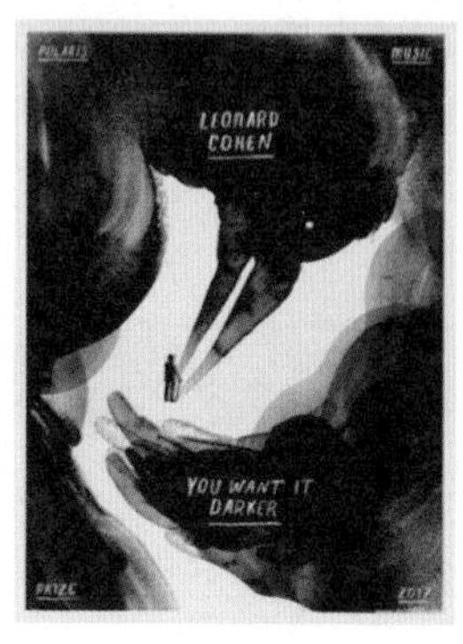

图 1-33　异影图形海报 2

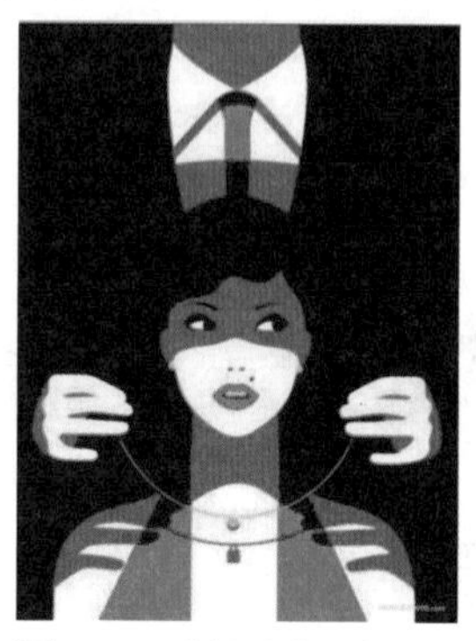
图 1-34　异影图形海报 3

- 复合图形：将几种相同或不同的事物组合在一起，从而形成一个新的、奇特形态的复合图形，这种图形的特色是形象新颖怪异又带有趣味性，可以给人留下深刻印象，如图 1-35 ～图 1-37 所示。

图 1-35　复合图形海报 1

图 1-36　复合图形海报 2

图 1-37　复合图形海报 3

- 无理图形：如图 1-38 ～图 1-40 所示，使用非自然的构合方法，将人们日常熟悉的事物以错乱反常的形式展示出来，营造出一种视觉冲突，并且展示出隐含的内容。这种不合常理的构图方式打破了时间与空间，想象与现实之间的障壁。

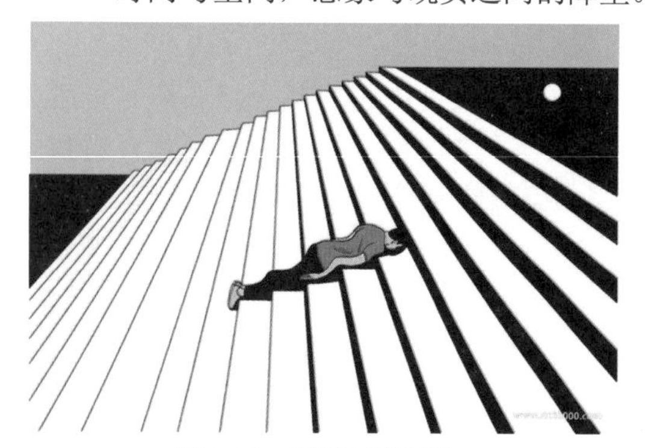
图 1-38　无理图形海报 1

图 1-39　无理图形海报 2

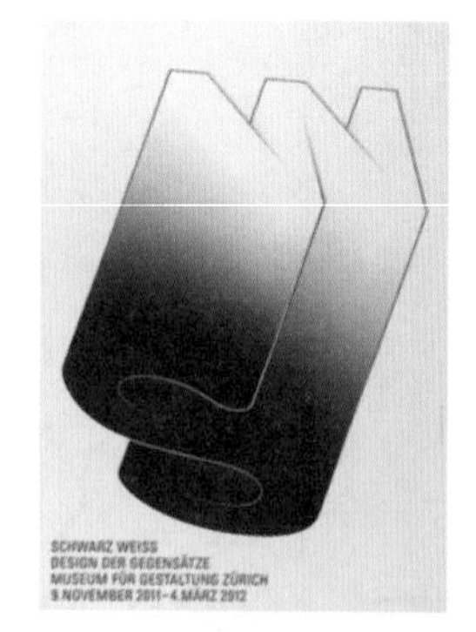

图 1-40　无理图形海报 3

- 散集图形与增殖图形：二者之间的共性在于它们都是由多个相同、类似或有着某种逻辑关系的小图形共同组成画面的构图模式所构成的创意图形。其区别在于散集图形比较侧重于表现画面内容的丰富性，而增殖图形则主要是以重复的形式来强调画面中的某种元素或主题，如图 1-41 ～图 1-46 所示。

图 1-41　散集图形海报 1

图 1-42　散集图形海报 2

图 1-43　散集图形海报 3

图 1-44　增殖图形海报 1

图 1-45　增殖图形海报 2

图 1-46　增殖图形海报 3

- 延异图形：以延缓和差异的标准，对一些元素施放形态或抽象意义上的“渐变”效果，如形象上的渐变、姿态上的渐变、时间空间上的渐变，甚至抽象意义上的渐变。这种渐变可以通过强调某些形态和过程，引发人们对其思考，如图 1-47 ～图 1-49 所示。

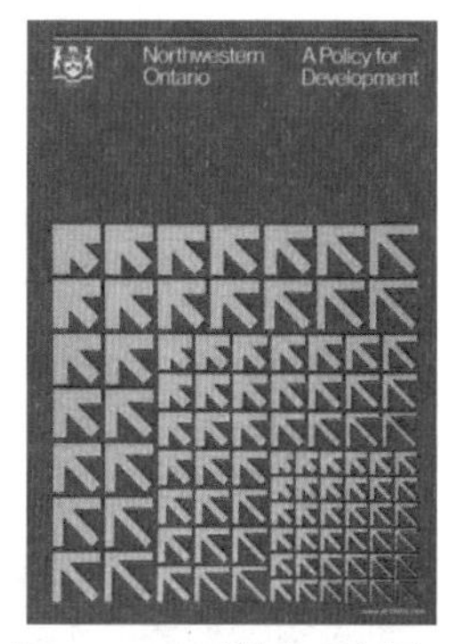


图 1-47　延异图形海报 1

图 1-48　延异图形海报 2

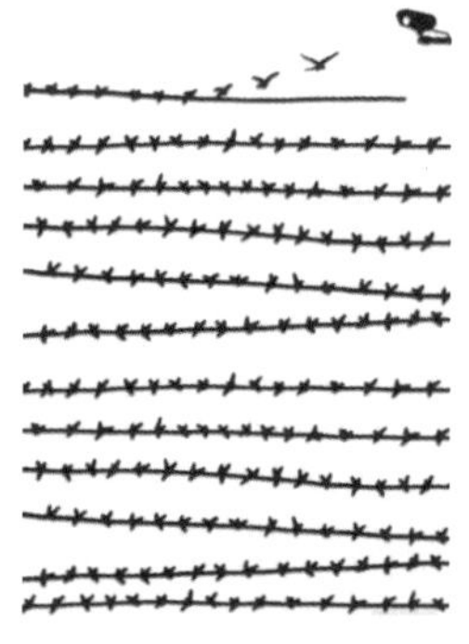

图 1-49　延异图形海报 3

- 混维图形：利用二维空间的原理来创造视觉上的三维空间，并且将创造的空间与原先的二维空间发生关联，让人们的视线可以穿梭于二者之间，实现了打破空间限制的效果。应用这种方式设计的图形图像具有一种现代立体主义的风格，而数字媒体的加入使得这种风格得到了极大的发展，如图 1-50 ～图 1-55 所示。

图形创意的方式有很多种，而且随着科技手段的进步会不断地增加。我们在进行设计时，可以学习并借鉴前人的创意成果，只有保持一个开放的意识，才能在创意道路上走得更远。

图 1-50　混维图形海报 1

图 1-51　混维图形海报 2

图 1-52　混维图形海报 3

图 1-53　混维图形海报 4

图 1-54　混维图形海报 5

图 1-55　混维图形海报 6

## 1.4　文字与设计中的点线面

在设计领域点、线、面的构成关系无处不在，可以说它是一切造型要素中最基本的起点。对于设计者来说，点、线、面的构成训练必不可少，通常称之为“构成三要素”。

### 1.4.1　文字与设计中的点

在几何学中，点的概念是没有大小和方向的，仅有位置的一种极其微小的存在，而在平面设计领域，点元素通常被视为一种相对较小的画面元素，也是平面构成中最小的构成单位。文中提到的“点”，都泛指平面设计中的点元素，而非真正几何学意义上的点。点的形式多种多样，并不拘泥于形状的限制，只要在画面中面积单位最小的粒状元素都可以被视为点。在很多海报和排版设计中，小型单个的文字通常也被视为点元素，在画面构成中发挥着点元素的作用。

图 1-56　点元素海报 1

点的基本属性是注目性，点能形成视觉中心，也是力的中心。也就是说，当画面中有一个点时，人们的视线就集中在这个点上，因为单独的点本身没有上、下、左、右的连续性，所以能够产生视觉中心的视觉效果，如图 1-56 中的文字标题，在整个画面中起到了凝聚注意力的效果。

而当画面中有两个大小不同的点时，较大的点会首先引起人们的注意，但人的视线会逐渐地从大的点移向小的点，最后集中到小的点上。点大到一定程度就具有面的性质，越大越空乏，越小的点积聚力越强，通过视线的转移和大小的对比营造出一种极具戏剧性的张力，图 1-57 ～图 1-59 三张海报中的标题与画面即说明了这种关系。因此我们在设计标题性文字时，为了引导观看者的注意力，可以用这种方式来处理标题与画面的关系，这也是电影海报最经典的构图排版方式。

当画面中同时出现三个以上不规则排列且大小不一的点时，画面就会显得有些凌乱，使人产生不安定的感觉。当画面中出现若干大小相同且规律排列的点时，画面就会显得很平稳、安静并使人产生平稳的感觉。而点的密集或稀疏也会给人带来紧张或放松的心情。调整画面上点的变化程度，可以带给人由烦躁不安到轻松，再到舒缓的观感。如图 1-60 ～图 1-64 所示，越是不规则的点，产生的动感越强，而遵循一定规律的点让人逐渐产生平稳的感觉。

图 1-57　点元素海报 2

图 1-58　点元素海报 3

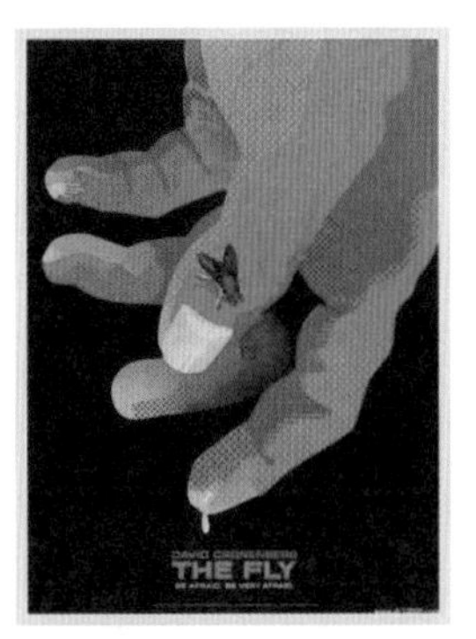


图 1-59　点元素海报 4

图 1-60　点元素海报 5

图 1-61　点元素海报 6

图 1-62　点元素海报 7

图 1-63　点元素海报 8

图 1-64　点元素海报 9

## 1.4.2　文字与设计中的线

线是由点的移动而产生的轨迹。在平面和空间中，线具有位置、长度、方向、形状等属性，是平面设计中不可缺少的构成元素之一。线包含直线和曲线两个类别，用来表现动和静的感觉。直线表现的是静态的意味，而曲线则偏向呈现动感，曲折线则有种不安定的意味。在进行文字排版时，呈线性排列的文字在整体画面中就充当了这种角色。图 1-65 中呈弧线排列的文字在画面里产生了一种具有运动与弹性的视觉效果，而图 1-66 中的横排直线文字则与画面中的图像相辅相成，展现了一种平坦而和缓的视觉效果。图 1-67 中，文字以富于变化的圆弧形态，使平面中呈现一种向圆心集中的吸力。图 1-68 中直排的字母之间以相等的距离构成了一股冷静、

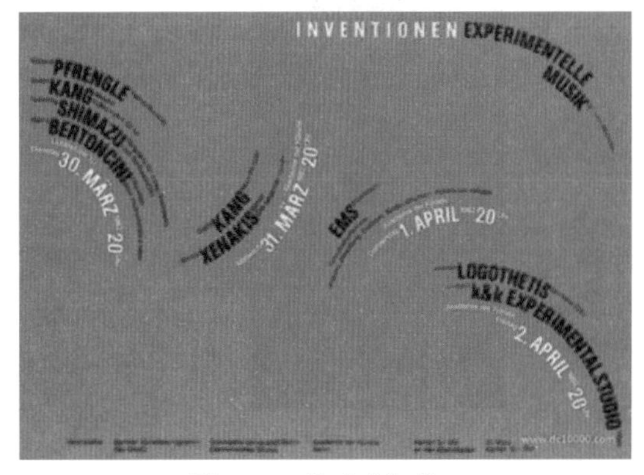


图 1-65　线元素海报 1

沉稳的力量，将画面一分为二，又与左下角的小字形成了点和线的对照关系，使画面具有沉稳、均衡的视觉效果。在图 1-69 的海报中，内容部分的小号文字被排布在主体标题的空隙中，大小两种文字在画面中形成了纵向平行线的形式，且拥有粗细、疏密和虚实变化的构成效果，使海报在呈现秩序感的同时又很好地传达了信息。

图 1-66　线元素海报 2

图 1-67　线元素海报 3

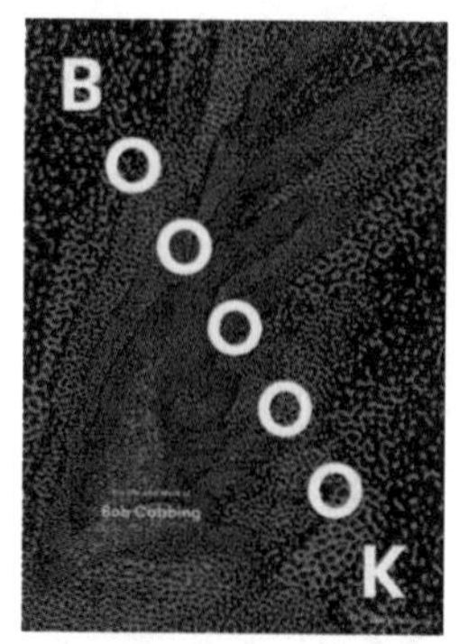


图 1-68　线元素海报 4

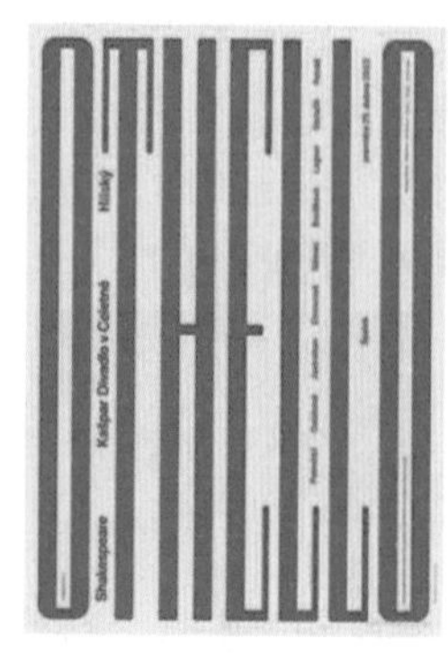


图 1-69　线元素海报 5

## 1.4.3　文字与设计中的面

面是由线的位移轨迹或者包围而形成的元素，它具有长度和宽度的属性，具有各式各样不同的形状。面在平面构成当中的变化也是多种多样的，如自然形、几何形、自由形、偶然形、清晰形、模糊形，组合方式也有集中、分散、正负等方式。面还可以在二维平面中营造出空间感。不同形态的面，在视觉上传达的意义也有所不同。直线类型的面具有直线所传达的心理特征，即安定和有秩序的感觉；而曲线形的面则具有柔软、轻松和饱满等特征。偶然形的面 ( 一些涂抹和泼洒效果形成的面 ) 比较自然生动，有时也比较凌乱。在平面设计中，文字可以经由排列而构成面，也可以通过放大来形成面。

图 1-70 中的文字以带有微整齐的透视角度，将平面生成了折叠的褶皱感，整齐而有韵律。图 1-71 中的文字与图形共同建立了一个三维空间，整体画面给人的感觉是安全而又严谨。图 1-72 中由线形文字构成了一个倾斜的表面，与上方的图像产生了力量和动势上的联系。图 1-73 中的文字与手风琴的风箱折页发生了置换，使画面变得有戏剧性。图 1-74 中的文字通过弯曲构成了有弧度的面，又与投影构成了一个立体空间，弯曲而整齐的面带给人柔软和舒缓的心理暗示。图 1-75 中，白色文字在深色背景下聚合成了两个小面积的不规则平面，通过文字排版生成的面具有机械性和偶然性，与图像中柔软的绳索形成了硬与软的对比，以及凌乱与秩序的对比，线条和平面前后穿插还构成了空间感，使本来纯粹的平面元素变得立体了，很有趣味性。

图 1-70　面元素海报 1

图 1-71　面元素海报 2

图 1-72　面元素海报 3

图 1-73　面元素海报 4

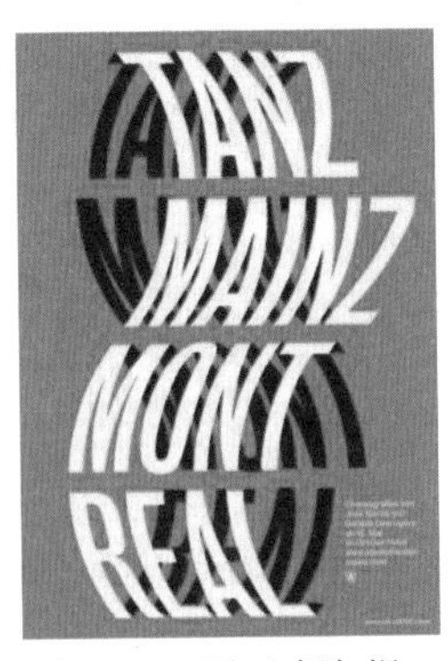

图 1-74　面元素海报 5

图 1-75　面元素海报 6

从上面这些例子可以看到，与其他领域一样，点线面的构成是文字设计不可或缺的基础理论。用心体会并钻研点线面的形式语言对于提升个人的审美水平和设计水平有很大帮助。

# 第2章 Photoshop 2020 工作界面与基础操作

在使用 Photoshop 处理图像之前，首先要学习软件的一些基础知识，包括认识软件工作界面，设置标尺、参考线和网格线，文件的基本操作，图像的调整及编辑等。了解和掌握这些基础知识，对后续学习 Photoshop 操作和使用有非常重要的作用。

## 2.1 认识 Photoshop 2020 工作界面

启动 Photoshop 2020 软件后，进入软件的欢迎界面，如图 2-1 所示。在欢迎界面，用户可以快速访问最近打开的文件或者新建文件，查找所需的各种资源。

单击界面左侧的“新建”和“打开”按钮，分别打开“新建文档”和“打开”对话框，用于新建文档和打开文档。界面的中间区域用于打开图像，将计算机中的图像拖到该区域或者单击该区域中的“选择一项”即可从计算机中选择图像打开并进入工作界面。单击界面右上角的“搜索”图标，在打开窗口的文本框中输入搜索的关键字，Photoshop 按照关键字在 Adobe 资源中进行搜索。

在软件工作一段时间后，曾经打开过的图片显示在界面“最近使用项”区域中，如图 2-2 所示。单击该区域中的图片缩览图，可直接将其打开并进入工作界面。单击界面右侧的按钮或按钮，最近使用过的图片分别以横向列表或缩览图的方式显示。

图 2-1 Photoshop 2020 欢迎界面

图 2-2 “最近使用项”区域

Photoshop 2020 工作界面由菜单栏、工具选项栏、标题栏、工具箱、文档编辑窗口、面板、状态栏等部分组成，如图 2-3 所示。

图 2-3 Photoshop 2020 工作界面的组成

## 2.1.1 菜单栏和标题栏

### 1. 菜单栏

菜单栏包含文件、编辑、图像、图层、文字、选择、滤镜、3D、视图、窗口和帮助 11 个菜单，如图 2-4 所示。每个菜单中包含了相应的各种命令。如果要使用某个命令，单击菜单名称，在打开的下拉菜单中选择所需的命令即可。例如，在菜单栏中选择“编辑”→“首选项”→“界面”命令，在弹出的对话框的“外观”区域有 4 个颜色方案，可将工作界面颜色设为不同颜色，如图 2-5 所示。

图 2-4　菜单栏

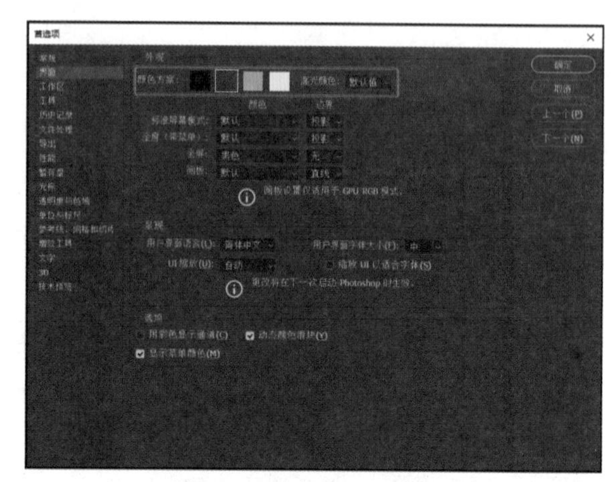

图 2-5　设置工作界面颜色

有些命令的右侧会显示该命令的快捷键，例如，“文件”下拉菜单中的“存储为 (A)…”命令，其右侧的 (A) 和 Shift+Ctrl+S 都是执行该命令的快捷键，如图 2-6 所示。二者的区别如下。

- (A)：需要先单击“文件”菜单或按 Alt+F 组合键 (F 是“文件”名称右侧括号中的字母)，打开“文件”下拉菜单，再按 A 键，执行“存储为…”命令。
- Shift+Ctrl+S：同时按这 3 个键，执行“存储为…”命令。

利用快捷键可以快速执行对应的命令，提高工作效率。

图 2-6　快捷键

Photoshop 2020 提供了自定义快捷键功能，可以将经常使用的命令定义为快捷键，以便更快捷地使用命令。将命令自定义为快捷键的方法如下。

**01** 在菜单栏中选择“窗口”→“工作区”→“键盘快捷键和菜单”命令，打开“键盘快捷键和菜单”对话框，单击“键盘快捷键”选项卡。

**02** 单击“快捷键用于”下拉按钮，在打开的下拉列表中选择设置快捷键的菜单或工具。

**03** 在“应用程序菜单命令”栏中选择要设置快捷键的命令，在“快捷键”栏中输入命令的快捷键。例如，单击“文件”左侧的三角按钮，此时三角按钮变为下拉按钮，在展开的列表中选择“打开为智能对象…”命令，在其右侧输入快捷键 Alt+Ctrl+.( 输入方法为依次按键盘上的 Alt、Ctrl、. 这 3 个键 )。

**04** 单击对话框右上方的“根据当前的快捷键组创建一组新的快捷键”按钮，如图 2-7 所示。打开“另存为”对话框，如图 2-8 所示，在该对话框中输入文件名，单击“保存”按钮，将新设置的快捷键进行保存。此时，新快捷键的名称显示在“组”列表框中，如图 2-9 所示。

**05** 单击“确定”按钮，将菜单命令“打开为智能对象…”

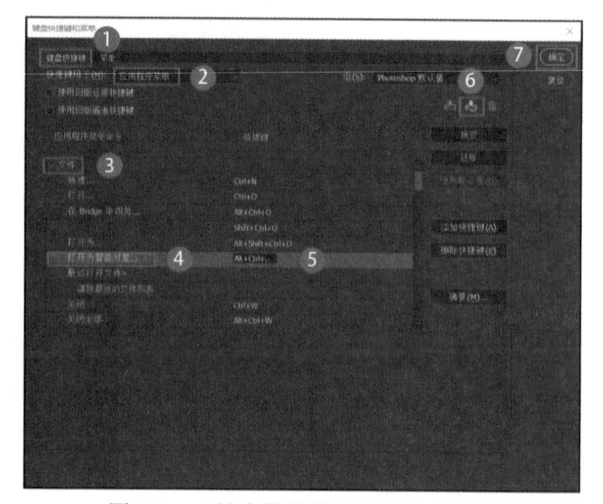


图 2-7　“键盘快捷键和菜单”对话框

的快捷键设置为 Alt+Ctrl+.，按该快捷键即可执行“打开为智能对象…”命令。

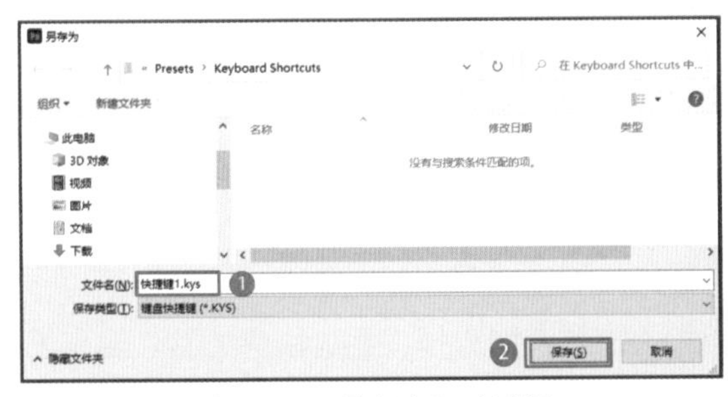

图 2-8　“另存为”对话框

图 2-9　新设置的快捷键名称

06 若要删除设置的快捷键，在“键盘快捷键和菜单”对话框中单击“删除当前的快捷键组合”按钮，再单击“确定”按钮即可。

**提示**

为应用程序菜单或面板中的命令自定义快捷键时，快捷键中需要包括 Ctrl 键或一个功能键；为工具箱中的工具自定义快捷键时，需要使用 A 和 Z 之间的字母。

为了方便查找经常使用的菜单命令，可为该命令设置颜色以突出显示。为菜单命令设置颜色的方法如下。

01 在菜单栏中选择“窗口”→“工作区”→“键盘快捷键和菜单”命令，打开“键盘快捷键和菜单”对话框，单击“菜单”选项卡。

02 展开 3D 栏，单击要突出显示的菜单命令后的“无”，在打开的下拉列表中选择所需的颜色标注命令，如图 2-10 所示，即为该命令设置了颜色。

03 按照步骤 02，可以为不同的命令设置不同的颜色。设置结束后，单击“确定”按钮，效果如图 2-11 所示。

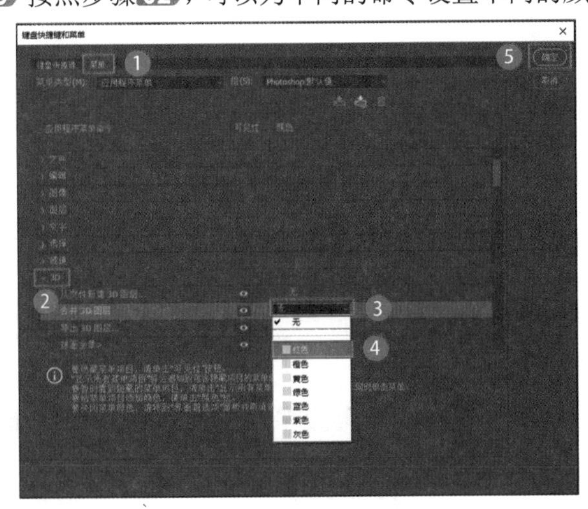

图 2-10　为命令设置颜色

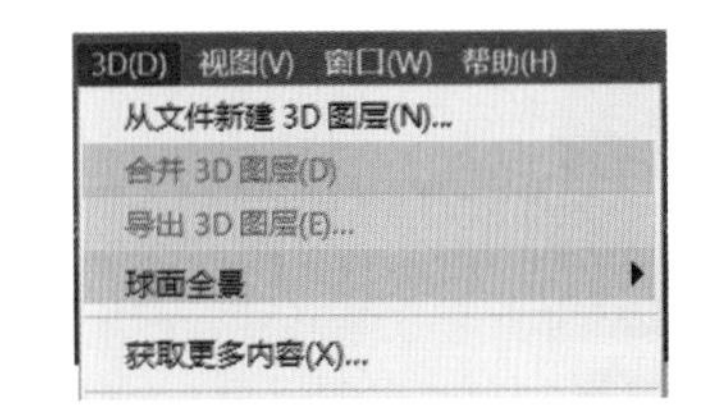


图 2-11　为命令设置颜色后的效果

若要取消菜单命令的颜色，在菜单栏中选择“编辑”→“首选项”→“界面”命令，在打开的对话框中取消选中“显示菜单颜色”复选框即可。

## 2. 标题栏

标题栏位于工具选项栏的下方，主要显示已打开的文档名称、文档格式、缩放比例、颜色模式等信息，如图 2-12 所示。如果文档中有多个图层，当前工作的图层名称显示在标题栏中。

1-恢复的.jpg @ 100%(RGB/8#) * × 2-6-恢复的.png @ 100%(RGB/8) * × 1-10.png @ 100%(RGB/8) * ×

图 2-12　标题栏

## 2.1.2　工具箱和工具选项栏

### 1. 工具箱

工具箱位于工作界面的左侧，它包含了用于执行各种操作的工具，如选择工具、裁剪工具、填充工具、绘图工具、文字工具、快速蒙版工具、屏幕视图工具等。在工具箱中某些工具的右下角有一个黑色小三角◢，表示该工具内含有其他工具。单击该工具按钮并按住鼠标左键不放，或在该工具按钮上右击，即可显示隐藏的工具，如图 2-13 所示。

工具名称右侧的字母是该工具的快捷键，如“移动工具”右侧的字母是 V，按 V 键表示选择“移动工具”。如果不同的工具具有同一个快捷键，表示这些工具属于同一组，如“移动工具”和“画板工具”的快捷键都是 V，表明这两个工具在一组。按 Shift+ 工具的快捷键可在同一组的不同工具间进行切换。将鼠标指向工具箱中的某一个工具，弹出一个演示框，该演示框显示该工具的使用方法、名称和功能，如图 2-14 所示。

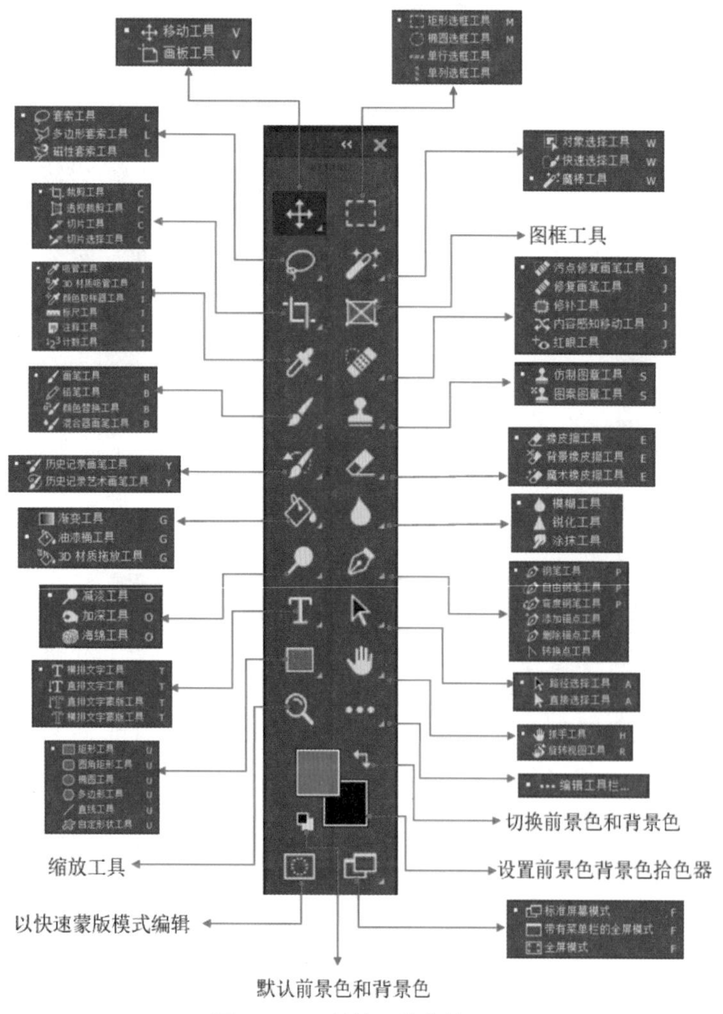


图 2-13　工具箱及隐藏的工具

图 2-14　“裁剪工具”的演示框

选择工具：在工具箱中选择某一工具有两种方法：一是在工具箱中直接单击要使用的工具，二是按该工具的快捷键。

恢复工具的默认设置：在工具选项栏中设置某一工具的参数后，若要恢复该工具的默认设置，先在工具箱中选择该工具，在工具选项栏的工具图标上右击，在弹出的快捷菜单中选择“复位工具”命令，如图 2-15 所示。

图 2-15　恢复工具的默认设置示例

工具箱单列与双列显示切换：工具箱默认是单列显示，单击工具箱上方的双箭头按钮，如图 2-16 所示，将工具箱切换为双列显示，此时按钮变为，单击按钮，将工具栏切换为单列显示。

工具箱的显示与隐藏：在菜单栏中选择“窗口”→“工具”命令，可以显示或隐藏工具箱。

图 2-16　双箭头按钮

### 2. 工具选项栏

工具选项栏用来设置工具选项。在工具箱中选择某一工具后，工具选项栏会出现相应的工具选项，图 2-17 是“套索工具”所对应的工具选项栏，工具选项栏的选项随所选工具的不同而发生变化。利用工具选项栏中的各个选项可对当前所选工具进行进一步设置。

工具选项栏的显示与隐藏：在菜单栏中选择“窗口”→“选项”命令，可以显示或隐藏工具选项栏。

新建工具预设：在工具选项栏中，单击工具图标右侧的下拉按钮，在打开的下拉面板中，单击“创建新的工具预设”按钮，如图 2-18 所示，弹出“新建工具预设”对话框，输入新建工具预设的名称，如图 2-19 所示，单击“确定”按钮，在当前工具选项的基础上新建了一个工具预设。

删除工具预设：在图 2-19 所示的工具下拉面板中，单击右上角的按钮，然后在弹出的菜单中选择“删除工具预设”命令，如图 2-20 所示。

图 2-17　“套索工具”选项栏

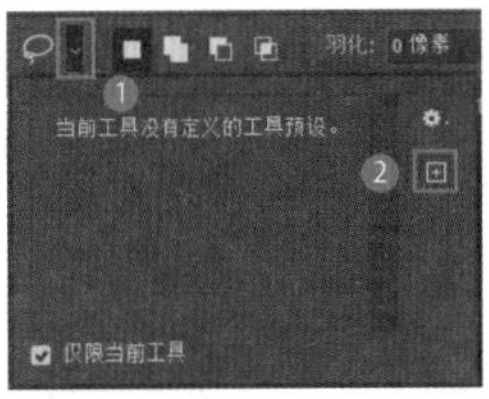

图 2-18　“套索工具”下拉面板

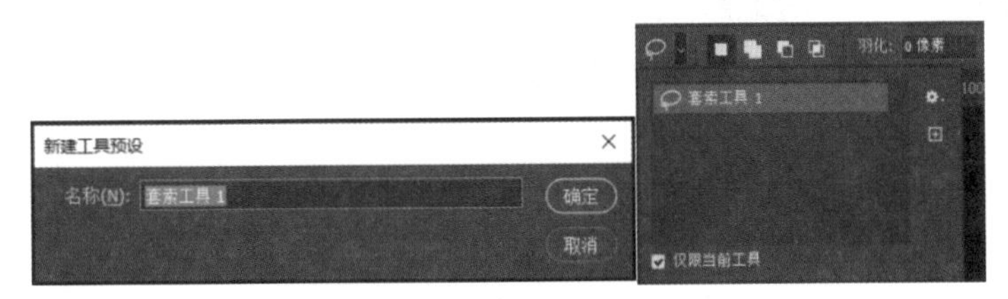

图 2-19　新建的工具预设

图 2-20　删除工具预设

## 2.1.3　Photoshop 面板

默认情况下，面板以面板组的形式显示在工作界面的右侧。根据文档编辑窗口的不同设置显示对应的面板，常用的面板主要有“图层”面板、“通道”面板、“路径”面板、“颜色”面板和“历史记录”面板。

面板由三部分组成，分别是面板选项卡、面板菜单和面板选项区，如图 2-21 所示。如果一个面板组中

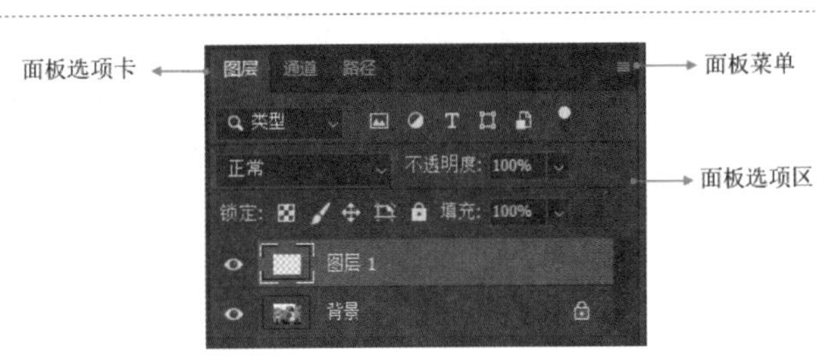

图 2-21　面板的组成

有多个面板，单击面板选项卡即可切换到该面板。通过对面板的折叠与展开、拆分与组合、显示与隐藏等操作实现对面板的管理。

折叠与展开面板：单击面板右上方的“折叠为图标”按钮，将面板折叠为图标，如图2-22所示，此时“折叠为图标”按钮变为“展开面板”按钮。单击某个面板图标，即打开对应的面板，如图2-23所示；单击“展开面板”按钮，将所有折叠的图标展开为面板。

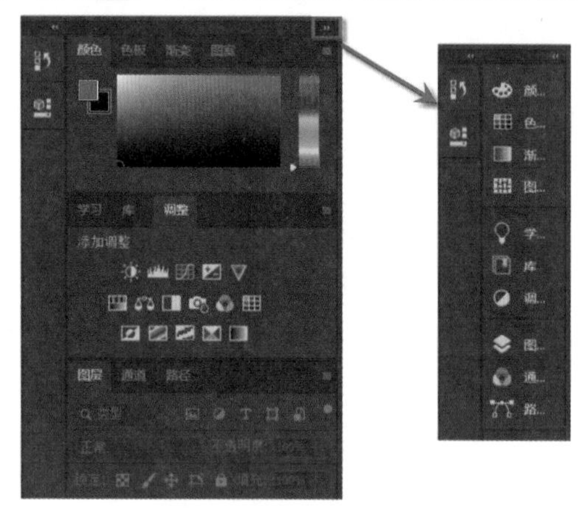

图2-22　将面板折叠为图标

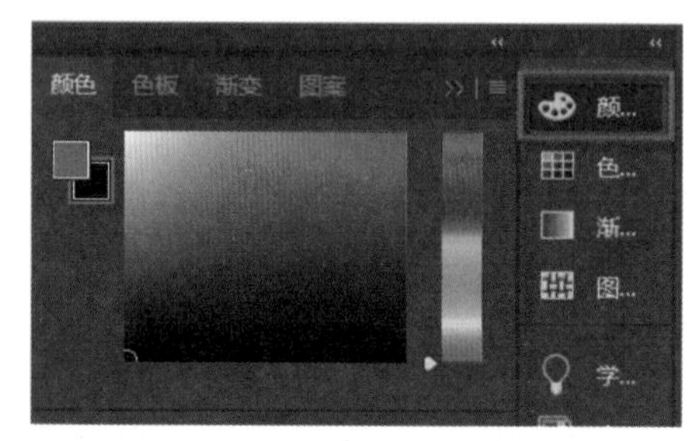


图2-23　单击面板图标打开面板

拆分与组合面板：在Photoshop 2020中可以任意拆分和组合面板，可以将一个面板组中的面板拆分成单独的面板，也可以将多个面板组合成一个面板组。

若要拆分出某个面板，单击该面板选项卡，按住鼠标左键向文档编辑窗口拖动，松开鼠标左键，即可将该面板拆分为一个独立的面板，如图2-24所示，将“颜色”面板拆分成独立面板。

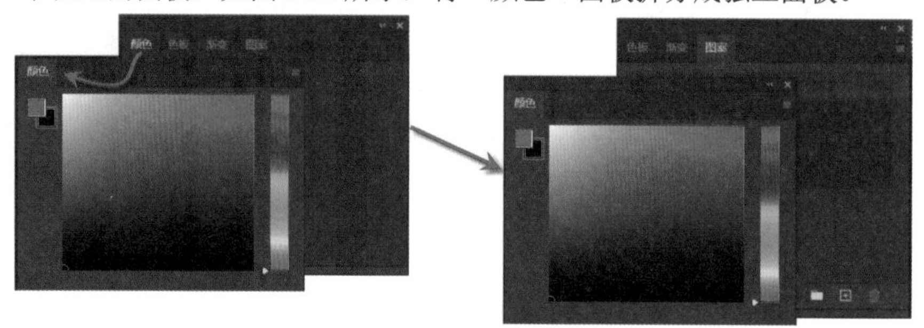

图2-24　拆分面板

若要将多个面板组合为一个面板组，在面板选项卡上按住鼠标左键，将其拖到面板组选项卡中，此时，面板组周围显示为蓝色的边框，如图2-25所示，松开鼠标左键，该面板被组合到面板组中。

图2-25　将“颜色”面板组合到面板组中

显示与隐藏面板组：按 Shift+Tab 快捷键可隐藏面板组，再次按 Shift+Tab 快捷键可显示隐藏的面板组。若要隐藏某个面板，在菜单栏的“窗口”菜单中选择对应的命令即可隐藏该面板，再次选择此命令可显示该面板。例如，在菜单栏中选择“窗口”→“颜色”命令，隐藏“颜色”面板，再次选择“窗口”→“颜色”命令，显示“颜色”面板。

若要同时隐藏工具箱和面板，按 Tab 键即可，再次按 Tab 键，则显示隐藏的工具箱和面板。

面板快捷菜单：单击面板组右上角的按钮，弹出面板的快捷菜单，图 2-26 所示是“通道”面板的快捷菜单。利用面板快捷菜单中的命令可提高处理图像的工作效率。

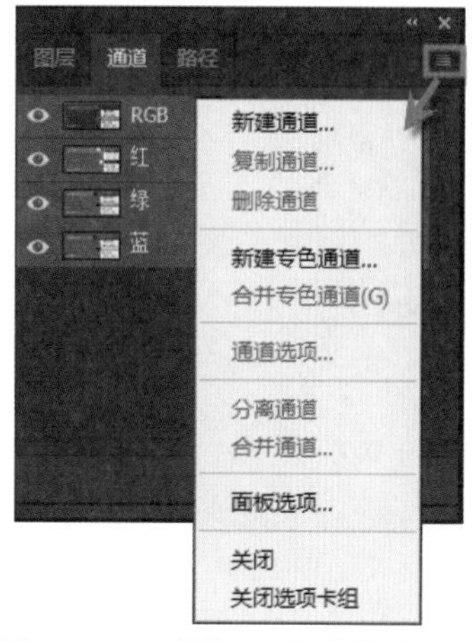


图 2-26　“通道”面板的快捷菜单

## 2.1.4　状态栏

状态栏位于图像窗口的底部，如图 2-27 所示，用来显示当前打开图像的一些信息。状态栏左侧是图像缩放显示的百分比，在显示比例区的文本框中输入数值可改变图像在工作窗口中的显示比例。

状态栏的中间部分显示当前图像的尺寸，单击右侧的三角按钮，弹出如图 2-28 所示的菜单，从中选择不同选项，状态栏中将显示选项的相关信息。

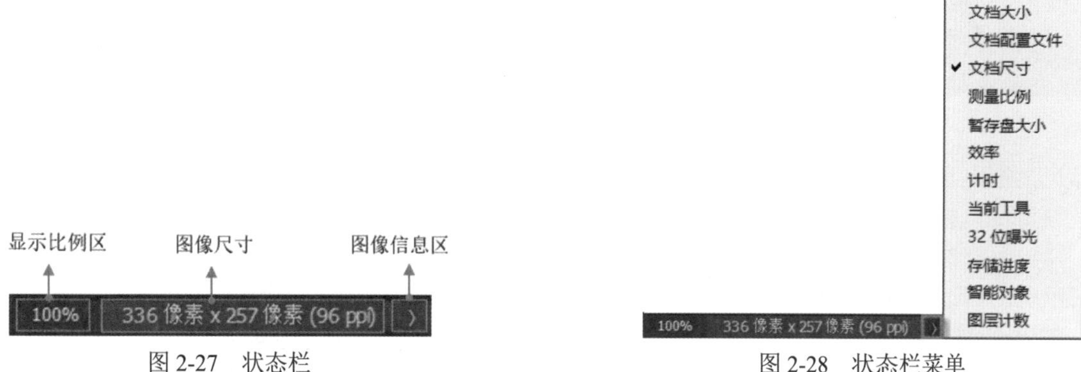


图 2-27　状态栏

图 2-28　状态栏菜单

# 2.2　标尺、参考线和网格线的设置

使用标尺、参考线和网格线可以更精确地对图像进行选择、定位等操作。在图像的编辑中很多操作都需要借助标尺、参考线和网格线来辅助完成。

## 2.2.1　标尺的设置

显示或隐藏标尺：在菜单栏中选择“视图”→“标尺”命令，或者按 Ctrl+R 快捷键，可显示或隐藏标尺，如图 2-29 和图 2-30 所示。

更改标尺单位和参数：在菜单栏中选择“编辑”→“首选项”→“单位与标尺”命令，弹出“首选项”对话框，如图 2-31 所示，在该对话框中可更改标尺的单位、列尺寸、新文档预设分辨率、点 / 派卡大小。若只更改标尺的单位，最快捷的方法是在标尺上右击，在弹出的快捷菜单中选择所需的标尺单位，如图 2-32 所示。

图 2-29　显示标尺

图 2-30　隐藏标尺

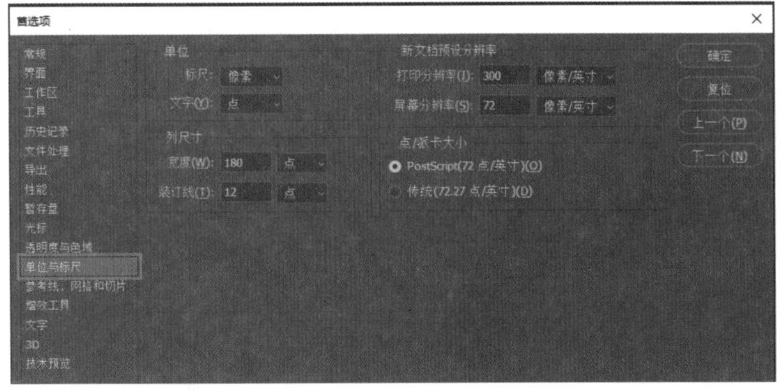


图 2-31　更改标尺单位和参数

图 2-32　标尺的快捷菜单

从标尺上拖出参考线：将鼠标指针指向水平标尺，按住鼠标左键向下拖动，在目标位置松开鼠标左键，拖出水平参考线，如图 2-33 所示；将鼠标指针指向垂直标尺，按住鼠标左键向右拖动，在目标位置松开鼠标左键，拖出垂直参考线，如图 2-34 所示。在工具箱中选择“移动工具”，将鼠标指针指向参考线，按住鼠标左键拖动可改变参考线在工作区中的位置。若将参考线拖到标尺处，则删除参考线。

图 2-33　拖出水平参考线

图 2-34　拖出垂直参考线

## 2.2.2　参考线的设置

参考线用于对齐图像或精确地放置图像，分为水平参考线和垂直参考线，根据需要文档编辑区中可以出现多条参考线，在打印时不显示参考线。

新建参考线：除了使用标尺拖出参考线外，也可以在菜单栏中选择“视图”→“新建参考线”命令，弹出“新建参考线”对话框，如图 2-35 所示，在该对话框中选中“水平”或“垂直”单选按钮，并设置参考线的位置，单击“确定”按钮，新创建的参考线即出现在图像中。

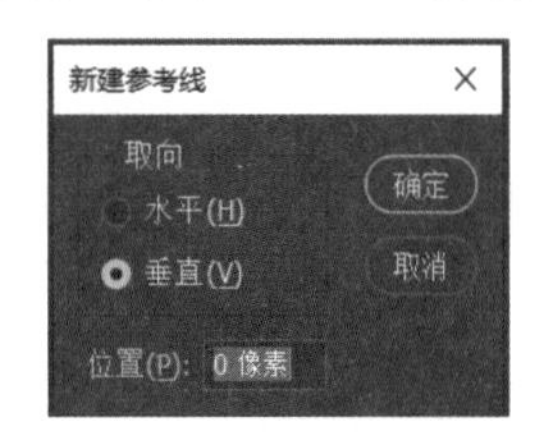


图 2-35　“新建参考线”对话框

设置参考线的颜色、样式及参数：在菜单栏中选择“编辑”→“首选项”→“参考线、网格和切片”命令，在弹出对话框中可以设置参考线的颜色、样式及相应的参数，如图 2-36 所示。

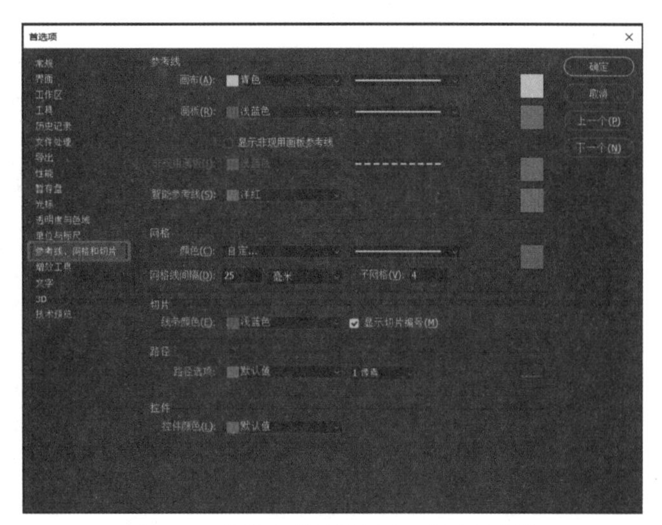


图 2-36　设置参考线的颜色、样式及参数

锁定参考线：在菜单栏中选择“视图”→“锁定参考线”命令，或按 Alt+Ctrl+; 快捷键锁定参考线，防止参考线在操作时移动。再次选择“视图”→“锁定参考线”命令，取消参考线的锁定。

清除参考线：在参考线未锁定状态下，若要清除所有的参考线，在菜单栏中选择“视图”→“清除参考线”命令即可。若要清除某条或某几条参考线，可使用“移动工具”将参考线拖到标尺处，即可清除。

隐藏或显示参考线：若将已有的参考线隐藏，在菜单栏中选择“视图”→“显示”→“参考线”命令；再次选择“视图”→“显示”→“参考线”命令将隐藏的参考线进行显示，或者按 Ctrl+; 快捷键隐藏或显示已有的参考线。

## 2.2.3　网格线的设置

显示或隐藏网格：按 Ctrl+' 快捷键，或者在菜单栏中选择“视图”→“显示”→“网格”命令，可显示或隐藏网格，如图 2-37 和图 2-38 所示。

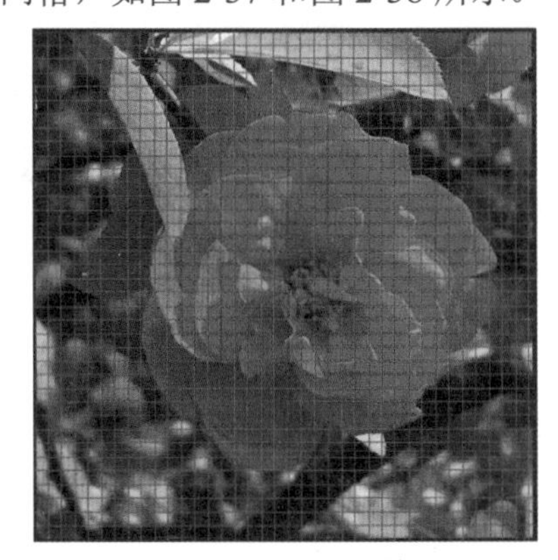

图 2-37　显示网格

图 2-38　隐藏网格

设置网格的颜色、样式及参数：在菜单栏中选择“编辑”→“首选项”→“参考线、网格和切片”命令，在弹出的对话框中可以设置网格的颜色、样式及相应的参数。

## 2.3 文件的基本操作

使用 Photoshop 编辑和处理图像时，首先要掌握文件的一些基本操作，如新建、打开、存储和关闭等命令，这是后续图像处理过程中所必备的技能。

### 2.3.1 新建图像

新建图像是指在 Photoshop 中创建一个空白文件，可以在空白文件中进行绘画或将其他图像复制到其中，然后对图像进行编辑。

启动 Photoshop 2020，在开始界面的左侧单击“新建”按钮，或者在菜单栏中选择“文件”→“新建”命令，或者按 Ctrl+N 快捷键，打开“新建文档”对话框。根据需要单击对话框顶端的不同类别的选项卡，选择所需的预设新建图像，或者在右侧修改图像的名称、宽度、高度、分辨率、颜色模式、背景内容等参数新建图像，如图 2-39 所示，设置结束后，单击“创建”按钮，创建一个名称为“新建”、宽度为 1080 像素、高度为 900 像素、方向为横向、分辨率为 72 像素 / 英寸、颜色模式为 RGB 颜色、背景内容为自定义的图像文件，如图 2-40 所示。

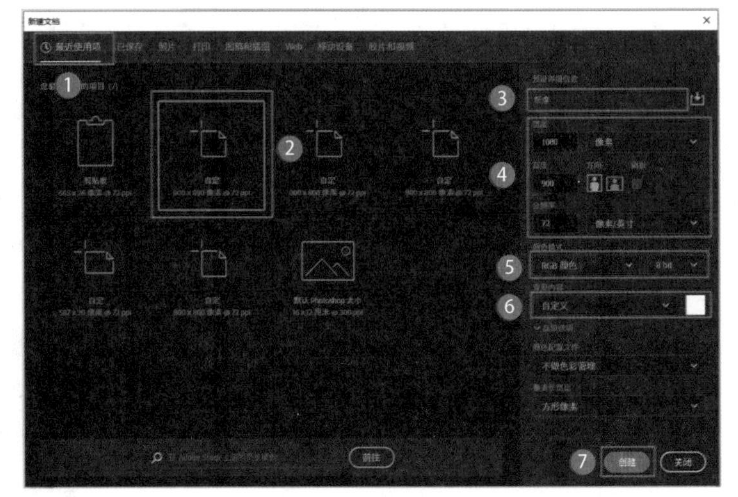

图 2-39　新建图像示例

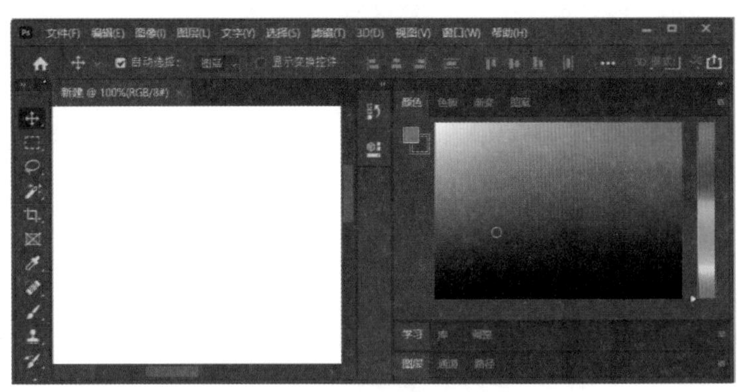
图 2-40　创建的图像文件

在“颜色模式”下拉列表中列出了 5 种颜色模式，根据需要选择所需的颜色模式。通常情况下使用 RGB 模式，印刷时可使用 CMYK 模式。

在“背景内容”下拉列表中可选择白色、黑色、背景色、透明等多种颜色填充新建图像的背景，或者单击右侧的拾色器图标，自定义背景颜色。

### 2.3.2 打开图像

使用 Photoshop 处理图像，首先要打开处理的图像。打开图像有以下 3 种方法。

#### 方法 1：拖动方式

在 Photoshop 未启动时，将图像图标拖到 Photoshop 应用程序的快捷图标 Ps 上，Photoshop 自动启动并打开该图像。

启动 Photoshop 后，选定一个或多个图像文件，按住鼠标左键将其拖至文档编辑窗口的菜单栏或工具选项栏的位置，松开鼠标左键即可打开图像。

**方法 2：命令方式**

在菜单栏中选择“文件”→“打开”命令，或按 Ctrl+O 快捷键，弹出“打开”对话框，在该对话框中找到图像所在的文件夹，选择需要打开的一个或多个图像，单击“打开”按钮，如图 2-41 所示，即可打开选择的图像。

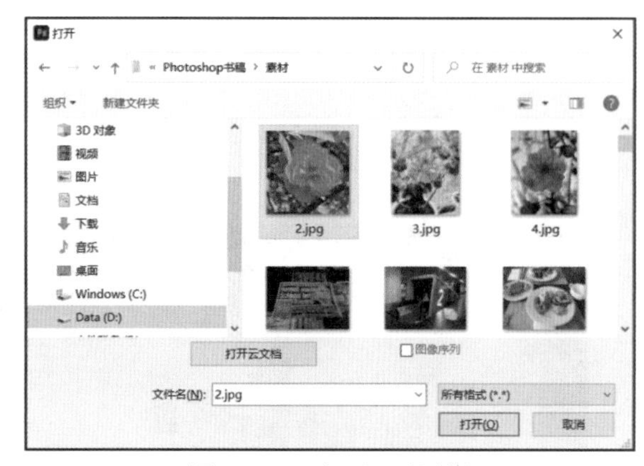


图 2-41 “打开”对话框

**方法 3：使用最近打开文件命令**

在菜单栏中选择“文件”→“最近打开文件”命令，在子菜单中单击要打开的文件，如图 2-42 所示，即可打开该图像。

若要在已经打开的图像中置入其他图像，在菜单栏中选择“文件”→“置入嵌入的对象”命令，在弹出的对话框中选择要置入的图像文件，单击“置入”按钮，如图 2-43 所示，选择的图像被置入后转换成智能对象。

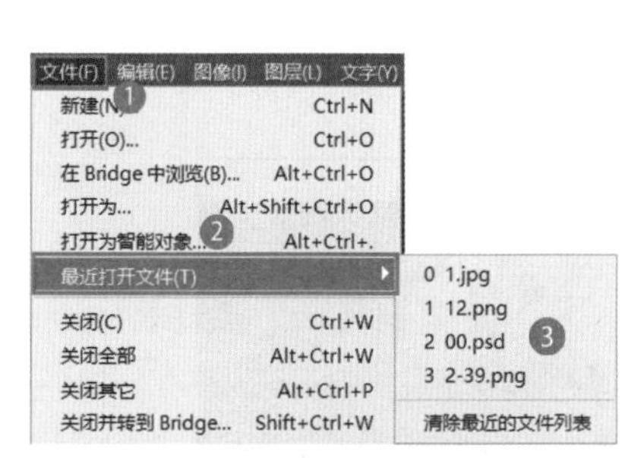


图 2-42 打开最近打开的文件

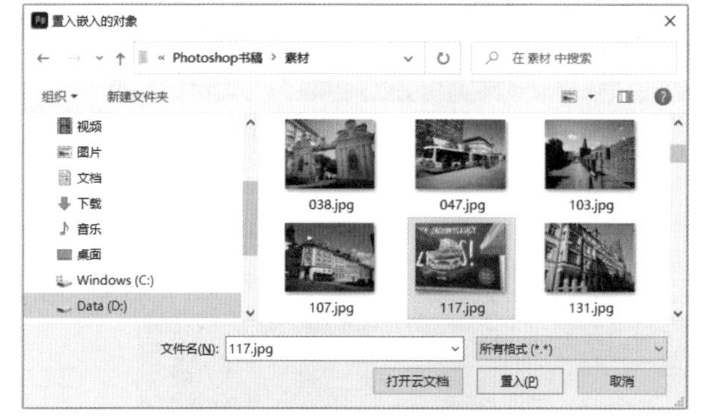


图 2-43 置入嵌入的图像

## 2.3.3 存储图像

图像编辑完成后，需要对图像进行存储。在菜单栏中选择“文件”→“存储”命令，或按 Ctrl+S 快捷键，在弹出的提示框中选择图像的保存位置，保存到云文档或保存在计算机上，通常选择保存在计算机上。若选中提示框下方的“不再显示”复选框，如图 2-44 所示，该提示框不再显示。

当编辑的图像进行第一次存储时，会弹出“另存为”对话框，在该对话框中选择保存的位置、输入文件名、选择保存的类型，单击“保存”按钮，即可将图像保存并覆盖原始文档。

对已经存储过的图像进行再次编辑后，选择“存储”命令，不会弹出“另存为”对话框，而是直接保存编辑结果并覆盖原始文件。

在“另存为”对话框中，可将图像保存为多种类型，如图 2-45 所示。保存的类型不同，弹出的对话框也有所不同。

当保存类型为 PSD 格式时，弹出“Photoshop 格式选项”对话框，如图 2-46 所示。在该对话框中选中“最大兼容”复选框，可将图像存储为带图层的复合图像版本，从而在 Photoshop 的其他版本 ( 低版本或高版本 ) 中都可以读取该图像。PSD 格式是 Photoshop 默认的图像格式，将图像保存为 PSD 格式，既可以在 Photoshop 的其他版本中打开该图像，也可以将其导入 Adobe 的其他应用程序 (InDesign、After Effects、Premiere Pro 等 ) 并保存 Photoshop 的部分功能。

当保存类型为 JPEG 格式时，弹出“JPEG 选项”对话框，如图 2-47 所示。在该对话框的“品质”区域设置图像的品质，多数情况下，“最佳”品质几乎与原图像相同，根据需要也可以选择“小”“中”“大”这 3 种其他品质，或者拖动下方的滑块，向左拖动则压缩率大，品质下降；向右拖动则压缩率小，品质好，设置完成后，单击“确定”按钮，将图像存储为 JPEG 格式。

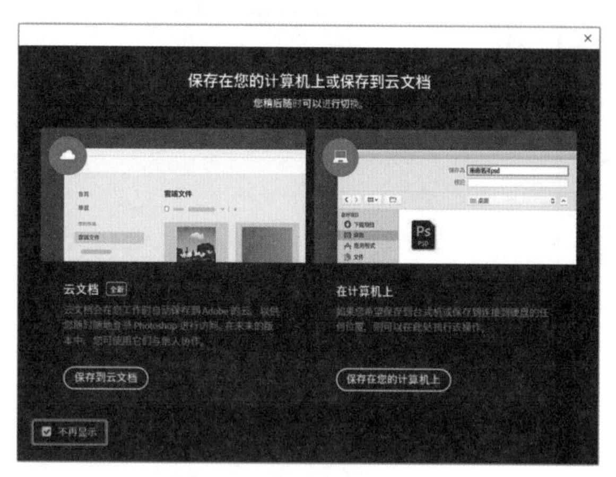


图 2-44　保存位置提示框

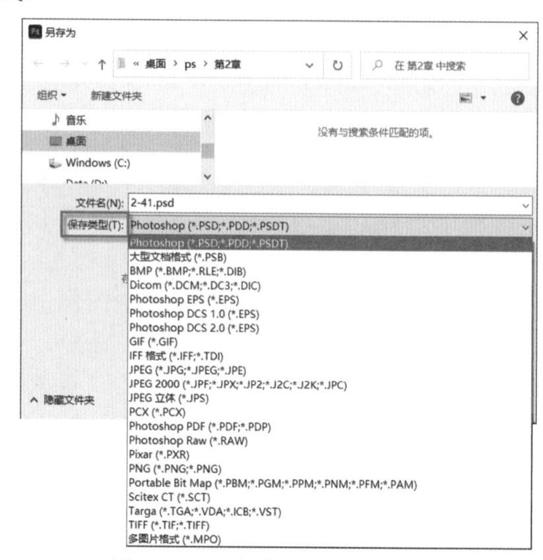


图 2-45　“保存类型”下拉列表

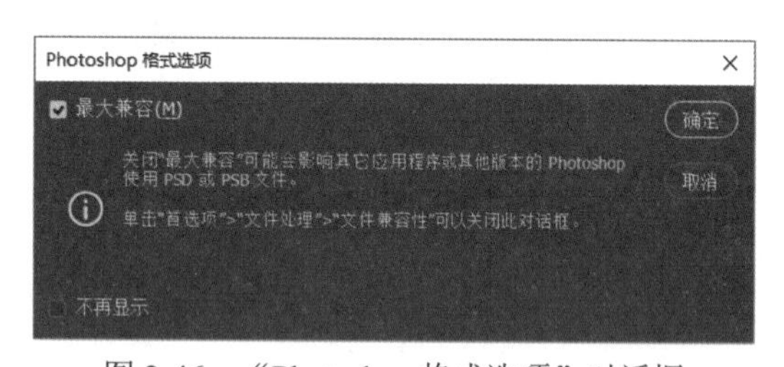


图 2-46　“Photoshop 格式选项”对话框

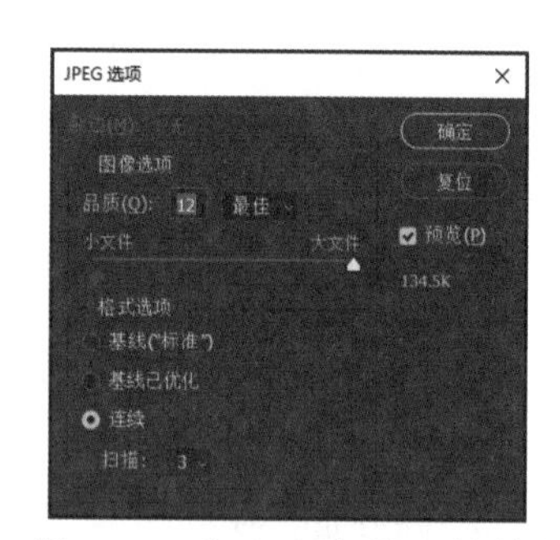


图 2-47　“JPEG 选项”对话框

当保存类型为 PNG 格式时，弹出“PNG 格式选项”对话框，如图 2-48 所示。在该对话框中若选中“大型文件大小”(最快存储) 单选按钮，图像占据的空间较大，但存储速度最快；若选中其他两个选项，得到的图像文件依次变小，存储速度依次变慢。

当保存类型为 TIFF 格式时，在弹出的对话框中可以设置图像压缩、像素顺序、字节顺序、图层压缩等参数，如图 2-49 所示。存储为 TIFF 格式的图像，几乎在所有的绘图、图像编辑、页面排版应用程序中都能读取该图像。

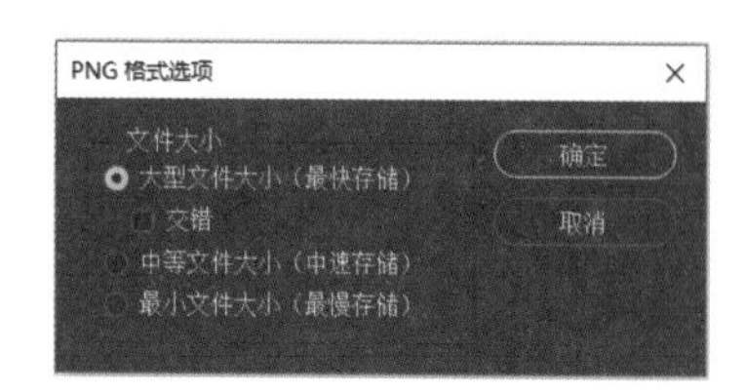


图 2-48　“PNG 格式选项”对话框

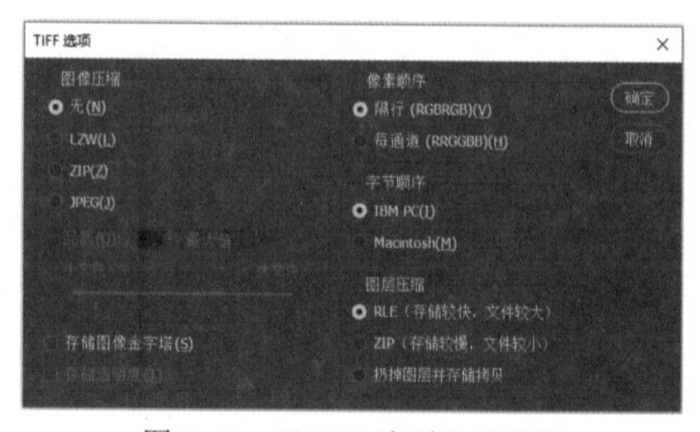


图 2-49　“TIFF 选项”对话框

### 2.3.4 关闭图像

在菜单栏中选择“文件”→“关闭”命令，或按 Ctrl+W 快捷键，关闭当前图像文件。如果当前图像文件被修改过且未保存，则会弹出是否存储更改的提示框，如图 2-50 所示，单击“是”按钮，存储更改并关闭图像文件；单击“否”按钮，不存储并关闭图像文件；单击“取消”按钮，关闭提示框返回 Photoshop 工作界面。

图 2-50 是否存储更改提示框

在菜单栏中选择“文件”→“关闭全部”命令，或按 Alt+Ctrl+W 快捷键，关闭 Photoshop 工作界面中的所有图像文件。

在菜单栏中选择“文件”→“关闭其他”命令，或按 Alt+Ctrl+P 快捷键，关闭当前图像文件之外的其他所有图像文件。

## 2.4 图像的基本调整

### 2.4.1 调整图像尺寸

打开“素材\第 2 章\金玉棒 .jpg”文件，在菜单栏中选择“图像”→“图像大小”命令，弹出“图像大小”对话框，如图 2-51 所示，其中各选项的含义如下。

- 图像大小：当前图像所占据的存储空间，改变“宽度”“高度”“分辨率”选项的数值，图像的大小也随之发生变化。
- 设置其他“图像大小”选项：如果图像中添加了图层样式，单击该按钮，在打开的下拉列表中单击“缩放样式”，则在调整图像大小的同时自动缩放图层样式大小。
- 调整为：Photoshop 预设了一些常用的文件尺寸，单击其右侧的下拉按钮，在打开的下拉列表中选择所需的尺寸，如选择“自动分辨率”，如图 2-52 所示，在弹出的对话框中可以调整图像的分辨率和品质，如图 2-53 所示。

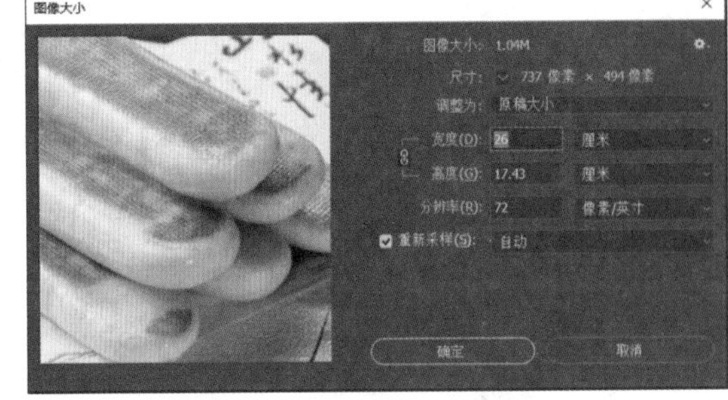

图 2-51 “图像大小”对话框

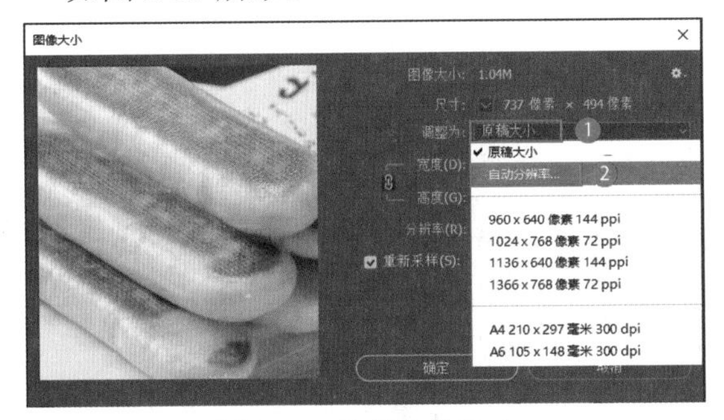

图 2-52 选择文件尺寸

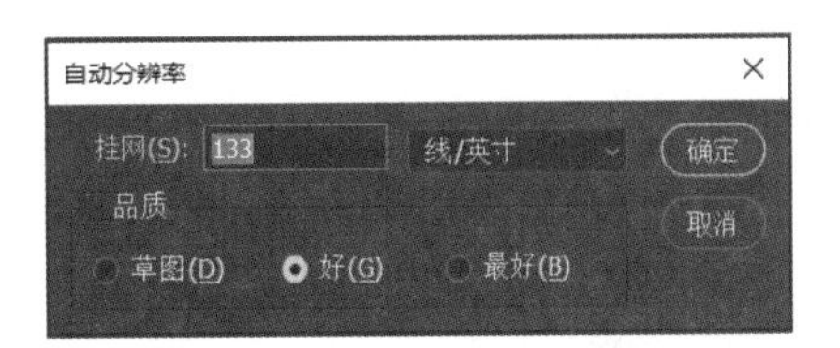

图 2-53 “自动分辨率”对话框

- 尺寸：显示当前图像的宽度和高度值，单击其右侧的下拉按钮，在打开的下拉列表中可更改尺寸的单位。
- 约束比例：默认情况下，将“宽度”和“高度”相互链接，表示对图像的宽度和高度按比例进行调整，即更改其中一项数值时，另一项会按比例同时更改。单击按钮，断开链接，取消约束比例关系。

- 分辨率：位图图像中每单位长度的像素，计量单位通常使用像素 / 英寸。每英寸的像素越多，分辨率越高，图像文件越大。
- 重新采样：取消选中该复选框，“宽度”“高度”“分辨率”相互链接，如图 2-54 所示，更改其中一项的数值，另外两项的数值随之发生更改，图像大小不变。选中该复选框，“宽度”和“高度”相互链接，分辨率断开链接，如图 2-55 所示，此时，更改分辨率的数值，宽度与高度的数值不变，图像大小会变化。

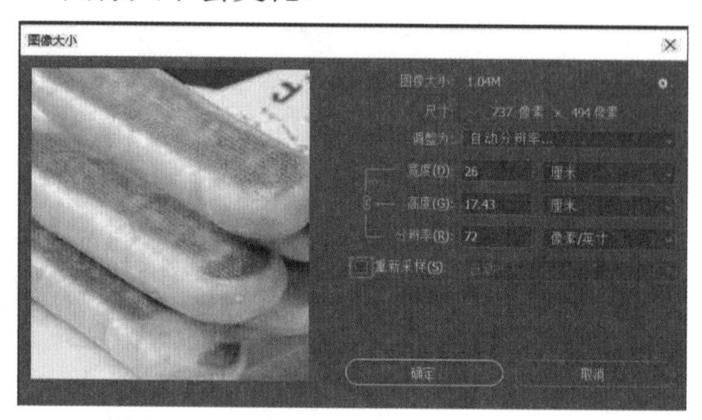

图 2-54　取消选中“重新采样”复选框

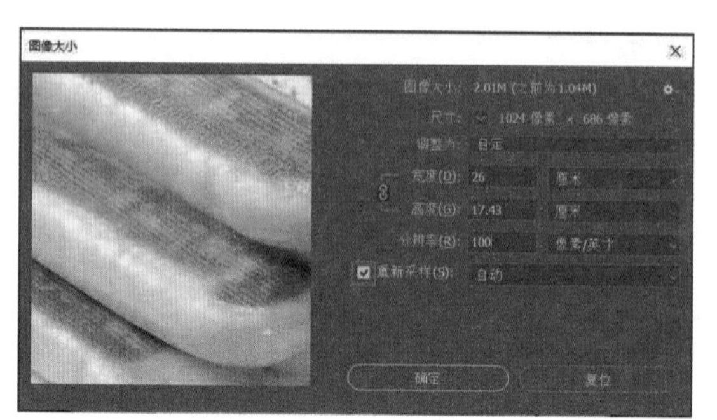

图 2-55　选中“重新采样”复选框

## 2.4.2　调整画布大小

画布是指当前文件窗口的编辑区域，如图 2-56 所示，根据需要可以对画布大小进行调整。在菜单栏中选择“图像”→“画布大小”命令，弹出“画布大小”对话框，如图 2-57 所示，其中各选项的含义如下。

图 2-56　画布

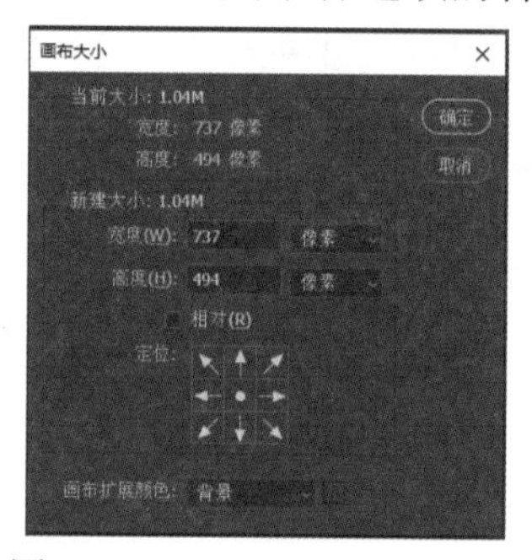

图 2-57　“画布大小”对话框

- 当前大小：当前图像画布的大小及尺寸。
- 新建大小：输入宽度、高度数值，重新设定图像画布的大小。
- 相对：选中“相对”复选框，输入“宽度”和“高度”数值用于增大或减小画布区域。
- 定位：设置当前图像在画布中的位置。在“定位”区域中有 9 个定位方格，单击不同的方格，图像显示在不同的位置。
- 画布扩展颜色：设置图像周围扩展部分的颜色。在其下拉列表中可以选择前景色、背景色或自定义颜色作为扩展颜色，如图 2-58 所示。

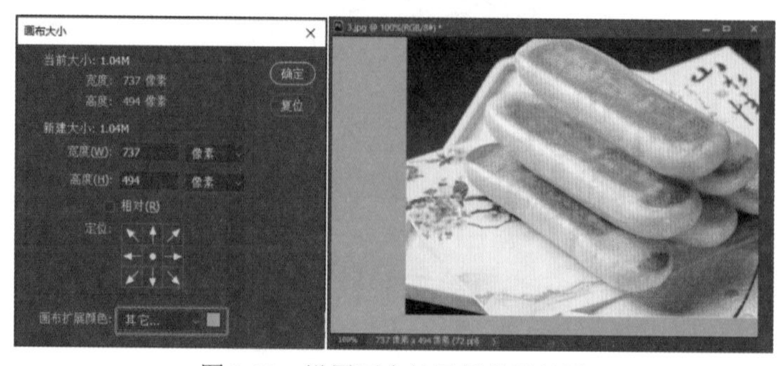

图 2-58　设置画布扩展颜色及效果

## 2.4.3　图像的裁剪

对图像或照片进行编辑时，如果要裁剪图像，可使用工具箱中的“裁剪工具”或菜单栏中的“裁切”命令进行裁剪。

### 1. 使用裁剪工具裁剪图像

在工具箱中选择“裁剪工具”，图像的四周出现一个控制框，调整控制框的大小以确定裁剪的范围，或者按住鼠标左键在图像上拖动进行裁剪，如图 2-59 所示，按 Enter 键完成图像裁剪，如图 2-60 所示。

在裁剪工具选项栏中设置裁剪工具参数，通过“比例”设置长宽比，或者输入高度、宽度值，如图 2-61 所示，完成图像的裁剪。单击“清除”按钮，清除设置的长宽比值；单击“设置裁剪工具的叠加选项”按钮，在裁剪时显示叠加的参考线。

图 2-59　图像裁剪前

图 2-60　图像裁剪后

图 2-61　裁剪工具选项栏

### 2. 使用裁切命令裁剪图像

如果图像中含有大面积的纯色区域或透明区域，可以使用裁切命令裁剪图像。打开“素材\第 2 章\天竺葵 .png”文件，如图 2-62 所示，在菜单栏中选择“图像”→“裁切”命令，在弹出的“裁切”对话框中进行如图 2-63 所示的设置，单击“确定”按钮，效果如图 2-64 所示。

图 2-62　素材

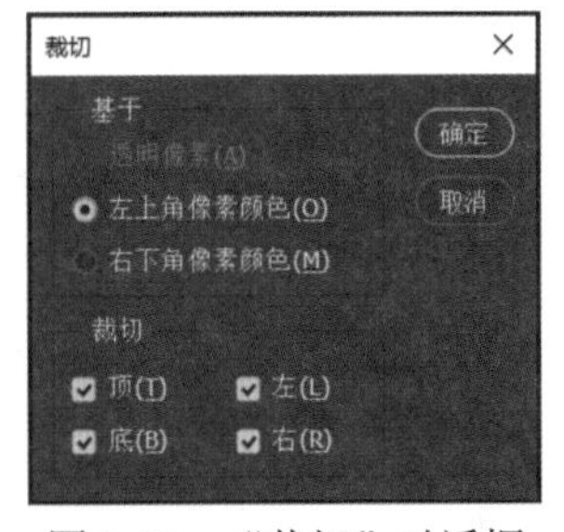


图 2-63　“裁切”对话框

图 2-64　裁切效果

在图 2-63 中，“基于”区域中有 3 个选项，若要裁切图像边缘的透明区域，选中“透明像素”单选按钮；若要根据左上角或右下角像素颜色确定裁切区域，选中“左上角像素颜色”或“右下角像素颜色”单选按钮；在“裁切”区域可设置裁切的范围。

## 2.4.4　图像的旋转

在菜单栏中选择“图像”→“图像旋转”命令，打开如图 2-65 所示的子菜单，选择相应的命令可旋转和翻转画布。命令不同，旋转的效果也不同，各命令的旋转效果如图 2-66 所示。

选择“任意角度”命令，在弹出的“旋转画布”对话框中可自定义旋转角度和方向，如图 2-67 所示。

在该对话框的“角度”文本框中输入数值，选中“度逆时针”单选按钮，再单击“确定”按钮，效果如图 2-68 所示。

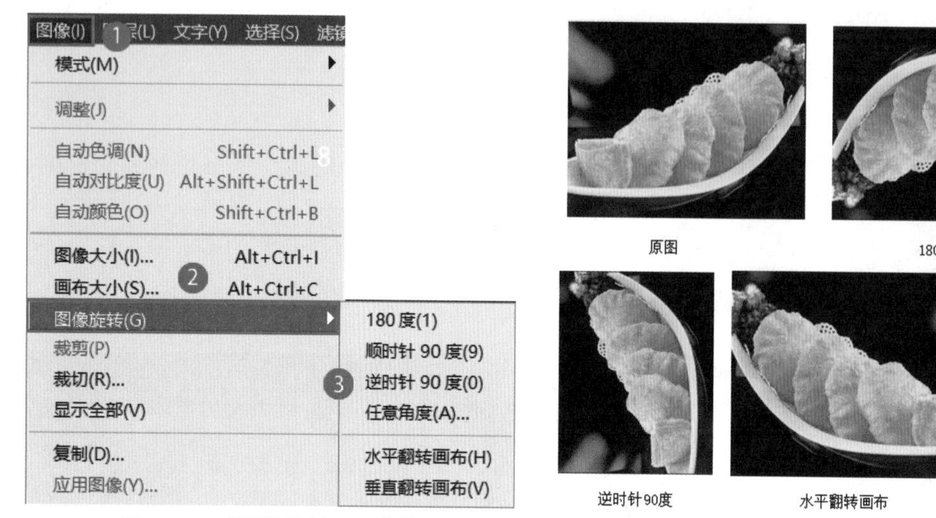


图 2-65 “图像旋转”子菜单

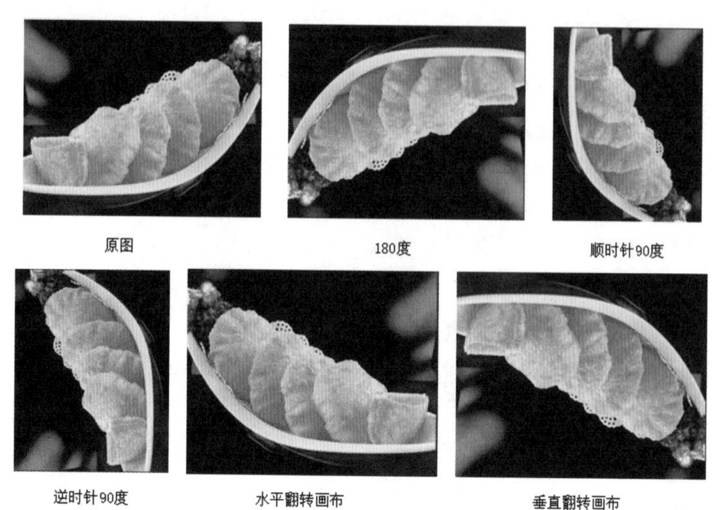


图 2-66 图像的旋转

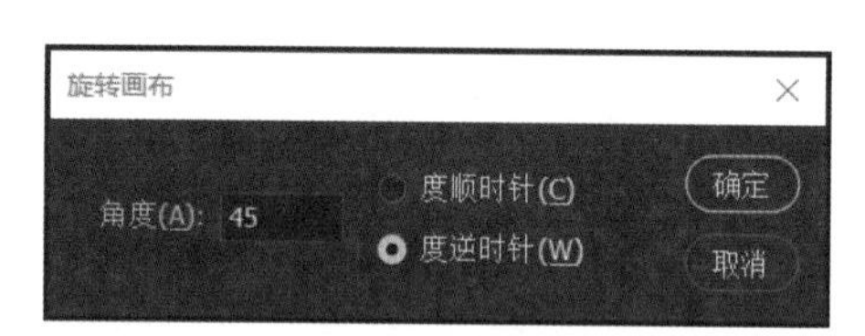


图 2-67 “旋转画布”对话框

图 2-68 45 度逆时针旋转效果

## 2.5 图像的基本编辑

### 2.5.1 复制与粘贴图像

复制与粘贴图像是图像编辑中常用的基本操作。在复制图像前，首先选择要复制的图像区域，然后再进行粘贴。复制与粘贴图像的方法有以下 2 种。

方法 1：打开“素材 \ 第 2 章 \ 芍药 .jpg”文件，在工具箱中选择“磁性套索工具”，绘制要复制的图像区域，如图 2-69 所示。选择“移动工具”，将光标指向选区，鼠标指针变为形状，如图 2-70 所示，按住 Alt 键，鼠标指针变为形状，如图 2-71 所示，再按住鼠标左键并拖动选区中的图像至适当位置，松开鼠标左键和 Alt 键，完成图像的复制，如图 2-72 所示。

方法 2：选择“磁性套索工具”，绘制要复制的图像区域，如图 2-69 所示。在菜单栏中选择“编辑”→“拷贝”命令，或者按 Ctrl+C 快捷键，此时，选区中的图像没有变化，但已经复制到剪贴板中。在菜单栏中选择“编辑”→“粘贴”命令，或者按 Ctrl+V 快捷键，将剪贴板中的图像粘贴到新的图层中，如图 2-73 所示。选择工具箱中的“移动工具”，将光标指向选区，按住鼠标左键并拖动选区中的图像即可将复制的图像移至所需的位置，如图 2-74 所示。

图 2-69　绘制复制区域

图 2-70　选择“移动工具”后的鼠标指针形状

图 2-71　按住 Alt 键时的鼠标指针形状

图 2-72　复制选区中的图像

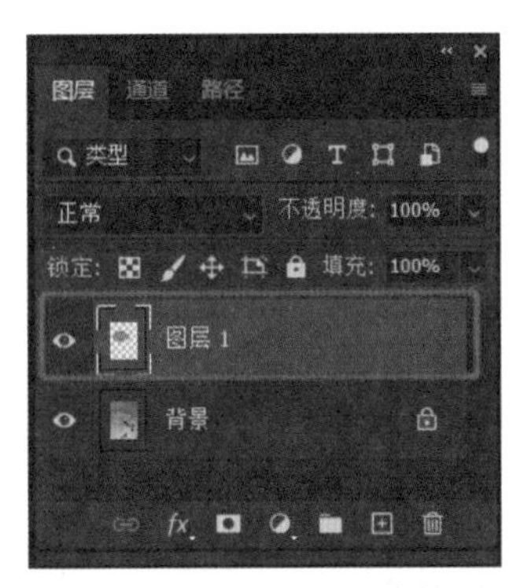


图 2-73　粘贴图像到新建的图层

图 2-74　使用“移动工具”将复制的图像移动位置

## 2.5.2　图像的变换与变形

图像变换是指图像在操作过程中不会改变形状；图像变形是指图像在操作过程中会改变形状。图像的变换与变形主要通过“变换”命令与“自由变换”命令实现。

### 1. 图像的变换

(1) 移动

移动图像既可以使用工具箱中的“移动工具”进行移动，也可以使用“自由变换”命令进行移动。

方法 1：打开“素材 \ 第 2 章 \ 冰淇淋 .png”文件，在工具箱中选择“矩形选框工具”，绘制要移动的图像区域，如图 2-75 所示，在工具箱中选择“移动工具”，将光标指向选区，按住鼠标左键并进行拖动，将选区中的图像移到其他位置，如图 2-76 所示。

图 2-75　绘制选区

图 2-76　移动选区中的图像

方法 2：绘制要移动的图像区域，在菜单栏中选择“编辑”→“自由变换”命令，或按 Ctrl+T 快捷键，选区的周围出现变换图像的控制框，如图 2-77 所示。将光标指向选区，按住鼠标左键并进行拖动，将选区中的图像移到其他位置，如图 2-78 所示，按 Enter 键确定操作。

图 2-77　图像的控制框

图 2-78　移动选区中的图像

(2) 缩放

打开“素材 \ 第 2 章 \ 冰淇淋 .png”文件，在工具箱中选择“矩形选框工具”，绘制要缩放的图像区域，按 Ctrl+T 快捷键，或在菜单栏中选择“编辑”→“变换”→“缩放”命令，选区的周围出现变换图像的控制框，将光标移到控制点上，光标变为、、、形状，按住鼠标左键并拖动控制点，将图像等比例缩放，如图 2-79 所示。按住 Shift 键拖动控制点，将图像按任意比例缩放。

(3) 旋转

打开“素材 \ 第 2 章 \ 冰淇淋 .png”文件，在工具箱中选择“矩形选框工具”，绘制要旋转的图像区域，按 Ctrl+T 快捷键，或在菜单栏中选择“编辑”→“变换”→“旋转”命令，选区的周围出现变换图像的控制框，将光标移到控制框外控制点的附近位置，光标变为、、、、、、、形状，按住鼠标左键并进行拖动即可旋转图像，如图 2-80 所示。改变控制框中心控制点可以改变图像的旋转中心轴。

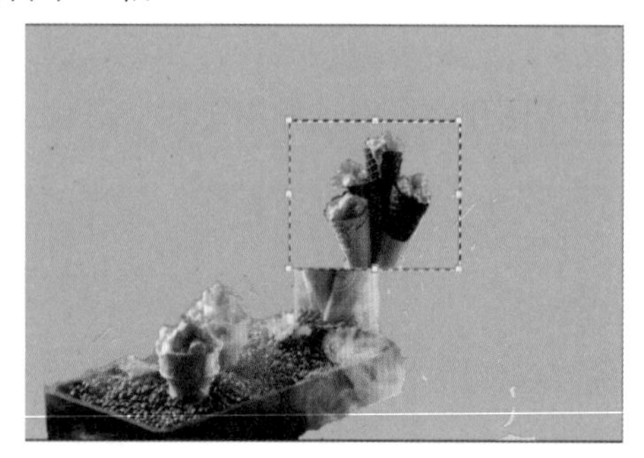
图 2-79　图像缩放

图 2-80　图像旋转

## 2. 图像的变形

(1) 斜切

斜切是对选区中的图像进行拉伸或压缩。打开“素材 \ 第 2 章 \ 冰淇淋 .png”文件，在工具箱中选择“矩形选框工具”，绘制要斜切的图像区域，在菜单栏中选择“编辑”→“变换”→“斜切”命令，选区周围出现变形图像的控制框，将光标移到控制点上，光标变为形状，按住鼠标左键并进行拖动即可斜切图像，如图 2-81 所示，按 Enter 键确认操作。若要取消斜切效果，按 Esc 键，重新操作。

(2) 扭曲

打开“素材 \ 第 2 章 \ 冰淇淋 .png”文件，在工具箱中选择“矩形选框工具”，绘制要扭曲的图像区域，在菜单栏中选择“编辑”→“变换”→“扭曲”命令，选区的周围出现变形图像的控制框，将光标移到控制点上，光标变为▷形状，按住鼠标左键并拖动控制点即可扭曲图像，如图 2-82 所示，按 Enter 键确认操作。若要取消扭曲效果，按 Esc 键，重新操作。

图 2-81　图像斜切

图 2-82　图像扭曲

(3) 透视

透视使选区中的图像更有延伸感。打开“素材 \ 第 2 章 \ 冰淇淋 .png”文件，在工具箱中选择“矩形选框工具”，绘制要透视的图像区域，在菜单栏中选择“编辑”→“变换”→“透视”命令，选区的周围出现变形图像的控制框，将光标移到控制点上，光标变为▷形状，按住鼠标左键并拖动控制点即可改变图像的透视方向，从而改变图像的形状，如图 2-83 所示，按 Enter 键确认操作。若要取消透视效果，按 Esc 键，重新操作。

(4) 变形

打开“素材 \ 第 2 章 \ 冰淇淋 .png”文件，在工具箱中选择“矩形选框工具”，绘制要变形的图像区域，在菜单栏中选择“编辑”→“变换”→“变形”命令，选区的周围出现变形图像的控制框，通过拖动控制点、网格、调节手柄，使图像产生变形，如图 2-84 所示，按 Enter 键确认操作。

图 2-83　图像透视

图 2-84　图像变形

### 3. 透视变形

透视变形可以根据现有图像的透视关系进行变形。例如，同一对象的图像因拍摄距离和视角不同会呈现不同的透视扭曲，如图 2-85 所示，使用“透视变形”命令可以矫正因透视扭曲造成的变形。

在菜单栏中选择“编辑”→“透视变形”命令，在图像中单击，出现一个透视框，拖动透视框的控制点定位到带有透视的平面上，完成透视平面的定义，如图2-86所示，然后单击透视变形工具选项栏中的“变形”按钮，对定义的透视平面进行变形。将光标移到控制点上，按住鼠标左键进行拖动，可以看到随着拖动定义的透视平面按照透视关系进行变形，如图 2-87 所示，变形结束后，单击工具选项栏中的“提交透视变形”按钮✓或者按 Enter 键退出透视变形的编辑工作。使用工具箱中的“裁剪工具”将画面进行适当的裁剪，去掉多余的部分，效果如图 2-88 所示。

图 2-85　素材文件

图 2-86　定义透视平面

图 2-87　对定义的透视平面变形

图 2-88　变形并裁剪多余部分后的效果

## 2.5.3　图像的描边

打开“素材 \ 第 2 章 \ 蝴蝶 .jpg”文件，在工具箱中选择“矩形选框工具”绘制选区，如图 2-89 所示。在菜单栏中选择“编辑”→“描边”命令，弹出“描边”对话框，在该对话框的“宽度”文本框中设置描边的宽度，“颜色”默认是前景色，单击颜色色块，在弹出的“拾色器 ( 描边颜色 )”对话框中重新选择描边颜色。在“位置”区域设置边框位于选区的内部、中心或外部的位置，设置如图 2-90 所示，单击“确定”按钮，描边选区，按 Ctrl+D 快捷键取消选区，效果如图 2-91 所示。

图 2-89　绘制选区

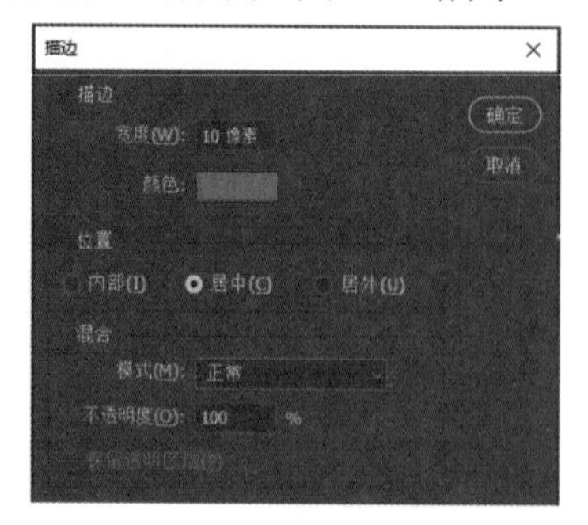


图 2-90　“描边”对话框

图 2-91　添加描边

在“描边”对话框中，可在“模式”中选择不同的描边模式，如图 2-92 所示，单击“确定”按钮，描边选区，按 Ctrl+D 快捷键取消选区，效果如图 2-93 所示。

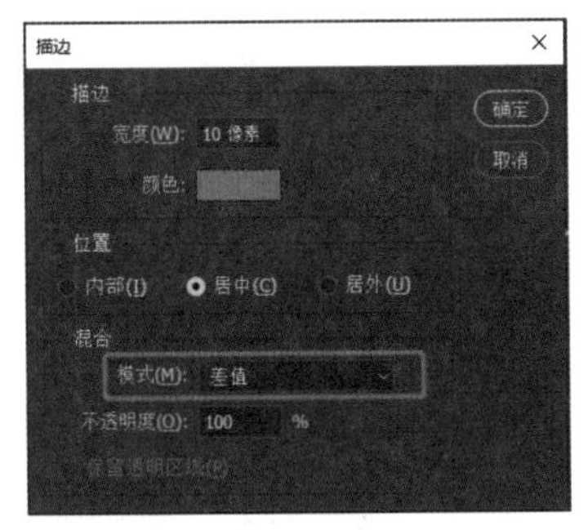

图 2-92 “差值”模式

图 2-93 “差值”模式描边

## 2.5.4 图像的清除

在图像上绘制要清除的选区，如图 2-94 所示，在菜单栏中选择“编辑”→“清除”命令，清除选区中的图像，清除后的图像区域由背景色填充，如图 2-95 所示，按 Ctrl+D 快捷键取消选区。

按 Delete 键或 Backspace 键，弹出“填充”对话框，在该对话框中可以选择填充清除图像区域使用的内容：前景色、背景色、颜色、内容识别、图案、历史记录、黑色、50% 灰色、白色，如图 2-96 所示。例如，在“内容”下拉列表中选择“图案”，设置如图 2-97 所示，被清除的图像区域填充效果如图 2-98 所示。

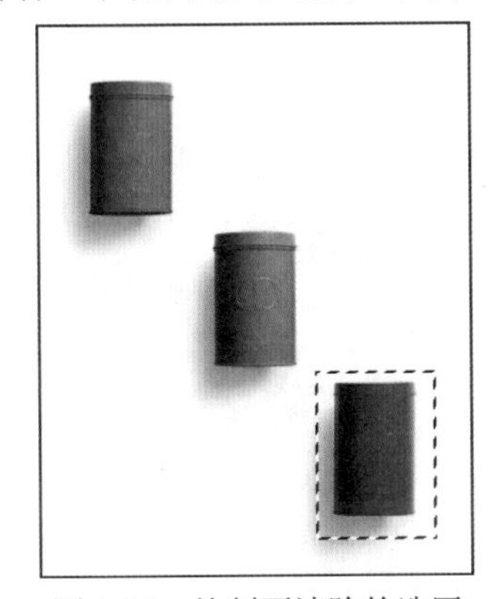
图 2-94 绘制要清除的选区

图 2-95 清除后的图像区域填充背景色

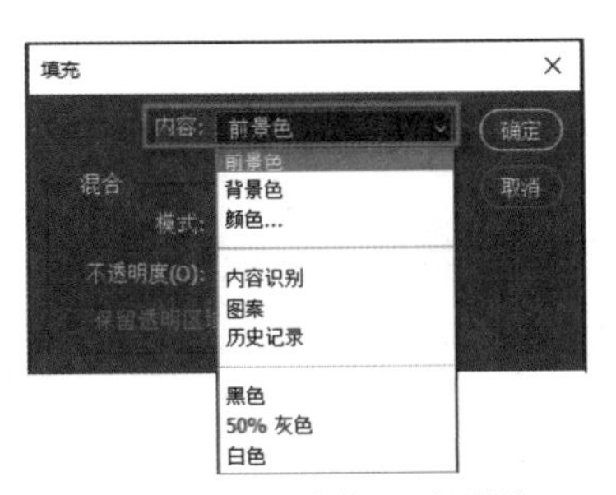

图 2-96 “填充”对话框

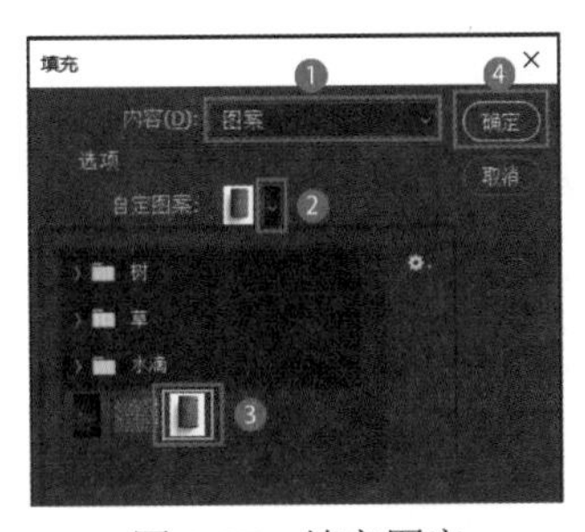

图 2-97 填充图案

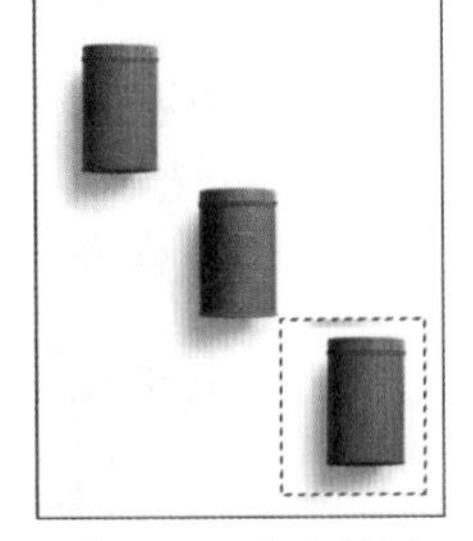
图 2-98 填充效果

按 Alt+Delete 或 Alt+Backspace 快捷键，也可以清除选区中的图像，清除后的图像区域由前景色填充。如果清除的图像在某一图层中，清除的图像区域将显示下面一层的图像。

## 2.5.5 案例：制作一寸照片

本案例通过对图像进行裁剪、选择、填充背景色、设置画布大小、自定图案等操作，将图 2-99 所示的图像文件制作成图 2-100 所示的一寸照片。

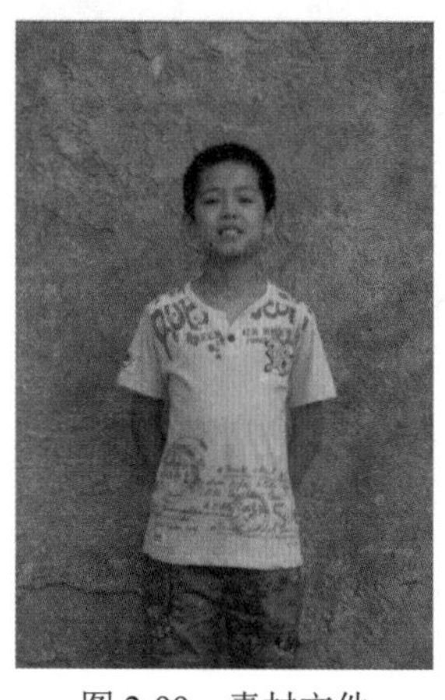

图 2-99　素材文件

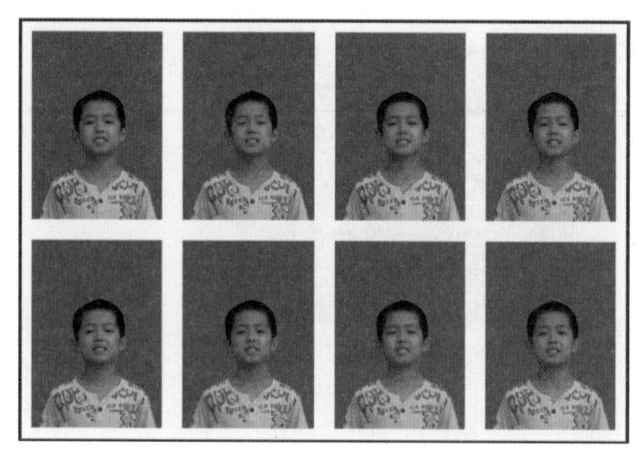

图 2-100　制作完成的一寸照片

01 在菜单栏中选择“文件”→“打开”命令，或按 Ctrl+O 快捷键，打开“素材 \ 第 2 章 \ 照片.jpg”文件。

02 在工具箱中选择“裁剪工具”，在工具选项栏中设置宽度为 2.5 厘米、高度为 3.5 厘米、分辨率为 300 像素 / 英寸，如图 2-101 所示，裁剪出一寸大小的照片。

03 在工具箱中选择“对象选择工具”，按住鼠标左键并在图像中拖动，如图 2-102 所示，然后将人物选出，如图 2-103 所示。在人物上右击，在弹出的快捷菜单中选择“选择反选”命令，将选区反选，如图 2-104 所示。

图 2-101　设置宽度、高度和分辨率，裁剪出一寸大小的照片

图 2-102　使用“对象选择工具”

图 2-103　选择人物

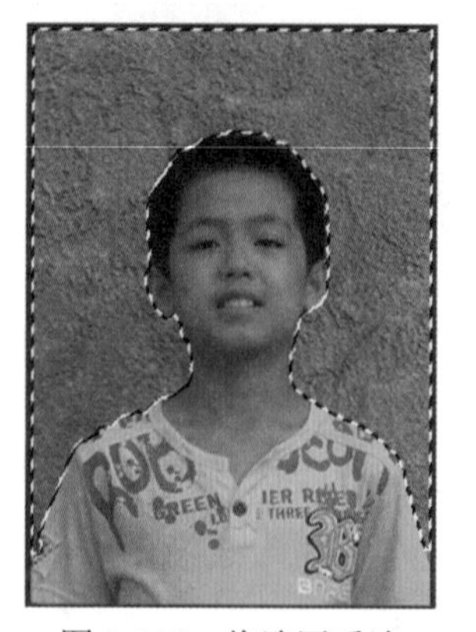

图 2-104　将选区反选

04 在工具箱中单击“设置前景色”按钮，弹出“拾色器”对话框，在该对话框中将前景色调整为蓝色 (R:49、G:12、B:206)，如图 2-105 所示。按 Alt+Delete 快捷键填充背景色，再按 Ctrl+D 快捷键取消选区，

如图 2-106 所示。

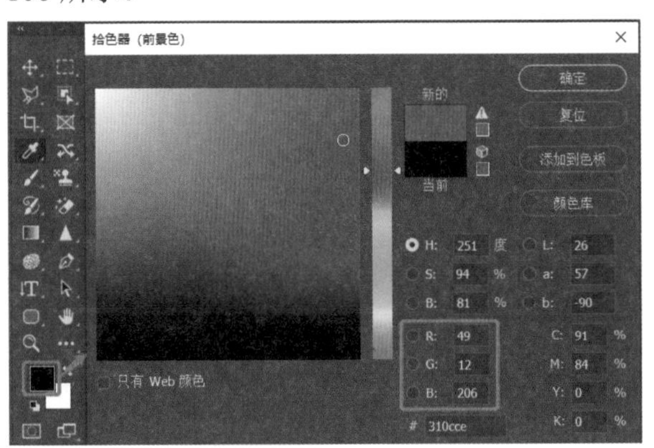


图 2-105　设置前景色颜色

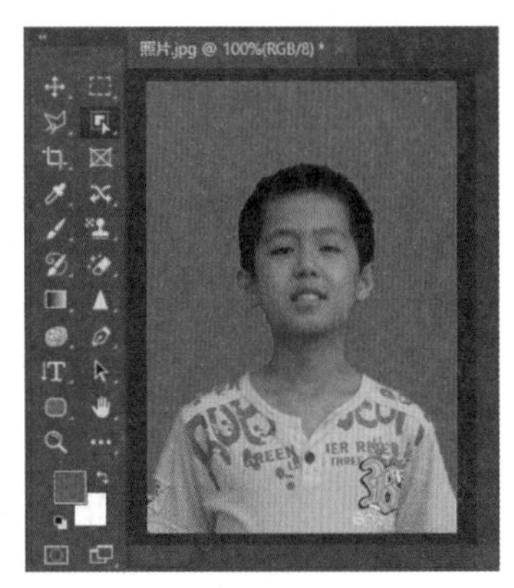


图 2-106　填充背景色

**05** 在工具箱中选择“画笔工具”，在工具选项栏中调整画笔大小，在人物边缘按住鼠标左键进行拖动，将边缘的白边去掉，如图 2-107 所示。

**06** 接着给照片加上白边，留出裁剪照片的地方。在菜单栏中选择“图像”→“画布大小”命令，在弹出的“画布大小”对话框中设置相对高度和宽度均为 0.4cm、“画布扩展颜色”为白色，如图 2-108 所示，单击“确定”按钮，效果如图 2-109 所示。

**07** 在菜单栏中选择“编辑”→“定义图案”命令，在弹出的“图案名称”对话框中输入名称“一寸照”，如图 2-110 所示，单击“确定”按钮。

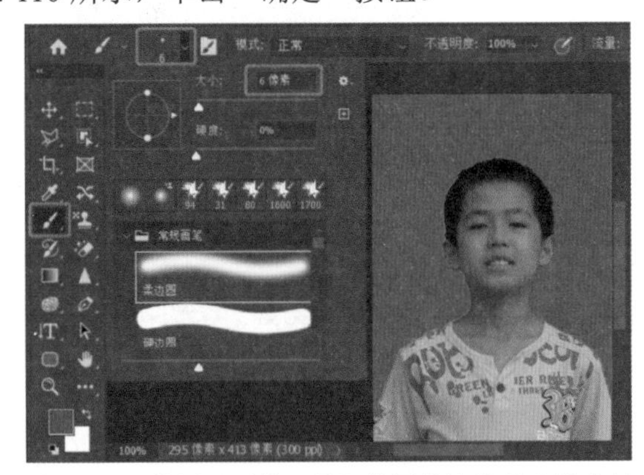


图 2-107　使用“画笔工具”将图像边缘的白边去掉

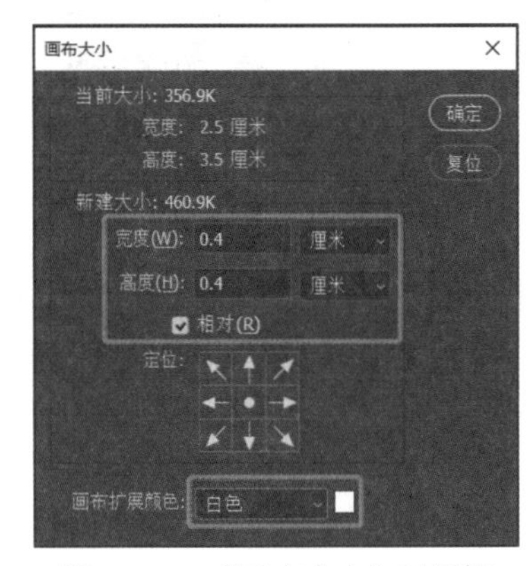


图 2-108　“画布大小”对话框

图 2-109　为照片添加白边

图 2-110　定义图案名称

**08** 在菜单栏中选择“文件”→“新建”命令，在弹出的对话框中将“预设详细信息”设置为“自定”，其他参数设置如图 2-111 所示。

**09** 在菜单栏中选择“编辑”→“填充”命令，在弹出的“填充”对话框中选择“内容”为“图案”、“自定图案”为刚命名的“一寸照”图片，如图 2-112 所示，单击“确定”按钮，填充后的效果如图 2-100 所示。

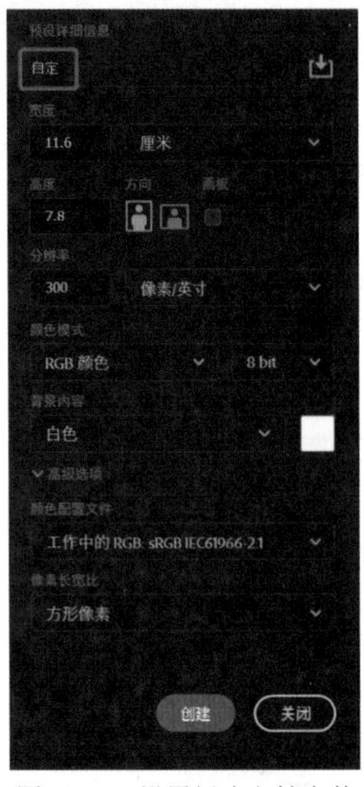


图 2-111　设置新建文档参数

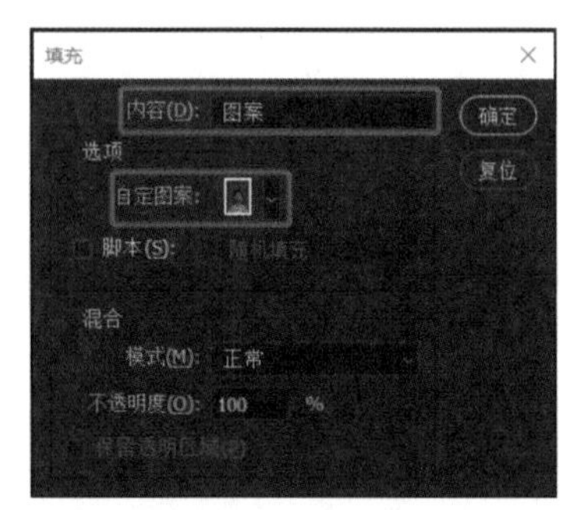


图 2-112　填充自定图案

**10** 在菜单栏中选择“文件”→“存储为”命令，将文件另存为 JPEG 格式即可。

**提示**

为了保护原图片不会因失误而被更改，可在步骤 **01** 中按住 Ctrl+J 快捷键复制一个图层。

# 第3章 创建选区并对图像进行基本编辑

在 Photoshop 中若要对图像的局部进行编辑，首先要指定编辑的区域，也就是创建选区。创建选区通常使用工具箱中的选区工具选取图像。工具箱中的选区工具分为 3 类，分别是规则选区工具、不规则选区工具和相近颜色工具。

## 3.1 规则选区的创建

规则选区工具包括矩形选框工具、椭圆选框工具、单行选框工具和单列选框工具，如图 3-1 所示，利用这些工具可以创建规则选区。

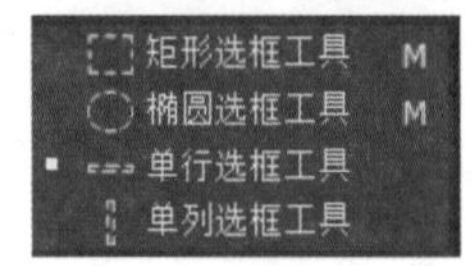


图 3-1　规则选区工具

### 3.1.1 矩形选框工具

在工具箱中选择“矩形选框工具”，在图像上按住鼠标左键进行拖动，松开鼠标左键即可创建一个矩形选区，如图 3-2 所示。在创建选区时，若按住 Shift 键并拖动鼠标，可以创建正方形选区。

图 3-2　创建矩形选区

创建选区后，若要增加其他选区的内容，按住 Shift 键再选择其他区域的内容，如图 3-3 所示，可叠加之前绘制的选区，如图 3-4 所示。按住 Alt 键，新创建的选区会减去与原选区重叠的部分，如图 3-5 和图 3-6 所示。按住 Shift+Alt 键，新创建的选区只保留与原选区重叠的区域，如图 3-7 和图 3-8 所示。或者在工具选项栏中单击“添加到选区”按钮、“从选区减去”按钮、“与选区交叉”按钮，如图 3-9 所示，实现增加选区、减去选区、保留交叉选区。工具选项栏中各项含义如下。

图 3-3　按住 Shift 键创建选区

图 3-4　叠加之前绘制的选区

图 3-5　按住 Alt 键创建选区

图 3-6　新创建的选区减去与原选区重叠的部分

图 3-7　按住 Shift+Alt 键创建选区

图 3-8　新创建的选区只保留与原选区重叠的区域

图 3-9　矩形选框工具选项栏

- 新选区■：创建新的选区，如果图像中已经有一个选区，单击“新选区”按钮■，新创建的选区将取代原来的选区。
- 添加到选区■：单击此按钮，新创建的选区会添加到已有选区中，形成新的选区。
- 从选区减去■：单击此按钮，从已有选区中减去新创建的选区，形成新的选区。
- 与选区交叉■：单击此按钮，只保留新旧选区的相交部分，其他部分去除。
- 羽化：在选区和其边缘之间创建柔化边缘过渡，输入数值以定义羽化边缘的宽度。
- 消除锯齿：用于清除选区边界的锯齿。
- 样式：在其下拉列表中选择“固定比例”或“固定大小”，在“宽度”和“高度”数值框中输入数值，在图像中单击，即可创建固定比例或固定大小的选区。单击“高度和宽度互换”按钮■，可将宽度和高度值互换，效果如图 3-10 和图 3-11 所示。

图 3-10　按固定大小创建选区

图 3-11　“高度和宽度互换”创建选区

- 选择并遮住：用于创建更精确的选区，常用于抠选毛发等比较复杂的对象。

## 3.1.2　椭圆选框工具

使用“椭圆选框工具”可以创建椭圆或圆形选区。在工具箱的“矩形选框工具”上右击，在弹出的列表中选择“椭圆选框工具”，然后在图像上按住鼠标左键进行拖动，松开鼠标左键即可创建一个椭圆选区，如图 3-12 所示。

在创建选区时，拖动鼠标并按住 Shift 键，可创建圆形选区；拖动鼠标并按住 Alt 键，可创建以起点为圆心的圆形选区。

在椭圆选框工具选项栏中选中“消除锯齿”复选框，在边缘和背景色之间填充过渡色时，可以有效地消除选区的锯齿边缘，达到柔和的效果。

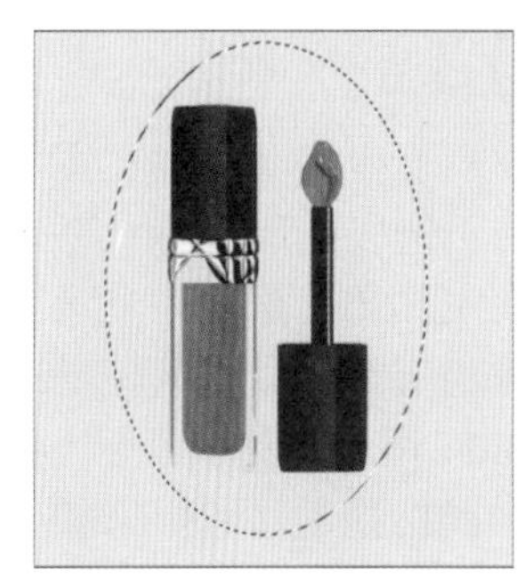

图 3-12　创建椭圆选区

## 3.1.3　单行 / 单列选框工具

在工具箱的“矩形选框工具”上右击，在弹出的列表中选择“单行选框工具”或“单列选框工具”，在图像上单击，即可创建单行或单列选区，如图 3-13 和图 3-14 所示。将单行或单列选区填充颜色，可得到水平或垂直直线。

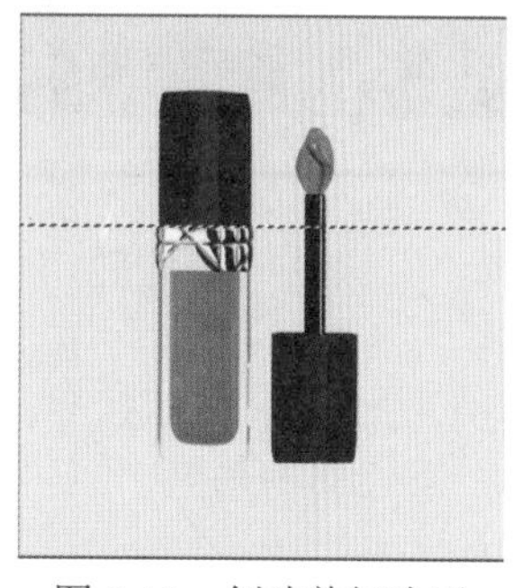
图 3-13　创建单行选区

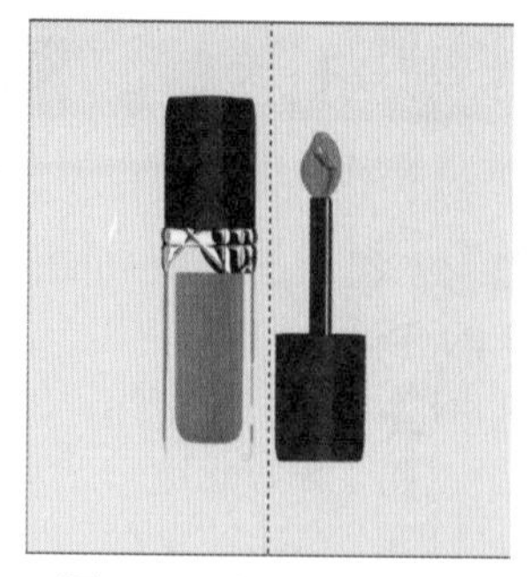
图 3-14　创建单列选区

### 3.1.4 隐藏和显示选区

创建选区后，按 Ctrl+H 快捷键可隐藏选区，再次按 Ctrl+H 快捷键可显示选区。若要取消选区，按快捷键 Ctrl+D，或在菜单栏中选择“选择”→“取消选择”命令。

## 3.2 不规则选区的创建

不规则选区工具包括套索工具、多边形套索工具、磁性套索工具、对象选择工具、快速选择工具和魔棒工具，如图 3-15 所示和图 3-16 所示，利用这些工具可以创建不规则选区。

图 3-15　不规则选区工具 (1)

图 3-16　不规则选区工具 (2)

### 3.2.1 套索工具

使用套索工具可以在图像、图层中创建不规则的选区，一般用于选取外形不规则的图像。

在工具箱中选择“套索工具”，然后在图像中按住鼠标左键沿着要选取的区域拖动至完全包含要选取的区域后，如图 3-17 所示，释放鼠标左键即可创建选区。

在鼠标拖动过程中，按 Esc 键取消选定，若终点未与起点重合就释放鼠标左键，选择区域会自动封闭生成选区。由于套索工具是手绘选区的，较难控制，因此创建的选区效果有时并不理想。

图 3-17　使用套索工具创建选区

### 3.2.2 多边形套索工具

使用多边形套索工具可以创建不规则的多边形选区，如三角形、梯形等。多边形套索工具创建的选区是多边形的直线选区。

在工具箱的“套索工具”上右击，在弹出的列表中选择“多边形套索工具”，将光标移到图像中，在起点处单击，然后移动光标会拉出一条直线，在转折点处再次单击，确定多边形的顶点，继续移动光标绘制选区，在各个转折点上单击，直至绘制结束回到起点时，光标的右下角出现一个小圆圈，表示选区已封闭，如图 3-18 所示，单击即可创建多边形选区。

在绘制过程中，即使未回到起点，双击或者按 Ctrl 键单击，也会自动形成闭合选区。按 Delete 键可删除上一个转折点。

使用“多边形套索工具”或“套索工具”时，按 Alt 键可以在两个工具之间进行相互切换。

图 3-18　使用多边形套索工具创建选区

## 3.2.3　磁性套索工具

磁性套索工具用于选取图像与背景反差较大、形状比较复杂的区域。在工具箱中选择“磁性套索工具”，在其工具选项栏中设置参数，如图 3-19 所示。

羽化: 0 像素　消除锯齿　宽度: 10 像素　对比度: 10%　频率: 57　选择并遮住...

图 3-19　磁性套索工具选项栏

- 宽度：用于设置选择图像时探查边缘的宽度，其取值范围为 0 ～ 40 像素，数值越大，探查的范围越大，精细度越低。
- 对比度：用于控制“磁性套索工具”对图像边缘的灵敏度，较高的数值用于探查与其周围对比鲜明的边缘，较低的数值用于探查与其周围对比较低的边缘。
- 频率：用于设置“磁性套索工具”自动插入固定点的频率，数值越大，固定点越多，选择边框紧固点的速度越快。

设置好参数后，将光标移到图像中，单击选区的起点，沿着图像边缘移动光标自动绘制选区，当移动的光标回到起点时，光标的右下角出现一个小圆圈，表示选区已封闭，如图 3-20 所示，单击即可完成选区的绘制操作。

在使用“磁性套索工具”绘制选区的过程中，按 Delete 键可删除上一个固定点，或者单击手动增加固定点。

图 3-20　使用磁性套索工具创建选区

## 3.2.4　对象选择工具

“对象选择工具”是 Photoshop 2020 中新增的智能自动选择工具，可简化在图像中选择单个对象或对象某个部分的过程。选择时只需在对象周围绘制矩形区域或套索，“对象选择工具”就会自动选择已定义区域内的对象，极大地提高了选择效率，适用于选择图像中定义明确的对象。

在工具箱中选择“对象选择工具”，或按 Shift+W 快捷键，切换至“对象选择工具”，将光标移到图像中，按住鼠标左键并拖动绘制一个选区，如图 3-21 所示，释放鼠标左键，可自动选中该选区中的对象，如图 3-22 所示。

“对象选择工具”有两种选择模式，即矩形模式和套索模式，如图 3-23 所示。矩形模式，拖动鼠标可定义对象周围的矩形区域。套索模式，在对象的边界外绘制粗略的套索，按住 Shift 键，新绘制的选区与原有选区相加并自动选择拓展选区中的对象，如图 3-24 和图 3-25 所示；按住 Alt 键，新绘制的选区与原有选区相减并自动选择减后选区中的对象，如图 3-26 和图 3-27 所示；按住 Shift+Alt 键，保留新绘制的选区与原选区相交的区域并自动选择相交区域中的对象。或者在工具选项栏中单击“添加到选区”按钮、“从选区减去”按钮和“与选区交叉”按钮来实现增加选区、减去选区和保留交叉选区。

图 3-21　拖动绘制选区

图 3-22　自动选中选区中的对象

图 3-23　对象选择工具选项栏

图 3-24　按 Shift 键绘制粗略的选区

图 3-25　自动选择拓展选区对象

图 3-26　按 Alt 键绘制粗略的选区

图 3-27　自动选择减后选区中的对象

默认情况下，“对象选择工具”仅在当前图层中选择对象。例如，在图 3-28 中当前图层是“图层 2”，当使用“对象选择工具”在图像中拖动矩形选区时，如图 3-29 所示，只选择“图层 2”中的对象，如图 3-30 所示。若要选择图 3-28 中的“图层 1”“图层 2”所有图层中的对象，则在工具选项栏中选中“对所有图层取样”复选框，如图 3-31 所示，在图像中拖动矩形选区，如图 3-29 所示，自动选择所有图层中的对象，如图 3-32 所示。

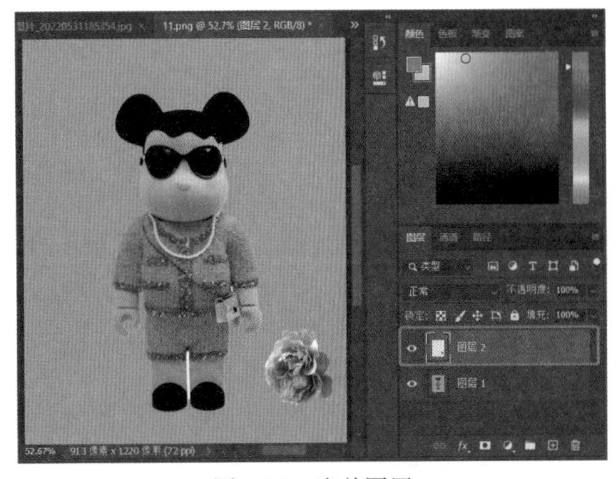

图 3-28　当前图层

若选中该工具选项栏中的“增强边缘”复选框，可以减少选区边界的粗糙度和块效应，自动将选区流向图像边缘。“减去对象”复选框，默认是选中状态，此时，按住 Alt 键，新绘制的选区与原有选区相减并自动选择减后选区中的对象。单击“选择主体”按钮，自动判断主体图像，并将之选中。

使用“对象选择工具”最大的优点是不需要绘制精确的选区，只需要框选出范围，即可自动生成选区，方便进一步的选择等后期处理。

图 3-29　绘制矩形选区

图 3-30　选择当前图层的对象

图 3-31　选中“对所有图层取样”复选框

图 3-32　选择所有图层中的对象

## 3.2.5　快速选择工具

“快速选择工具”通过使用可调整的圆形画笔查找和追踪图像的边缘创建选区，是一款快捷、高效的选择工具。在工具箱中选择“快速选择工具”，或按 Shift+W 快捷键，切换至“快速选择工具”，将光标移到图像中，在需要选择的区域按住鼠标左键并拖动即可创建选区，如图 3-33 所示。在拖动过程中，按住 Shift 键，拖动经过的选区添加到原选区；按住 Alt 键，拖动经过的选区从原选区中去除。

图 3-33　按住鼠标左键创建选区

选择“快速选择工具”后，在如图 3-34 所示的工具选项栏中可以设置参数以优化选择。

- 新选区：创建新的选区。如果图像中已经有一个选区，单击“新选区”按钮，新创建的选区将取代原来的选区。
- 添加到选区：单击此按钮，新创建的选区会添加到已有选区中，形成新的选区。
- 从选区减去：单击此按钮，从已有选区中减去新创建的选区，形成新的选区。
- 画笔：用于设置画笔的直径、硬度、间距、角度、圆度以及大小的动态控制等。
- 对所有图层取样：选中此复选框，表示从整个图像中取样颜色。

图 3-34　快速选择工具选项栏

- 增强边缘：选中此复选框，可自动增强选区边缘。

在使用“快速选择工具”创建选区时，如果选择的区域较大且离边缘较远，可将画笔的直径调大；如果选择边缘，为了选择精确，可将画笔直径调小。

## 3.2.6　魔棒工具

魔棒工具通常用于选择颜色类似的图像区域。在工具箱中选择“魔棒工具”，或按 Shift+W 快捷键，切换至魔棒工具，将光标移到图像中，单击图像中的某一点，与该点颜色相同或相似的点都被选中，如图 3-35 所示。

图 3-35　使用魔棒工具创建选区

选择魔棒工具后，在如图 3-36 所示的工具选项栏中可以设置参数以优化选择。

- 取样大小：设置取样范围的大小。
- 容差：用于控制颜色的范围，默认值为 32。数值越大，可以选择的颜色范围越大；数值越小，可以选择的颜色范围越小，选择的颜色与鼠标单击处的颜色越相近。
- 消除锯齿：选中此复选框，可消除选区的锯齿以平滑边缘。
- 连续：选中此复选框，只选择与单击处相邻的、颜色相近的范围；否则，选择整个图层或图像中与单击处颜色相近的范围。
- 对所有图层取样：选中此复选框，在所有图层中选择容差范围内颜色相近区域；否则，只选择当前图层中容差范围内颜色相近区域。

图 3-36　魔棒工具选项栏

# 3.3 创建选区的其他方法

Photoshop 2020 提供了多种创建选区的方法，除了使用选区工具创建选区外，还可以根据色彩范围创建选区或利用快速蒙版等创建选区。

## 3.3.1 根据色彩范围创建选区

根据色彩范围创建选区与使用“魔棒工具”创建选区相似，都是根据颜色范围对图像创建选区。在菜单栏中选择“选择”→“色彩范围”命令，弹出“色彩范围”对话框。将光标移到图像中，光标变为吸管工具，单击图像中需要选择的颜色，如图 3-37 所示，此时，“色彩范围”对话框内预览框中的黑白缩览图发生变化，白色部分即为选中的区域，黑色部分是选区之外的区域，如图 3-38 所示。拖动“颜色容差”滑块，可设置选择颜色范围的大小。数值越大，选择的颜色范围越大；反之，范围越小。完成之后，单击“确定”按钮，创建的选区如图 3-39 所示。

图 3-37　单击需要选择的颜色

图 3-38　“色彩范围”对话框

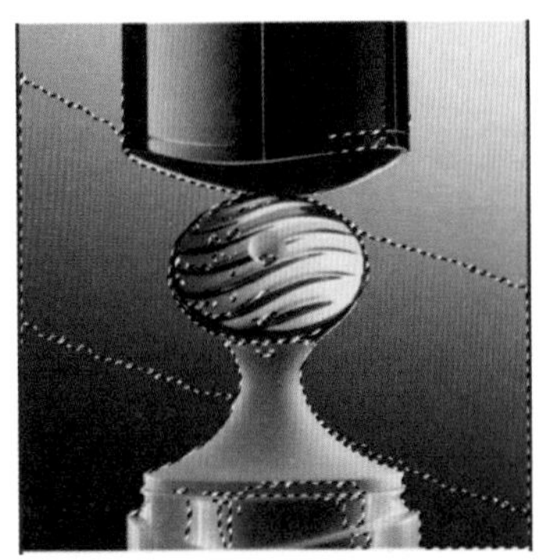

图 3-39　创建选区后的效果

在“色彩范围”对话框中，“选择”选项默认是“取样颜色”，打开其下拉列表，选择某一颜色，以此来选择图像中的此类颜色。若选中“本地化颜色簇”复选框，以单击点为圆心向外扩展选择，扩展圆的大小可在“范围”数值框中设置。

在选择颜色的过程中，按住 Shift 键在图像中单击可增加颜色选区；按住 Alt 键在图像中单击可减去颜色选区。或者单击“色彩范围”对话框中的“添加到取样”按钮与“从取样中减去”按钮，可增加或减去颜色选区。

## 3.3.2 利用快速蒙版创建选区

快速蒙版是一种选区转换工具，可将选区转换为临时的蒙版图像，然后使用画笔、钢笔等工具编辑蒙版，再将蒙版图像转换为选区。快速蒙版适合绘制简单的选区，或者配合其他选区工具来使用。

### 1. 用快速蒙版编辑选区

在图 3-40 中，使用“对象选择工具”选择左侧的瓷器及其投影，如图 3-41 所示，然后使用快速蒙版编辑选区。单击工具箱底部的“以快速蒙版模式编辑”按钮，或者按 Q 键，进入快速蒙版编辑状态，被选择的区域显示为原状，未选择的区域会覆盖一层半透明的红色，如图 3-42 所示。此时，工具箱中的前景色自动变为黑色，背景色为白色，如图 3-43 所示。

在工具箱中选择“画笔工具”，根据需要可在工具选项栏中调整画笔的直径大小及不透明度，用黑色涂抹选区中需要删除的区域，被涂抹的区域会覆盖一层半透明的红色，这样可以删除多余的选区。如果要增加选区，按 X 键，将前景色切换为白色，用白色涂抹，被涂抹的区域会显示图像，从而将涂抹区域添加到选区，如图 3-44 所示。用灰色涂抹的区域可以变为羽化的选区。

编辑结束后，单击工具箱底部的“以标准模式编辑”按钮，或按 Q 键，切回正常模式，获得的选区如图 3-45 所示。

图 3-40　素材文件

图 3-41　选择瓷器及其投影

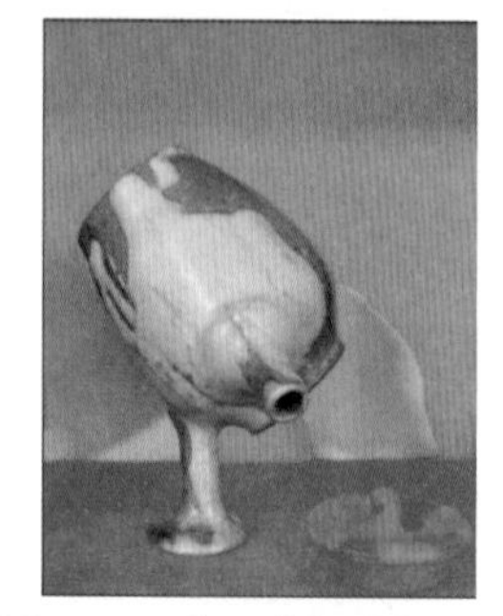
图 3-42　进入蒙版编辑状态

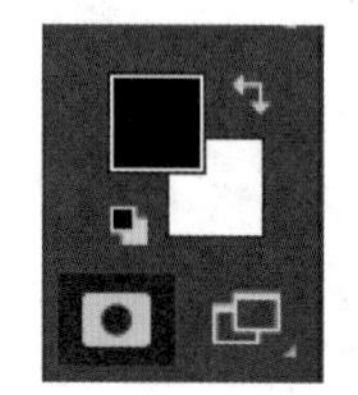
图 3-43　前景色与背景色

图 3-44　在蒙版状态中增删选区

图 3-45　选区效果

## 2. 设置快速蒙版选项

创建选区后，双击工具箱底部的“以快速蒙版模式编辑”按钮，弹出“快速蒙版选项”对话框，如图 3-46 所示，各选项的含义如下。

- “被蒙版区域”是指选区之外的图像区域。若选中“被蒙版区域”单选按钮，选区之外的图像被蒙版颜色覆盖，而选择的区域完全显示图像。
- “所选区域”是指已选择的区域。若选中“所选区域”单选按钮，则选区中的图像被蒙版颜色覆盖，选区之外的区域显示为图像本身的颜色，如图 3-47 所示。此选项适合在没有选区的情况下直接进入快速蒙版，然后在快速蒙版中创建选区。
- “颜色”与“不透明度”只影响蒙版的外观，不会对选区产生影响。单击颜色块，如图 3-48 所示，在打开的“拾色器”中可以设置蒙版的颜色，效果如图 3-49 所示。如果图像与蒙版的颜色相似，通常需要调整蒙版的颜色。

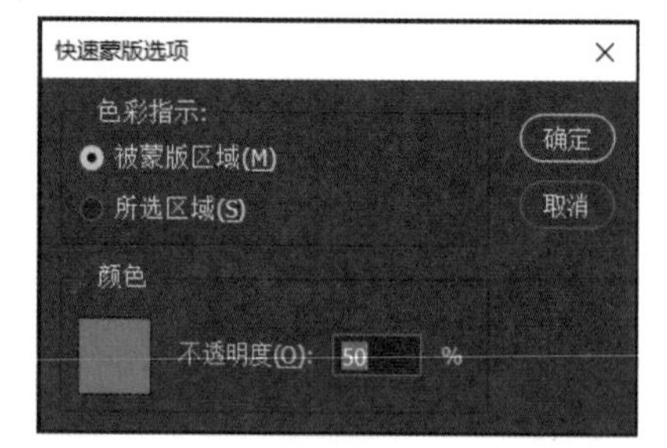

图 3-46　“快速蒙版选项”对话框

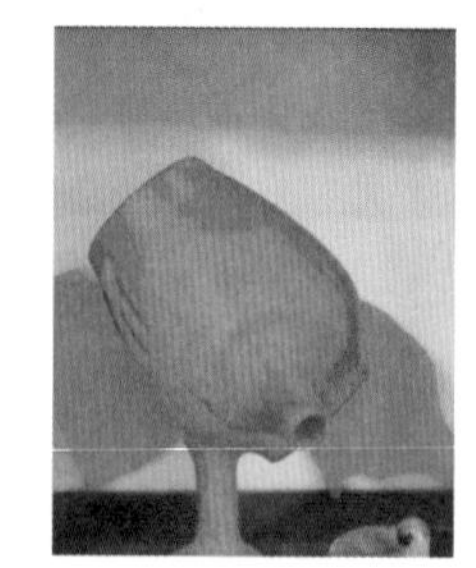
图 3-47　“所选区域”效果

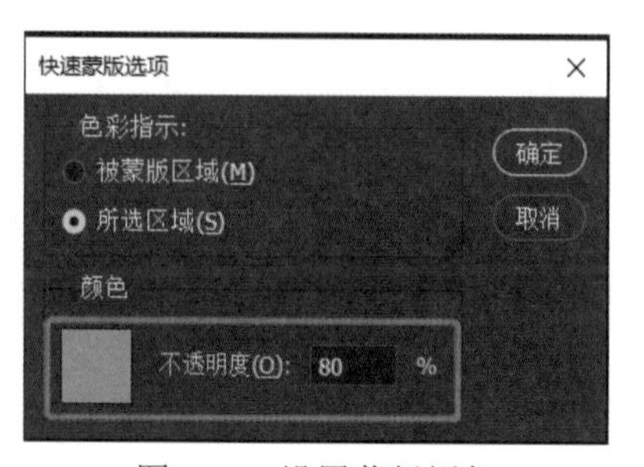

图 3-48　设置蒙版颜色

图 3-49　蒙版颜色效果

# 3.4 选区的高级调整

在创建选区时，如果要对选区进行精确调整或平滑选区，可以借助选区调整命令对已创建的选区进行扩展、收缩、平滑等操作，从而获得满意的选区。

## 3.4.1 调整边界

调整边界是指将原选区转换为以选区边界为中心，指定宽度的新选区。打开“素材\第 3 章\藏红花 .png”图片，使用工具箱中的“对象选择工具”创建选区，如图 3-50 所示，在菜单栏中选择“选择”→“修改”→“边界”命令，弹出“边界选区”对话框，在该对话框的“宽度”数值框中输入数值，如图 3-51 所示，单击“确定”按钮，效果如图 3-52 所示。

图 3-50　创建选区

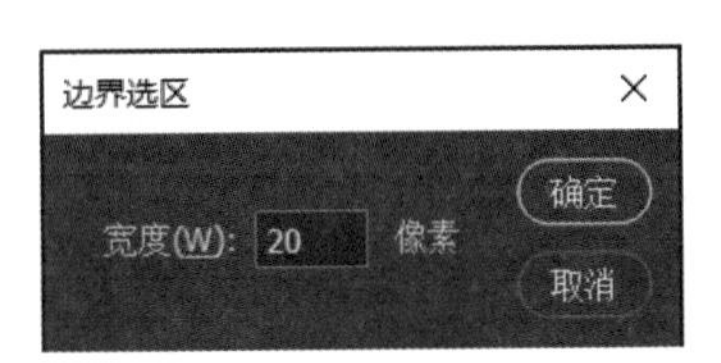


图 3-51　“边界选区”对话框

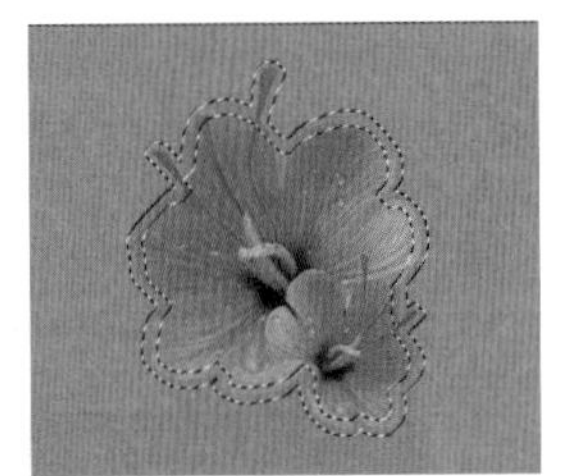

图 3-52　调整边界后的效果

## 3.4.2 平滑选区

使用“平滑”命令可将带有尖锐顶点的选区圆滑到无顶点的效果。选择工具箱中的“对象选择工具”，将图 3-53 中的正方形选中，在菜单栏中选择“选择”→“修改”→“平滑”命令，弹出“平滑选区”对话框，在该对话框的“取样半径”数值框中输入 1 和 100 之间的像素值，如图 3-54 所示，该数值越大，平滑效果越明显，单击“确定”按钮，将正方形选区尖锐顶点平滑到无顶点的效果，如图 3-55 所示。

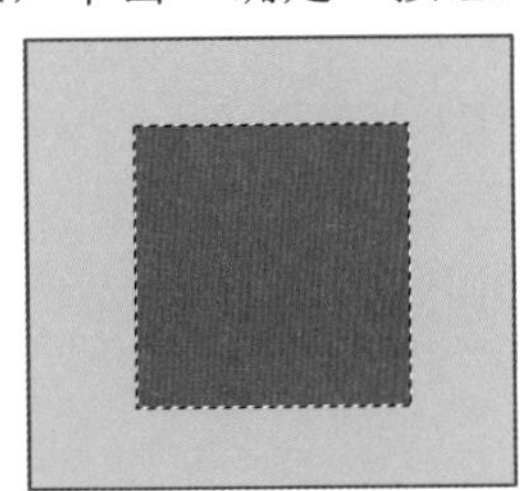

图 3-53　创建选区

图 3-54　“平滑选区”对话框

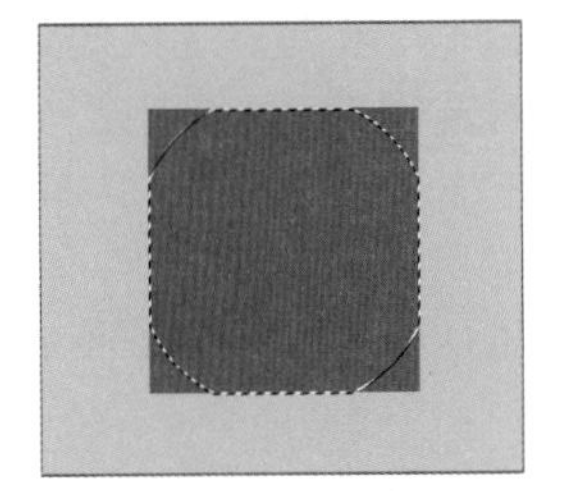

图 3-55　平滑效果

## 3.4.3 扩展与收缩选区

使用选区工具创建选区后，通过设置扩展或收缩参数可以扩大或缩小原有选区。

### 1. 扩展选区

选择工具箱中的“对象选择工具”，将图 3-56 中的圆形选中。在菜单栏中选择“选择”→“修改”→“扩展”命令，弹出“扩展选区”对话框，在该对话框的“扩展量”数值框中输入数值，如图 3-57 所示，该数值越大，扩展的选区越大，单击“确定”按钮，效果如图 3-58 所示。

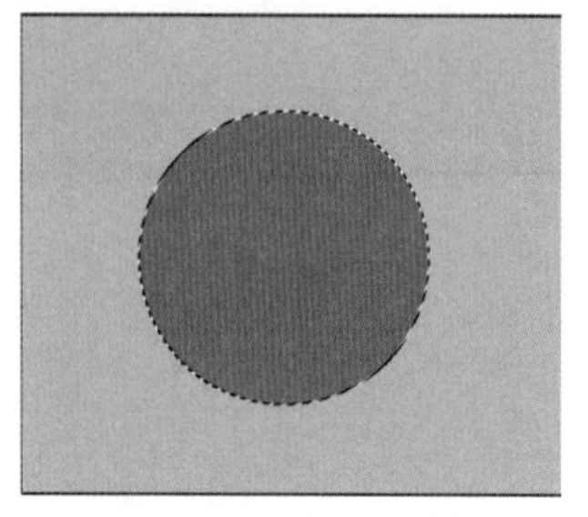

图 3-56　创建选区

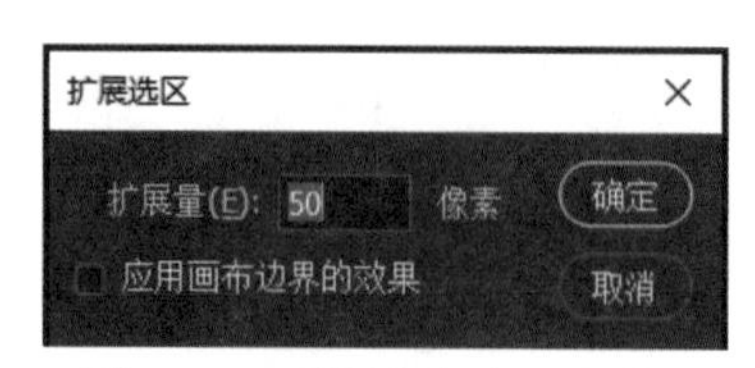


图 3-57　“扩展选区”对话框

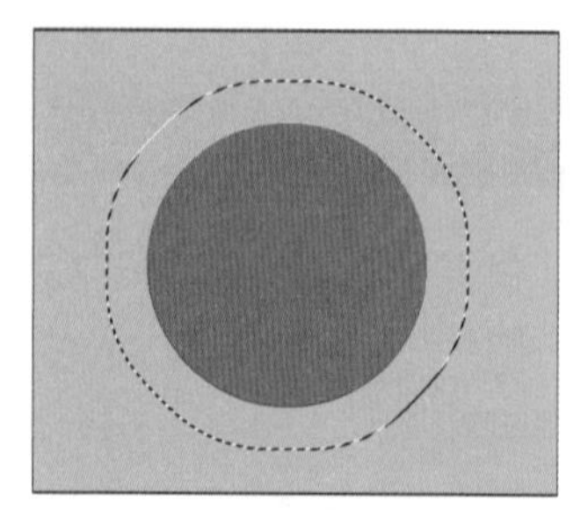

图 3-58　扩展选区后的效果

### 2. 收缩选区

创建如图 3-56 所示的选区后，在菜单栏中选择“选择”→“修改”→“收缩”命令，弹出“收缩选区”对话框，在该对话框的“收缩量”数值框中输入数值，如图 3-59 所示，单击“确定”按钮，效果如图 3-60 所示。

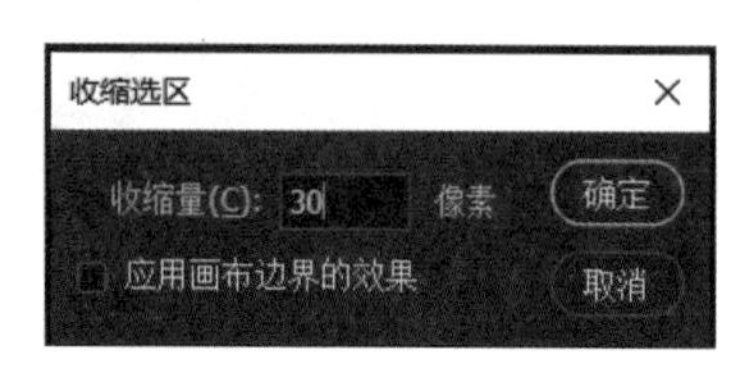


图 3-59　“收缩选区”对话框

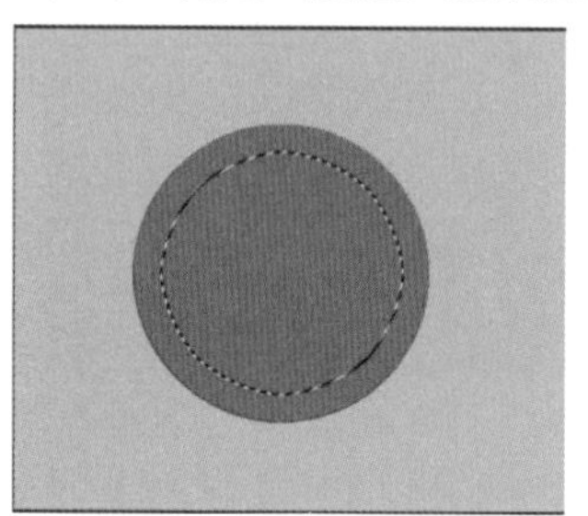

图 3-60　收缩选区后的效果

## 3.4.4　羽化选区

羽化是指在选区和其边缘之间创建柔化边缘过渡，形成由选区中心向外渐变的半透明效果。羽化有以下两种方法。

方法 1：未创建选区时，使用“矩形选框工具”“椭圆选框工具”“套索工具”等选区工具，在其对应的工具选项栏的“羽化”数值框中输入数值以定义羽化边缘的宽度。打开“素材 \ 第 3 章 \ 礼盒.jpg”图片，在工具箱中选择“矩形选框工具”，将工具选项栏中的“羽化”数值设置为 20，按住鼠标左键拖动绘制矩形选区，此时，选区变成圆角矩形，如图 3-61 所示。将选区中的图像进行复制 ( 依次按 Ctrl+C 和 Ctrl+V 快捷键 )，然后按住 Ctrl 键的同时按鼠标左键将选区中复制的图像拖到右下角，羽化效果如图 3-62 所示。

图 3-61　设置羽化值并创建选区

图 3-62　羽化效果

方法 2：创建选区后，如图 3-63 所示，在菜单栏中选择“选择”→“修改”→“羽化”命令，或按 Shift+F6 快捷键，弹出“羽化选区”对话框，在该对话框的“羽化半径”数值框中输入像素值，如图 3-64 所示，羽化半径越大，选区边缘过渡越柔和，单击“确定”按钮，选区变为圆角矩形，将选区中的图像复制并移到右下角，效果如图 3-65 所示。

图 3-63　创建矩形选区

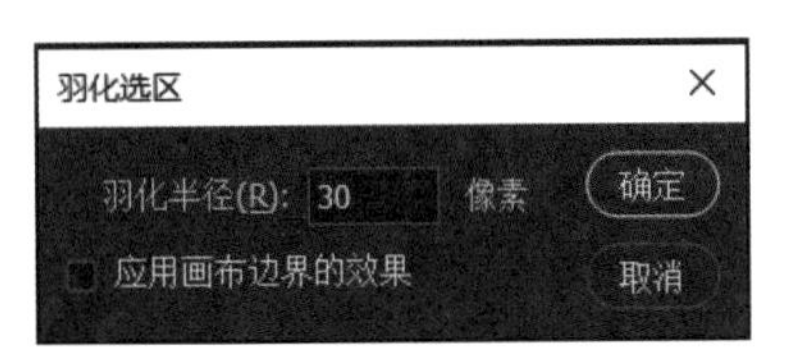


图 3-64　“羽化选区”对话框

图 3-65　羽化效果

## 3.4.5　扩大选取和选取相似

扩大选取和选取相似通常配合选区工具创建选区。使用选区工具创建选区时，如果相同颜色区域分布在图像中的不同位置，且边缘复杂难选，此时，可以使用“扩大选取”和“选取相似”命令解决此问题。

打开“素材\第 3 章\杏 .png”文件，使用工具箱中的“魔棒工具”创建选区，如图 3-66 所示。在菜单栏中选择“选择”→“扩大选取”命令，可根据当前选区内的颜色值扩大选区，如图 3-67 所示。

在菜单栏中选择“选择”→“选取相似”命令，可以将图像中所有与当前选区中颜色相似的区域选中，如图 3-68 所示。

图 3-66　创建选区

图 3-67　扩大选取效果

图 3-68　选取相似效果

## 3.4.6　变换选区

变换选区是指对选区进行放大、缩小、变形等操作。创建选区后，在菜单栏中选择“选择”→“变换选区”命令，或者在选区中右击，在弹出的快捷菜单中选择“变换选区”命令，此时在选区的周围出现变换的控制框，将光标移到控制点上，光标变为、、、形状，如图 3-69 所示，按住鼠标左键并拖动控制点，可将选区放大或缩小。将光标移到控制框外控制点的附近位置，光标变为、、、、、、、形状，按住鼠标左键并拖动可旋转选区，按 Enter 键或双击完成选区变换。“变换选区”命令只改变选区范围和形状，不影响图像内容。

在控制框中右击，在弹出的快捷菜单中可以选择更多的变换操作，如斜切、扭曲、变形、翻转等，如图 3-70 所示。

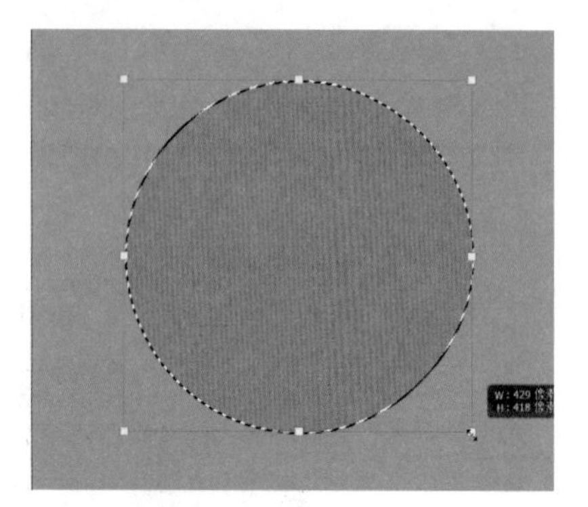

图 3-69　将光标移到控制点上

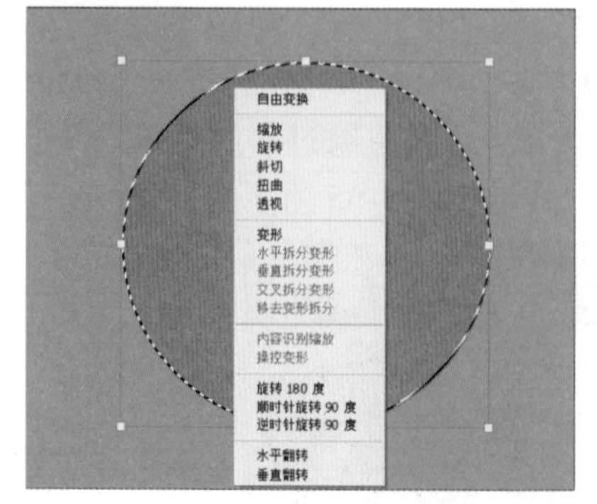


图 3-70　在控制框中右击弹出的快捷菜单

## 3.4.7　案例：羽化选区并填充

本案例通过选区工具、羽化功能与颜色填充的结合应用，为图 3-71 中的图像填充黄色背景，并在图像边缘保留白色的晕染效果，如图 3-72 所示。

01 在菜单栏中选择“文件”→“打开”命令，或按 Ctrl+O 快捷键，打开“素材 \ 第 3 章 \ 包 .png”文件。

02 在工具箱中选择“魔棒工具”，在白色背景区域单击创建选区，如图 3-73 所示。

03 在菜单栏中选择“选择”→“反选”命令，或按 Shift+Ctrl+I 快捷键，将选区反选，如图 3-74 所示。

04 在菜单栏中选择“选择”→“修改”→“扩展”命令，弹出“扩展选区”对话框，设置“扩展量”为 45 像素，如图 3-75 所示，单击“确定”按钮，效果如图 3-76 所示。

图 3-71　素材文件

图 3-72　填充背景及晕染效果图

图 3-73　创建选区

图 3-74　反选选区

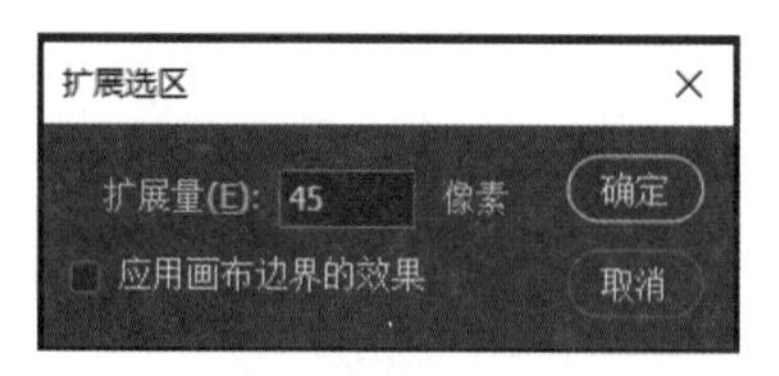


图 3-75　“扩展选区”对话框

图 3-76　扩展选区后的效果

05 在菜单栏中选择“选择”→“修改”→“羽化”命令，弹出“羽化选区”对话框，设置“羽化半径”为 30 像素，如图 3-77 所示，单击“确定”按钮，效果如图 3-78 所示。

06 在菜单栏中选择“选择”→“反选”命令，或按 Shift+Ctrl+I 快捷键，将选区反选，如图 3-79 所示。

07 在工具箱中单击“设置前景色”按钮，弹出“拾色器 ( 前景色 )”对话框，设置前景色为黄色 (R:232、G:240、B:123)，如图 3-80 所示，按 Alt+Delete 快捷键填充前景色，效果如图 3-81 所示。

**08** 按 Ctrl+D 快捷键取消选区，效果如图 3-72 所示。

图 3-77　设置“羽化半径”数值

图 3-78　羽化选区后的效果

图 3-79　反选选区

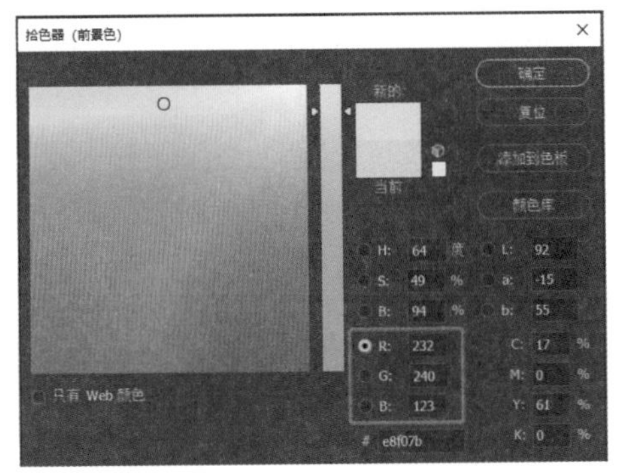

图 3-80　设置前景色

图 3-81　填充前景色

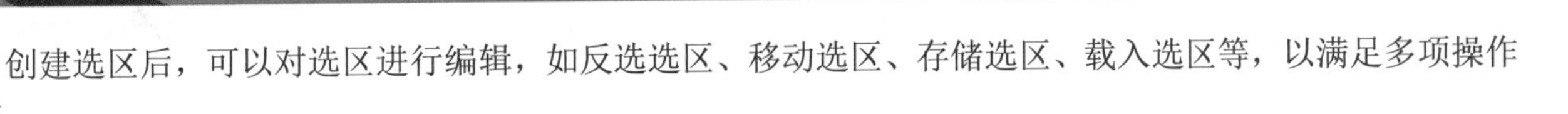

## 3.5 选区的编辑

创建选区后，可以对选区进行编辑，如反选选区、移动选区、存储选区、载入选区等，以满足多项操作需求。

### 3.5.1 全选与反选选区

全选是指选择整个图像。在菜单栏中选择“选择”→“全部”命令，或者按 Ctrl+A 快捷键，可以选择整个图像，如图 3-82 所示。

反选选区用于创建选区后将选区反转，使未选择的区域被选择，已选择的区域取消选择。创建选区后，如图 3-83 所示，在菜单栏中选择“选择”→“反选”命令，或者按 Shift+Ctrl+I 快捷键，即可对当前的选区进行反选，如图 3-84 所示。

图 3-82　全选

图 3-83　创建选区

图 3-84　反选

### 3.5.2 移动选区

创建选区后，可以移动选区以调整选区的位置，在移动选区时图像本身的效果不受影响。移动选区有以下 3 种方法。

方法 1：创建选区后，将光标放置在选区中，光标变为▹形状，如图 3-85 所示，按住鼠标左键进行拖动，在目标位置释放鼠标左键，即可将选区移到其他位置，如图 3-86 所示。

方法 2：在使用“矩形选框工具”“椭圆选框工具”“对象选择工具”创建选区时，按空格键的同时拖动鼠标，即可移动选区。

图 3-85　将光标放置在选区中

图 3-86　将选区移到其他位置

方法 3：创建选区后，按住键盘上 4 个方向键中的任意一个可移动选区，或者每按一次方向键可将选区沿当前方向键的方向移动 1 像素，每按一次 Shift+方向键可将选区沿当前方向键的方向移动 10 像素。

### 3.5.3 存储与载入选区

创建选区后，可将选区进行保存，以便在需要时重新载入选区进行使用。存储与载入选区的方法如下。

#### 1. 存储选区

使用工具箱中的选区工具创建一个选区，如图 3-87 所示。在菜单栏中选择“选择”→“存储选区”命令，弹出“存储选区”对话框，如图 3-88 所示，在“名称”文本框中输入名称，单击“确定”按钮，即可将选区存储在通道中，如图 3-89 所示。

图 3-87　创建选区

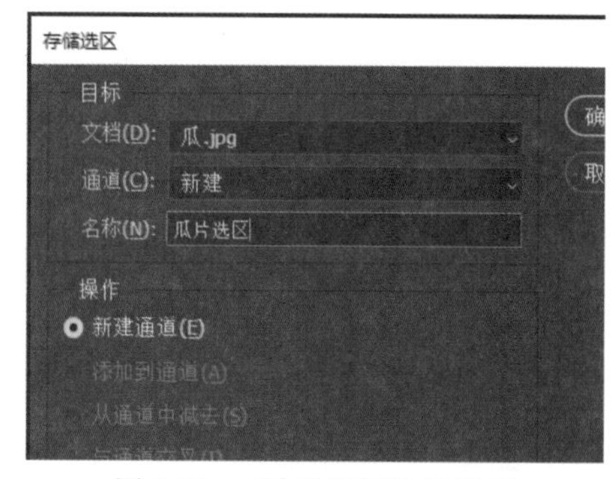


图 3-88　“存储选区”对话框

图 3-89　将选区存储在通道中

#### 2. 载入选区

将选区保存在通道后，可将选区删除进行其他操作。若要再次使用该选区，可将该选区重新载入。在菜单栏中选择“选择”→“载入选区”命令，弹出“载入选区”对话框，如图 3-90 所示，在“通道”下拉列表中选择要载入的通道名称即可。当存储的选区多于一个时，“操作”区域中的各项变为可选状态，根据需要选择将载入的选区创建新的选区、添加到当前选区、从当前选区减去等操作。

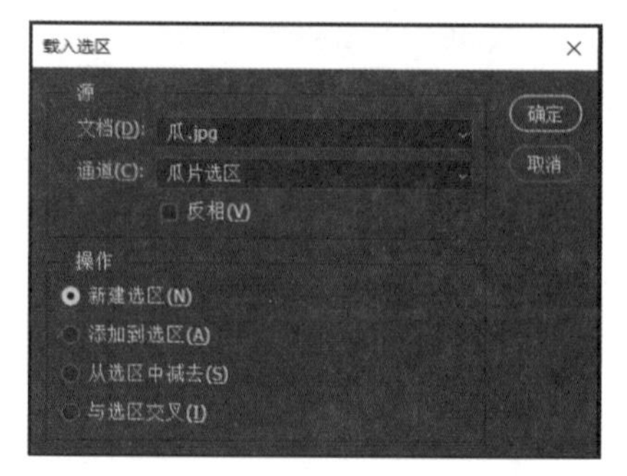


图 3-90　“载入选区”对话框

## 3.5.4　综合案例：制作手机 App 图标

App 图标是企业的重要标识。目前，应用于手机端的 App 越来越多，本案例通过介绍手机 App 图标（以微信图标为例）的制作过程，学习选区工具的使用方法及编辑图像的方法。

**01** 启动 Photoshop 2020 软件，在菜单栏中选择“文件”→“新建”命令，新建一个“宽度”为 600 像素、“高度”为 600 像素、“分辨率”为 300 像素 / 英寸的空白文档，并命名为“微信图标”，如图 3-91 所示。

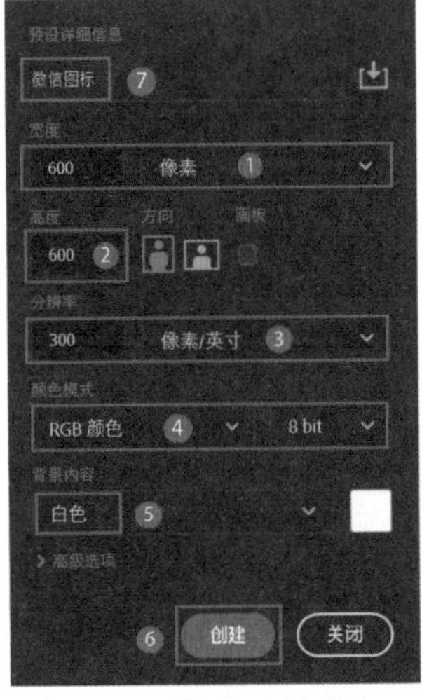

图 3-91　新建空白文档

**02** 在工具箱中选择“圆角矩形工具”，在按住 Shift 键的同时按住鼠标左键拖动绘制圆角矩形，如图 3-92 所示，在按住 Ctrl 的同时按住鼠标左键拖动可移动圆角矩形。在“属性”面板中调整圆角至合适大小，如图 3-93 所示。

图 3-92　绘制圆角矩形

图 3-93　设置圆角大小

**03** 在圆角矩形工具选项栏中单击“填充”右侧的“设置形状填充类型”按钮，在打开的下拉面板和对话框中进行如图 3-94 和图 3-95 所示的设置，将圆角矩形填充如图 3-96 所示的渐变颜色。

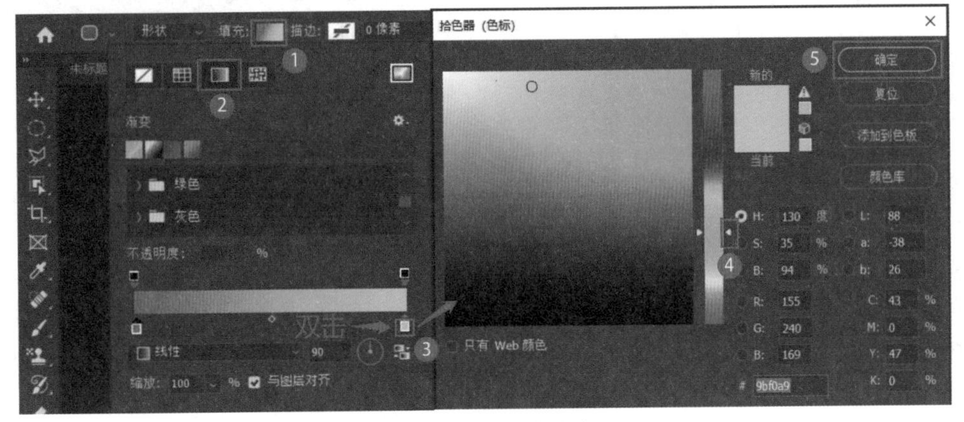

图 3-94　设置渐变填充 1

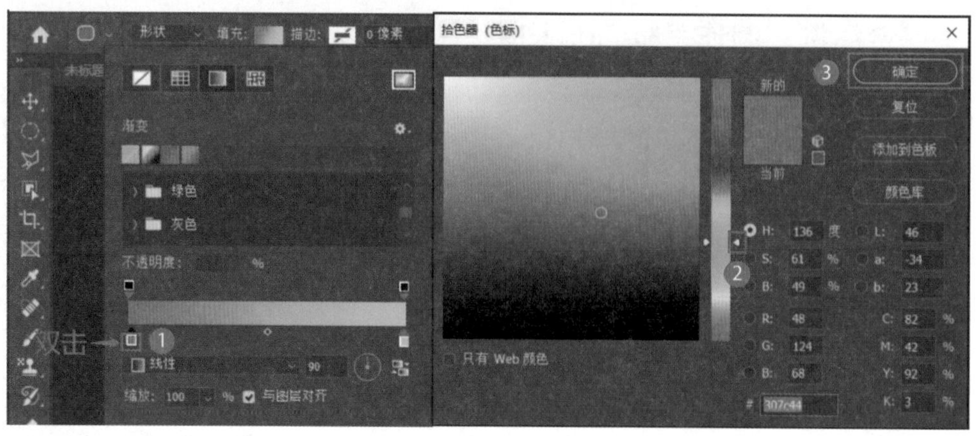

图 3-95 设置渐变填充 2

04 在“图层”面板中单击“创建新图层”按钮，在“图层”面板中创建一个新的图层“图层 1”，如图 3-97 所示。

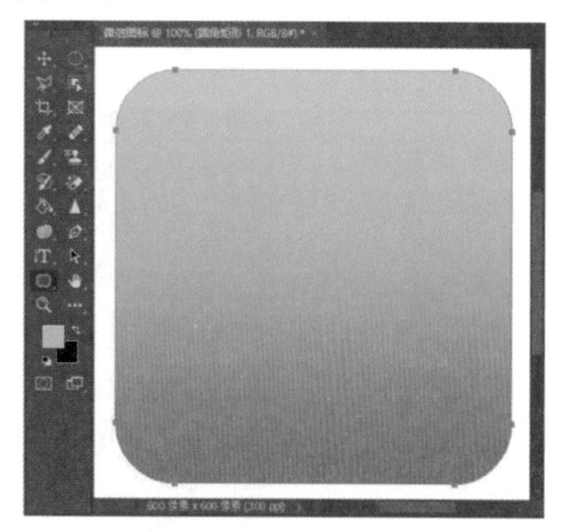

图 3-96 填充渐变效果

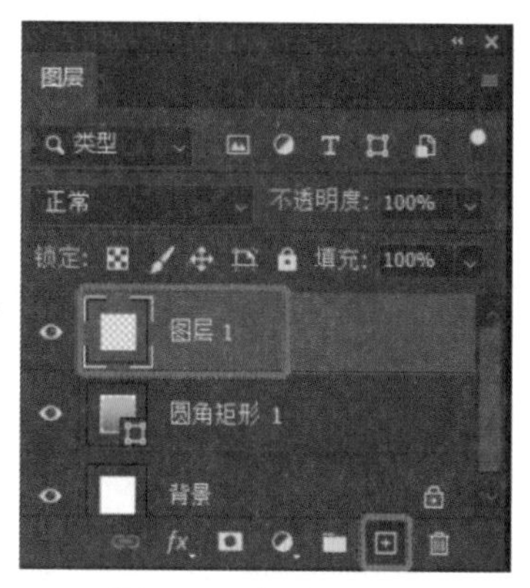

图 3-97 创建新图层

05 在菜单栏中选择“视图”→“显示”→“网格”命令，显示网格线，如图 3-98 所示。

06 在工具箱中选择“椭圆选框工具”，在按住 Shift 键的同时按住鼠标左键并拖动，绘制如图 3-99 所示的圆形。

07 在圆形中绘制两个小圆形，然后在工具箱中选择“多边形套索工具”，在圆形的左下角绘制如图 3-100 所示的选区。

图 3-98 显示网格线

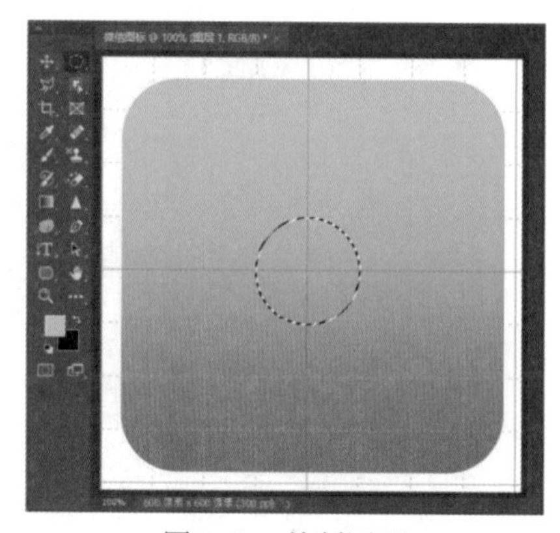

图 3-99 绘制圆形

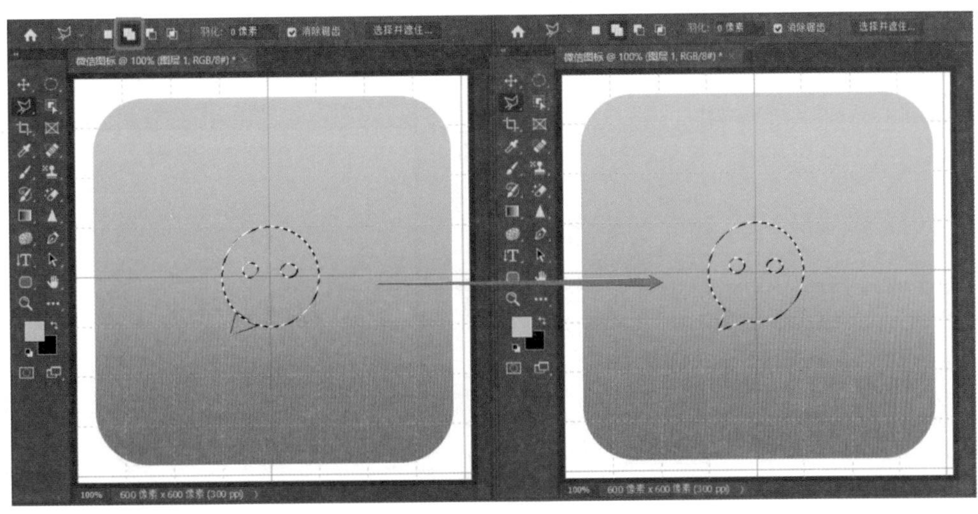

图 3-100　使用“多边形套索工具”绘制选区

08 在工具箱中单击“默认前景色和背景色 (D)”按钮，按 Ctrl+Delete 快捷键，将选区填充为默认的背景色白色，如图 3-101 所示。

09 按 Ctrl+D 快捷键取消选区。在“图层”面板中将“图层 1”拖到面板底部的“创建新图层”按钮上，复制一个新的图层“图层 1 拷贝”，如图 3-102 所示。按 Ctrl+D 快捷键取消选区。

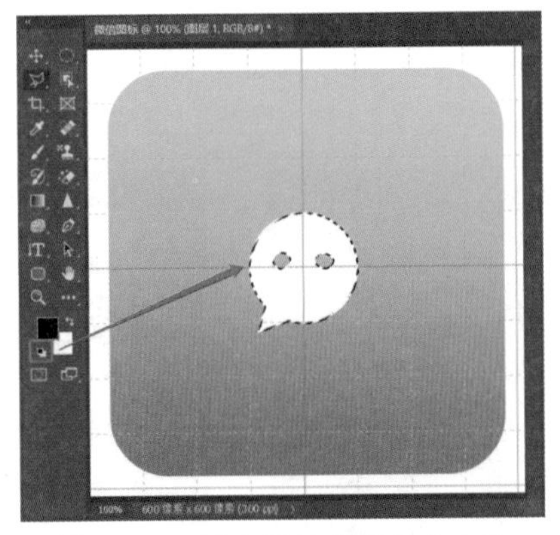

图 3-101　填充默认的背景色白色

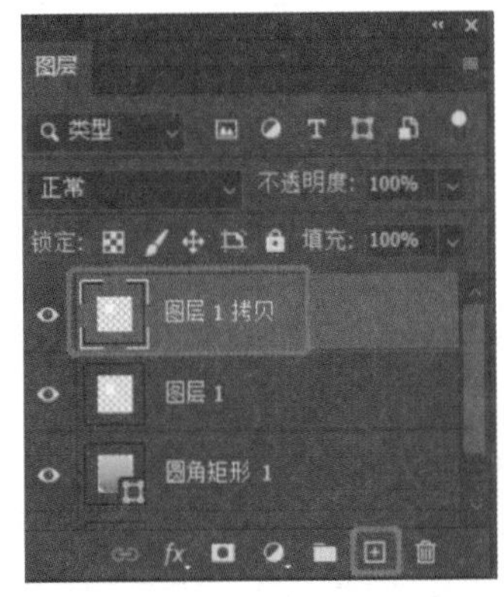


图 3-102　复制一个新的图层

10 在按住 Ctrl 键的同时按住鼠标左键拖动图像，或者使用工具箱中的“移动工具”，将图像沿着右下角的方向拖至适当位置，如图 3-103 所示。

11 在菜单栏中选择“编辑”→“自由变换”命令，或者按 Ctrl+T 快捷键，变换图像的大小。在菜单栏中选择“编辑”→“变换”→“水平翻转”命令，将图像水平翻转，变换大小和翻转后的效果如图 3-104 所示，按 Enter 键，确认变换。

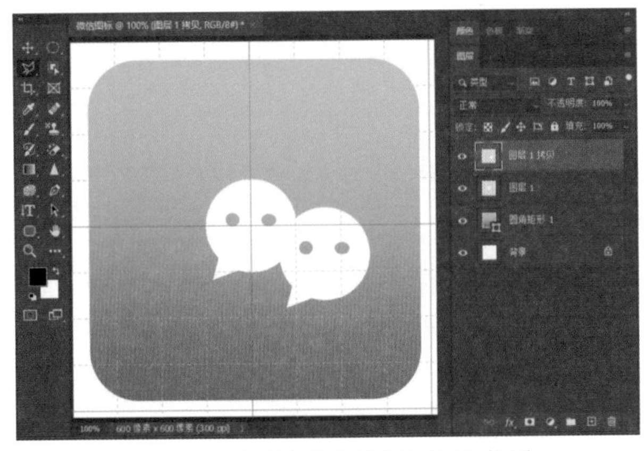

图 3-103　将复制的图像移到适当位置

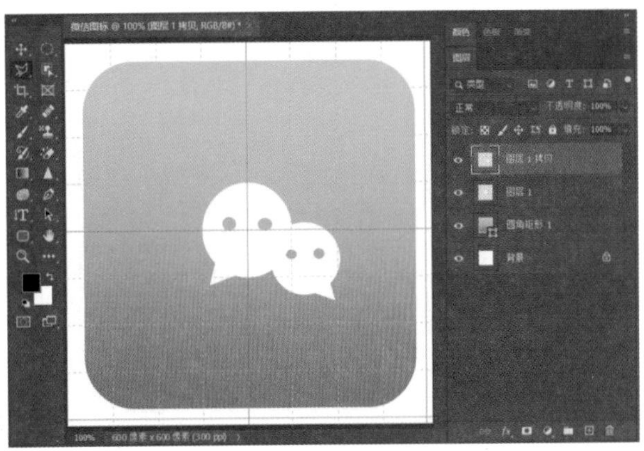

图 3-104　变换复制的图像大小和翻转方向

12 在“图层”面板中，单击“图层 1 拷贝”左侧的“指示图层可见性”按钮，将图像隐藏，然后按住

Ctrl 键并单击“图层 1 拷贝”左侧的“缩览图”图标，显示复制图像的选区，如图 3-105 所示。

13 单击“图层 1”，按 Delete 键，效果如图 3-106 所示。

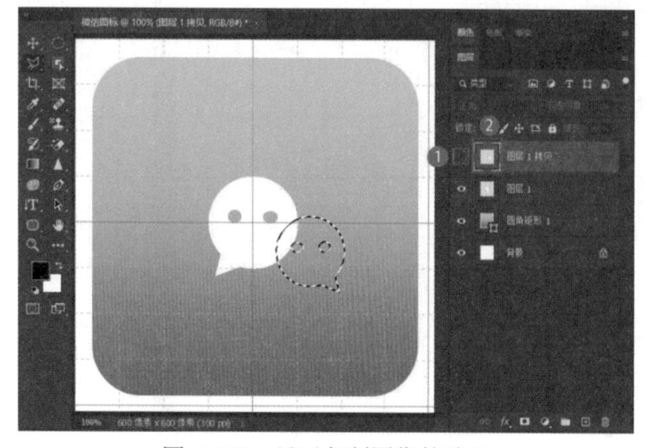

图 3-105　显示复制图像的选区

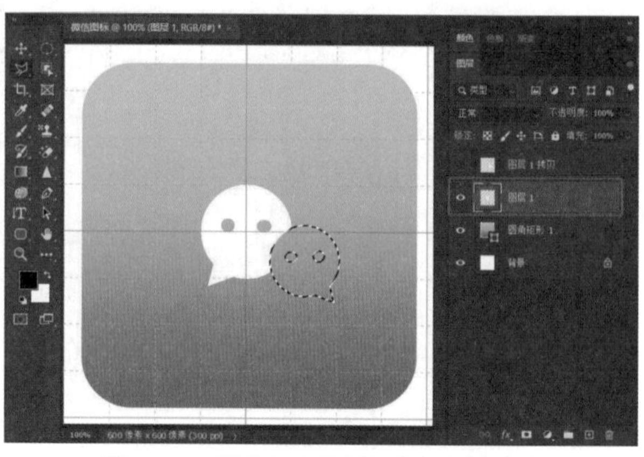

图 3-106　删除与当前图层中相交的区域

14 单击“图层 1 拷贝”左侧的“指示图层可见性”按钮，将图像显示，如图 3-107 所示。按 Ctrl+D 快捷键取消选区。在按住 Ctrl 键的同时按住鼠标左键拖动图像，或者使用工具箱中的“移动工具”将图像向右下方稍微移动，效果如图 3-108 所示。

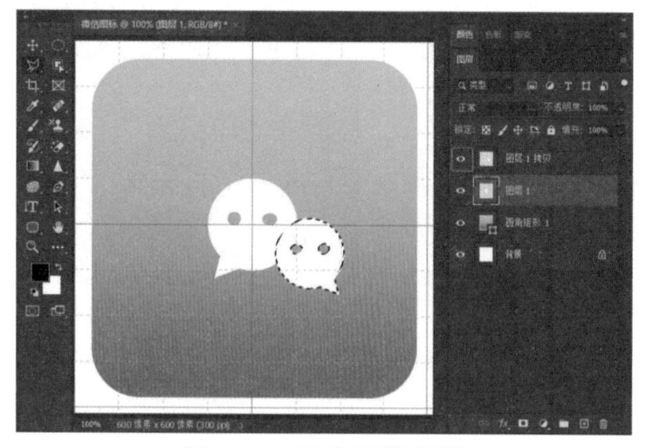

图 3-107　显示复制的图像

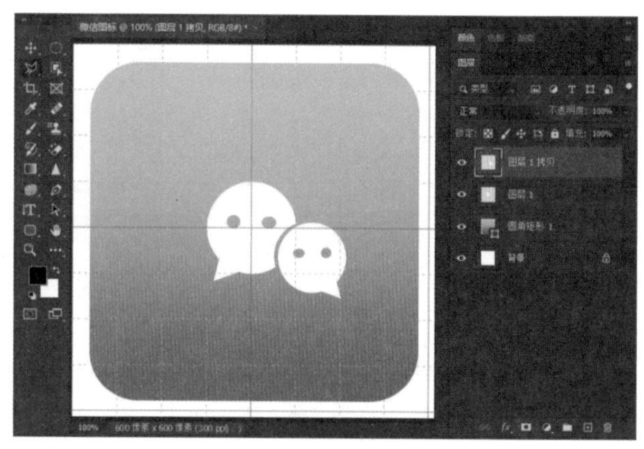

图 3-108　移动复制的图像

15 在菜单栏中选择“视图”→“显示”→“网格”命令，取消显示网格线。

16 移动“图层 1”和“图层 1 拷贝”中的图像。按住 Ctrl 键同时选中“图层 1”和“图层 1 拷贝”两个图层，按住 Ctrl 键拖动图像至合适位置，最终效果如图 3-109 所示，微信图标制作完成，按 Ctrl+S 快捷键保存文件。

图 3-109　制作完成的微信图标

# 第 4 章 图像的调整

Photoshop 具有强大的图像调整功能，可增强、修复和校正图像中的颜色和色调。本章作为重点会涉及色彩的对比与调和等色彩知识和颜色模式转换理论等内容，相关内容包括调整画面的亮度、暗度和对比度等。

## 4.1 图像颜色模式的转换

颜色模式是将某种颜色表现为数字形式的模型，或者说是一种记录图像颜色的方式。颜色模式决定了如何基于颜色模式中的通道数量来组合颜色。不同的颜色模式会导致不同级别的颜色细节和不同的文件大小。在 Photoshop 中颜色模式是一个非常重要的概念，只有了解不同的颜色模式，才能精确地描述、修改和处理色调。

### 4.1.1 常用的颜色模式

在菜单栏中选择“图像”→“模式”命令，在其下拉菜单中有 8 种颜色模式，分别是位图模式、灰度模式、双色调模式、索引颜色模式、RGB 颜色模式、CMYK 颜色模式、Lab 颜色模式和多通道模式。

#### 1. 位图模式

在位图模式下，系统使用黑色、白色两种颜色值中的一种来表示图像中的像素，每一像素用“位”来表示。“位”只有两种状态：0 表示有点，1 表示无点。将图像转换为位图模式会使图像减少到两种颜色，从而大大地简化了图像中的颜色信息和文件的大小，由于位图模式只能包含黑、白两种颜色，因此将一幅彩色图像转换为位图模式时，需要先将其转换为灰度模式。

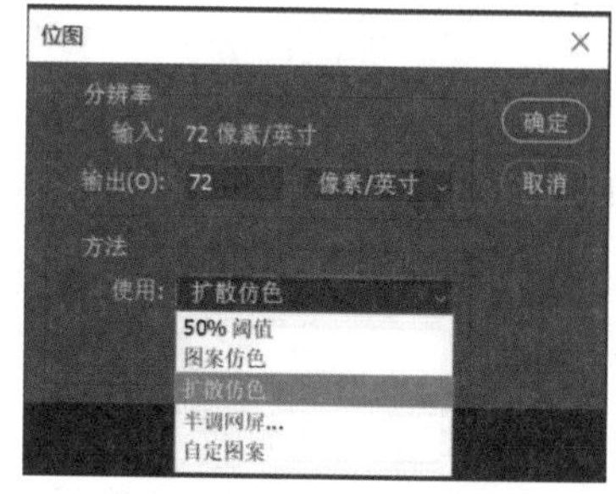


图 4-1 “位图”对话框

在菜单栏中选择“图像”→“模式”→“位图”命令，弹出“位图”对话框，如图 4-1 所示，在“使用”下拉列表中，可以看到转换位图的方式有 5 种，分别为 50% 阈值、图案仿色、扩散仿色、半调网屏和自定图案。各转换位图方式效果如图 4-2 所示。

图 4-2 转换位图的方式

- 50% 阈值：❶ 将灰色值高于中间灰阶 128 的像素转换为白色，将灰色值低于灰阶 128 的像素转换为灰色，转换后画面效果为黑白对比图像。
- 图案仿色：❷ 通过将灰阶组织成白色和黑色网点的几何配置来转换图像。
- 扩散仿色：❸ 从图像左上角的像素开始，通过误差扩散来转换图像。
- 半调网屏：❹ 半调网屏是印刷上非常重要的术语。报纸或书籍上的图案由很多点构成，用放大镜观看这些点还有特定的角度和形状，这种点就叫“半调网点”，使用这种打印方式，效率更高，成本更低。

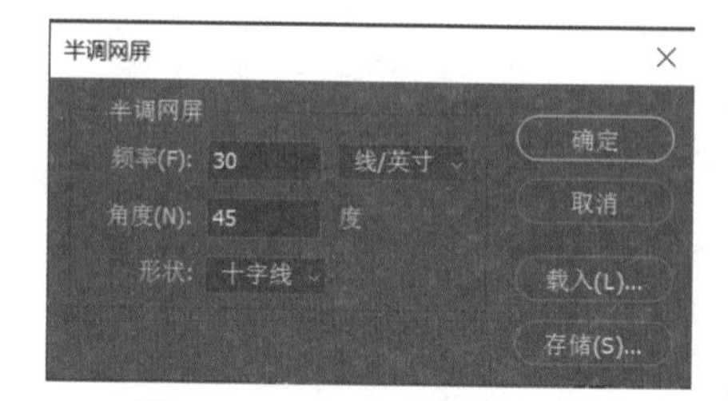


图 4-3 “半调网屏”对话框

使用“半调网点”需进行以下设置，如图 4-3 所示，在“形状”下拉列表中选择“十字线”，图 4-2 的 ❹ 为放大后的十字线形状细节。“频率”数值越大，网点之间的距离越小，打印质量越好。“角度”

是网屏的取向，通常为 45 度。“形状”是网点的形状，有圆形、菱形、椭圆、直线、方形、十字形。

- 自定图案：❺ 模拟转换后的图像中自定半调网屏的外观，所选图案通常是一个包含灰度级的图案。

图 4-4　素材文件

## 2. 灰度模式

灰度模式包括黑色和白色之间的 256 种不同深浅的灰色调，当一个彩色文件被转换为灰度模式时，图像的色相和饱和度信息被消除，只留下亮度，如图 4-4 和图 4-5 所示。Photoshop 可以将图像从彩色模式转换为灰度模式，当文件从彩色模式转换为双色调模式或位图模式时，必须先转换为灰度模式。灰度模式也可以转换为任何一种色彩模式，即便再转换回彩色，颜色也不会恢复，所以在转换前应做备份。灰度模式可以摒弃颜色的干扰，更好地展现黑、白、灰的效果，使主题表达得更充分。

图 4-5　彩色文件转换为灰度模式后的效果

## 3. 双色调模式

使用双色到四色油墨印刷，除了可以在打印中比单色油墨体现更多细节之外，还可以获得一种戏剧性的效果。双色调模式不是指由两种颜色来构成图像，而是通过 1 ～ 4 自定义油墨创建 ❶ 单色调、❷ 双色调、❸ 三色调和四色调的灰度图像。

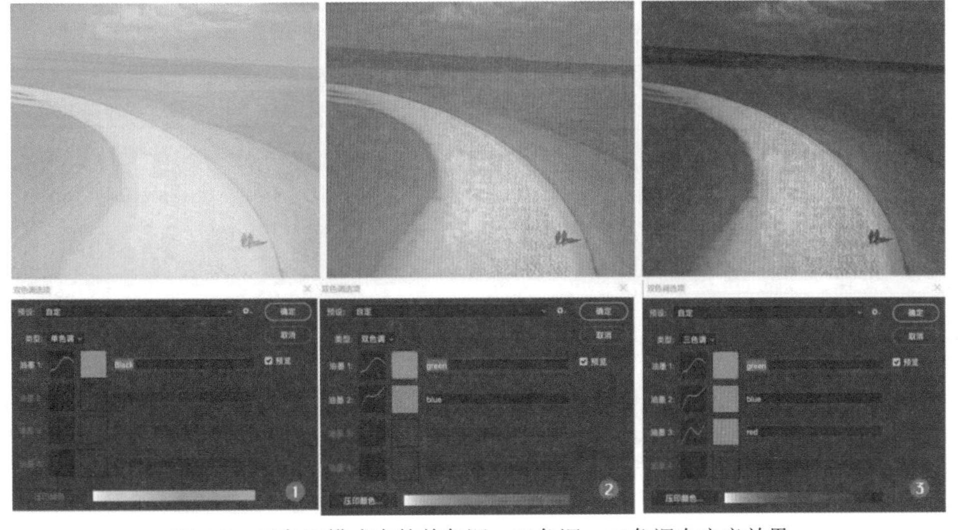


图 4-6　双色调模式中的单色调、双色调、三色调自定义效果

## 4. 索引颜色模式

使用 256 种或更少的特定颜色来代替全彩图中上百万种颜色的过程就叫作索引颜色模式。索引颜色模式往往用于网络或便携设备中的图形，常见的格式有 GIF 和 PNG-8 格式等。将颜色模式转换为索引颜色模式后，所有的可见图层都将被拼合，处于隐藏状态的图层将被丢弃，索引颜色需要基于 RGB、CMYK 等更基本的颜色编码方法，通过限制图片中的颜色总数实现有损压缩。该模式只有一个 8 位通道，最多使用 256 种颜色，当转换为索引颜色模式时，Photoshop 将构建一个颜色表，用以存放并索引图像中的颜色，如果原图像中的颜色没有出现在该表中，程序将选取现有颜色中最接近的一种，或使用现有颜色模拟该颜色。

在菜单栏中选择“图像”→“模式”→“索引颜色”命令，弹出“索引颜色”对话框，对于RGB图像将出现“索引颜色”对话框，如图4-7所示。

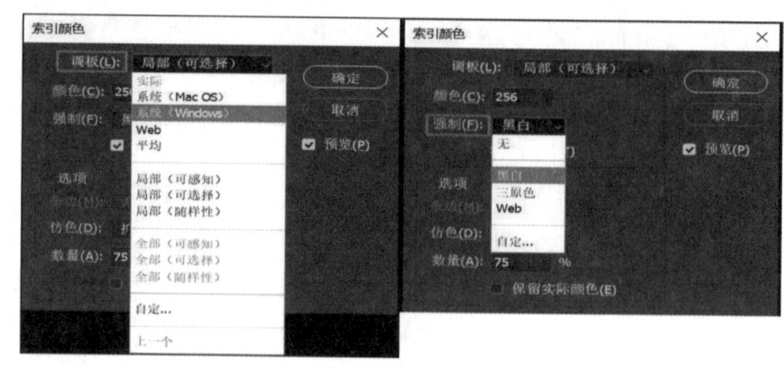

图4-7 “索引颜色”对话框

- 单击“调板”右侧的下拉按钮，弹出的下拉列表用于设置索引颜色的调板类型。系统(Mac OS)、系统(Windows)、Web分别指Mac自带颜色256色、Windows自带颜色256色、Web自带颜色216色；“平均”即以下几种都可以通过输入“颜色”值来指定要显示的实际颜色数量；“局部(可感知)”按照人眼可以看到的颜色来创建颜色表；“局部(可选择)”偏重于大块的颜色，对Web色进行了保留；“局部(随样性)”偏重于图片上最多的颜色，创建颜色表；全部(可感知)(可选择)(随样性)的原理与局部的相同，只有打开多张图片才可用这几个选项。
- 使用“强制”下拉列表，可将某些颜色强制包含在颜色表中，主要包含“黑白”“三原色”“Web”“自定”4个选项。选择“黑白”选项，可将纯黑色和纯白色添加到颜色表中；选择“三原色”选项，可将红色、绿色、蓝色、青色、洋红、黄色、黑色和白色添加到颜色表中；选择“Web”选项，可将216种Web安全色添加到颜色表中，如图4-8所示。
- 透明度：指定是否保留图像透明区域。选中该复选框，将在颜色表中为透明色添加一条特殊的索引项。
- 杂边：指定用于填充与图像的透明区域相邻的消除锯齿边缘的背景色。如果选中“透明度”复选框，则对透明区域应用杂边；如果取消选中“透明度“复选框，则对透明区域不应用杂边。
- 仿色：若要模拟颜色表中没有的颜色，可以采用仿色。
- 数量：当设置“仿色”为“扩散”方式时，该选项才可用，主要用来设置仿色数量的百分比值。

在索引颜色模式中，滤镜和一部分图形调整功能将不可用，所以这些功能需要在转换之前进行调整。对于灰度图像，转换过程将自动进行，不会出现“索引颜色”对话框，效果如图4-9所示。

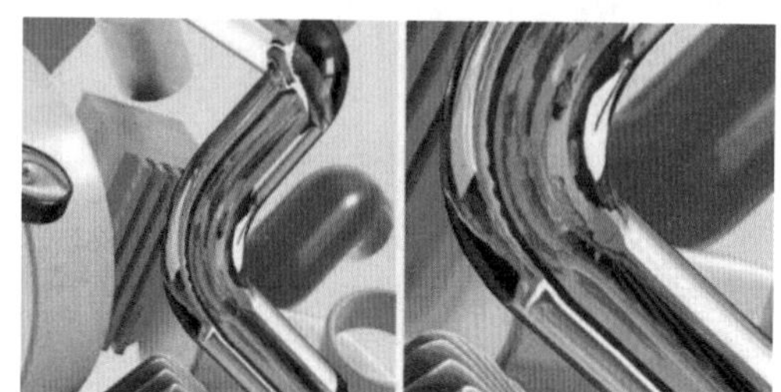

图4-8 添加Web色

图4-9 灰度图像转换

### 5. RGB颜色模式

显示器、数码相机和扫描仪均通过混合光原色——红、绿、蓝的方式来显示或记录颜色。当这3种原色以最大饱和度混合时便会得到白色的光；去掉所有的三色时则会得到黑色的光。当三种颜色以不同的明度进行混合时便构成了RGB色谱上的所有颜色。

RGB颜色模式是通过对红(R)、绿(G)、蓝(B)3个颜色通道的变化以及它们相互之间的叠加得到各式各样的颜色。RGB即代表红、绿、蓝3个通道的颜色，这个标准几乎包括了人类视力所能感知的所有颜色，是目前运用最广泛的颜色系统之一。在8位/通道的图像中，RGB颜色模式使用RGB模型为图像中每一像素的RGB分量分配一个0～255范围内的强度值。例如，纯红色R值为255、G值为0、B值为0；灰色的R、G、B三个值相等(除了0和255)；白色的R、G、B值都为255；黑色的R、G、B值都为0。RGB

图像使用 3 种颜色或通道在屏幕上重现颜色。

如图 4-10 所示。在 8 位 / 通道的图像中，这三个通道将每一像素转换为 24 位 (8 位 ×3 通道 ) 颜色信息。对于 24 位图像，可重现多达 1670 万种颜色。对于 48 位 (16 位 / 通道 ) 和 96 位 (32 位 / 通道 ) 图像，甚至可重现更多的颜色。新建的 Photoshop 图像的默认模式为 RGB 模式，计算机显示器使用 RGB 模型显示颜色。

图 4-10　RGB 通道

### 6. CMYK 颜色模式

CMYK 颜色是印刷用色，CMYK 原色 ( 也称减法原色 ) 分别为青、洋红、黄和黑，添加黑色以加强深的颜色和细节。CMYK 颜色模式是一种专门针对印刷业设定的颜色标准，是通过对青 (C)、洋红 (M)、黄 (Y) 和黑 (K) 四个颜色变化以及它们相互之间的叠加得到的各种颜色。CMYK 即代表青、洋红、黄和黑 4 种印刷专用的油墨颜色，也是 Photoshop 软件中 4 个通道的颜色，如图 4-11 所示。它的每一像素的每种印刷油墨会被分配一个百分比值，颜色越亮，印刷油墨颜色百分比值越低；颜色越暗，印刷油墨颜色百分比值越高。在 CMYK 图像中，当所有四种分量的值都是 0 时，就会产生纯白色。使用印刷色打印图像时，应使用 CMYK 模式。CMYK 色彩不如 RGB 色彩丰富饱满，将 RGB 图像转换为 CMYK 即产生分色。如果从 RGB 图像开始设计，则最好先在 RGB 模式下编辑，然后在处理结束时转换为 CMYK 模式。

图 4-11　CMYK 通道

### 7. Lab 颜色模式

Lab 颜色模式以一个明度分量 L(Lightness) 以及两个颜色分量 a 与 b 来表示颜色，如图 4-12 所示。L( 明度 ) 值在 0( 黑色 ) 和 100( 白色 ) 之间；a 值在黄色 ( 正值 ) 和蓝色 ( 负值 ) 之间；b 值在洋红 ( 正值 ) 和绿色 ( 负值 ) 之间。对 a 和 b 而言，0 是中间值，或者说是无色的。

因为其色域广度足以同时包括 CMYK 和 RGB 色域，并且可以准确地表现颜色的特色，所以 Lab 模式常作为 Photoshop 中 CMYK 与 RGB 模式的中介。

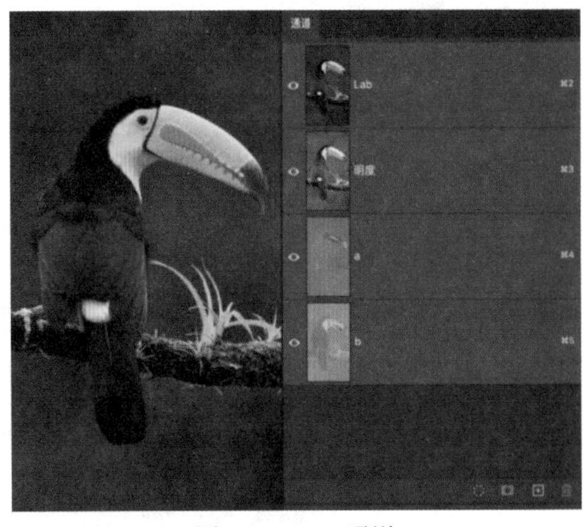

图 4-12　Lab 通道

### 8. 多通道模式

多通道模式对于特殊打印非常有用。多通道图像在每个通道中都含有 256 个灰阶，将一幅 RGB 颜色模式的图像转换为多通道模式的图像后，之前的红、绿、蓝 3 个通道将变成青色、洋红、黄色 3 个通道，如图 4-13 所示。当图像处于 RGB、CMYK 或 Lab 颜色模式时，删除其中某个颜色通道后，图像将自动转换为多通道模式，如图 4-14 所示。

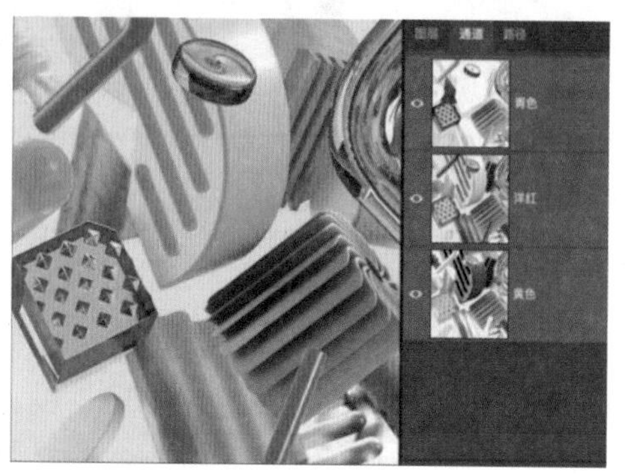


图 4-13　RGB 颜色模式图像变为多通道模式图像

图 4-14　自动转换为多通道模式

## 4.1.2　色域与溢色

色域是颜色系统可以显示或打印的颜色范围。人眼看到的色谱比任何颜色模型中的色域都宽。在 Photoshop 使用的各种颜色模型中，Lab 具有最宽的色域，它包括了 RGB 和 CMYK 色域中的所有颜色，CMYK 色域较窄，仅包含使用印刷色油墨能够打印的颜色。当不能打印的颜色显示在屏幕上时，称其为溢色，即超出 CMYK 色域之外，如图 4-15 所示。

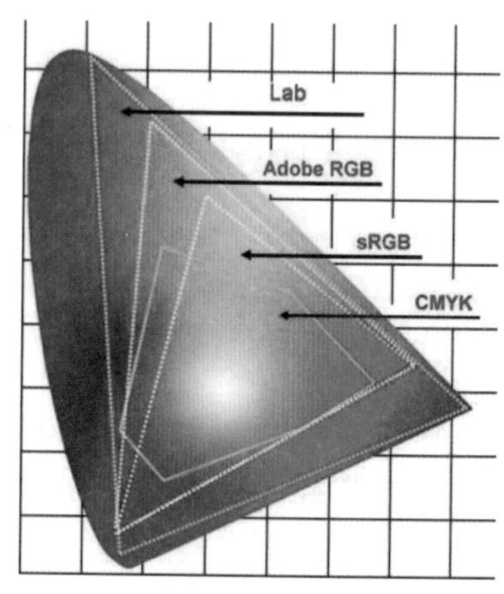


图 4-15　色域

在 RGB 颜色模式下，可以采用以下 3 种方式来判断是否出现了溢色：当用户选择了一种溢色时，“拾色器”对话框和“颜色”面板中都会出现一个“溢色警告”按钮 ( 即一个三角叹号 )。颜色下方的颜色方块中显示与当前选择颜色最接近的 CMYK 模式颜色，单击“溢色警告”按钮即可选定方块中的颜色。

在菜单栏中选择“窗口”→“信息”命令，打开“信息”面板，在图像窗口中将鼠标指针移到溢色上时，“信息”面板中的 CMYK 值旁会出现一个叹号，如图 4-16 所示。

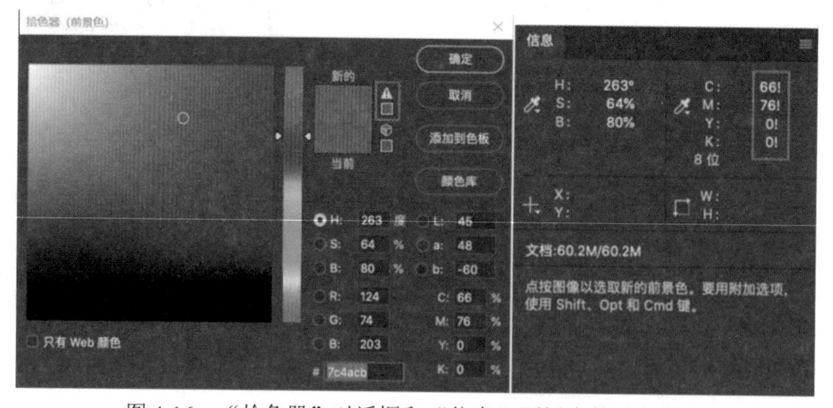


图 4-16　“拾色器”对话框和“信息”面板中的溢色警告

在菜单栏中选择“视图”→“色域警告”命令可以搜索溢色，如图4-17所示。该图像中灰色部分为溢色区域。

将一幅图像转换为 CMYK 时，Photoshop 会自动将所有颜色转入色域，用户可以事先识别图像中的溢色或手动校正它们。

当有“溢色”情况发生时，用海绵工具可以做去色处理，在溢色范围内适当涂抹来降低图像的饱和度，而亮度和色相并未改变，失去了一些色彩的鲜明度，但能被正常打印出来。

图 4-17　色域警告视图

## 4.1.3　案例：利用 Lab 模式调节画面光线

本案例通过将颜色模式更改为 Lab 模式来调节画面色彩，增加画面光线效果。Lab 模式通道由一个明度通道和两个颜色通道组成，在编辑图像时，可以在不改变色彩信息的前提下调整明度，也可以在不改变明度的前提下调整色彩，如图 4-18 和图 4-19 所示为模式调整前和调整后的效果。

图 4-18　素材文件

图 4-19　模式调整后的效果

**01** 在菜单栏中选择“文件”→“打开”命令，或按 Ctrl+O 快捷键，打开“素材 \ 第 4 章 \“放学 .png”文件。

**02** 在菜单栏中选择“图像”→“模式”命令，在其子菜单中选择“Lab 颜色”命令。

**03** 在菜单栏中选择“图像”→“应用图像”命令，在弹出的“应用图像”对话框中选择“通道”选项中的 b 通道，并在“混合”选项中选择“柔光”选项，单击“确定”按钮，如图 4-20 所示。

**04** 选择 b 通道配合混合模式的“柔光”效果，图像的颜色发生了转变，如图 4-21 所示，黄颜色的部分变浓重并凸显出来。

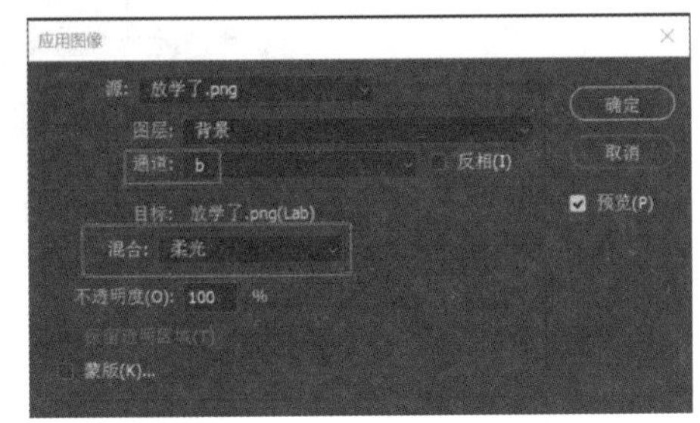


图 4-20　“应用图像”对话框

图 4-21　b 通道配合混合模式的“柔光”效果

05 此时的图像颜色有些灰暗，需要进行进一步的调节。在菜单栏中选择“图像”→“调整”→“色阶”命令，弹出“色阶”对话框，“通道”下拉列表中包括3个通道，分别是明度通道、a通道和b通道。首先在“通道”下拉列表中选择“明度”，在通道下方有三个色标：黑色标、灰色标和白色标，分别代表暗部、中间调和亮部信息，按住鼠标左键将“灰色标”拖至1.60处，如图4-22所示，然后在“通道”下拉列表中选择b通道，按住鼠标左键将“黑色标”拖至8、“灰色标”拖至1.2处，如图4-23所示，单击“确定”按钮。

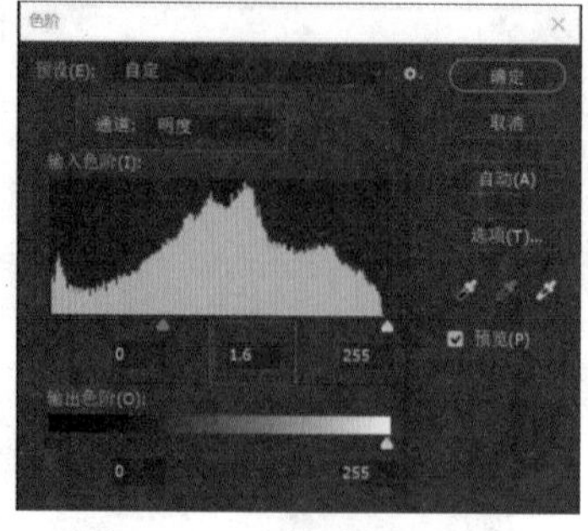

图4-22 “色阶”对话框

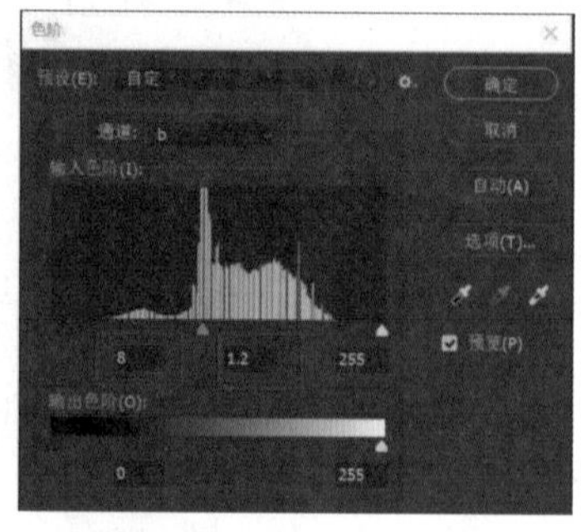

图4-23 调整“b”通道

06 画面经调节后呈现黄色调明亮的光线，最终效果如图4-19所示。

07 将图像存储，Lab模式下文件存储时不支持JPG格式，因此若要将图像存储为JPG格式，首先要把图像转换为RGB模式再进行存储。

## 4.2 明暗色调的调整

图像的调整工具是Photoshop中功能比较强大的工具，可增强、修复、校正图像中的颜色、色调和对比度等，可以用多种方式调整图像中的色相、纯度和明度等。在Photoshop中常用的调整工具有“色阶”“曲线”“色彩平衡”和“色相/饱和度”等，可以使用以下3种方式开启大多数调整工具。

调整图层：使用调整图层方式，可以反复进行调整，不会对图层的原始数据产生影响。因此使用调整图层方式会增加图像的文件大小，需要更大的存储空间。在“图层”面板中选中背景图层，单击“创建新的填充或调整图层”按钮，在打开的列表中选择所需的调整工具。

调整面板：在“调整”面板中可以找到用于调整颜色和色调的工具。在菜单栏中选择“窗口”→“调整”命令，打开“调整”面板，如图4-24所示，单击相应的“工具”按钮可以选择调整并自动创建调整图层。使用“调整”面板中的控件和选项进行的调整会创建非破坏性调整图层。

图4-24 “调整”面板

直接调整：在菜单栏中选择“图像”→“调整”→“调整工具”命令，直接对图像进行颜色或色调调整，该方式会丢失一些图像信息。

### 4.2.1 直方图

直方图用图形展示像素在图像中的分布情况、图像色调范围等，是色调调节过程中不可或缺的工具。通过直方图可以快速、客观地掌握图像色调范围，从而正确地制定校正方案。

在直方图的左侧显示阴影中的细节，在中部显示中间调，在右侧显示高光。直方图还展示了色调低的图像细节分布在阴影处，色调高的图像细节集中在高光处，色调平均的图像细节分布在中间调处，全色调范围的图像细节均匀分布在所有区域，如图4-25、图4-26和图4-27所示。

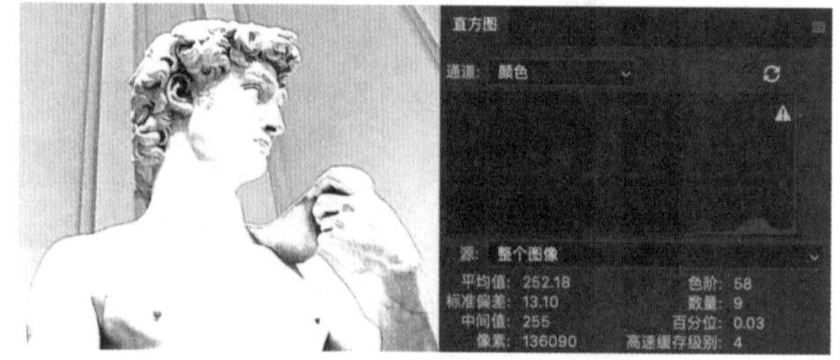


图4-25 曝光过度

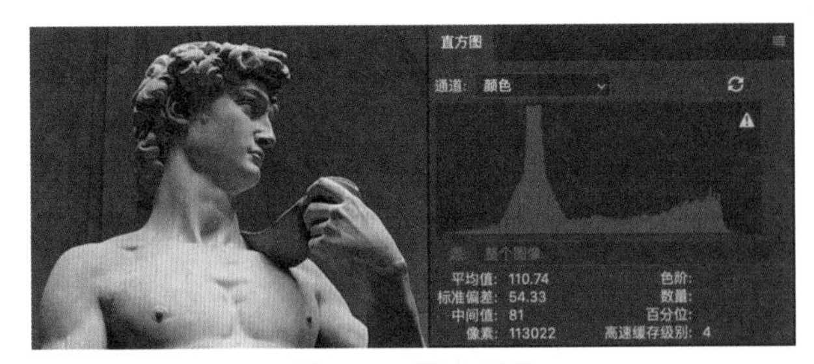


图 4-26　曝光正常

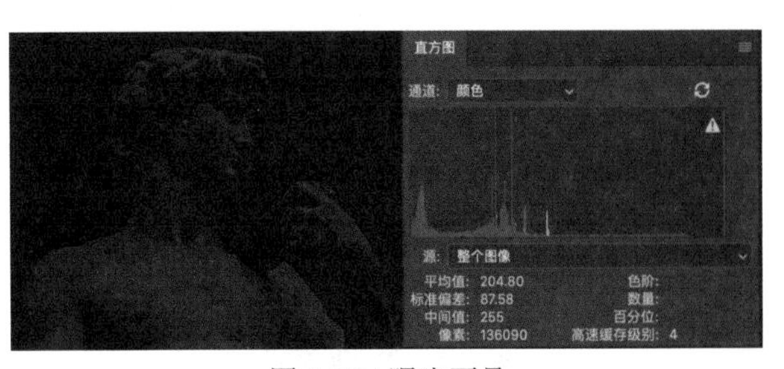


图 4-27　曝光不足

在菜单栏中选择“窗口”→“直方图”命令，打开“直方图”面板，单击右上角的按钮，在打开的菜单中选择“全部通道视图”“显示统计数据”“用原色显示通道”选项，如图 4-28 所示，显示了“直方图”全部的参数信息。

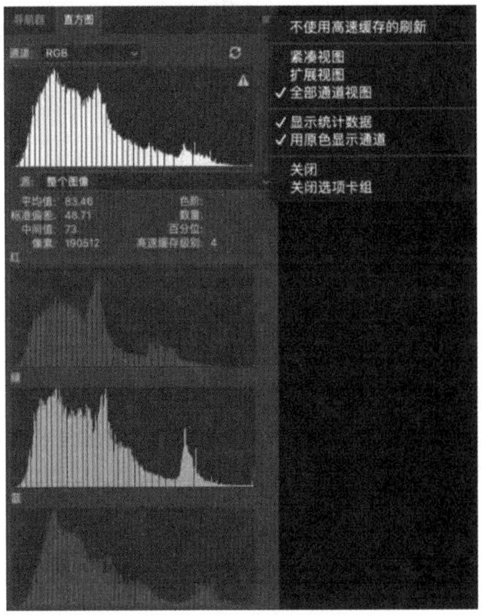

- 通道：可以选择显示红、绿、蓝、颜色和明度的单独直方图。
- 源：单击“源”右侧的下拉按钮，在打开的下拉列表中可选择“整个图像”(即所有图层的直方图)、“选中的图层”“复合图像调整”(选中的调整图层及其以下所有图层)选项。

将指针放在直方图中，在该面板的直方图下方显示以下统计信息。

- 平均值：表示亮度的平均值。
- 标准偏差：表示亮度值的变化范围。
- 中间值：显示亮度值范围内的中间值。
- 像素：表示用于计算直方图的像素总数。
- 色阶：显示指针下面区域的亮度级别。
- 数量：表示相当于指针下面亮度级别的像素总数。
- 百分位：显示指针所指的级别或该级别以下的像素累计数。
- 高速缓存级别：显示当前用于创建直方图的图像高速缓存，查看多图层文档的直方图。

图 4-28　“直方图”面板

## 4.2.2　亮度与对比度

使用“亮度 / 对比度”命令，可以对图像的色调范围进行简单、快速的调整。在菜单栏中选择“图像”→“调整”→“亮度 / 对比度”命令；或者在菜单栏中选择“窗口”→“调整”命令，打开“调整”面板，单击“亮度 / 对比度”图标，弹出“亮度 / 对比度”对话框，如图 4-29 所示。

- 亮度：将亮度滑块向左移动会减少亮度值并扩展阴影；将亮度滑块向右移动会增加色调值并扩展图像高光。
- 对比度：将滑块向左移动会减小对比，扩展色调值的总体范围；将滑块向右移动会增加对比并收缩图像中色调值的总体范围。
- 使用旧版：选中该复选框可以得到与 Photoshop CS3 以前的版本相同的调整结果。

图 4-29　“亮度 / 对比度”对话框

按住 Alt 键，该对话框中的“取消”按钮会变成“复位”按钮，再单击“复位”按钮可以还原到原始参数。

在菜单栏中选择“文件”→“打开”命令，打开一个图像文件，单击背景图层，再单击“图层”面板底部的“创建新的填充或调整图层”按钮，在打开的列表中选择“亮度 / 对比度”命令，在弹出的对话框中设置“亮度”值为 45、“对比度”值为 35，素材文件如图 4-30 所示，增加了图像的亮度并相应调整了对比度后的效果如图 4-31 所示。

图 4-30　素材文件

图 4-31　调整“亮度 / 对比度”后的效果

## 4.2.3　色阶

“色阶”可以通过调整图像的阴影、中间调和高光的强度级别来校正图像的色调范围和色彩平衡。“色阶”直方图可以作为调整图像基本色调的直观参考。在菜单栏中选择“图像”→“调整”→“色阶”命令，弹出“色阶”对话框，如图 4-32 所示。

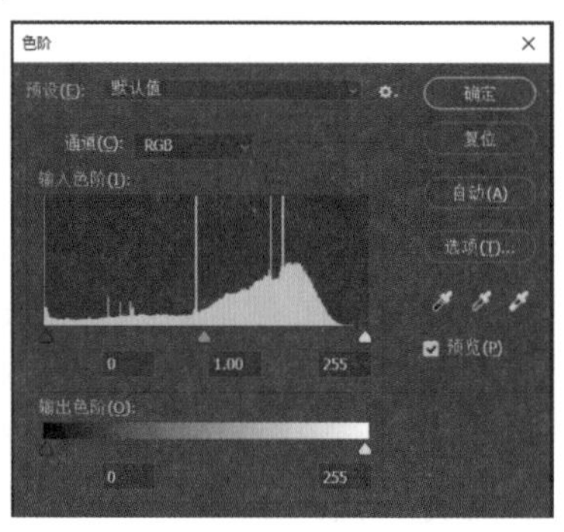


图 4-32　“色阶”对话框

- 通道：单击“通道”右侧的下拉按钮 ，在打开的下拉列表中选择相应的选项可以分别对各个通道进行调整。
- 输入色阶：色阶是指颜色的明暗度，在 Photoshop 中 8 位通道共有 256 个色阶，从 0 到 255，0 表示最暗的黑色，255 表示最亮的白色。
- 输出色阶：为输入色阶定义黑场与白场的值，可以在下面的方框内输入数值设置图像亮度范围，或者通过调节滑块进行设置，黑场左侧都是最黑的颜色，白场右侧都是最白的颜色；灰场向左，图像变亮，灰场向右，图像变暗。
- 自动：单击“自动”按钮，可以自动调整图像色阶，校正图像颜色。
- 选项：单击“选项”按钮，在打开的“自动颜色校正选项”对话框中可设置各种算法。

在图像中取样以设置黑场、灰场和白场。当使用黑场吸管去吸取一个位置时，系统会默认这个位置为图片的最暗处，原本比此处暗的区域都合并为黑色，白场同理。设置灰场时，如果找不对吸取的位置，图片会产生偏色。

调整输入和输出色阶后的效果对比如图 4-33 和图 4-34 所示。

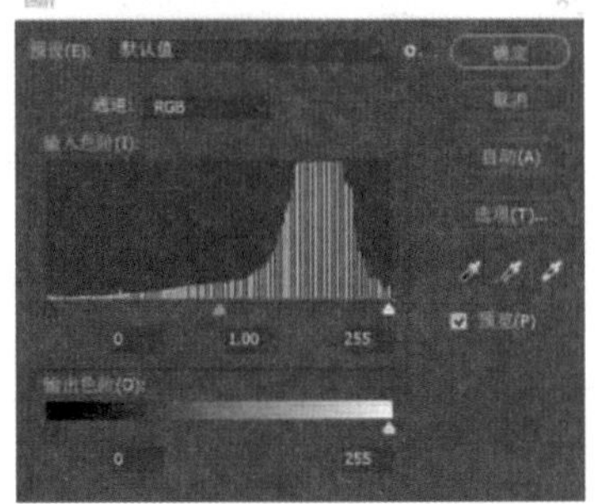

图 4-33　调整色阶前

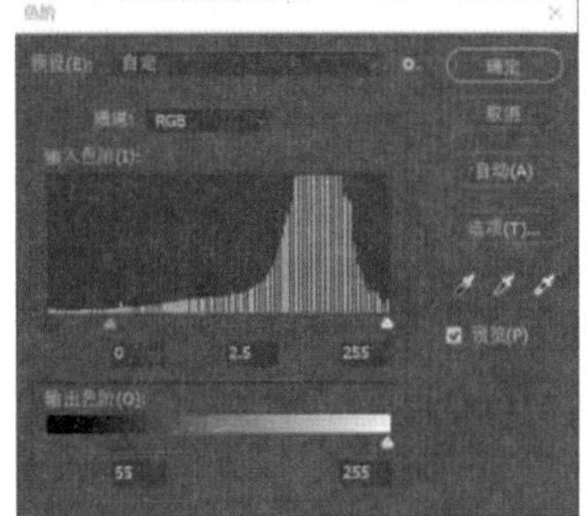

图 4-34　调整色阶后

## 4.2.4　曲线

“曲线”工具以一条直的对角线图形来表现图像的色调。图像的整个色调范围都可以通过曲线上的“点”来调节。在调整 RGB 模式的图像时，图形右上角区域代表高光，左下角区域代表阴影。图形的水平轴表示输入色阶（初始图像值），垂直轴表示输出色阶（调整后的新值）。在菜单栏中选择“图像”→“调整”→“曲线”命令，打开“曲线”对话框，如图 4-35 所示。

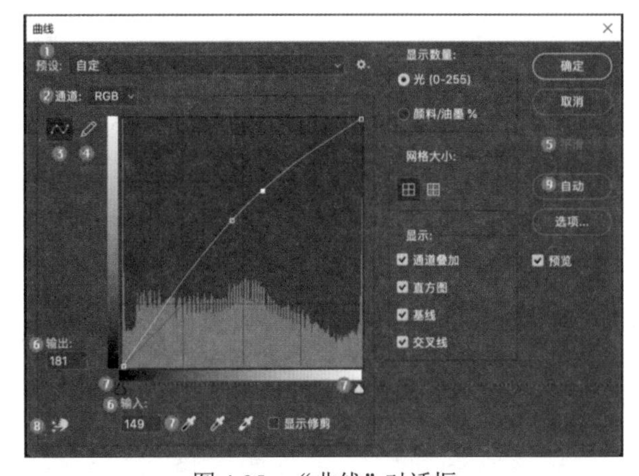


图 4-35　“曲线”对话框

### 1. 曲线的基本选项

- 预设：❶ 单击“预设”右侧的下拉按钮，在打开的下拉列表中有 9 种预设选项，❶ 原图及其中的 3 种预设（❷ 变淡、❸ 变暗、❹ 增强对比）效果如图 4-36 所示。
- 通道：❷ 在“通道”下拉列表中可以单独选择一个通道进行编辑，以调整该通道的颜色或明暗对比。
- 编辑点及调整曲线：❸ 单击曲线可以添加控制点，拖动控制点可改变曲线弧度以调整色调区域，向上或向下拖动控制点可使正在调整

图 4-36　原图及 3 种预设（变淡、变暗、增强对比）效果

的色调区域变亮或变暗。向左或向右拖动控制点可以增大或减小对比度。最多可以向曲线中添加 14 个控制点。若要移去控制点，将其从曲线上拖出即可。

- 绘制曲线：❹ 单击按钮可以自由绘制曲线，再单击按钮可以对绘制的曲线的节点进行调节。
- 平滑：❺ 绘制曲线时单击“平滑”按钮，可以增加曲线的平滑度，多次单击该图标可进一步平滑曲线。
- 输入 / 输出：❻“输入”显示的是调整前的像素值，“输出”显示的是调整后的像素值。单击曲线上的某个点，然后在“输入”和“输出”文本框中输入数值。
- 移动黑场滑块和白场滑块：❼ 移动该滑块或使用吸管工具，可以指定图像的最暗和最亮值来进行调节。
- 按钮：❽ 单击按钮后，当光标移到图像上时，曲线上会出现一个圆圈来显示对应的光标处的色调。
- 自动：❾ 单击“自动”按钮，会自动调整图像的颜色、对比度和色阶。

### 2. 曲线的显示选项

曲线的显示选项如图 4-37 所示。

- 光源 (0 ～ 255)：❶ 显示 RGB 格式图像的强度值 ( 范围从 0 ～ 255)，黑色 (0) 位于左下角。
- 颜料 / 油墨量 (%)：❷ 显示 CMYK 格式图像的百分比 ( 范围从 0 ～ 100)，高光 (0) 位于左下角。
- 网格大小：❸ 简单网格以 25% 的增量显示网格线；详细网格以 10% 的增量显示网格线。
- 通道叠加：❹ 可显示叠加在复合曲线上方的颜色通道曲线。
- 直方图：❺ 可显示图形后面的原始图像色调值的直方图。
- 基线：❻ 以 45 度角的线条作为参考，可显示原始图像的颜色和色调。

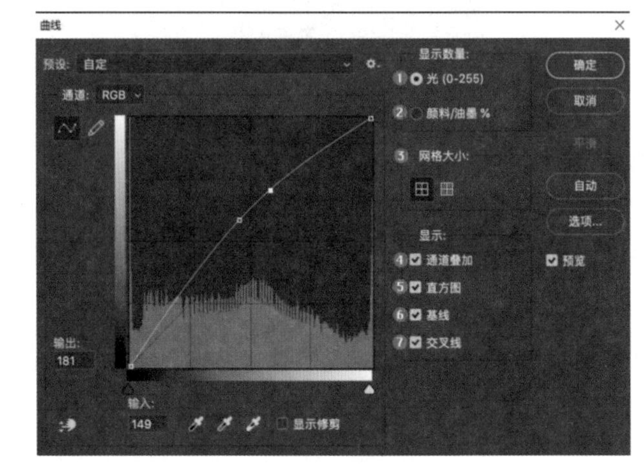


图 4-37　曲线显示选项

- 交叉线：❼ 显示水平线和垂直线，有助于在相对于直方图或网格进行拖动时对齐控制点。

## 4.2.5　曝光度

“曝光度”通过在线性颜色空间中执行计算来调整色调。在菜单栏中选择“图像”→“调整”→“曝光度”命令，弹出“曝光度”对话框，如图 4-38 所示。或者单击“图层”面板底部的“创建新的填充或调整图层”按钮，在打开的列表中选择“曝光度”选项，打开“曝光度”对话框。

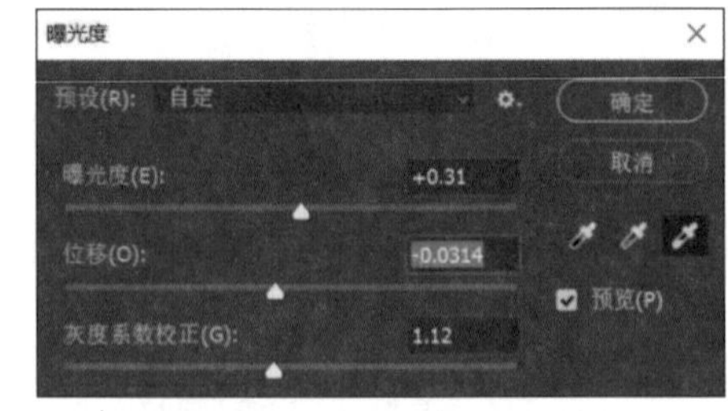


图 4-38　“曝光度”对话框

- 曝光度：用来调整色调范围的高光部分，对很深的阴影影响不大。
- 位移：用来调节阴影和中间调，使其变暗，对高光的调整力度不大。
- 灰度系数校正：用于调整图像灰度系数。
- “设置黑场”吸管工具：设置“位移”，同时将单击的像素变为 0。
- “设置灰场”吸管工具：设置“曝光度”，同时将单击的值变为中度灰色。
- “设置白场”吸管工具：设置“曝光度”，同时将单击的点变为白色。

如图 4-39 ～图 4-41 所示为三种曝光程度的效果。

图 4-39　曝光不足

图 4-40　曝光正常

图 4-41　曝光过度

## 4.2.6　阴影 / 高光

使用“阴影 / 高光”命令不仅可以使图像变亮或变暗，还可以改善阴影和高光细节。

“阴影 / 高光”命令适用于校正由强逆光而形成剪影的照片，或者强光下有些发白的照片。

在菜单栏中选择“图像”→“调整”→“阴影 / 高光”命令，打开“阴影 / 高光”对话框，选中“显示更多选项”复选框，如图 4-42 所示。

- 数量：控制调整图像中的高光值和阴影值要进行的校正量。该值越大，为阴影提供的增亮程度或者为高光提供的变暗程度越大。
- 色调：控制阴影或高光中色调的修改范围。该值太大可能会导致较暗或较亮的边缘周围出现色晕。
- 半径：控制每个像素周围的局部相邻像素的大小。相邻像素用于确定像素是在阴影还是在高光中。向左移动滑块会指定较小的区域，向右移动滑块会指定较大的区域。
- 中间调：增大中间调对比度会在中间调中产生较强的对比度，同时倾向于使阴影变暗并使高光变亮。
- 修剪黑色 / 修剪白色：该值越大，生成的图像的对比度越大。

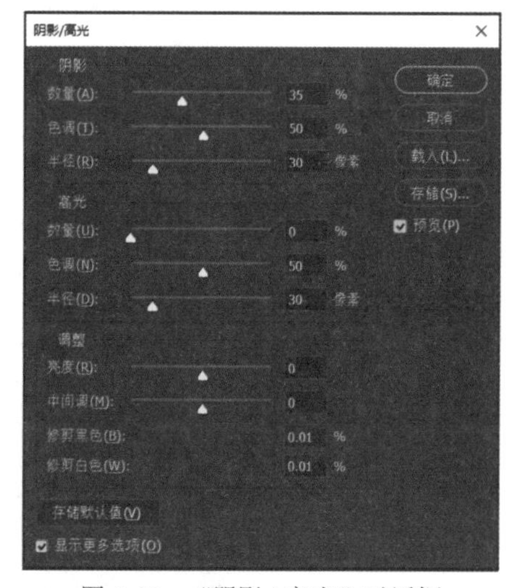


图 4-42　“阴影 / 高光”对话框

## 4.2.7　色调均化

“色调均化”命令可以根据亮度值重新分布图像的像素，使图像的亮部、暗部和灰度范围内的像素更均匀地呈现，如图 4-43 和图 4-44 所示。

图 4-43　素材文件

图 4-44　“色调均化”后的效果

在菜单栏中选择“图像”→“调整”→“色调均化”命令，如果图像中存在选区，执行命令后会弹出“色调均化”对话框，可选择仅均化选区内的像素，或者依照选区内的像素均化全图的像素。

## 4.2.8 案例：运用阴影 / 高光命令修复逆光照片

本案例主要运用“阴影 / 高光”命令辅助其他手段来修复逆光照片，素材文件如图 4-45 所示，由于逆光拍摄，人物面部比较暗淡，颜色灰暗，照片修复后的效果如图 4-46 所示。

图 4-45　素材文件

图 4-46　修复后的效果

**01** 在菜单栏中选择“文件”→“打开”命令，或按 Ctrl+O 快捷键，打开“素材 \ 第 4 章 \ 逆光人像 .tif”文件。

**02** 在菜单栏中选择“图像”→“调整”→“阴影 / 高光”命令，打开 “阴影 / 高光”对话框，选中“显示更多选项”复选框，如图 4-47 所示，设置阴影“数量”为 100%、“色调”为 66%、“半径”为 30 像素；调整“亮度”为 +28、“中间调”为 0，单击“确定”按钮，调节后画面暗部和亮部都有了极大的改善，如图 4-48 所示。

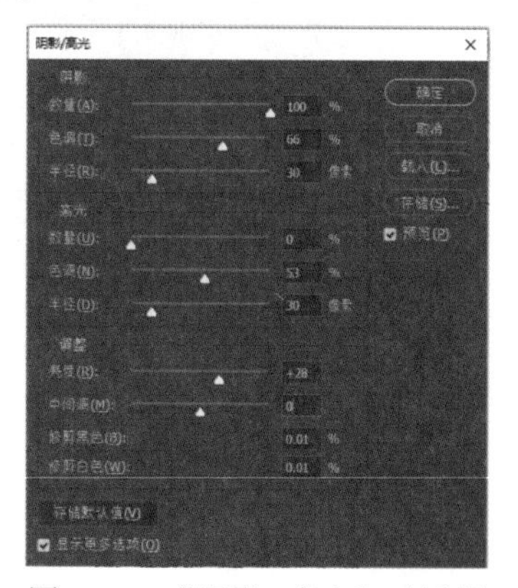


图 4-47　“阴影 / 高光”对话框

图 4-48　用“阴影 / 高光”调节明暗

**03** 使用“修复画笔工具”去掉画面和皮肤上的一些污点。在工具箱中选择“修复画笔工具”，调整适合的笔尖大小和硬度，单击画面污点处除去污点，如图 4-49 所示。

**04** 在菜单栏中选择“图像”→“调整”→“可选颜色”命令，打开“可选颜色”对话框，利用“可选颜色”工具来调节人像的皮肤，如图 4-50 所示，选中“颜色”为“红色”。调整“青色”数值为 +30%、“洋红”数值为 +20 %、“黄色”数值为 +20%、“黑色”数值为 +100%，单击“确定”按钮。

**05** 在“图层”面板选中背景图层，单击“创建新的填充或调整图层”按钮，在打开的列表中选择“亮度 / 对比度”选项，在打开的面板中设置“亮度”为 25、“对比度”为 15，进行亮度和对比度的调节，如图 4-51 所示。

图 4-49　使用“修复画笔工具”去除污点

图 4-50　使用“可选颜色”调节皮肤

**06** 使用色彩调节工具调节画面色彩。单击“创建新的填充或调整图层”按钮，在打开的列表中选择“自然饱和度”选项，在打开的面板中设置“自然饱和度”为 +30，效果如图 4-52 所示。

**07** 再次单击 “创建新的填充或调整图层”按钮，在打开的列表中选择“自然饱和度”选项，在打开的面板中设置“红色”数值为 +2、“蓝色”数值为 -10，如图 4-53 所示。最终效果如图 4-46 所示。

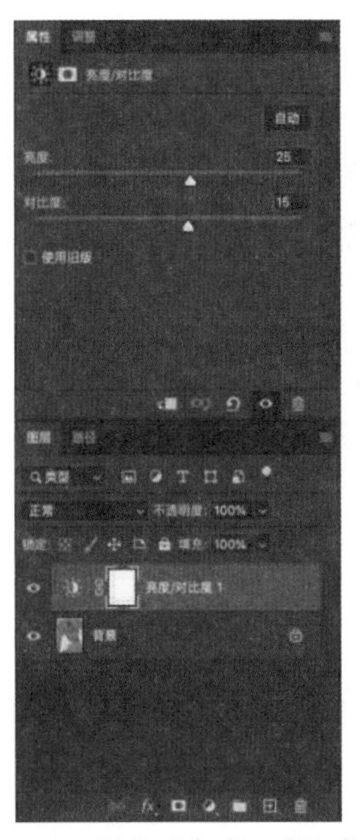


图 4-51　调节“亮度 / 对比度”

图 4-52　调节“自然饱和度”后的效果

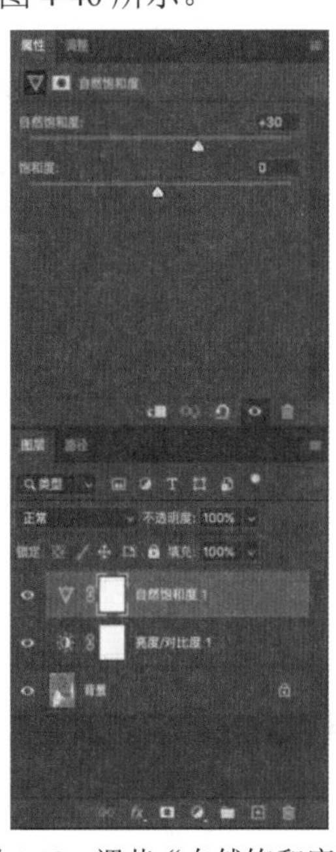


图 4-53　调节“自然饱和度”

## 4.2.9　案例：使用色阶工具翻新旧报纸

本案例利用色阶工具快速翻新发黄的旧报纸，素材文件如图 4-54 所示，同样也适用于扫描文件的修改等，翻新效果如图 4-55 所示。

**01** 在菜单栏中选择“文件”→“打开”命令，打开“素材 \ 第 4 章 \ 旧报纸 .tif”文件。

**02** 在菜单栏中选择“窗口”→“图层”命令，打开“图层”面板，单击面板底部的“创建新的填充或调整图层”按钮，在打开的列表中选择“黑白”命令，此时画面呈黑白效果，颜色比较灰暗，如图 4-56 所示。

**03** 使用色阶命令调整画面色调。单击“图层”面板底部的“创建新的填充或调整图层”按钮，在打开的列表中选择“色阶”命令，打开色阶“属性”面板，单击“白场”吸管工具，在图像中取样以设置“白场”。

Utah missionary sentenced
for bom  in Canada
MORMON FINED $2,000
Bomb hoax costly

图 4-54　素材文件

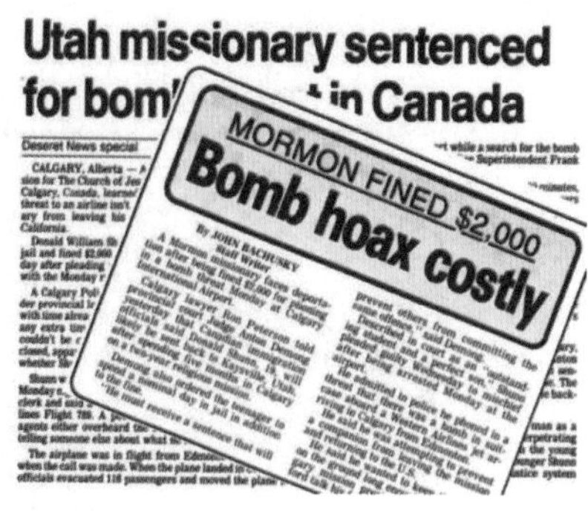
Utah missionary sentenced
for bom  in Canada
MORMON FINED $2,000
Bomb hoax costly

图 4-55　翻新效果

Utah missionary sentenced
for bom  in Canada
MORMON FINED $2,000
Bomb hoax costly

图 4-56　使用“黑白”命令后的效果

**04** 单击不同的区域效果也不同，再次使用“色阶”命令，单击角落里画面的白色部分，使画面变得更白、更匀称，如图 4-57 所示。

**05** 在色阶“属性”面板中单击“黑场”吸管工具，在图像中取样以设置黑场，单击文字黑色部分，文字变得更黑。

**06** 在色阶“属性”面板中设置“输出色阶”的数值为“黑场”95、“灰场”1.1、“白场”200，如图 4-58 所示，使黑白对比更强烈，画面更清晰，最终效果如图 4-55 所示。

Utah missionary sentenced
for bom  in Canada
MORMON FINED $2,000
Bomb hoax costly

图 4-57　再次使用“色阶”命令后的效果

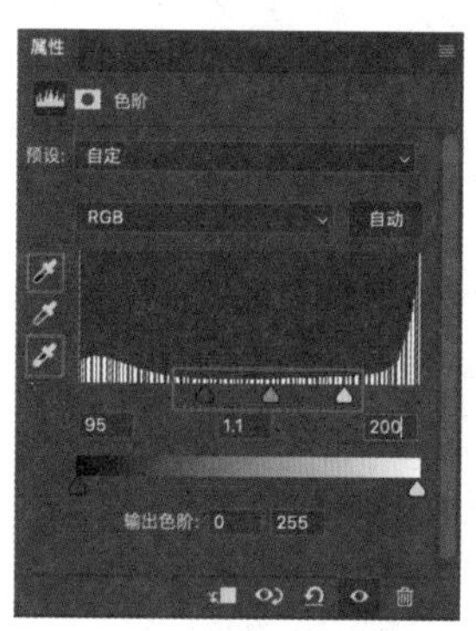


图 4-58　设置“输出色阶”

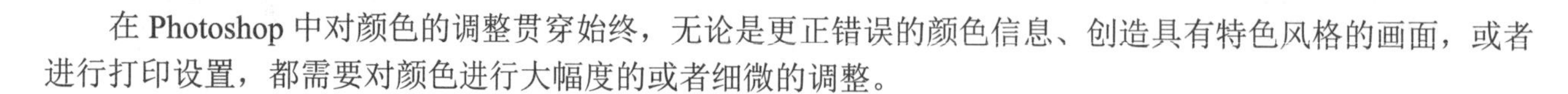

## 4.3　色彩色调的调整

在 Photoshop 中对颜色的调整贯穿始终，无论是更正错误的颜色信息、创造具有特色风格的画面，或者进行打印设置，都需要对颜色进行大幅度的或者细微的调整。

### 4.3.1　“信息”面板

“信息”面板可以提供多种信息，如颜色信息、光标所处坐标值、选区大小、文档大小等，可以帮助我们快速、准确地了解图像信息。在菜单栏中选择“窗口”→“信息”命令，打开“信息”面板，如图 4-59 所示。

- “信息”面板提供了❶ RGB 颜色值信息、❷ CMYK 颜色百分比信息、❸当前坐标信息、❹选区大小信息和❺文档大小信息。
- “信息面板选项”如图 4-60 所示。“第一颜色信息 / 第二颜色信息”默认为“实际颜色”，显示图像当前颜色模式下的颜色值，在“模式”下拉列表中选择其他颜色模式，可以显示与之对应的颜色值。“鼠标坐标”显示光标所处位置单位。在“状态信息”区域中选中相应的复选框，可以显示相应的信息。

选中“显示工具提示”复选框可以在“信息”面板显示所使用工具的相关信息。

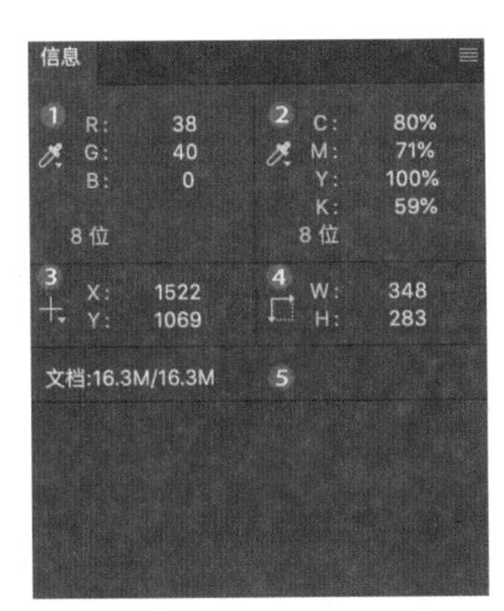


图 4-59　“信息”面板

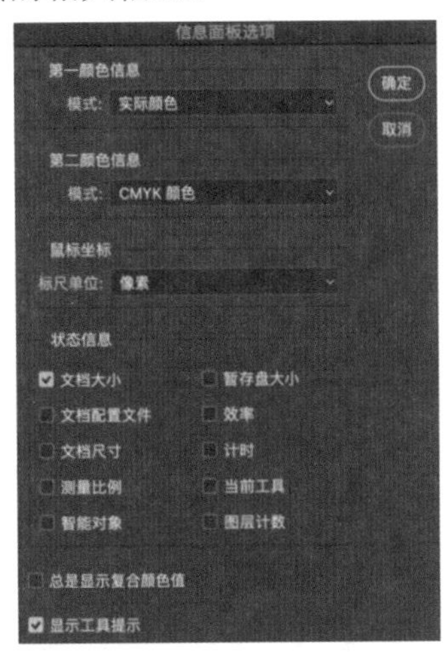


图 4-60　“信息面板选项”

## 4.3.2　自然饱和度

自然饱和度工具相当于“智能”饱和度工具，它可以控制画面的饱和度程度，不会让画面过于饱和。自然饱和度会保护饱和度高的地方，如提升自然饱和度时，高饱和的区域提升幅度较弱，低饱和的区域提升幅度较强，尤其在调整皮肤颜色时可以防止皮肤变得过饱和以及不自然。

在菜单栏中选择“图层”→“新建调整图层”→“自然饱和度”命令，弹出“新建图层”对话框，在该对话框中设置图层名称、颜色等，单击“确定”按钮，或者在“调整”面板中单击“自然饱和度”图标 ▽，弹出“自然饱和度”属性面板，在属性面板中拖动自然饱和度滑块以增加或减少色彩饱和度。图 4-61 和图 4-62 所示分别是设置“自然饱和度”为 100、“饱和度”为 0 与“饱和度”为 100、“自然饱和度”为 0 后两图像的效果。

图 4-61　调整“自然饱和度”后的效果

图 4-62　调整“饱和度”后的效果

## 4.3.3　色相 / 饱和度

使用“色相 / 饱和度”命令可以调整图像中特定颜色范围的色相、饱和度和明度，或者同时调整图像中的所有颜色。

- 色相 (Hue)：不同波长的光在人眼视神经上所反应的情况，即 7 种色光形成的红、橙、黄、绿、青、蓝、紫，构成色相。

- 饱和度 (Saturation)：颜色的纯度，表示颜色的鲜艳或鲜明的程度。纯度越高，饱和度就越高。饱和度值最低时为无彩色黑、白、灰，对于有彩色饱和度的高低，区别在于这种色中含灰色的程度。同时饱和度也受明度的影响。
- 明度 (Lightness)：表示色彩所具有的明暗度。明度数值为 255 时图像最亮，数值为 0 时图像最暗。当 HSL 的 3 个数值为 (255，255，255) 时，表示纯白色；3 个数值为 (128，128，128) 时，表示 50 度灰；3 个数值为 (0，0，0) 时，表示黑色。

在菜单栏中选择“图像”→“调整”→“色相 / 饱和度”命令，弹出“色相 / 饱和度”对话框，如图 4-63 所示。各项的含义如下。

单击“预设”右侧的下拉按钮，打开的下拉列表中提供了 8 种“色相 / 饱和度”选项，如图 4-64 所示，图 4-65 预设的效果依次为 ❶ 原图、❷ 氟版照相、❸ 旧样式、❹ 增加饱和度、❺ 深褐、❻ 强饱和度。

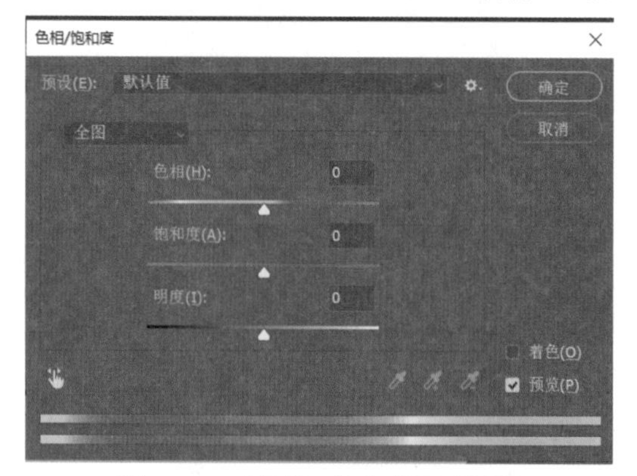


图 4-63 “色相 / 饱和度”对话框

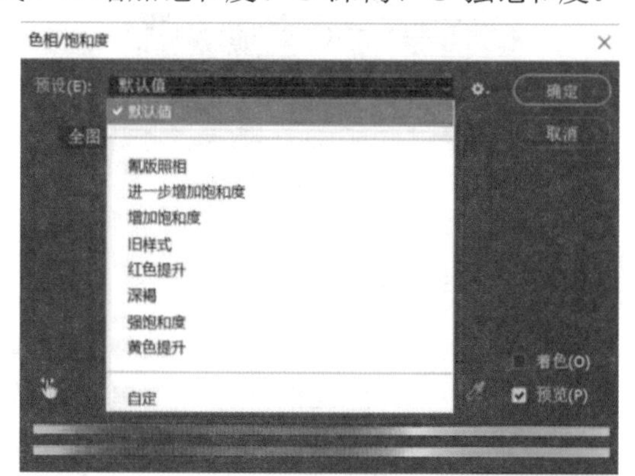


图 4-64 “预设”下拉列表

图 4-65 预设效果 ( 部分 )

单击“全图”右侧的下拉按钮，打开的下拉列表中有 7 种调节方式，如图 4-66 所示。在该下拉列表中选择相应的颜色，再根据需要更改相对应的色相、饱和度和明度。将饱和度调整滑块向左拖动，相对应的颜色饱和度降低；向右拖动，饱和度增加。将明度调整滑块向左拖动，相对应的颜色明度降低、变暗，饱和度会有所增加；向右拖动，明度增加，饱和度降低。

抓手工具：单击“色相 / 饱和度”对话框左下角的按钮，然后在图像中单击需要修改的地方，Photoshop 会自动确定其需要调整的颜色。如图 4-67 所示，调整选项下方有两个颜色条，两个颜色条中间有 4 个滑块，两个颜色条和中间的 4 个滑块统称为“颜色蒙版”，在调整颜色的过程中颜色条会发生变化，当选择任意一种颜色时，这 4 个滑块直接限制了需要更改颜色的颜色范围。上方颜色条是调整前颜色，下方颜色条是调整后颜色。通过移动这 4 个滑块可以更加精确地控制颜色，相当于在此颜色上加了一个图层蒙版，限制了其本身的颜色范围。

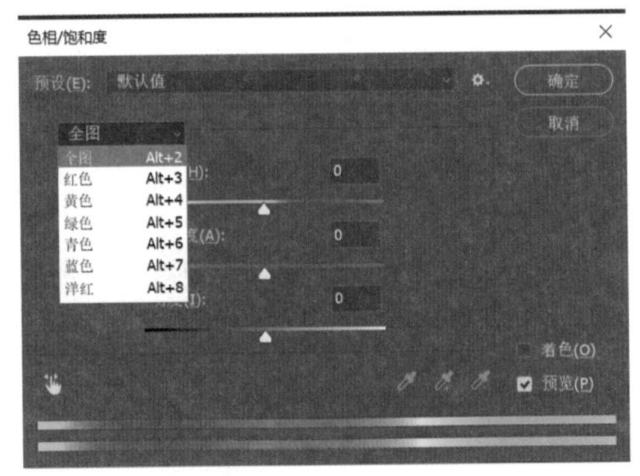


图 4-66　分颜色调节

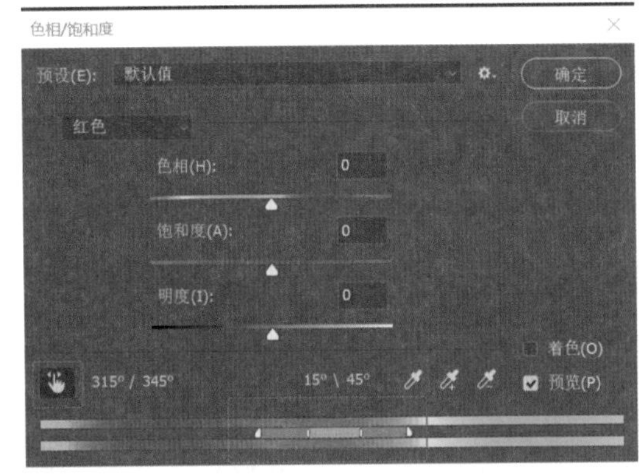


图 4-67　颜色调整滑块

着色：选中“着色”复选框，如果前景色是黑色或白色，则图像会转换成红色色相 (0 度)；如果前景色不是黑色或白色，则图像转换成当前前景色的单一色相。用户也可以拖动 3 个滑块来改变色相，调节饱和度和明度。

## 4.3.4　色彩平衡

使用“色彩平衡”对话框可以校正图像色偏、调整图像饱和度，也可以根据制作需要来调制需要的色彩，更好地完成画面效果。

在菜单栏中选择“图像”→“调整”→“色彩平衡”命令，打开“色彩平衡”对话框，如图 4-68 所示。将青色 / 红色、洋红 / 绿色、黄色 / 蓝色滑块移向哪种颜色表示添加这种颜色；拖动滑块远离的颜色为要减去的颜色。滑块上方的数值显示红色、绿色和蓝色通道的颜色变化。这些数值也可以从色阶输入，其范围是 -100 ～ +100。在移动滑块时，可以直接查看应用到图像的调整。

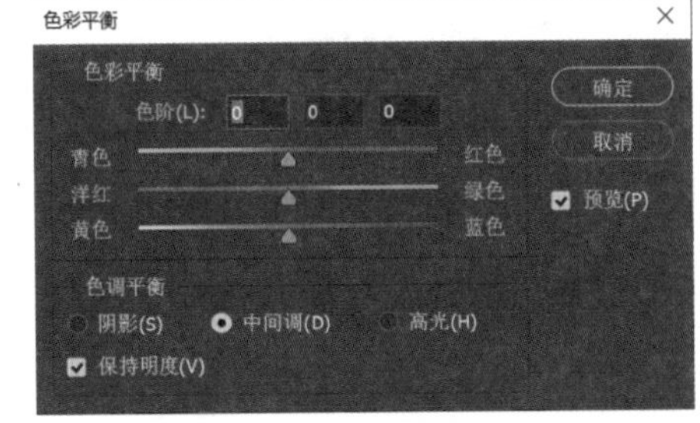


图 4-68　“色彩平衡”对话框

选择任意“色调平衡”选项：阴影、中间调或高光，以选择要将编辑焦点对准的色调范围。

选中“保留明度”复选框，画面亮度不变。取消选中“保留明度”复选框，由于减色原理，画面会被压暗。

在“色彩平衡”对话框中有 3 个调整项，由光学三原色“红、绿、蓝”和其间色“洋红、黄色、青色”组成，每一种原色都有一种间色作为补色 ( 也就是在色相盘上角度呈 180 度的两种颜色 )。“蓝色—黄色、绿色—洋红、红色—青色”这三对互为补色的颜色组成了“色彩平衡”工具的调整项。“色彩平衡”的调整原理就是增加或降低其补色以消除画面偏色，矫正色彩以达到平衡，调制出理想的色彩。

## 4.3.5　去色与黑白

“去色”命令将彩色图像转换为灰度图像，但图像的颜色模式保持不变。例如，使用“去色”命令为 RGB 模式图像中的每个像素指定相等的红色、绿色和蓝色值，每个像素的明度值不改变。

使用“黑白”命令可以创建高品质的灰度图像，也可以将彩色图像转换为灰度图像并为图像添加色调。在菜单栏中选择“图像”→“调整”→“黑白”命令，弹出“黑白”对话框，如图 4-69 所示。

- 预设：单击“预设”右侧的下拉按钮，在打开的下拉列表中可以选择预定义的图像值或者自定混合。
- 自动：根据图像的颜色值设置最佳的灰度混合，也可以在“自动”基础上进行调节。
- 色调：单击“色调”按钮，打开“拾色器”对话框，可选择色调颜色。
- 颜色滑块：用于调整图像中特定颜色的灰色调。向左拖动滑块可以调暗图像原始颜色对应的灰色调，向右拖动滑块可以调亮图像原始颜色对应的灰色调。

原图及使用去色命令和黑白命令后的效果，如图 4-70、图 4-71 和图 4-72 所示。

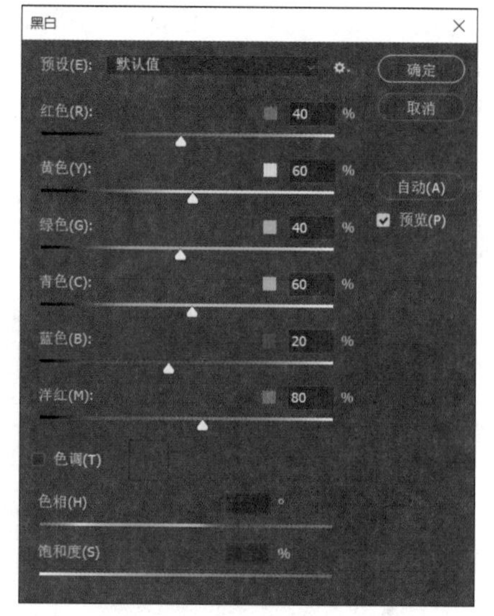


图 4-69 “黑白”对话框

图 4-70 素材文件

图 4-71 去色

图 4-72 黑白

## 4.3.6 通道混合器

利用“通道混合器”命令调整画面，可以创建高品质的灰度图像、棕褐色调图像或其他色调图像，也可以对图像进行创造性的颜色调整。

“通道混合器”调整选项使用图像中现有 ( 源 ) 颜色通道的混合来修改目标 ( 输出 ) 颜色通道。颜色通道是代表图像 (RGB 或 CMYK 模式 ) 中颜色分量的色调值的灰度图像。在使用“通道混合器”命令时，将通过源通道向目标通道加减灰度数据。向特定颜色成分中增加或减去颜色的方法不同于使用“可选颜色”命令调整时的情况。

在菜单栏中选择“图像”→“调整”→“通道混合器”命令，打开“通道混合器”对话框，如图 4-73 所示。

- 预设：提供了 6 种制作黑白图像的预设效果。
- 输出通道：即要增加或减少的颜色。
- 源通道：用来设置源通道在输出通道中所占的百分比，选择一个源通道颜色后，向左拖动滑块会减少这个颜色的输出百分比，向右拖动会增加输出百分比。
- 总计：显示通道的记数值，如果记数值大于 100%，则有可能丢失一些阴影和高光细节。

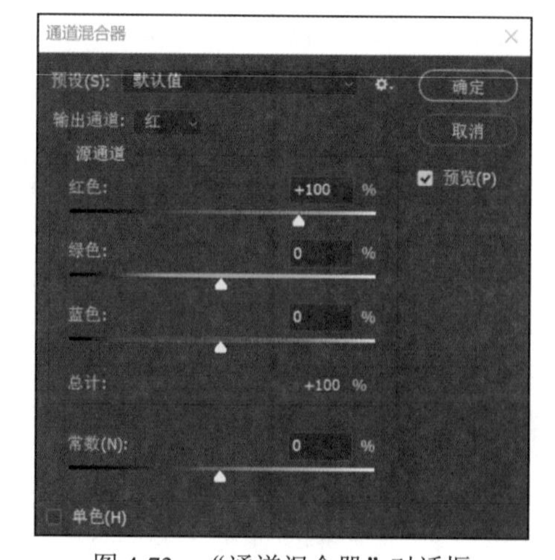


图 4-73 “通道混合器”对话框

- 常数：用来设置输出通道的灰度值，该值为负值则可以在通道中增加黑色，该值为正值则可以在通道中增加白色。
- 单色：选中该复选框后，图像将变成黑白效果。

打开一幅图像，如图 4-74 所示。单击“通道混合器”对话框中“输出通道”右侧的下拉按钮，在打开的下拉列表中选择“红”通道，调整源通道红色值为 -125，画面中红橙颜色减少，变为蓝绿色，如图 4-75 所示。

图 4-74　素材文件

单击“通道混合器”对话框中“输出通道”右侧的下拉按钮，在打开的下拉列表中选择“蓝”通道，调整源通道蓝色值为 0，画面中蓝色减少，变为绿色，如图 4-76 所示。

图 4-75　调整源通道红色值

图 4-76　调整源通道蓝色值

## 4.3.7　颜色查找

在菜单栏中选择“图像”→“调整”→“颜色查找”命令，在弹出的“颜色查找”对话框中选择用于颜色查找的方式，如图 4-77、图 4-78 和图 4-79 所示。用户可以在下拉列表中选择合适的类型，对图像做一些颜色改变，如图 4-80、图 4-81 和图 4-82 所示。

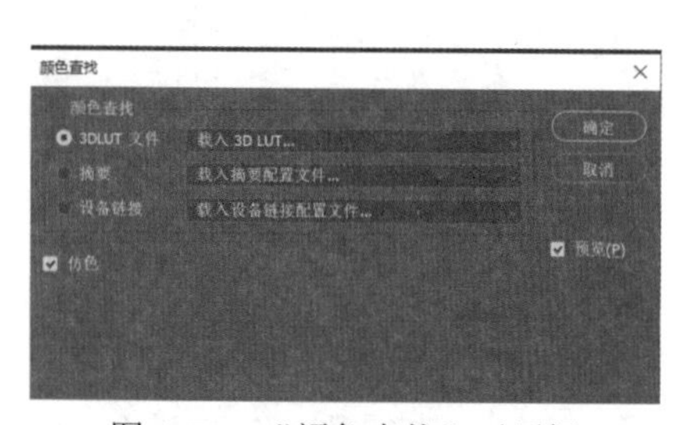


图 4-77　“颜色查找”对话框

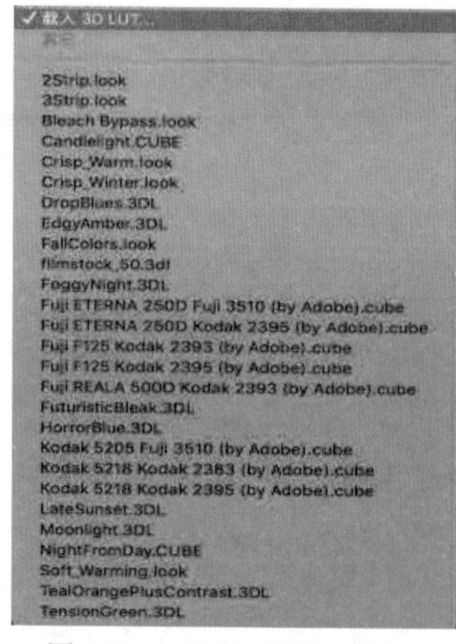


图 4-78　3DLUT 菜单 ( 部分 )

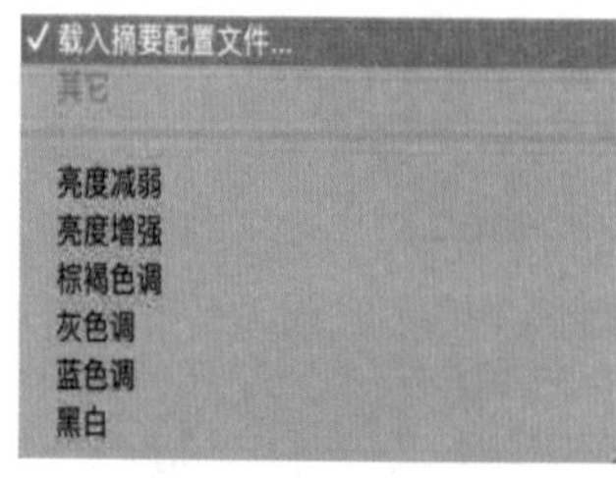


图 4-79　其他文件

图 4-80　素材文件

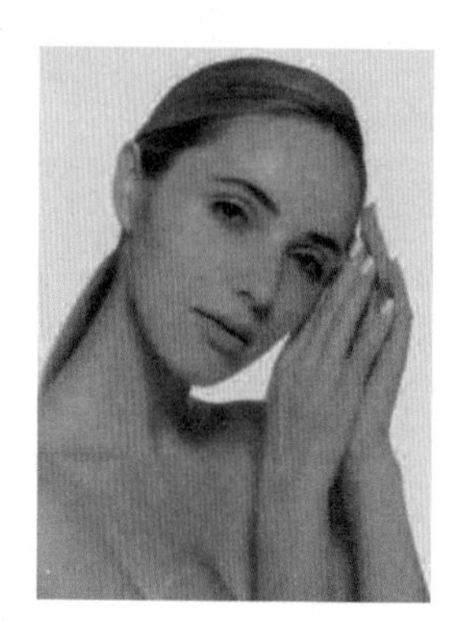

图 4-81　Candlelight.CUBE 效果

图 4-82　黑白效果

## 4.3.8　匹配颜色

“匹配颜色”命令将源图像中的颜色与另一个目标图像中的颜色相匹配，可以使两张不同照片中的颜色相匹配，也可以使同一个图像中不同图层之间的颜色相匹配。

在菜单栏中选择“图像”→“调整”→“匹配颜色”命令，打开“匹配颜色”对话框，如图 4-83 所示，各项含义如下。

- 目标图像：从“图像统计”区域的“源”下拉列表中，选取要将其颜色与目标图像中的颜色相匹配的源图像，如图 4-84 和图 4-85 所示。选中“应用调整时忽略选区”复选框会忽略目标图像中的选区，将调整应用于整个目标图像，匹配后的效果如图 4-86 所示。

图像选项：

- 明亮度：拖动滑块可以增加或减少目标图像的亮度，或者输入一个数值，数值范围为 1 ～ 200，默认值是 100。
- 颜色强度：拖动滑块可以增加或减少目标图像的色彩饱和度，或者输入一个数值，数值范围为 1 ～ 200，默认值是 100。

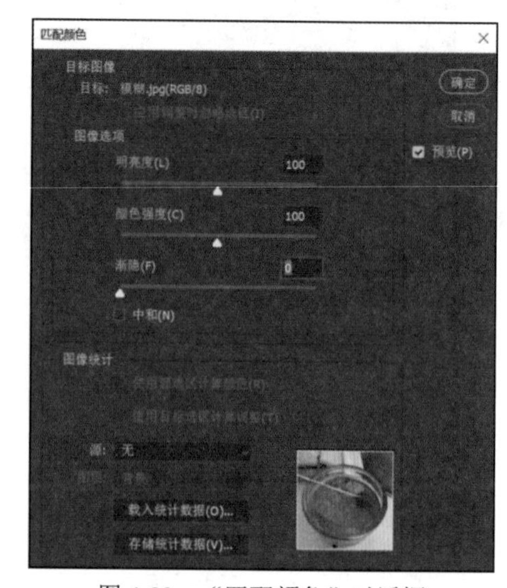


图 4-83　“匹配颜色”对话框

图 4-84　素材文件

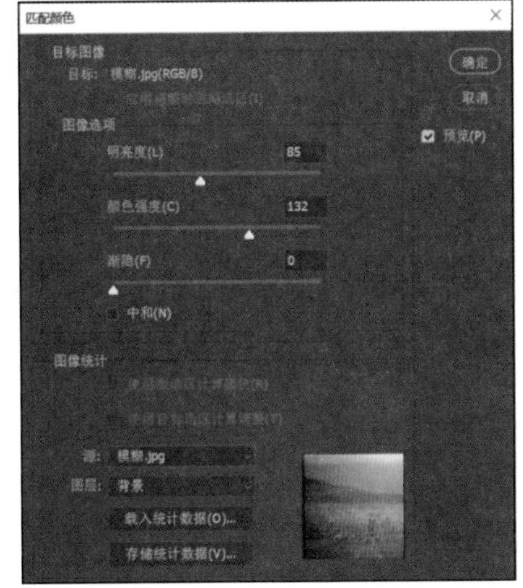

图 4-85　选择“源”图像

图 4-86　匹配后的效果

- 渐隐：控制应用于图像的调整量，向右移动该滑块可减小调整量。
- “中和”：选中该复选框，可以移去目标图像中的色痕。

图像统计：

- 使用选区计算颜色：指使用源图像选区中的颜色来计算调整，如果取消选中该复选框，会使用整个源图像中的颜色来计算调整。
- 使用目标选区计算调整：指使用目标选区中的颜色来计算调整，如果取消选中该复选框，会使用整个目标图像中的颜色来计算调整。
- 图层：在源图像中选取图层。如果要匹配源图像中所有图层的颜色，则在下拉列表中选择“合并的”选项。

## 4.3.9　案例：运用“色相 / 饱和度”命令调整画面色彩

本案例使用“色相 / 饱和度”命令来全方位调节画面的色相、饱和度及色调关系。如图 4-87 所示的图片中的海面和天空颜色处于乌云下，色调比较暗淡，近景颜色由于光照强烈显得过于艳丽，在不设选区的情况下，使用“色相 / 饱和度”命令来进行调节，调节后的效果如图 4-88 所示。通过本案例的学习，用户可以深层次地掌握“色相 / 饱和度”命令强大的调节功能，并灵活地加以运用。

**01** 在菜单栏中选择“文件”→“打开”命令，或者按 Ctrl+O 快捷键，打开“素材 \ 第 4 章 \ 海滩.jpg”文件。

**02** 在“图层”面板中选中背景图层，单击“创建新的填充或调整图层”按钮 ，在打开的列表中选择“色相 / 饱和度”选项，然后在打开的面板中设置“饱和度”为 30，如图 4-89 所示。增加全图的饱和度，只能使前景过于艳丽，海面变化不大。

**03** 由于海面的颜色主要呈青蓝色，前景颜色是以暖调为主的红色和黄色，因此可以分别对颜色进行调节。选择“全图”下拉列表中的“蓝色”，

图 4-87　素材文件

图 4-88　调整后的效果

如图 4-90 所示，单独对蓝色进行饱和度、色相的调节，设置“饱和度”为 +35、“明度”为 +18。

**04** 选择“青色”，设置“色相”为 +4，与天空的颜色相衔接，再设置“饱和度”为 +57、“明度”为 +12，如图 4-91 所示。

**05** 对以“红色”为主的前景色进行调节。选择“红色”，设置“色相”为 -5，此时红色部分的颜色比较自然，桌子的颜色还是过于艳丽，但是在“全图”下拉列表里没有棕色，单击按钮，在图像中的桌面上单击并向左拖动，直到“饱和度”数值为 -45，可以看到桌面的颜色变得自然，如图 4-92 所示。

图 4-89　设置“饱和度”

图 4-90　调节“蓝色”部分

图 4-91　调节“青色”部分

图 4-92　修改桌面颜色

**06** 再一次使用“自然饱和度”命令调节画面整体色彩。单击“创建新的填充或调整图层”按钮，在打开的列表中选择“自然饱和度”命令，然后在打开的面板中设置“自然饱和度”为 +30。最终效果如图 4-88 所示。

## 4.3.10 案例：调整色彩创建“黑金”效果的都市夜景

本案例将一幅五彩斑斓的都市夜景图 ( 如图 4-93 所示 ) 调整为统一、肃穆、富于高级感的“黑金”效果，如图 4-94 所示。

**01** 在菜单栏中选择“文件”→“打开”命令，或者按 Ctrl+O 快捷键，打开“素材 \ 第 4 章 \ 都市夜景 .png”文件。

**02** 在“图层”面板中选择“背景”图层，单击“创建新的填充或调整图层”按钮，在打开的列表中选择“黑白”命令，弹出“黑白”属性面板，如图 4-95 所示。在该面板中修改“红色”为 80、“黄色”为 105、“绿色”为 40、“蓝色”为 20、“洋红”为 80。通过强调红色和黄色的部分来突出灯光颜色，削弱其他背景颜色。

图 4-93　素材文件

图 4-94　“黑金”效果

图 4-95　调整画面为黑白效果

**03** 再次单击“创建新的填充或调整图层”按钮，在打开的列表中选择“曲线”命令，弹出“曲线”属性面板，调整曲线，使天空更黑、画面更统一，如图 4-96 所示。

图 4-96　在“曲线”属性面板中调整曲线后的效果

**04** 在“图层”面板中选择“背景”图层，将高光区域创建为一个选区。在菜单栏中选择“选择”→“色彩范围”命令，弹出“色彩范围”对话框，单击“选择”右侧的下拉按钮，在下拉列表中选择“高光”命令，设置“颜色容差”为 26%、范围为 200，在画面上单击某个高光区域，再单击“确定”按钮。

05 对选区进行“羽化”处理。在菜单栏中选择“选择”→“修改”→“羽化”命令，在弹出的对话框中设置“羽化半径”为5像素，高光区域被选定，如图4-97所示。

06 按Ctrl+C快捷键复制图层，再按Ctrl+V快捷键把高光区域粘贴到一个新图层里，重命名为“高光”图层并将其移到最上层。

07 调整整体氛围。选中“高光”图层，单击“创建新的填充或调整图层”按钮，在打开的列表中选择“照片滤镜”命令，在弹出的面板中将“滤镜”设置为Warming Filter(85)，单击“颜色”右侧的色块，弹出“拾色器”对话框，选择近“橘黄色”的暖色，将密度设置为25%，如图4-98所示。

图4-97 选取高光区

图4-98 使用“照片滤镜”命令整体氛围

08 此时“黑金”的氛围初步呈现，但是高光区的颜色不统一，还需要进行调整。拖动“高光”图层到最上层，右击“高光”图层的灰色部分，在弹出的快捷菜单中选择“建立剪贴蒙版”命令，让颜色调整只对“高光”图层起作用。

09 单击“创建新的填充或调整图层”按钮，在打开的列表中选择“色相/饱和度”命令，打开“色相/饱和度”属性面板，选中“着色”复选框，设置“色相”为48、“饱和度”为70、“明度”为+8，最终效果如图4-94所示。

## 4.4 特殊的色彩色调调整命令

### 4.4.1 反相图像

在菜单栏中选择“图像”→“调整”→“反相”命令，对图像进行反相操作，这时通道中每个像素的亮度值都会转换为与256级颜色值相反的值。例如，正片图像中值为255的像素会被转换为0，值为5的像素会被转换为250，前后效果对比如图4-99和图4-100所示。

图4-99 素材文件

图4-100 “反相”调整后的效果

## 4.4.2 色调分离

使用“色调分离”命令可以指定图像中每个通道的亮度值，然后将像素匹配到最接近的级别。例如，在 RGB 图像中选取两个色调级别将产生六种颜色：两种代表红色，两种代表绿色，另外两种代表蓝色。在照片中创建特殊效果，在大的单调区域调整效果比较明显，在彩色图像中也产生特别的效果。选择“图像”→“调整”→“色调分离”命令，弹出“色调分离”对话框，移动“色阶”滑块，或输入所需的色调级别数，前后效果对比如图 4-101 和图 4-102 所示。

图 4-101　素材文件

图 4-102　“色调分离”调整后的效果

## 4.4.3 阈值

“阈值”调整将灰度或彩色图像转换为高对比度的黑白图像。当指定某个色阶作为“阈值”时，所有比“阈值”亮的像素被转换为白色；而所有比“阈值”暗的像素被转换为黑色。

在菜单栏中选择“图像”→“调整”→“阈值”命令，打开“阈值”对话框，如图 4-103 所示。

在“阈值”对话框中，拖动直方图下方的滑块，直到出现所需的阈值色阶。拖动时，图像将更改以反映新的阈值设置，将彩色图像转换为灰度图像，但图像的颜色模式保持不变。例如，为 RGB 模式图像中的每个像素指定相等的红色、绿色和蓝色值，每个像素的明度值不改变，前后效果对比如图 4-104 和图 4-105 所示。

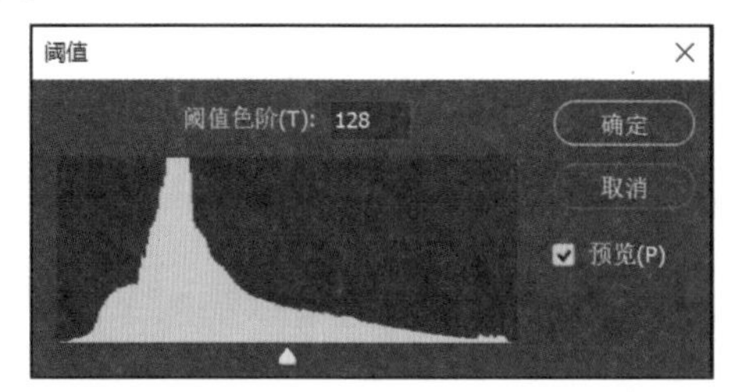


图 4-103　“阈值”对话框

图 4-104　素材文件

图 4-105　调整后的效果

## 4.4.4 渐变映射

“渐变映射”可以将一条人为设置的渐变填充色映射到图像原本的明暗关系上，使图像中的色彩位置关系不变，颜色却发生变化，在不同的位置呈现一些渐变过渡的特征。

在菜单栏中选择“图像”→“调整”→“渐变映射”命令，打开“渐变映射”对话框，如图 4-106 所示，各项的含义如下。

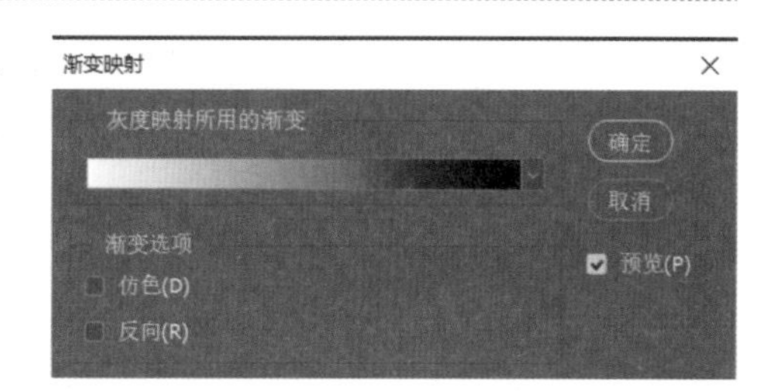


图 4-106　“渐变映射”对话框

- 仿色：选中“仿色”复选框，可以随机添加杂色使渐变填充的外观变得平滑并减少带宽效应。

- 反向：选中“反向”复选框，可以切换渐变填充的方向。
- 单击该对话框中的渐变条，打开“渐变编辑器”对话框，如图 4-107 所示，在预设中选择“彩虹色_14”，单击“确定”按钮，如图 4-108 所示，呈现彩虹渐变编辑效果，前后效果对比如图 4-109 和图 4-110 所示。

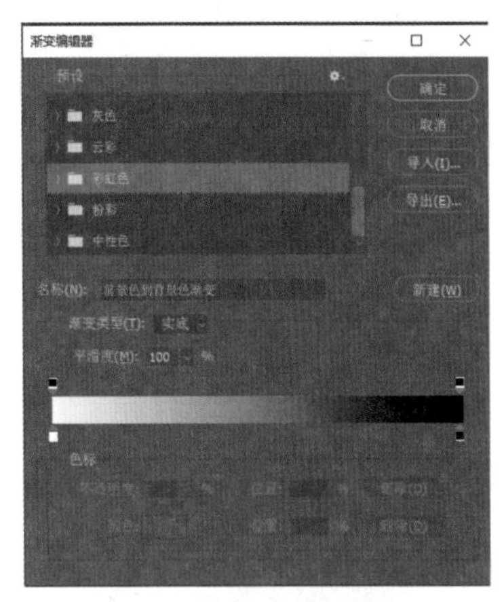

图 4-107　“渐变编辑器”对话框

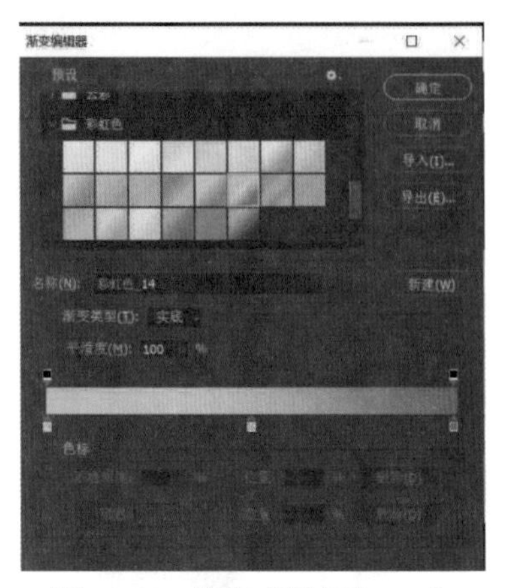

图 4-108　选取“彩虹色 -14”

图 4-109　素材文件

图 4-110　使用“渐变映射”命令调整后的效果

## 4.4.5 替换颜色

在菜单栏中选择“图像”→“调整”→“替换颜色”命令，打开“替换颜色”对话框，如图 4-111 所示，各项的含义如下。

- 本地化颜色簇：选中该复选框可以选择相似且连续的颜色。
- 颜色容差：容差数量越大，所选择的颜色范围越广。
- 选区 / 图像：选中相应的单选按钮，图像以黑白或彩色图像显示。
- 使用吸管工具单击图像或预览框选择要改变的颜色像素，吸管工具用来添加区域，吸管工具用来删除区域。
- 色相 / 饱和度 / 明度：调节所选区域所要替换颜色的色相、饱和度和明度。
- 单击“结果”上方的色块，弹出“拾色器 ( 结果颜色 )”对话框，选择要替换的颜色，如图 4-112 所示，画面呈现橘色效果。
- 在预览框中显示蒙版，被蒙版区域是黑色，未蒙版区域是白色。部分被蒙版区域 ( 覆盖有半透明蒙版 ) 会根据不透明度显示不同的灰色色阶。

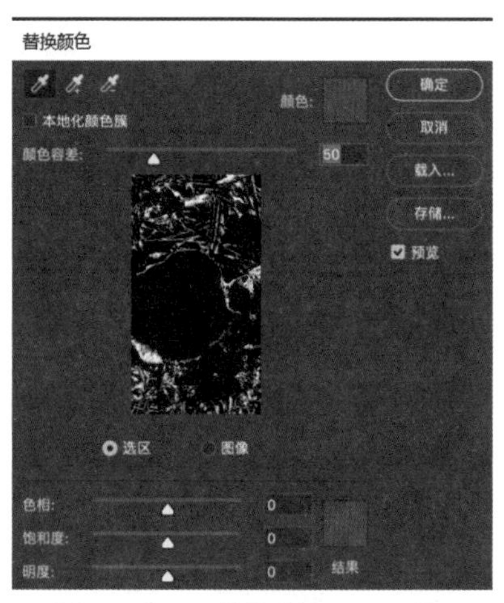
图 4-111　“替换颜色”对话框

图 4-112　替换为橘色后的效果

## 4.4.6 可选颜色

“可选颜色”可以选择 9 种颜色来进行调整，分别为红色、绿色、蓝色及它们的补色：青色、洋红色、黄色，以及黑色、中性色、白色。

在菜单栏中选择“图像”→“调整”→“可选颜色”命令，打开“可选颜色”对话框。如图 4-113 所示。

单击“颜色”右侧的下拉按钮，在打开的下拉列表中有 9 种调整颜色，选择相应的颜色后，可调整颜色所占的百分比。

选中“相对”单选按钮，根据颜色总量的百分比来修改颜色，选中“绝对”单选按钮，所调节的是绝对值，如图 4-114 和图 4-115 所示分别为选取“黄色”“蓝色”调整后的效果。

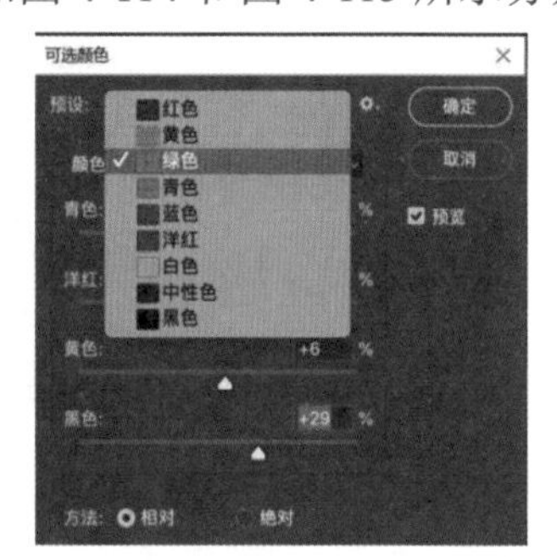
图 4-113　“可选颜色”对话框

图 4-114　调整“黄色”后的效果

图 4-115　调整“蓝色”后的效果

## 4.4.7 HDR 色调

HDR(High Dynamic Range，高动态范围)，是指图像中最亮处和最暗处之间的比值。使用“HDR 色调”命令可以使图像的亮部和暗部增加丰富的细节，增加对比度，扩大色域，前后效果对比如图 4-116 和图 4-117 所示。

在菜单栏中选择“图像”→“调整”→“HDR 色调”命令，打开“HDR 色调”对话框，如图 4-118 所示，各项的含义如下。

- 预设：在“HDR 色调”对话框中，提供了 16 种预设效果，如图 4-119 所示。

图 4-116　素材文件

图 4-117　使用“HDR 色调”命令调整后的效果

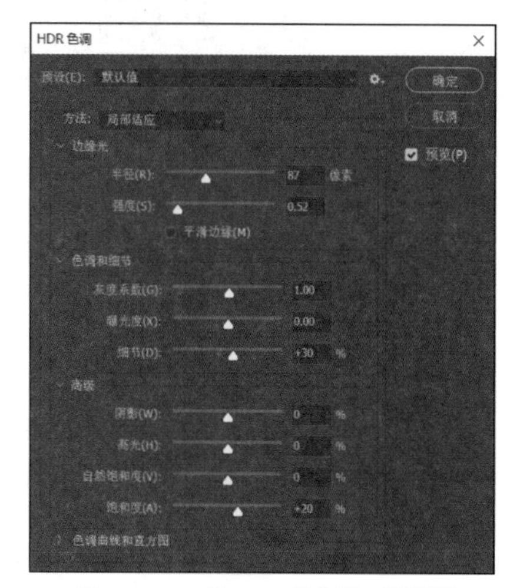

图 4-118　“HDR 色调”对话框

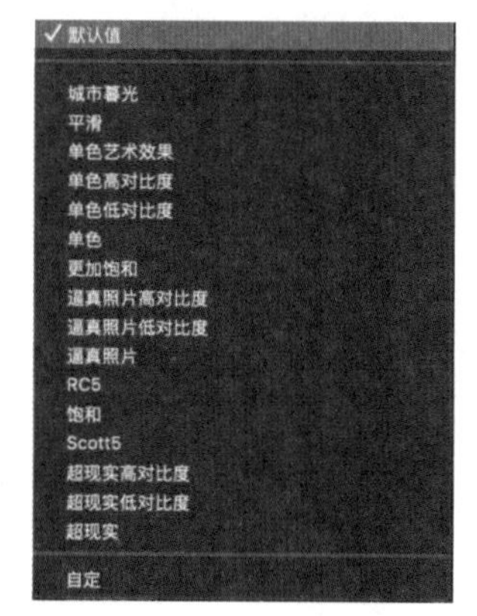


图 4-119　16 种预设效果

- 方法：提供了 4 种调整“HDR 色调”的选项，默认为“局部适应”。
- 边缘光：用于调整画面边缘光的强度。“半径”用于控制边缘效果的作用范围，半径越大，范围越广；“强度”用于控制边缘处发光的强度，数值越高就越亮；选中“平滑边缘”复选框可使边缘变得平滑。
- 色调和细节：“灰度系数”用于调整高光和阴影之间的差异，数值越小，阴影和高光之间的差异就越小，反之，则越大；“曝光度”用于调整画面的曝光度。“细节”默认值为 30%，数值越高，细节越明显。
- 色调曲线和直方图：可作为基础调节面板和曲线直方图面板调节画面。

## 4.4.8　案例：使用“渐变映射”命令制作晚霞效果

本案例使用“渐变映射”命令将图 4-120 制作成晚霞效果，并综合使用“调整”命令调整画面，最终效果如图 4-121 所示。

**01** 在菜单栏中选择“文件”→“打开”命令，或者按 Ctrl+O 快捷键，打开“素材 \ 第 4 章 \ 夕阳余晖 .jpg”文件。

**02** 在“图层”面板中选择“背景”图层，单击“创建新的填充或调整图层”按钮，在打开的列表中选择“渐变映射”命令，弹出“渐变编辑器”对话框，如图 4-122 所示，在“预设”列表框中单击“橙色”，选择“橙色 _05”号，如图 4-123 所示，单击“确定”按钮。

图 4-120 素材文件

图 4-121 调整后的效果

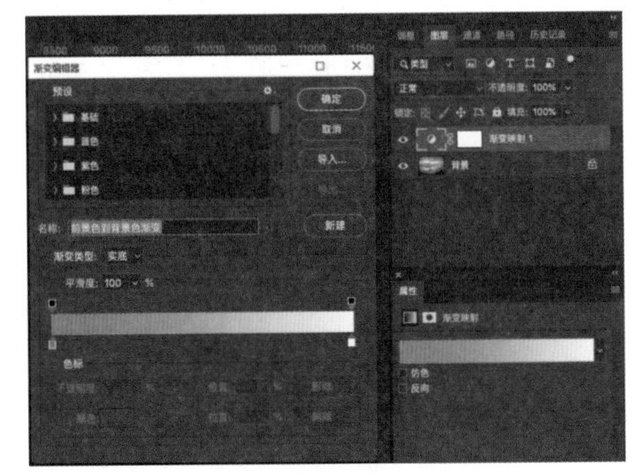
图 4-122 “渐变编辑器”对话框

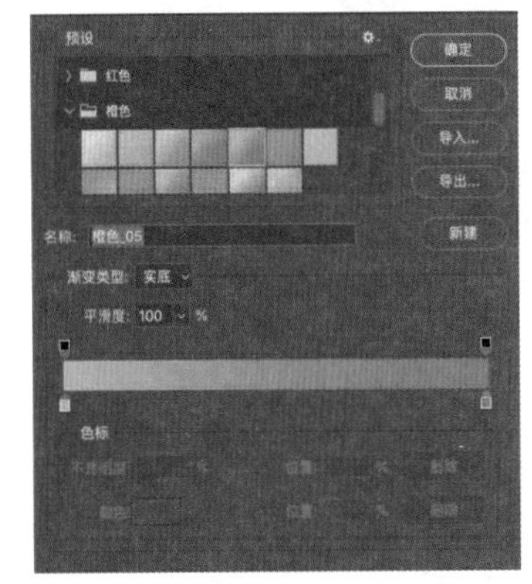
图 4-123 选择“橙色_05”号

**03** 在“属性”面板中选中“仿色”和“反向”复选框，如图 4-124 所示，并设置图层混合模式为“叠加”，效果如图 4-125 所示。

图 4-124 “属性”面板

图 4-125 设置图层混合模式为“叠加”后的效果

**04** 在“图层”面板中选择“背景”图层，单击“创建新的填充或调整图层”按钮，在打开的列表中选择“色阶”命令，打开“色阶”属性面板，如图 4-126 所示。在该面板中设置“黑场”为 5、“灰场”为 1.05；“输出色阶”为 0 和 244；再分别调整红色通道“灰场”为 1.2、绿色通道“灰场”为 0.95、蓝色通道“灰场”为 0.95，调节颜色和对比度。调整后的效果如图 4-127 所示。

**05** 使用“色彩平衡”命令调整暗部，使暗部偏蓝一些。在“图层”面板中选中背景图层，单击“创建新的填充或调整图层”按钮，在打开的列表中选择“色彩平衡”命令，在打开的面板上设置“红色”为 -4；“蓝色”为 +24，最终效果如图 4-121 所示。

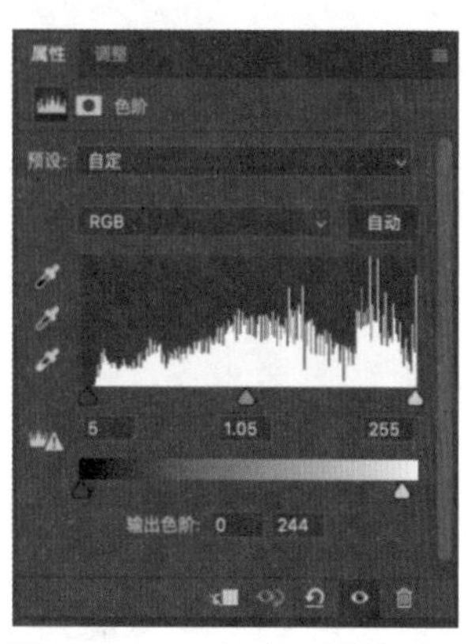

图 4-126 “色阶”属性面板

图 4-127 使用“色阶”命令调整后的效果

## 4.4.9 案例：使用“HDR 色调”命令营造质感图像

在图 4-128 中，图片的主要视角是水波纹和楼体，使用“HDR 色调”命令加强水波纹的纹理、增强墙体的质感、突出细节，使照片变得更加有质感，调整后的效果如图 4-129 所示。

图 4-128 素材文件

图 4-129 调整后的效果

**01** 在菜单栏中选择“文件”→“打开”命令，或者按 Ctrl+O 快捷键，打开“素材 \ 第 4 章 \ 威尼斯 .jpg”文件。

**02** 在工具箱中选择“矩形选框工具”，在画面左侧由上至下绘制一个矩形选区，然后按 Ctrl+T 快捷键进行自由变换，单击自由变换框左边的控制点，此时鼠标光标变为平行箭头，把图像向左平移到合适位置，按 Enter 键。这样能去掉左侧红砖部分，并且增大透视效果，如图 4-130 所示。

**03** 在菜单栏中选择“图像”→“调整”→“HDR 色调”命令，打开“HDR 色调”对话框，如图 4-131 所示。在“方法”中选择“局部适应”，设置“半径”为 25 像素、“强度”为 2.00；选中“平滑边缘”复选框；设置“灰度系数”为 1.00、“曝光度”为 +0.15、“细节”为 +35、“阴影”为 +10、“自然饱和度”为 +24、“饱和度”为 +20，单击“确定”按钮，效果如图 4-132 所示。

**04** 在“图层”面板中选择“背景”图层，单击“创建新的填充或调整图层”按钮，在打开的列表中选择“色阶”命令，打开如图 4-133 所示的面板，设置“黑场”为 30、“灰场”为 1.16、“输出色阶”为 0 和 247。

**05** 再添加“色彩平衡”调整图层，调节“高光”色调的“红色”为 +9、“绿色”为 -2、“蓝色”为 -1，如图 4-134 所示；调节“中间调”色调的“红色”为 +9、“绿色”为 -3、“蓝色”为 -1，如图 4-135 所示。

图 4-130　自由变换

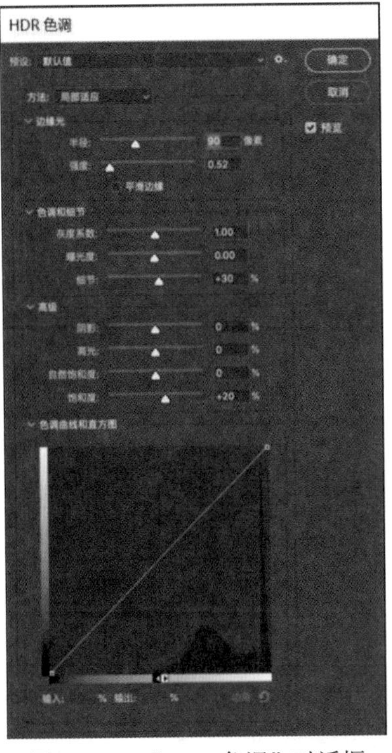


图 4-131　“HDR 色调”对话框

图 4-132　进行“HDR 色调”调整后的效果

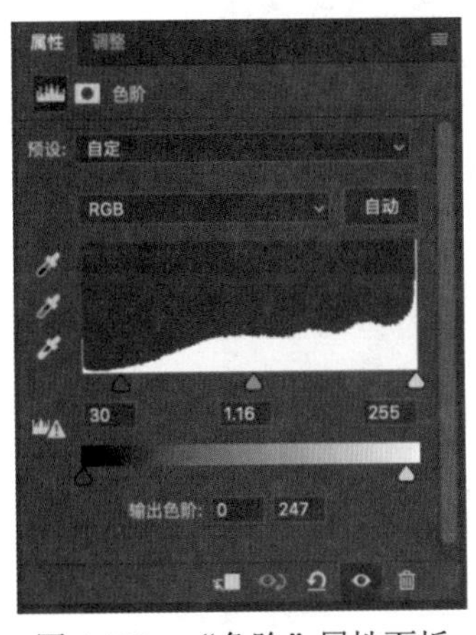


图 4-133　“色阶”属性面板

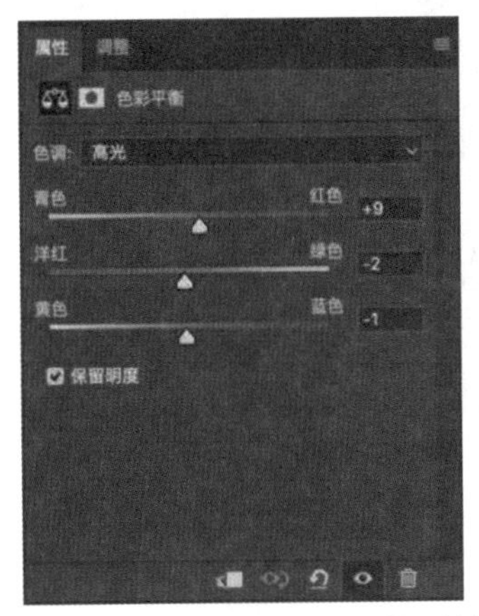


图 4-134　“色彩平衡”属性面板

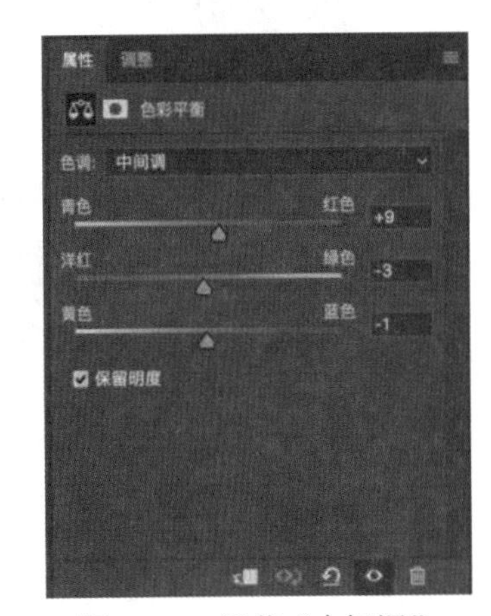


图 4-135　调节“中间调”

**06** 在菜单栏中选择“图层”→“新建填充图层”→“渐变”命令，弹出“新建图层”对话框，单击“确定”按钮，弹出“渐变填充”对话框，选择“样式”为“径向”，如图 4-136 所示，单击“渐变”颜色块，弹出“渐变编辑器“对话框，设置由“黑”到“透明”的渐变，并改变黑色的”不透明度”为 65%，如图 4-137 所示，单击“确定”按钮。在“图层”面板中设置混合模式为“叠加”。

**07** 此时还需要把天空的颜色再加强。选择背景图层，在工具栏中选择“快速选择工具”，选择“天空”图层，按 Ctrl+C 和 Ctrl+V 快捷键将“天空”图层粘贴到一个新图层。

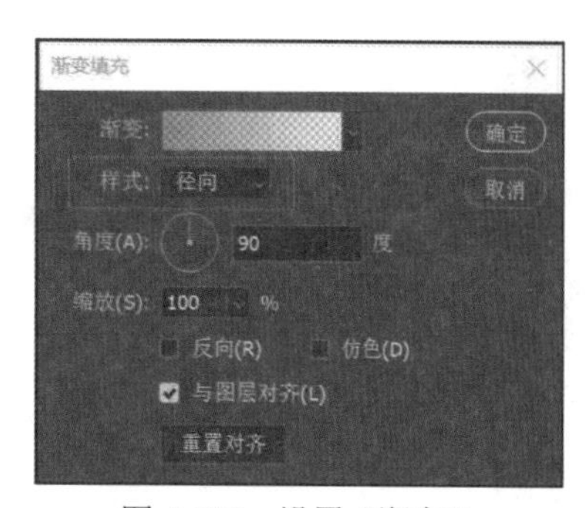
图 4-136　设置“渐变”

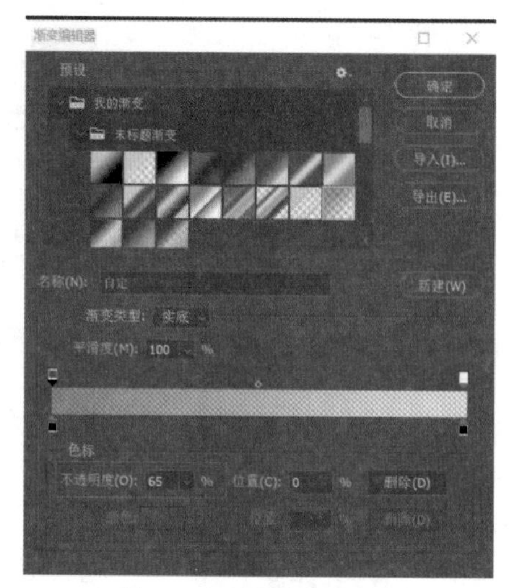
图 4-137　设置不透明度

**08** 单击“创建新的填充或调整图层”按钮，在打开的列表中选择“照片滤镜”命令，在“属性”面板中选择蓝颜色，设置密度为47%，如图 4-138 所示，并且创建一个“剪贴蒙版”使它只对蓝天起作用，如图 4-139 所示。

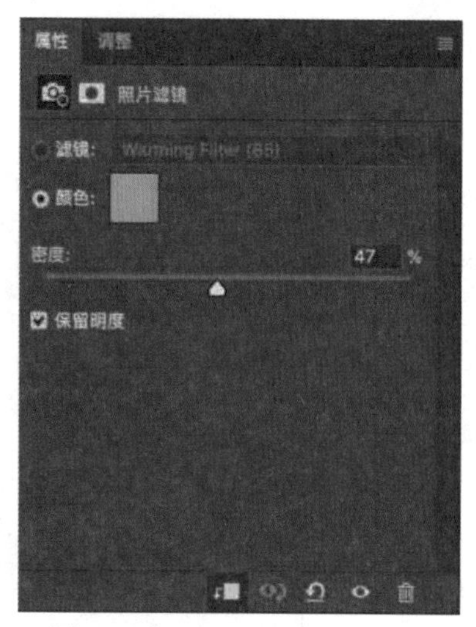
图 4-138　“照片滤镜”的设置

图 4-139　创建“剪贴蒙版”

**09** 继续调节“天空”图层，增加对比度，降低饱和度，并且创建“剪贴蒙版”，最终效果如图 4-129 所示。

# 第5章 绘图与颜色填充

Adobe Photoshop 可以使用多种方式来绘制图像和编辑颜色，本章重点介绍画笔工具组等绘画工具及其所使用的颜色的设置方法。

# 5.1 填充颜色

在使用 Photoshop 处理图像时，往往会涉及颜色的设置，因为任何图像都离不开颜色。图像是由一个个带颜色的像素组成的，使用 Photoshop 中的画笔、文字、渐变、填充、蒙版、描边等工具进行操作时，都需要设置相应的颜色。

## 5.1.1 设置前景色和背景色

在 Photoshop 工具箱的底部有两个相连接的方块状按钮，如图 5-1 所示，左上方 ❶ 为前景色按钮，右下方 ❷ 为背景色按钮。默认情况下前景色为黑色，背景色为白色。

对选区进行前景色的填充、使用画笔绘制图像、对选区进行描边等都需要使用前景色，按 Alt+Delete 快捷键可填充前景色。背景色用于设置背景色的填充、渐变设置和填充图像中已涂抹掉的区域，按 Ctrl+Delete 快捷键可填充背景色。

单击 ❸ 或按 D 键，将前景色和背景色恢复到默认初始颜色；单击 ❹ 或按 X 键可将前景色和背景色进行切换。

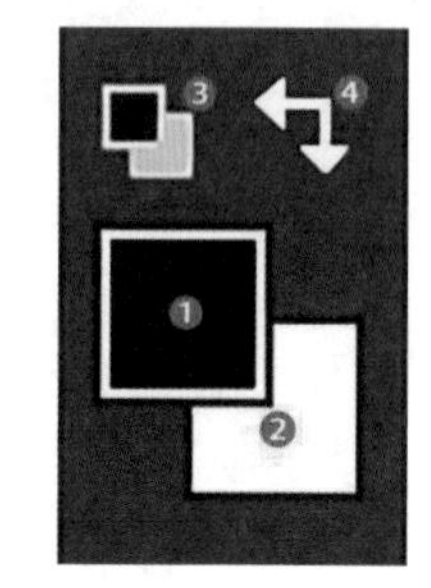

图 5-1 前景色和背景色

## 5.1.2 使用前景色按钮选取颜色

单击“前景色”按钮，弹出“拾色器 ( 前景色 )”对话框，如图 5-2 所示。该对话框中央 ❺ 为彩虹色竖条状区域，上下拖动其上面的滑块，可选择需要的颜色色调。在左侧的取色区域内单击会出现一个圆形，拖动该圆形即可选择需要的颜色。单击“确定”按钮，完成前景色的设置。

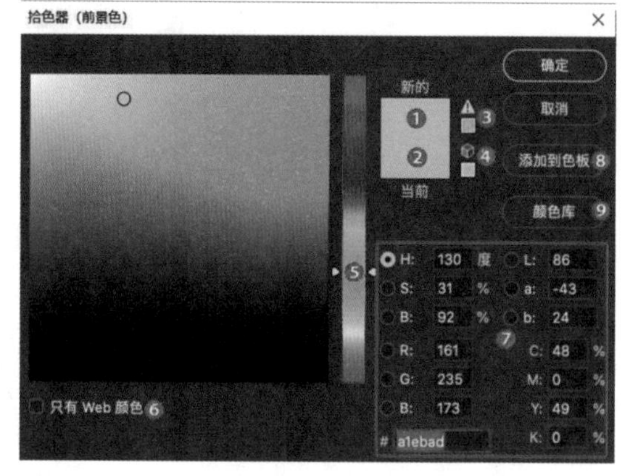


图 5-2 “拾色器 ( 前景色 )”对话框

“拾色器”对话框中各部分功能介绍如下。

- 新的：❶ 即当下、最近一次提取的颜色。
- 当前：❷ 指原有的或上一次使用的颜色。
- 溢色警告：❸ 当选择的颜色超出 CMYK 印刷色域之外后会出现警告。当出现溢色警告时，单击其下方的颜色图标，可以将颜色替换成与 CMYK 颜色最接近的其他颜色。
- 非 Web 安全色警告：❹ 表示当前所使用的颜色不能在网络上准确显示，单击其下方的颜色图标，可以将颜色替换成与 Web 颜色最接近的其他颜色。
- 颜色滑块：❺ 上下拖动该滑块可以在左侧的拾色框中显示不同色域的颜色。
- 只有 Web 颜色：❻ 选中该复选框，只显示 Web 范围内的颜色。
- 输入颜色：❼ 该区域里包含 HSB、RGB、Lab、CMYK 四种模式颜色数值，可以通过输入数值来精确设置颜色。
- 添加到色板：❽ 单击“添加到色板”按钮，可以将当前设置的颜色添加到“色板”面板中。
- 颜色库：❾ 单击“颜色库”按钮，可打开“颜色库”对话框。

## 5.1.3 使用吸管工具选取颜色

单击工具箱中的“吸管工具”按钮，或按 I 键，将光标移到图像中，单击要取样的像素区域，此时前景色按钮的颜色就变成了刚刚吸取的颜色，按住 Alt 键，再单击要取样的像素区域，可将当前吸取的颜色设置为背景色。

在使用绘画工具的过程中，松开鼠标左键并按住 Alt 键，可将“绘画工具”切换到“吸管工具”，松开 Alt 键即可恢复到之前的工具。

在使用“吸管工具”时，按住鼠标左键，并将鼠标拖到 Photoshop 界面之外，可吸取 Photoshop 界面以外的电脑屏幕任意区域的颜色。

选择“吸管工具”后，显示“吸管工具”选项栏，如图 5-3 所示，各项的含义如下。

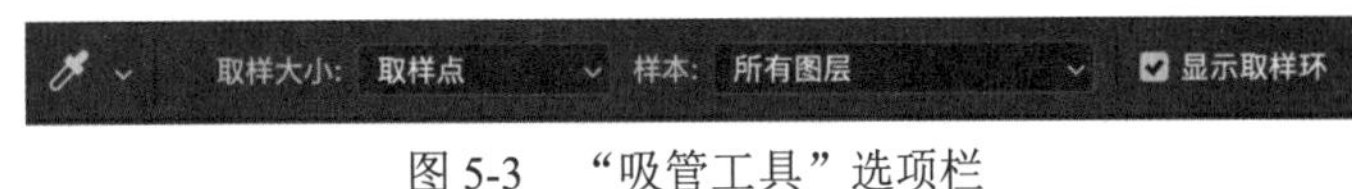


图 5-3　“吸管工具”选项栏

- 取样大小：用于设置吸管取样范围的大小。单击其后的下拉按钮，打开的下拉列表中包含“取样点”和“5×5 平均”两个选项。选择“取样点”选项，可以选择像素的精确颜色；选择“5×5 平均”选项，可以选择所在位置 5 像素区域以内的平均颜色。
- 样本：可以从所有图层、当前图层、当前和下方图层、所有无调整图层、当前和下一个无调整图层吸取颜色。
- 显示取样环：选中该复选框后，可以在拾取颜色时在吸管周围显示当前已吸取颜色的色环。

## 5.1.4　油漆桶工具

使用“油漆桶工具”可以在图像或图像选区中填充前景色或图案。在没有选区的情况下，利用“油漆桶工具”进行填充，系统会将画面上颜色相近的像素区域一起填充，填充区域的大小可以在工具选项栏中通过参数设置，还可以选择所有图层同时填充；在有选区的情况下进行填充时，同时受选区和颜色两方面的影响。在工具箱中选择“油漆桶工具”，如果工具箱中未显示“油漆桶工具”，则单击并按住“渐变工具”以显示其他相关工具，如图 5-4 所示，然后选择“油漆桶工具”。

选择“油漆桶工具”后，显示“油漆桶工具”选项栏，如图 5-5 所示，各项含义如下。

图 5-4　“油漆桶工具”组

图 5-5　“油漆桶工具”选项栏

- 填充模式：填充模式包含“前景”和“图案”两种模式。
- 模式：用来设置填充内容的混合模式。
- 不透明度：用来设置填充内容的不透明度。
- 容差：用来设置被填充像素颜色的相似度。当“容差”值较低时，被填充范围较小；当“容差”值较高时，被填充范围较大。
- 消除锯齿：使填充的颜色或图案边缘平滑。
- 连续的：选中该复选框后，只填充图像中处于相连的相似颜色范围内的区域；取消选中该复选框后，填充图像中所有相似的像素区域。
- 所有图层：选中该复选框后，对所有可见图层中的相似颜色像素区域同时进行填充；取消选中该复选框后，仅填充当前选中的图层。

## 5.1.5　渐变工具

渐变指一个颜色逐渐变化过渡到另一个颜色，形成了过渡的颜色区间。渐变可以是多个颜色以一定的规律进行变化，比如“角度”的变化、“形态”的变化。使用“渐变工具”可以在整个画面或选区内填充渐变色，还可以填充图层蒙版、快速蒙版和通道等。

单击工具箱中的“渐变工具”按钮，如果工具箱中未显示“渐变工具”，单击并按住“油漆桶工具”以显示其他相关工具，然后选择“渐变工具”，在该工具选项栏中选择一种渐变类型，按住鼠标左键在画面上拖动，绘制一条线段，根据拖动的距离会形成两个或几个颜色的过渡，拖动的同时按住 Shift 键，可以把直线控制在水平或垂直方向。

“渐变工具”选项栏如图 5-6 所示，各项含义如下。

图 5-6 “渐变工具”选项栏

- 渐变色条：可以显示当前渐变的颜色。单击渐变色条会弹出“渐变编辑器”对话框。
- 渐变类型：有 5 种渐变类型，各渐变类型效果如图 5-7 所示。

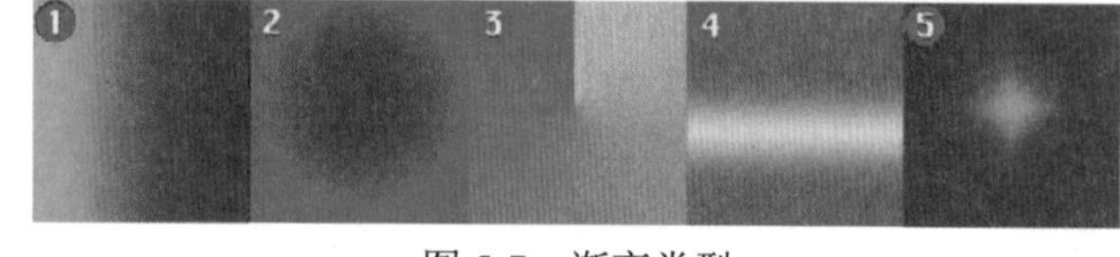


图 5-7 渐变类型

单击“线性渐变”按钮，以直线方式创建从起点到终点的渐变，效果如图 5-7 中的 ❶ 所示。

单击“径向渐变”按钮，以圆形方式创建从起点到终点的渐变，效果如图 5-7 中的 ❷ 所示。

单击“角度渐变”按钮，创建围绕起点以逆时针扫描方式的渐变，效果如图 5-7 中的 ❸ 所示。

单击“对称渐变”按钮，使用对称均衡的线性渐变在起点的任意一侧创建渐变，效果如图 5-7 中的 ❹ 所示。

单击“菱形渐变”按钮，以菱形方式从起点向外产生渐变，终点定义菱形一个角，效果如图 5-7 中的 ❺ 所示。

- 模式：用于设置使用渐变时所采用的混合模式。
- 不透明度：用来设置渐变色的不透明度。
- 反向：选中该复选框，可得到和原来方向相反的颜色渐变结果。
- 仿色：选中该复选框，渐变效果将会更加平滑，防止在打印渐变图像时出现一条条带状的结果。
- 透明区域：选中该复选框，创建从实体颜色到透明色的渐变效果。

### 5.1.6 渐变编辑器详解

渐变编辑器主要用来设置、编辑与调整渐变颜色。打开或新建一个文件，选择工具箱中的“渐变工具”按钮，单击工具选项栏中的渐变色条，弹出“渐变编辑器”对话框，如图 5-8 所示。

- 预设：❶ 存储了 Photoshop 预设的渐变效果，单击按钮可以选择预设显示方式。
- 名称：❷ 显示预设渐变效果的名称。
- 渐变类型：❸ 分为“实底”和“杂色”两种。“实底”渐变是默认的渐变色；“杂色”是指定范围内随机分布的颜色。
- 平滑度：❹ 设置渐变颜色的平滑程度。
- 色标：❺ 色标决定了渐变的颜色、位置和不透明度。

颜色色标设置方法如下：单击渐变条下方左侧的色标，色标上方的小三角形变为黑色，表明正在编辑起始颜色。单击“色标”区域下方的“颜色”色块，可在“拾色器”对话框中选取颜色。单击渐变条下方右侧的色标，可定义终点颜色。

左右拖动色标调整颜色起点或终点，或者在“渐变编辑器”对话框“色标”区域的“位置”中输入数值。如果输入的数值为 0，色标会在渐变条的最左端；如果输入的数值为 100%，色标会在渐变条的最右端。

向左或向右拖动渐变条下面的菱形◇，或单击菱形并输入“位置”值，可以调整中点的位置 ( 渐变将在此处显示起点颜色和终点颜色的均匀混合）。

在渐变条下方单击，可以建立新的色标，将色标向下拖动可删除色标。

编辑不透明度色标：单击渐变条上方左右侧的色标，可以设置颜色的不透明度，左右滑动不透明度色标，以及拖动渐变条上面的菱形◇，可以调节不透明度的位置，在“色标”区域“不透明度”右侧的“位置”中输入数值，可以以数值方式调整不透明度的位置。

- “新建”按钮：⑥ 单击该按钮，可以将所创建的渐变效果存储为预设。

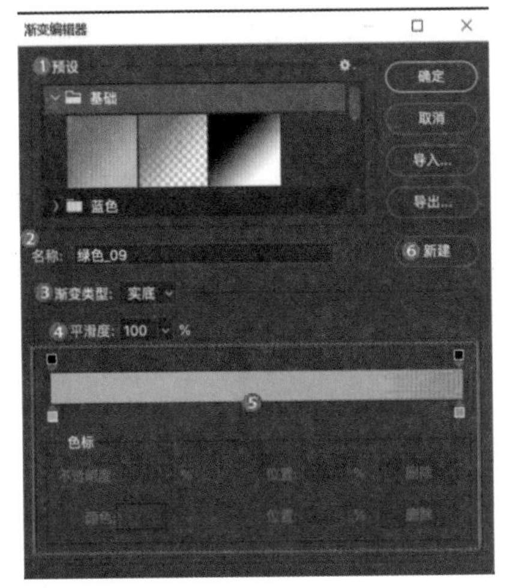

图 5-8 “渐变编辑器”对话框

## 5.1.7 案例：预设图案并使用油漆桶工具进行填充

如图 5-9 所示，是一张寓意“绿色、生命”的平面海报草稿，本案例要在画面局部填充一些纹样使其更加丰富，填充后的效果如图 5-10 所示。

01 在菜单栏中选择“文件”→“打开”命令，打开“素材\第 5 章”的“ 土地.jpg”和“绿色底纹素材.png”文件。

02 在菜单栏中选择“编辑”→“定义图案”命令，在弹出的“图案名称”对话框中定义图案名称为“绿色底纹素材.png”，如图 5-11 所示，单击“确定”按钮。

03 在工具箱中选择“油漆桶工具”，在工具选项栏中选择“图案”，选中列表中事先存储的“绿色底纹素材 .png”，如图 5-12 所示。

04 在工具选项栏中取消选中“连续的”复选框，以填充图像中所有相似的像素区域。

05 使用“油漆桶工具”单击图片中的白色部分，此时白色部分全部填充为图案“绿色底纹素材 .png”，如图 5-13 所示。

06 在右下方的蓝色区域和中上部的灰色区域添加水的底纹效果。在工具选项栏中选择“图案”，在打开的下拉列表中选择 Photoshop 预设的水纹效果，选择“水 - 清澈”图案，如图 5-14 所示。

07 选中工具选项栏中的“连续的”复选框，用“油漆桶工具”单击蓝色区域和灰色区域，如图 5-15 所示，水的底纹效果被填充到这两部分区域。

图 5-9 素材文件

图 5-10 填充后的效果

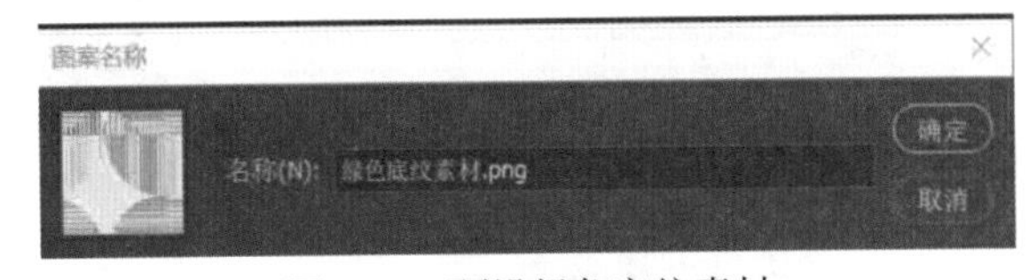

图 5-11 预设绿色底纹素材

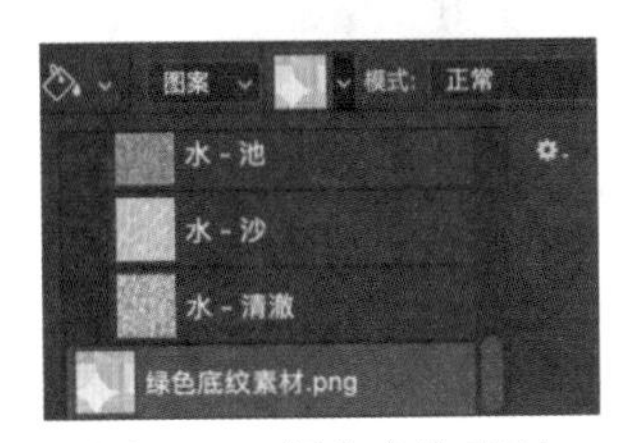

图 5-12 绿色底纹素材

08 接着在水纹效果上增加一些棕色的肌理效果，寓意土地。单击工具箱中的“油漆桶工具”，在工具选项栏中选择“前景”，并单击工具箱中的“吸管工具”(或者按住 Alt 键可将“油漆桶工具”切换为“吸管工具”，松开 Alt 键即可恢复到之前的工具)，用“吸管工具”吸取图中的棕色区域，使“前景色”变为棕色。

图 5-13　添加绿色底纹素材

图 5-14　选择“水 - 清澈”图案

图 5-15　填充“水 - 清澈”后的效果

**09** 松开 Alt 键返回“油漆桶工具”，取消选中“连续的”复选框，单击水纹浅灰部分，此时前景色会被添加到画面中与被单击部分颜色相近的像素区域(因为选择的像素不同，有一定的随机性)，最终效果如图 5-10 所示。

## 5.1.8　案例：使用渐变工具绘制气球

本案例利用渐变工具的填充功能来绘制带有气球的画面，使读者熟悉和掌握渐变工具的操作方法，气球绘制完成后的效果如图 5-16 所示。

**01** 启动 Photoshop 2020 软件，在菜单栏中选择“文件”→“新建”命令，新建一个“高度”为 29.7 厘米、“宽度”为 21 厘米、“分辨率”为 300 像素 / 英寸的空白文档。

**02** 在工具箱中选择“渐变工具”，并在工具选项栏中单击渐变色条，弹出“渐变编辑器”对话框，选择“预设”选项中的“粉色 _04”号颜色，如图 5-17 所示。

**03** 在工具选项栏中单击“线性渐变”按钮，按住鼠标左键在画面中由上至下绘制一条直线来进行渐变填充，如图 5-18 所示，拖动的同时按住 Shift 键，可以把直线控制在水平或垂直方向。存储文件为“彩色气球 .jpg”。

图 5-16　气球绘制完成后的效果

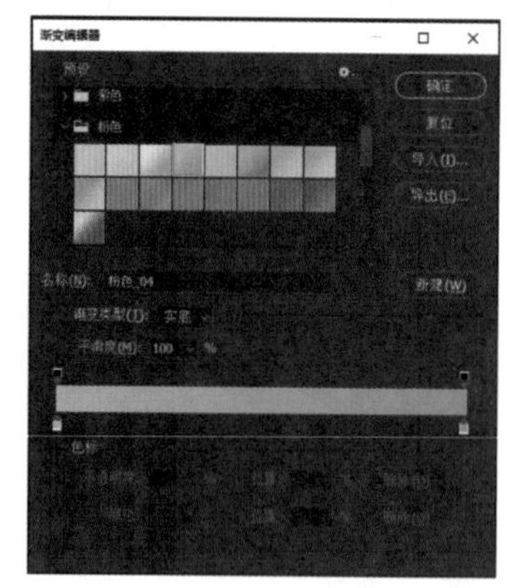


图 5-17　“渐变编辑器”对话框

图 5-18　渐变填充背景

**04** 在菜单栏中选择“文件” →“打开”命令，打开“素材 \ 第 5 章 \ 礼物盒 .png”文件。

**05** 拖动或复制礼物盒到文件“彩色气球 .jpg”。将图层 1 重命名为“礼物盒”。按 Ctrl+T 快捷键变换礼物盒到合适大小，如图 5-19 所示。

**06** 新建图层并命名为“气球”，单击工具箱中的“椭圆选框工具”并将工具选项栏中的“羽化”值设置为 0 像素。

**07** 在“气球”图层建立一个椭圆形选区。单击工具箱中的“多边形套索工具”并将工具选项栏中的“羽化”值设置为 0 像素，按住 Shift 键，在气球的底端绘制一个合适大小的梯形作为气球的出气口。

**08** 在工具箱中选择“渐变工具”，并在工具选项栏中单击渐变色条，弹出“渐变编辑器”对话框，选择“预设”选项中的“紫色 _01”号颜色，单击“确定”按钮。在工具选项栏中选择“径向渐变”进行渐变填充，效果如图 5-20 所示。

**09** 按住 Alt 键，同时按住鼠标左键拖动气球进行复制，并调整位置，再次按 Ctrl+T 快捷键，对几个气球进行自由变换，调整其大小和角度，如图 5-21 所示。

图 5-19　调整礼物盒大小

图 5-20　渐变填充绘制的气球

图 5-21　复制气球并调整画面

**10** 在工具箱中选择“移动工具”，在“图层”面板中单击其中一个气球，选择它的图层，右击“图层缩览图”，在弹出的快捷菜单中选择“选择像素”命令，如图 5-22 所示，当前图层的气球被选取。

**11** 单击工具箱中的“渐变工具”，并在工具选项栏中单击渐变色条，弹出“渐变编辑器”对话框，选择“预设”中的“基础”文件夹 → “前景色到背景色渐变”，此时通过改变前景色、背景色的颜色对几个气球分别进行渐变填充，如图 5-23 所示。

**12** 在背景图层上创建新图层，命名为“绳子”。在工具箱中选择“画笔工具”，在工具选项栏中单击“画笔预设”按钮，弹出“画笔预设”选取器面板，调整笔尖“大小”为 5 像素、笔尖“硬度”为 98%、颜色为“白色”，如图 5-24 所示，在画面中绘制气球的绳子，最终效果如图 5-16 所示。

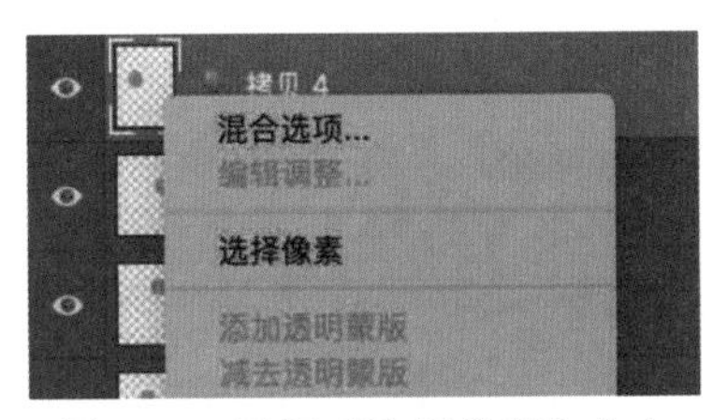

图 5-22　选择“选择像素”命令

图 5-23　改变颜色填充

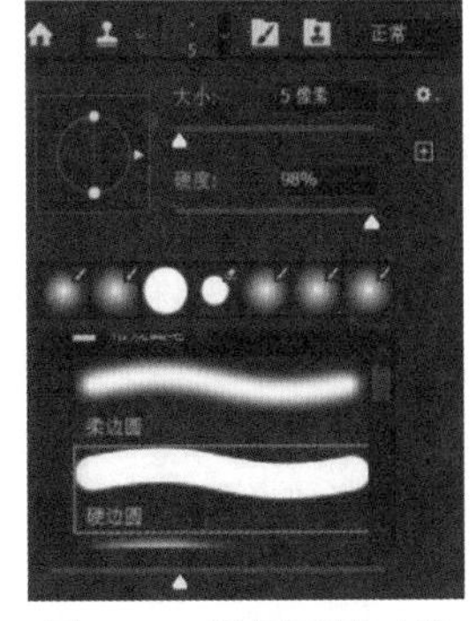
图 5-24　设置画笔工具

## 5.2　图像的任意绘制

Adobe Photoshop 提供了许多用于绘制和编辑图像的工具，如画笔工具和铅笔工具，可以通过预设画笔笔尖等选项以及选项栏中的其他设置一起控制使用方式。用户可以使用渐变方式、柔和边缘、各种动态画笔，或者不同的混合属性来应用颜色，也可以使用不同形状的笔尖或者应用纹理进行绘画，还可以使用喷枪来模拟喷色绘画。另外，“橡皮擦工具”“模糊工具”和“涂抹工具”等，在这些绘画工具的选项栏中，也使用画笔预设来设置笔尖，修改画笔预设的大小和硬度、不透明度、流量和颜色等。Photoshop 包含若干画笔预设，用户可以从这些预设开始，对其进行修改以产生新的效果。

## 5.2.1 画笔工具

Photoshop 工具箱中的“画笔工具”组包含了 4 种工具，分别是画笔工具、铅笔工具、颜色替换工具和混合器画笔工具，如图 5-25 所示。该工具组中默认的“画笔工具”可以使用前景色绘制出各种线条，也可以使用它来修改通道和蒙版。

图 5-25 “画笔工具”组

在工具箱中选择“画笔工具”，快捷键为 B，打开工具选项栏，如图 5-26 所示，各项的含义如下。

图 5-26 “画笔工具”选项栏

- 单击“画笔预设”按钮，打开“画笔预设”选取器面板，可以调节画笔笔尖的大小、设置硬度、画笔笔触的羽化程度，数值越小笔触越柔和，数值越大笔触越清晰；预设选项预设了多种画笔笔尖效果；使用“新建”按钮可将新建的画笔存储成新的画笔预设，以便直接调用。
- 模式：设置绘画颜色与下面现有像素的混合方法。
- 不透明度：设置颜色的不透明度。按数字键可以快速调节不透明度：数字键 0 ～ 9 分别代表 0 ～ 100% 的不透明度。
- 压力：单击此按钮，始终对“不透明度”使用压力。关闭该按钮后，由“画笔预设”控制压力。此按钮在使用外接压感笔时才能突出其作用。压力越大，笔触越清晰；压力越小，笔触越透明。
- 流量：颜色“流出”的速率，按住 Shift+0 ～ Shift+9 设置的流量由小到大。
- 启用喷枪样式的建立效果：单击该按钮可以模拟喷枪一样的绘制效果。
- 平滑：设置描边平滑度。使用较高的值可以减少描边抖动。
- 绘图板压力大小：使用压感笔压力可以覆盖“画笔设置”面板中的“不透明度”和“大小”设置。
- 设置绘画的对称选项：有多重对称样式可选，当绘画时按照对称样式生成对称笔触。

## 5.2.2 铅笔工具

铅笔工具用于徒手绘制硬质边界的线。铅笔工具和画笔工具最大的区别是不管所选的画笔有多模糊，铅笔工具不会产生毛边，它甚至不需要“边缘平滑”。例如，绘制像素画时，使用铅笔工具在很高的放大率下，画笔边缘的每个像素的变换都可控。

在工具箱的“画笔工具”上右击，在打开的列表中选择“铅笔工具”。铅笔工具选项栏基本和画笔工具选项栏一致，各项的含义参见画笔工具选项栏。在铅笔工具选项栏中选中“自动抹除”复选框，在原始图像中可绘制设置的前景色和背景色，即将光标中心放置在包含前景色的区域上，可涂抹成背景色，放置在不包含前景色的区域可涂抹成前景色。

## 5.2.3 颜色替换工具

颜色替换工具可以配合前景色将画面的颜色替换为其他颜色。在工具箱的“画笔工具”上右击，在打开的列表中选择“颜色替换工具”。设定前景色，按住鼠标左键在画面中涂抹，被涂抹区域的像素会发生改变，如图 5-27 和图 5-28 所示。

图 5-27 涂抹前

图 5-28 涂抹后

“颜色替换工具”选项栏如图 5-29 所示，各项的含义如下。

图 5-29　“颜色替换工具”选项栏

- 单击“画笔预设”右侧的下拉按钮，可设置所使用笔刷的大小、硬度、不透明度等。
- 模式：包括“色相”“饱和度”“颜色”“明度”。当选择“颜色”模式时，可以同时替换色相、饱和度和明度。
- 取样：设置颜色取样的方式。单击“取样：连续取样”按钮，在拖动鼠标时，可以对颜色进行取样；单击“取样：一次”按钮，只替换包含第一次单击的颜色区域中的目标颜色；单击“取样：背景色板”按钮，只替换包含当前背景色的区域。
- 限制：当选择“不连续”选项时，用于替换出现在光标下任何位置的样本颜色；当选择“连续”选项时，用于替换与紧挨在光标下的颜色邻近的颜色；当选择“查找边缘”选项时，用于替换包含样本颜色的连续区域，同时可以更好地保留边缘的锐化程度。

## 5.2.4　混合器画笔工具

“混合器画笔工具”可以模拟绘画的笔触和颜色的不同湿度效果，并且可以混合画布颜色以制作一些特殊效果。

在工具箱的“画笔工具”上右击，在打开的列表中选择“混合器画笔工具”。按住鼠标左键在画面中多次拖动绘制前景色和画面混合的笔触效果，如图 5-30 和图 5-31 所示。

图 5-30　混合前

图 5-31　混合后

“混合器画笔工具”选项栏如图 5-32 所示，各项的含义如下。

图 5-32　“混合器画笔工具”工具栏

- 每次描边后载入画笔：单击此按钮，则每次鼠标停止绘制后载入当前画笔的混合笔触与颜色。
- 每次描边后清理画笔：单击此按钮，则每次鼠标停止绘制后清除当前画笔的混合笔触与颜色，并重新载入混合前的笔触与前景色。
- 潮湿：控制画笔从画布拾取的色彩数量。该数值越高，产生的绘画痕迹越长。
- 载入：储存的像素量。载入的像素量越少，干燥的速度越快。
- 混合：控制画布色彩像素与储存色彩的比例。当混合比例为 100% 时，所有色彩将从画面中拾取；当混合比例为 0 时，所有色彩都来自储存色彩。
- 流量：控制混合画笔的流量大小。
- 对所有图层取样：选中该复选框后，拾取所有可见图层中的画布颜色。

## 5.2.5 “画笔设置”面板详解

在工具箱中选择“画笔工具”，单击工具选项栏中的按钮，或者在菜单栏中选择“窗口”→“画笔”命令，或者按快捷键 F5，都可以弹出“画笔设置”面板，如图 5-33 所示。在“画笔设置”面板中可以设置绘画工具、笔刷属性、预览设置等，也可以单击“创建新画笔”按钮，在弹出的“创建新画笔”对话框中为当前设置的新画笔保存一个新的预设。

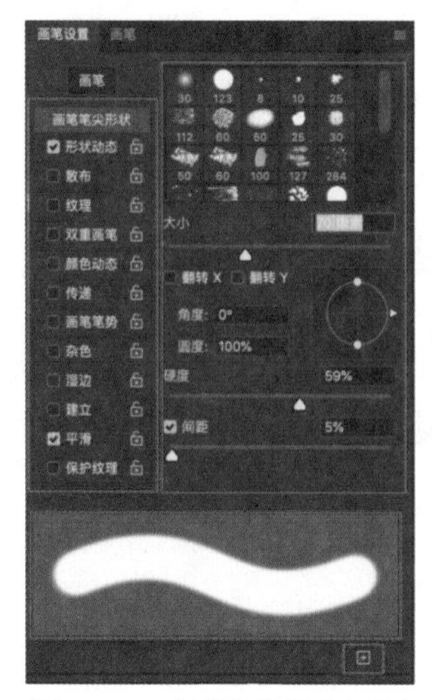

图 5-33 “画笔设置”面板

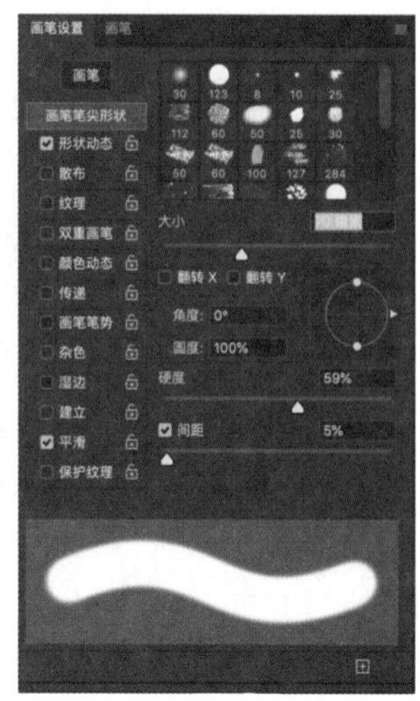

图 5-34 “画笔笔尖形状”选项

在“画笔设置”面板中，可以设置画笔的形状、大小、硬度和间距等属性，如图 5-34 所示。

- 大小：设置画笔大小，可以输入以像素为单位的数值，也可拖动滑块进行设置。
- 复位按钮：只有在画笔笔尖形状是通过采集图像中的像素样本创建的情况下，此选项才可用。可将画笔复位到它的原始直径。
- 翻转 X 轴：改变画笔笔尖在其 X 轴上的方向。
- 翻转 Y 轴：改变画笔笔尖在其 Y 轴上的方向。
- 角度：指定椭圆画笔或样本画笔的长轴从水平方向旋转的角度。输入数值，或在预览框中拖动水平轴。
- 圆度：指定画笔短轴和长轴之间的比率。输入百分比值，或在预览框中拖动点。100% 圆度值表示圆形画笔，0 圆度值表示线性画笔，介于两者之间的值表示椭圆画笔。
- 硬度：控制画笔硬度中心的大小。输入数值，或者拖动滑块输入画笔直径的百分比值，可以更改画笔的硬度，但不能更改样本画笔的硬度。
- 间距：控制描边中两个画笔笔迹之间的距离。如果要更改间距，可以输入数值，或使用滑块输入画笔直径的百分比值。当取消选中此复选框时，光标的速度将确定间距。

### 1. 画笔笔尖形状

画笔笔尖形状分为 3 种类型，分别是圆形笔尖、毛刷笔尖和样本笔尖。圆形笔尖又分为软笔笔尖和硬笔笔尖两种，使用软笔笔尖绘制时比较柔和，硬笔笔尖边缘比较清晰。毛刷笔尖又分干毛刷笔尖和湿毛刷笔尖两种，笔头呈毛刷状。样本笔尖通过采集图像中的像素样本创建。在“画笔”选项卡中，有 4 种类型的画笔，即常规画笔、干介质画笔、湿介质画笔和特殊效果画笔，如图 5-35 所示。

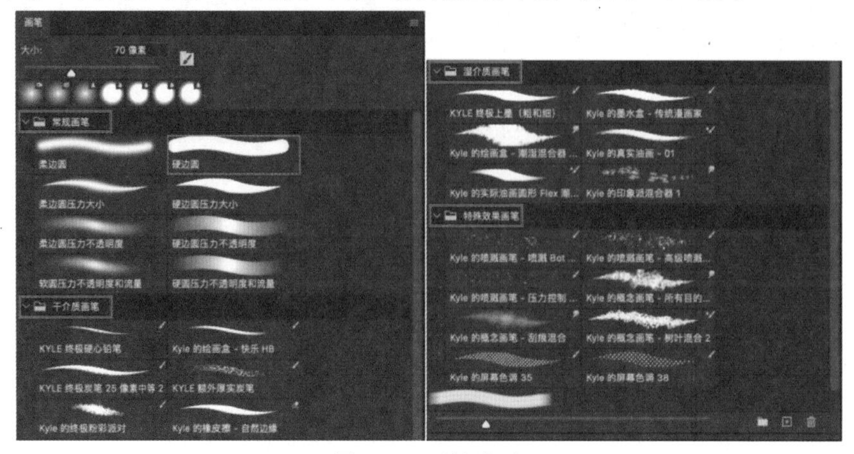

图 5-35 画笔类型

### 2. 形状动态

形状动态用于控制画笔笔迹的变化，使画笔大小、圆度等产生随机变化效果，如图 5-36 和图 5-37 所示。

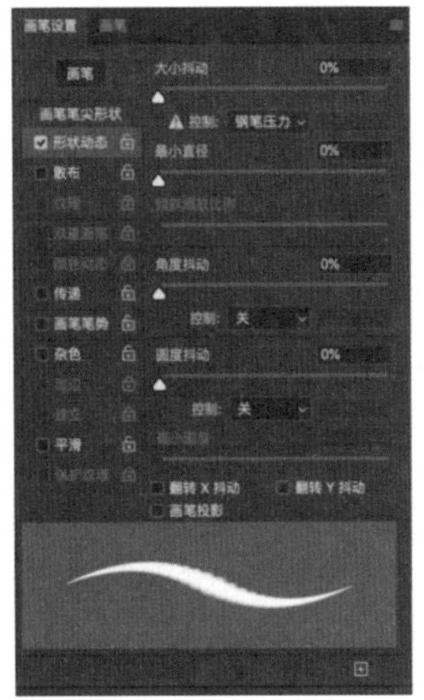

图 5-36　形状动态 1

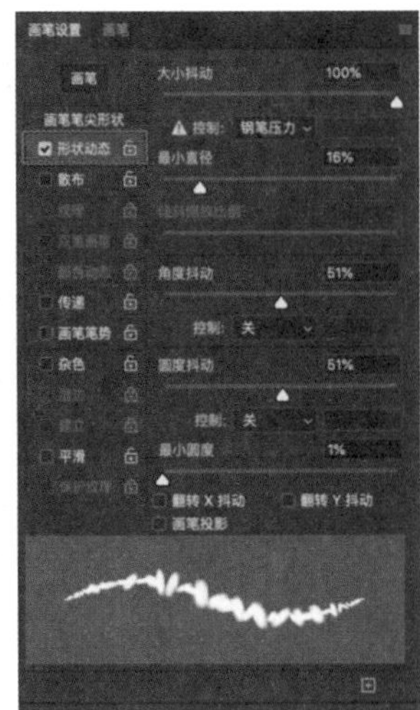

图 5-37　形状动态 2

- 大小抖动：控制画笔产生大小的变化。该数值越高，画笔形状产生的笔迹越不规则。
- 控制：在该下拉列表中可以选择“大小抖动”的方式。“关”不控制画笔笔迹的抖动变化；“渐隐”按照指定长度在画笔初始直径和最小直径之间进行笔迹大小的过渡变化；其他选项依据钢笔压力、钢笔斜度、钢笔拇指轮位置或钢笔的旋转来改变画笔笔迹的抖动。
- 最小直径：当选择“大小抖动”选项后，通过该选项可以设置画笔笔迹缩放的最小缩放百分比。该数值越高，笔尖的直径变化越小。
- 倾斜缩放比例：当“大小抖动”选择“钢笔斜度”时，该选项用来设置旋转前应用于画笔高度的比例因子。
- 角度抖动：用来设置画笔笔迹的角度。在其下面的“控制”下拉列表中可以选择角度抖动的方式。这些方式的使用规则和“大小抖动”控制菜单中的使用规则类似。
- 圆度抖动：用来设置画笔笔迹的圆度的变化方式。在其下面的“控制”下拉列表中可以选择圆度抖动的方式。这些方式的使用规则和“角度抖动”控制菜单中的使用规则类似。
- 最小圆度：可以设置画笔笔迹的最小圆度。
- 翻转 X/Y 抖动：将画笔笔尖在其 X 轴或 Y 轴上进行翻转。
- 画笔投影：使用画笔笔迹产生投影效果。

### 3. 散布

设置画笔笔迹中画笔笔尖形状的数量和位置，使画笔笔迹沿着绘制的线条扩散，画出更加丰富的动态线条，如图 5-38 所示。例如，选中“散布”复选框，设置各项参数，可以看到笔尖形状在笔迹上的分散程度，如图 5-39 所示。

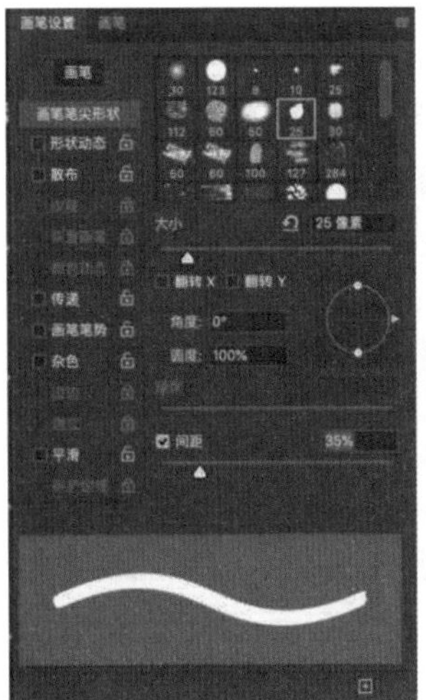

图 5-38　选择画笔笔尖形状

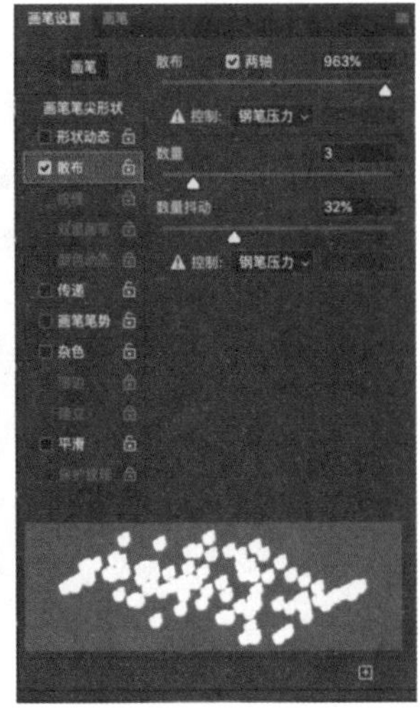

图 5-39　散布效果

- 散布：控制画笔产生大小的变化。数值越高，画笔形状产生的笔迹越不规则。
- 两轴：指定画笔笔迹在描边中的分布方式。选中“两轴”复选框，画笔笔迹按径向分布。取消选中“两轴”复选框，画笔笔迹垂直于描边路径分布。
- 控制：“关”选项不控制画笔笔迹的散布变化；“渐隐”选项按指定数量的步长将画笔笔迹的散布从最大散布渐隐到无散布；其他选项依据钢笔压力、钢笔斜度、钢笔拇指轮位置或钢笔的旋转来改变画笔笔迹的散布。
- 数量：指定在每个间距间隔应用的画笔笔迹数量。
- 数量抖动：指定画笔笔迹的数量如何针对各种间距间隔而变化。

- 控制：控制画笔笔迹的数量变化。“关”选项不控制画笔笔迹的数量变化；“渐隐”选项按指定数量的步长将画笔笔迹数量从“数量”值渐隐到 1；其他选项依据钢笔压力、钢笔斜度、钢笔拇指轮位置或钢笔的旋转来改变画笔笔迹的数量。

## 4. 纹理

纹理画笔利用图案使描边看起来像是在带纹理的画布上绘制的一样，如图 5-40 所示。纹理画笔设置如图 5-41 所示。

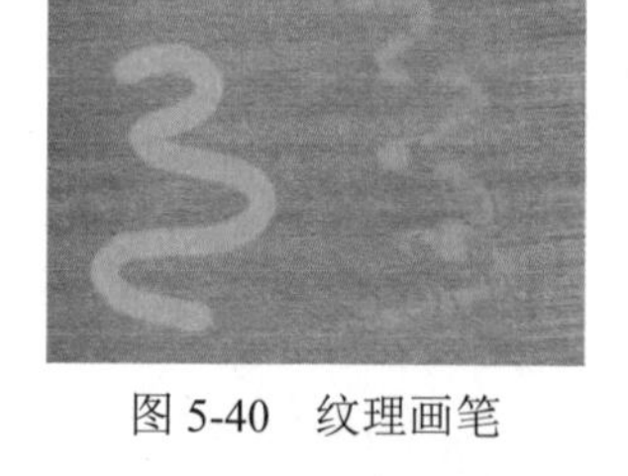

图 5-40　纹理画笔

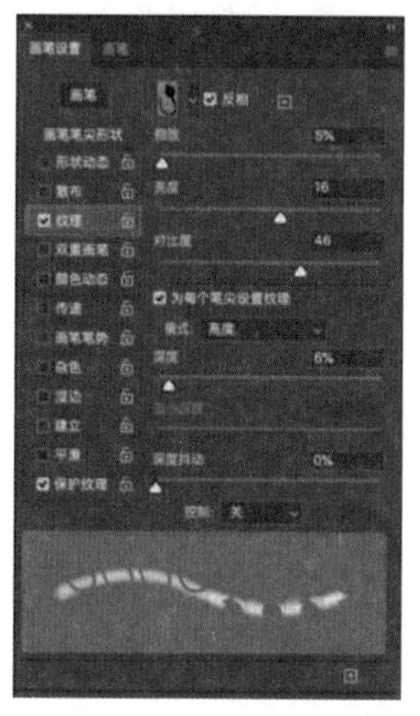

图 5-41　纹理画笔设置

- 纹理 / 反相：单击面板上方的下三角按钮，选择预存的图案，将其设置成纹理。选中“反相”复选框，可反转纹理中的亮点和暗点。当选中“反相”复选框时，图案中的最亮区域是纹理中的暗点，因此接收最少的油彩；图案中的最暗区域是纹理中的亮点，因此接收最多的油彩。当取消选中“反相”复选框时，图案中的最亮区域接收最多的油彩；图案中的最暗区域接收最少的油彩。
- 缩放：指定图案的缩放比例。输入数值，或者使用滑块来设置图案大小的百分比值。
- 为每个笔尖设置纹理：将选定的纹理单独应用于画笔描边中的每个画笔笔迹，而不是作为整体应用于画笔描边 ( 画笔描边由拖动画笔时连续应用的许多画笔笔迹构成 )。只有选择此选项，才能使用“深度”选项。
- 模式：指定画笔笔迹的数量如何针对各种间距间隔而变化。
- 深度：指定油彩渗入纹理中的深度。如果该值为 100%，则纹理中的暗点不接收任何油彩；如果该值为 0，则纹理中的所有点都接收相同数量的油彩，从而隐藏图案。
- 最小深度：指定将深度“控制”设置为“渐隐”“钢笔压力”“钢笔斜度”或“光笔轮”并且选中“为每个笔尖设置纹理”复选框时油彩可渗入的最小深度。
- 深度抖动：输入数值指定抖动的最大百分比。
- 控制：“关”选项不控制画笔笔迹的深度变化；“渐隐”选项按指定数量的步长从“深度抖动”百分比渐隐到“最小深度”百分比；其他选项依据钢笔压力、钢笔斜度、钢笔拇指轮位置或钢笔的旋转来改变深度。

## 5. 双重画笔

双重画笔组合两个笔尖创建画笔笔迹。在主画笔的描边内应用第二个画笔纹理，仅绘制两个画笔描边的交叉区域，如图 5-42 和图 5-43 所示。

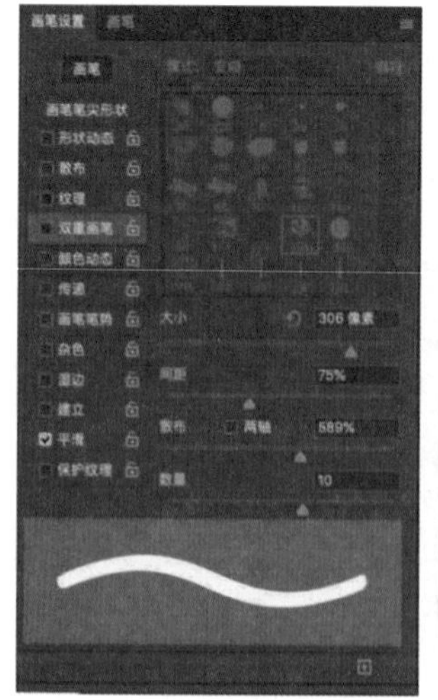

图 5-42　使用双重画笔前

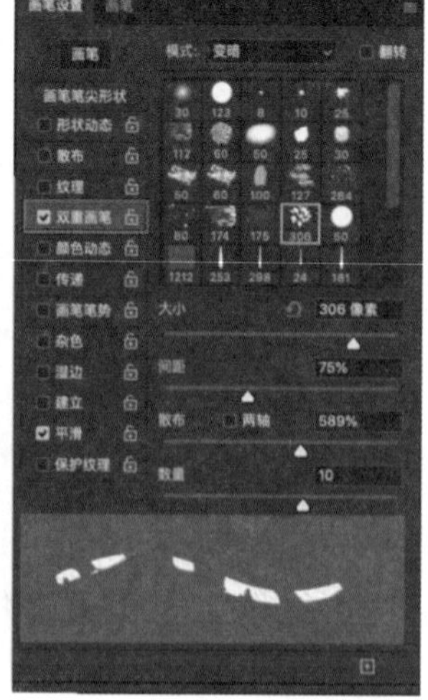

图 5-43　使用双重画笔后

- 模式：设置从主要笔尖和双重笔尖组合画笔笔迹时要使用的混合模式。
- 大小：控制双笔尖的大小。以像素为单位输入值，或者单击“使用取样大小”选项来使用画笔笔尖的原始直径(只有当画笔笔尖形状通过采集图像中的像素样本创建时，“使用取样大小”选项才可用)。

- 间距：设置描边时双笔尖画笔笔迹之间的距离。用户可以输入数字，或使用滑块来设置笔尖直径的百分比数值。
- 散布：设置描边中双笔尖画笔笔迹的分布方式。当选中“两轴”复选框时，双笔尖画笔笔迹按径向分布。当取消选中“两轴”复选框时，双笔尖画笔笔迹垂直于描边路径分布。
- 数量：设置在每个间距间隔应用的双笔尖画笔笔迹的数量。

### 6. 颜色动态

根据设置用画笔绘制有变化的颜色，如图 5-44 所示。

- 应用每笔尖：选中该复选框后，所绘制的笔迹颜色变化按每个笔尖形状而变化，即画笔里有多少个笔尖形状颜色就变化多少次；未选中该复选框时，笔迹里只有一种颜色，从下一笔开始颜色才发生变化。

图 5-44　依次为原色、前景 / 背景、色相、亮度、纯度颜色动态效果

- 前景 / 背景抖动：用来指定前景色和背景色之间的颜色变化过渡方式。数值越小，变化后的颜色越接近前景色；数值越大，变化后的颜色越接近背景色。
- 控制：用来控制画笔笔迹颜色变化，可在“控制”下拉列表中进行选择。
- 色相抖动：设置色相的变化范围。较低的值在改变色相的同时保持接近前景色的色相。数值越大，色相差异越大。
- 饱和度抖动：设置颜色饱和度的变化范围。数值越小，饱和度越接近前景色；数值越大，色彩饱和度越高。
- 亮度抖动：设置颜色的亮度变化范围。数值越小，亮度越接近前景色；数值越大，颜色亮度越大。
- 纯度：设置颜色的纯度变化范围。数值越小，笔迹的颜色越接近黑白色；数值越大，颜色饱和度越高。

### 7. 传递

传递用于对画笔颜色的不透明度、流量、湿度、混合等抖动的控制，效果如图 5-45 所示。

图 5-45　传递并选择“渐隐”选项后的效果

- 不透明度抖动：设置画笔笔迹颜色不透明度的变化方式，最大值和工具选项栏中的不透明度值为同一个值。

控制：控制画笔笔迹的不透明度变化。

最小：当在“控制”下拉列表中选择“渐隐”时，“最小”参数可用，可控制不透明度渐隐时的最小值。

- 流量抖动：设置画笔笔迹中油彩流量的变化程度。

控制：控制画笔笔迹的流量变化，可以从“控制”下拉列表中进行选择。

最小：当在“控制”下拉列表中选择“渐隐”时，“最小”参数可用，可控制不透明度流量的最小值。

- 湿度抖动：设置画笔笔迹中颜色湿度的变化程度。通常选用“混合器画笔工具”来使用“湿度抖动”。
- 混合抖动：设置画笔笔迹中颜色混合的变化程度。通常选用“混合器画笔工具”来使用“混合抖动”。

### 8. 画笔笔势

画笔笔势用于调整毛刷画笔笔尖、改变画笔笔尖的角度，可以调整出更多笔势变化的笔迹效果。

- 倾斜 X：使画笔笔尖沿着 X 轴倾斜。
- 倾斜 Y：使画笔笔尖沿着 Y 轴倾斜。
- 旋转：可以设置画笔笔尖旋转效果。

- 压力：压力值越高，绘制速度越快，线条效果越粗犷。

使用绘图笔绘画时，选中“覆盖倾斜 X”“覆盖倾斜 Y”“覆盖旋转”“覆盖压力”复选框，所设置的相关数据失效，将以绘图笔设置的数据为准。

### 9. 杂色

为个别画笔笔尖增加额外的随机性，当使用柔边画笔时，该选项最能看出效果，如图 5-46 和图 5-47 所示。

### 10. 湿边

沿着画笔笔迹的边缘增大颜色密集程度，从而创建出水彩画的效果，如图 5-48 所示。铅笔工具、颜色替换工具、混合器画笔工具不能使用画笔“湿边”效果。

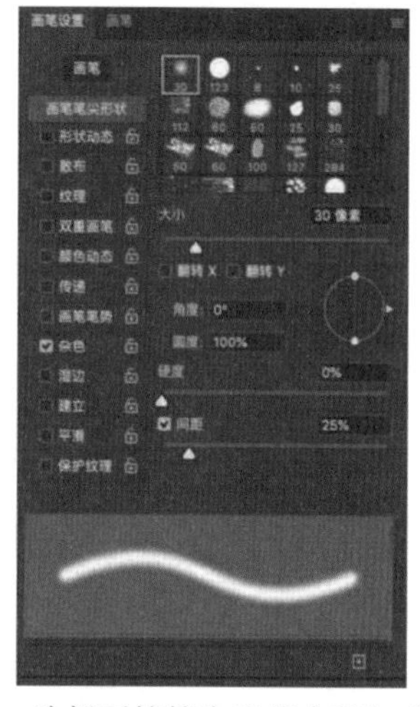

图 5-46　选择画笔笔尖形状来添加“杂色”

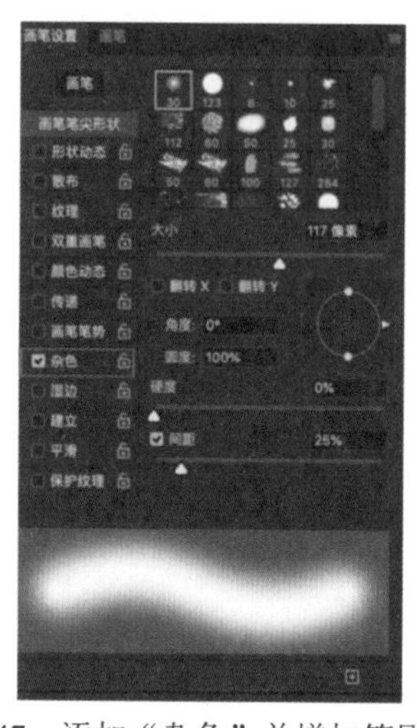

图 5-47　添加“杂色”并增加笔刷大小

图 5-48　湿边

### 11. 其他选项

- 建立：将渐变色调应用于图像，同时模拟传统的喷枪技术。
- 平滑：在画笔描边中生成更平滑的曲线。当使用光笔进行快速绘画时，该选项最有效，但在描边渲染期间可能会产生轻微的滞后。
- 保护纹理：将相同图案和缩放比例应用于具有纹理的所有画笔预设。选择此选项，在使用多个纹理画笔笔尖绘画时，可以模拟出一致的画布纹理。
- 画笔描边预览：画笔设置描边效果将在这里预览。
- 创建新画笔：单击“创建新画笔”图标，弹出“新建画笔”对话框，如图 5-49 所示。可为当前设置的新画笔保存一个新的预设。

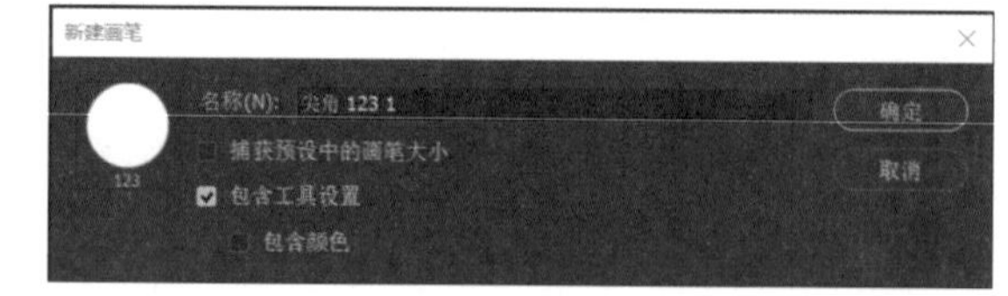


图 5-49　“新建画笔”对话框

## 5.2.6 案例：制作并预设笔刷打造雨天效果

本案例制作并预设了模仿小雨滴的笔刷，再利用“散布”等工具改变其数量，使之融入雨天画面，通过本案例用户可以学习预设笔刷和调整笔刷“形状动态”等技巧，雨天最终完成效果如图 5-50 所示。

01 启动 Photoshop 2020 软件，在菜单栏中选择“文件”→“新建”命令，新建一个“高度”为 600 像素、“宽度”为 480 像素、“分辨率”为 300 像素 / 英寸的空白文档。

02 在工具箱中选择“画笔工具”，调整“画笔笔尖”为 32、“硬度”为 100%，在画面中上方位置单击获得一个圆点。

03 在菜单栏中选择“滤镜”→“液化”命令，在打开的窗口左侧单击“向前变形工具”按钮，调整图形至合适的形状后，单击“确定”按钮，效果如图 5-51 所示。

04 在菜单栏中选择“图像”→“图形旋转”→“180 度”命令，将图形旋转 180 度。按 Ctrl+T 快捷键，将图像自由变换至合适形状，如图 5-52 所示。

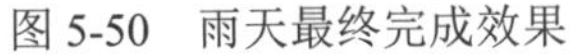

图 5-50　雨天最终完成效果

图 5-51　使用“液化”命令调整雨滴形状

图 5-52　旋转“雨滴”

05 在菜单栏中选择“编辑”→“定义画笔预设”命令，定义图形为新的笔刷形状。

06 对笔刷的参数进行设定。按 F5 键打开“画笔预设”面板，选中“形状动态”复选框，调整画笔参数，设置“大小抖动”为 100%、“控制”为“关”，如图 5-53 所示。

07 选中“散布”复选框，并调整“散布”数值为 1000%，选中“两轴”复选框，设置“控制”为“关”，如图 5-54 所示。

08 单击按钮，新建画笔预设，新建名为“小雨滴”的笔刷工具。

09 在菜单栏中选择“文件”→“打开”命令，或按 Ctrl+O 快捷键，打开“素材 \ 第 5 章 \“雨夜 .tif”文件。

10 新建一个图层，重命名为“小雨滴”，选择画笔工具，选中“小雨滴”笔刷并调整大小，设置前景色为灰白色，在画面中单击涂抹绘制雨滴效果，如图 5-55 所示。

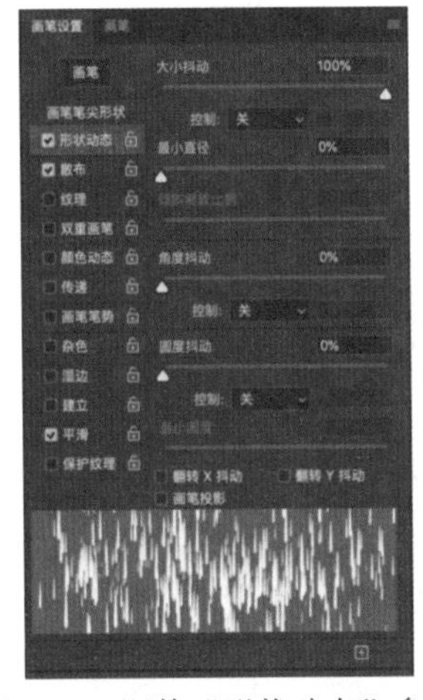

图 5-53　调整“形状动态”参数

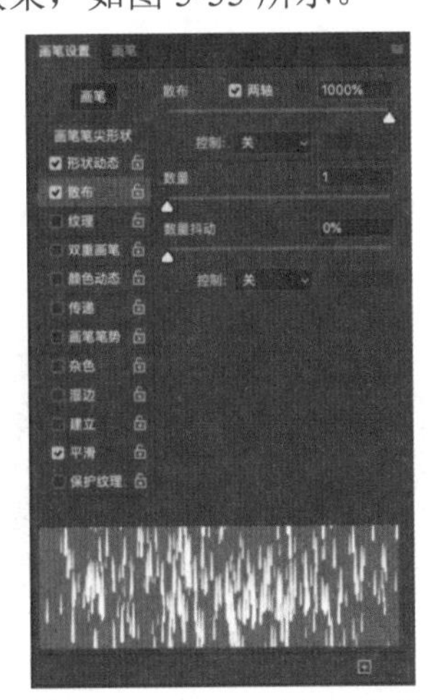

图 5-54　调整“散布”参数

图 5-55　在画面中单击涂抹绘制雨滴效果

11 在菜单栏中选择“滤镜”→“模糊”→“动感模糊”命令，在弹出的“动感模糊”对话框中设置“角度”为 77 度、“距离”为 10 像素，单击“确定”按钮，如图 5-56 所示。

12 在菜单栏中选择“滤镜”→“模糊”→“高斯模糊”命令，在弹出的“高斯模糊”对话框中设置“半径”

为 1 像素，如图 5-57 所示，单击“确定”按钮，最终效果如图 5-50 所示。

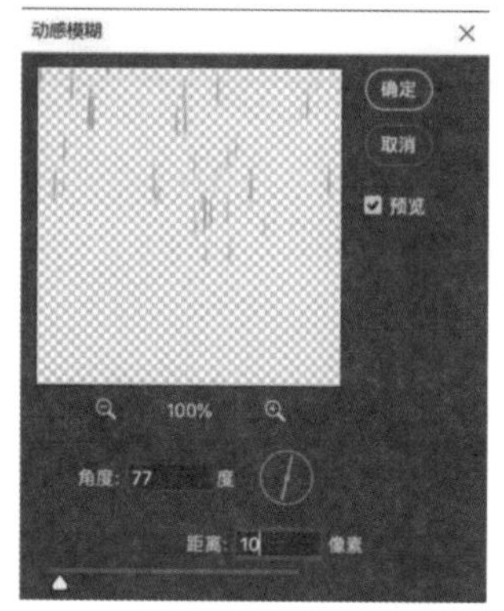


图 5-56　对雨滴进行“动感模糊”

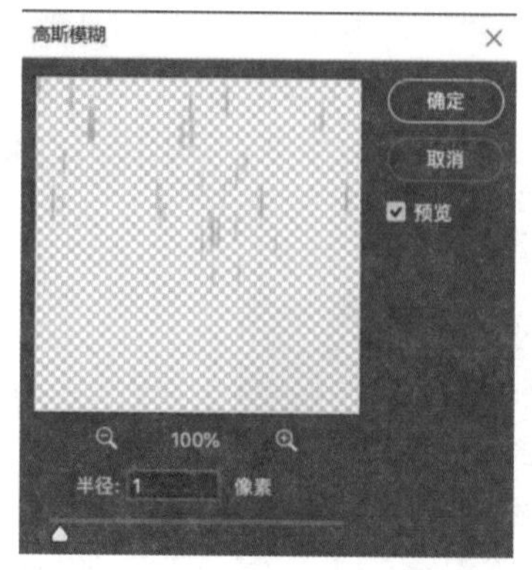


图 5-57　对雨滴进行“高斯模糊”

## 5.2.7　案例：制作墙面涂鸦效果

本案例综合运用了笔刷、滤镜、色彩调整等工具，制作逼真的少女脸部墙面涂鸦效果，最终效果如图 5-58 所示。

图 5-58　涂鸦完成效果

**01** 在菜单栏中选择“文件”→“打开”命令，或按 Ctrl+O 快捷键，打开“素材 \ 第 5 章”的“少女 .png”和“砖墙 .tif”文件。

**02** 复制或拖动“少女 .png”图片到“砖墙 .tif”文件，将生成的图层重命名为“少女”。

**03** 右击“少女”图层名称或灰色部分，在弹出的快捷菜单中选择“复制图层”命令，或按 Ctrl+J 快捷键复制图层。

**04** 选择“少女”图层，在菜单栏中选择“滤镜”→“滤镜库”→“艺术效果”→“木刻”命令，在弹出的对话框中进行如图 5-59 所示的设置。

**05** 选择“少女”图层，在“设置图层的混合模式”下拉列表中选择“变暗”，效果如图 5-60 所示。

**06** 选择“少女拷贝”图层，在“设置图层的混合模式”下拉列表中选择“柔光”，效果如图 5-61 所示。

**07** 新建图层，重命名为“画笔涂鸦”。

**08** 在工具箱中选择“画笔工具”，在工具选项栏中单击按钮，或者在菜单栏中选择“窗口”→“画笔”命令，弹出“画笔”面板，如图 5-62 所示。

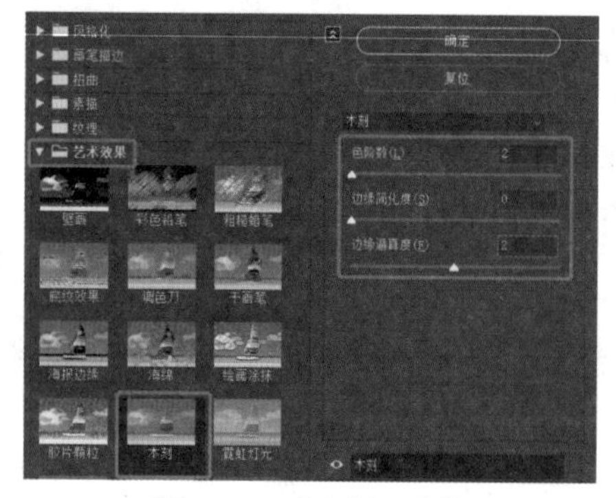


图 5-59　“木刻”滤镜

图 5-60　选择“变暗”混合模式后的效果

图 5-61　选择“柔光”混合模式后的效果

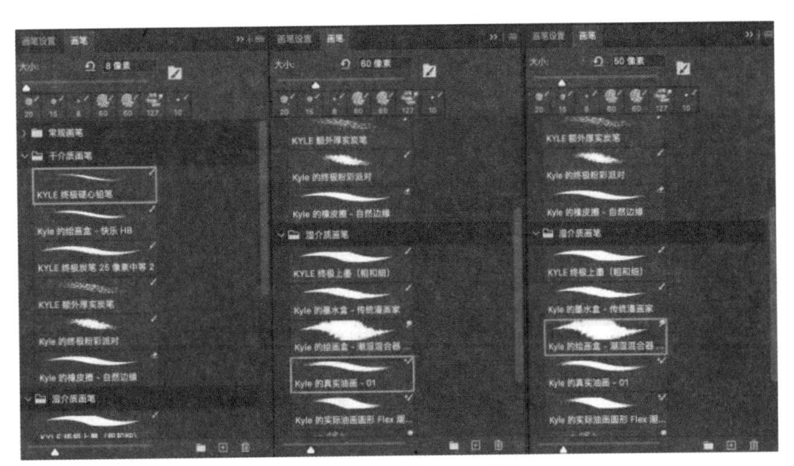

图 5-62　“画笔”面板

09 设置前景色并调节流量等，在“画笔”面板中选择“干介质画笔”“湿介质画笔”，用不同介质、不同粗细的笔刷 ( 按 [ 和 ] 键可调整笔刷大小 ) 绘制不同颜色的线条，效果如图 5-63 和图 5-64 所示。

图 5-63　画笔涂鸦

图 5-64　添加人物后的效果

10 选择“背景”图层并关闭其他图层，打开“通道”面板，单击“红”通道并右击，在弹出的快捷菜单中选择“复制通道”命令，弹出“复制通道”对话框，单击“确定”按钮，如图 5-65 所示。在菜单栏中选择“图像”→“调整 →“亮度 / 对比度”命令，在弹出的“亮度 / 对比度”对话框中，将“对比度”设置为 100%。

11 在菜单栏中选择“选择”→“色彩范围”命令，在弹出的“色彩范围”对话框中，设置“颜色容差”为 32，单击“添加到取样”按钮，单击白色砖缝，形成选区，如图 5-66 所示。

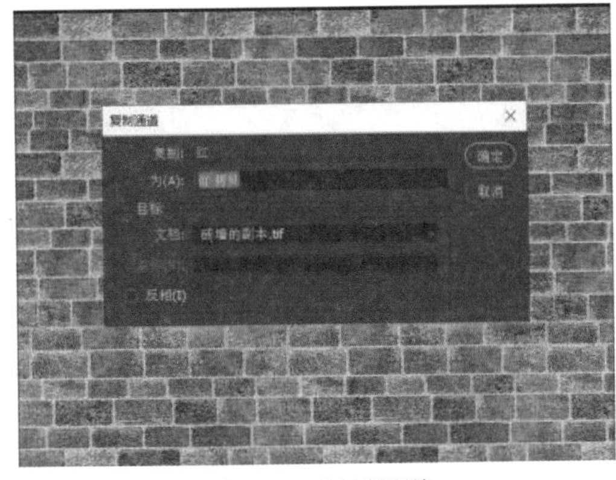

图 5-65　复制通道

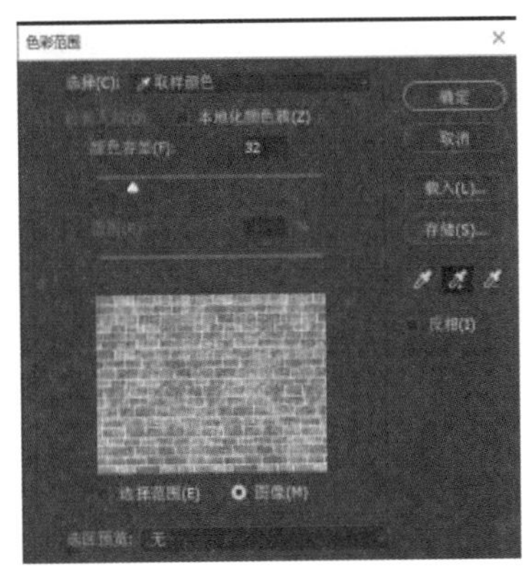

图 5-66　“色彩范围”对话框

**12** 返回 RGB 通道，在“图层”面板中单击“背景图层”，复制 (Ctrl+C 快捷键 ) 并粘贴 (Ctrl+V 快捷键 ) 所选区域到新图层，重命名为“砖缝”。

**13** 双击图层缩览图，弹出“图层样式”对话框，如图 5-67 所示，选中“斜面与浮雕”复选框，设置“深度”为 140%、“大小”为 10 像素、阴影模式“不透明度”为 60%，单击“确定”按钮。

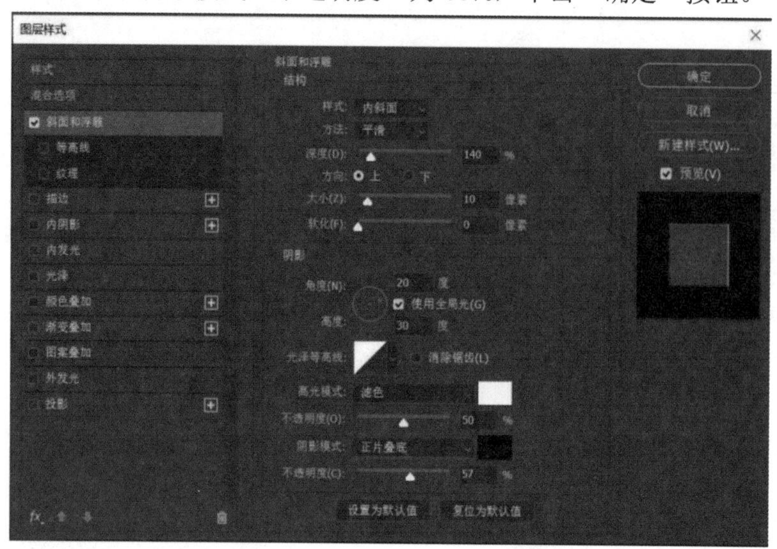


图 5-67 “图层样式”对话框

**14** 按住鼠标左键拖动“砖缝”图层到最上层，此时“涂鸦”效果制作完毕，如图 5-58 所示。

# 第6章 图像的修改与修饰

Photoshop 提供了多种用于图片修改、修饰的工具，如“橡皮擦工具”组、“修复画笔工具”组、“历史修复画笔工具”组、“仿制图章工具“组等，在进行图像处理时，使用这些工具可以精准地去除斑点和杂物、恢复图像、进行抠图、美化画面等。

## 6.1 图像的修改

使用 Photoshop 绘制图像或者进行图像处理时，使用橡皮擦工具可以去掉某些区域局部的图像像素。在工具栏中的“橡皮擦工具”上右击，打开“橡皮擦工具”组，如图 6-1 所示。“橡皮擦工具”组包含“橡皮擦工具”“背景橡皮擦工具”和“魔术橡皮擦工具”。使用橡皮擦工具组可以将错误的地方清除掉，也可以对图像局部像素进行擦除，被擦除的普通图层会变镂空。橡皮擦工具组是修图处理常用的基本工具组之一。

图 6-1 “橡皮擦工具”组

### 6.1.1 橡皮擦工具

选择工具箱中的“橡皮擦工具”，按住鼠标左键在画面中拖动，可以去除画面像素，使被擦除部分显示为背景色或透明。“橡皮擦工具”选项栏如图 6-2 所示，各选项的含义如下。

图 6-2 “橡皮擦工具”选项栏

- 画笔预设：设置使用“橡皮擦工具”时笔尖的大小、硬度、形状等，设置方式和画笔工具相同。
- 模式：“画笔”为柔边擦除效果；“铅笔”为硬边擦除效果；“块”使擦除效果变为块状。
- 不透明度：设置“橡皮擦工具”所擦除像素的不透明度。当“不透明度”为 100% 时，完全擦除像素。当设置“模式”为“块”时，该选项将不可用。
- “压力按钮”：单击此按钮，始终对“不透明度”使用压力，否则，由“画笔预设”控制压力，此按钮在使用外接压感笔时才能突出其作用。
- 流量：流量值越大，擦除速度越快；流量值越小，擦除速度越慢。
- 喷枪：单击此按钮，以喷枪式效果擦除。
- 平滑：设置擦除图像时边缘的平滑度，使用较高的值以减少擦除边缘的抖动。
- 抹到历史记录：选中该复选框，“橡皮擦工具”的作用相当于“历史记录画笔工具”的功用。

选择工具箱中的“橡皮擦工具”按钮，在工具选项栏中将“不透明度”分别设置为 50% 和 100%，在画面中按住鼠标左键拖动，如果是非背景图层，擦除画面为透明，如图 6-3 所示，如果是背景图层，填充的是背景色，如图 6-4 所示。

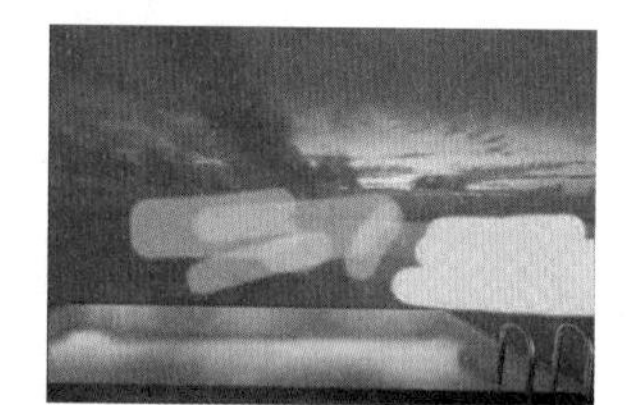

图 6-3 擦除画面为透明

图 6-4 填充背景色

### 6.1.2 背景橡皮擦工具

“背景橡皮擦工具”在抠图方面功能强大，可根据颜色差异智能化地擦除区域像素。

在工具箱的“橡皮擦工具”上右击，在弹出的列表中选择“背景橡皮擦工具”，“背景橡皮擦工具”选项栏如图 6-5 所示，各选项的含义如下。

图 6-5 “背景橡皮擦工具”选项栏

- 画笔预设：设置使用“背景橡皮擦工具”时笔尖的大小、硬度、形状等，和画笔工具的设置方式相同。
- 取样：连续，随着拖动连续采取色样；一次，只擦除包含第一次单击的颜色区域；背景色板，只擦除包含当前背景色的区域。

- 限制：分为不连续、连续、查找边缘 3 种方式。选择“不连续”方式，擦除出现在画笔下面任何位置的样本颜色；选择“连续”方式，擦除包含样本颜色并且相互连接的区域；选择“查找边缘”方式，擦除包含样本颜色的连接区域，同时更好地保留形状边缘的锐化程度。
- 容差：低容差仅限于擦除与样本颜色非常相似的区域，高容差擦除的颜色范围更广。
- “保护前景色”：选中该复选框，可防止擦除与工具框中的前景色匹配的区域。

### 6.1.3　魔术橡皮擦工具

使用“魔术橡皮擦工具”在画面中单击时，它可以智能分析图像的色彩差异从而对图像中的像素进行智能化的擦除。

在工具箱的“橡皮擦工具”组中选择“魔术橡皮擦工具”，在工具选项栏中设置参数以优化擦除操作。

- 容差：设置可擦除的颜色范围。容差值较低时，会擦除非常相似的像素；容差值较高时，会扩大将被擦除的颜色范围。
- 消除锯齿：可使擦除区域的边缘平滑。
- 连续：选中该复选框，只擦除与单击像素连续的像素，取消选中该复选框，则擦除图像中的所有相似像素。
- 所有图层取样：选中该复选框，利用所有可见图层中的组合数据采集擦除像素。
- 不透明度：定义“擦除”的不透明度。100% 的不透明度将完全擦除像素。

### 6.1.4　历史记录画笔工具和历史记录艺术画笔工具

“历史记录画笔工具”将指定的历史记录状态或快照用作源数据，对图像进行局部恢复。“历史记录画笔工具”在使用时需要配合“历史记录”面板将图像编辑中的某个状态还原出来，一般用于还原画面局部的操作。

在工具箱的“历史记录画笔工具”上右击，打开“历史记录画笔工具”组，如图 6-6 所示。“历史记录画笔工具”选项栏与“画笔工具”选项栏的操作基本相同，可参见“画笔工具”选项栏的介绍。

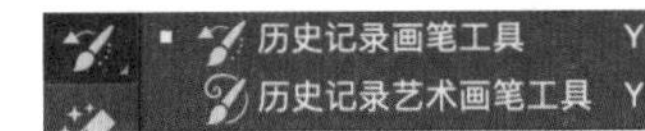


图 6-6　“历史记录画笔工具”组

“历史记录艺术画笔工具”使用指定历史记录状态或快照中的源数据，以风格化描边进行绘画。通过尝试使用不同的绘画样式、大小和容差选项，用不同的色彩和艺术风格模拟绘画的纹理。

“历史记录艺术画笔工具”选项栏如图 6-7 所示，在工具选项栏中设置参数以优化操作。

图 6-7　“历史记录艺术画笔工具”选项栏

- 画笔预设：设置使用“历史记录艺术画笔工具”时笔尖的大小、硬度、形状等，和画笔工具的设置方式相同，样式的效果会随笔尖大小而改变。
- 样式：在其下拉列表中选择一个选项来设置绘画描边的形状，包括“绷紧短”“绷紧中”和“绷紧长”等，如图 6-8 和图 6-9 所示分别是选择“绷紧短”和“松散中等”选项绘制的效果。

图 6-8　选择“绷紧短”选项绘制的效果

图 6-9　选择“松散中等”选项绘制的效果

- 区域：设置绘画描边所覆盖的区域。数值越高，覆盖区域越大，描边的数量也越多。
- 容差：限定可应用绘画描边的区域。容差值较低时，可以在图像中的任何一个地方绘制无数条描边；容差值较高时，将绘画描边限定在与原状态或快照中颜色明显不同的区域。

### 6.1.5 案例：利用背景橡皮擦工具修改天空

本案例利用“背景橡皮擦工具”擦除天空来替换背景。原图是一张带有蓝天、建筑、树木的图片，如图 6-10 所示。本案例保留建筑和树木，将蓝天更换成一片带有白云的天空，效果如图 6-11 所示。

01 在菜单栏中选择“文件”→“打开”命令，或按 Ctrl+O 快捷键，打开“素材 \ 第 6 章 \ 建筑 .jpg”文件。

02 在工具箱的“橡皮擦工具”上右击，在打开的列表中选择“魔术橡皮擦工具”，在工具选项栏中设置“容差”为 32，选中“消除锯齿”复选框，取消选中“连续”复选框。

03 在工具箱中选择“画笔工具”，预设“笔尖大小”为 200 像素、“硬度”为 50%。用鼠标左键在画面蓝天处单击擦除背景，如图 6-12 所示 ( 具体操作时可根据画面空间调整画笔大小，按快捷键 [ 可调小“笔尖”大小；按快捷键 ] 可调大“笔尖”大小 )。

04 画面右下角的树和天空混在一起，用“连续”按钮会破坏树枝部分，因此可选择“背景色板”进行取样。选择工具箱中的“吸管”工具，在画面的树木处单击，选择树木颜色“深绿色”为前景色，按 X 键交换前景色和背景色，选择蓝天颜色为背景色。

05 在工具箱中选择“背景橡皮擦工具”。在工具选项栏单击“取样：背景色板”按钮，调整画笔“大小”为 30 像素，局部放大画面 ( 可以用 Ctrl++、Ctrl+- 快捷键放大和缩小画面 )。

06 在工具选项栏中选中“保护前景色”复选框，此时，在画面蓝天处擦除背景不会对树枝进行擦除，效果如图 6-13 所示。

图 6-10　素材文件

图 6-11　替换天空后的效果

图 6-12　擦除天空

图 6-13　擦除天空局部效果

07 在菜单栏中选择“文件”→“打开”命令，或按 Ctrl+O 快捷键，打开“素材 \ 第 6 章 \ 蓝天”文件。

08 把图片复制到当前画面，放在底层，再次调整画笔大小，对画面进行细节修复。如图 6-11 所示为完成效果。

### 6.1.6 案例：利用历史记录画笔工具改变图像局部颜色

本案例利用“历史记录画笔工具”调整花卉的颜色，将图 6-14 所示的花卉颜色调整为如图 6-15 所示的颜色。

01 在菜单栏中选择“文件”→“打开”命令，或按 Ctrl+O 快捷键，打开“素材 \ 第 6 章 \ 花卉 .tif”文件。

02 在菜单栏中选择“图像”→“调整”→“色相 / 饱和度”命令，弹出“色相 / 饱和度”对话框，调整“色相”为 +20，单击“确定”按钮，画面呈现偏冷效果，绿叶颜色比较青翠，但是花朵的颜色有些偏冷，如图 6-16 所示。

图 6-14　素材文件

图 6-15　调整后的效果

03 在菜单栏中选择“窗口”→“历史记录”命令，打开“历史记录”面板。在该面板中可以看到调整“色相 / 饱和度”的历史记录。

04 在工具箱中选择“历史记录画笔工具”，将“历史记录画笔工具”在“打开”步骤标记，作为“源数据”，如图 6-17 所示。

05 在该工具选项栏中设置笔尖“大小”为 85、“硬度”为 50%、“不透明度”为 100%。在画面的黄色花朵处涂抹，花朵恢复打开时的颜色，如图 6-18 所示。

06 继续调整橘色花卉到打开时的状态，如图 6-15 所示为完成效果。

图 6-16　调整“色相 / 饱和度”后的效果

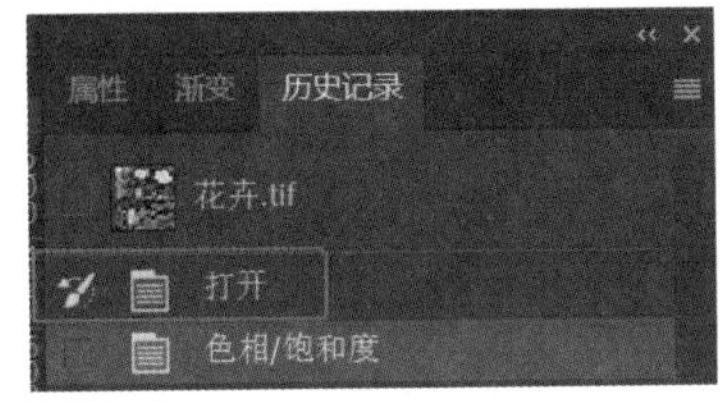


图 6-17　标记“历史记录画笔工具”

图 6-18　恢复打开时的颜色

## 6.2 修复图像

使用“修复工具”组中的工具可以处理图片中的一些瑕疵，如人像脸部的雀斑、拍照造成的“红眼”，或者图片中多余的像素区域和需要修补的像素区域。“修复工具”组包含 5 种工具，如图 6-19 所示，分别是“污点修复画笔工具”“修复画笔工具”“修补工具”“内容感知移动工具”“红眼工具”。

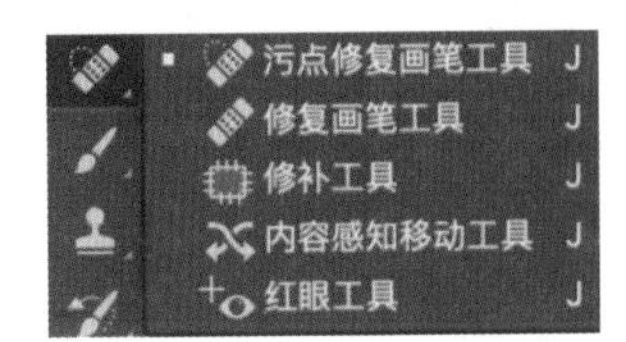


图 6-19　“修复工具”组

### 6.2.1 污点修复画笔工具

使用“污点修复画笔工具”可以在不设置任何取样点的前提下消除图像中的污点和某个对象。它会根据自动修复区域的纹理、光照、不透明度以及阴影等像素变化因素跟图像整体相匹配，将修复后的污点区域融入整个图像中，如图 6-20 和图 6-21 所示。

图 6-20　素材文件

图 6-21　污点修复后的效果

单击工具箱中的“污点修复画笔工具”，在工具选项栏中单击“画笔选项”，如图 6-22 所示，在打开的面板中调节适合的笔尖大小和硬度值，在图像中的污点处单击即可修复污点。“污点修复画笔工具”选项栏的各选项含义如下。

图 6-22　“污点修复画笔工具”选项栏

- 画笔选项：设置“污点修复画笔工具”画笔的大小、硬度、间距、角度、圆度等参数，其使用方法可以参照“画笔工具”的使用方法。

- 模式：设置修复图像时使用的混合模式。
- 类型：选择修复的方法。
- 内容识别：可以使用选区周围的像素进行修复。
- 创建纹理：使用选区中的所有像素创建一个用于修复该区域的纹理。
- 近似匹配：使用选区边缘周围的像素来查找用作选定区域修补的图像区域。
- 对所有图层取样：选中该复选框，对所有的图层进行取样；取消选中该复选框，则对当前选中图层进行取样。
- 扩散：选择“近似匹配”后，该选项才出现，设置的数值越大，扩散距离越大。

## 6.2.2 修复画笔工具

使用“修复画笔工具”可将样本参照区域像素的纹理、光照、不透明度和阴影与将要修复的像素区域进行匹配，从而使修复后的像素自然地融入图像的其他区域，使之看上去无修补痕迹。

“修复画笔工具”选项栏如图 6-23 所示，各选项含义如下。

图 6-23 “修复画笔工具”选项栏

- 画笔选项：设置“修复画笔工具”画笔的大小、硬度、间距、角度、圆度等参数，其使用方法可以参照“画笔工具”的使用方法。
- 模式：设置修复图像时使用的混合模式。
- 源：设置用于修复像素的源。选择“取样”选项时，可以使用当前图像的像素来修复图像（按住 Alt 键的同时使用鼠标左键单击选取取样点，松开 Alt 键后使用左键在修复区域涂抹），如图 6-24 和图 6-25 所示，选择“图案”选项时，可以使用某个图案作为取样点。

图 6-24 素材文件

图 6-25 修复后

- 对齐：选中“对齐”复选框，可以连续对像素进行取样，取样位置随着修复区域位置的移动而移动；取消选中“对齐”复选框，则会在每次停止并重新开始修复时使用初始取样点的像素。
- 使用旧版：使用旧版时无“扩散”功能。
- 样本：选择修复像素的“源”来自“当前图层”“当前和下方图层”和“所有图层”。当选择“当前和下方图层”或“所有图层”时，右边的“打开以在修复时忽略调整图层”按钮可用。
- “压力”按钮：单击此按钮，始终对“大小”使用“压力”；否则，由“画笔预设”控制“压力”。
- 扩散：调整修复区域扩散的程度。该数值越大，羽化度越高，被修复区域的边缘越柔和。

## 6.2.3 修补工具

修补工具利用图像上采集的样本像素区域或者已设置好的图案来修复图像中不需要的、不理想的像素区域，从而使被修复过的像素区域自然融入画面中。

打开一个图像文件，在工具箱中选择“修补工具”，在图像中需要修补的位置绘制一个选区，将光标移到选区内，此时光标形状变为带箭头的形状，如图 6-26 所示。

按住鼠标左键拖动选区到可以作为修补样本的像素区域，此时选区内图像像素被填补，如图 6-27 所示。

“修补工具”选项栏如图 6-28 所示，在工具选项栏中设置参数以优化修复。

- 修补：选择“正常”选项，需要修补的区域会被样本区域的像素填充；选择“内容识别”选项，需要修补的区域会根据周围像素进行智能识别，使样本区域的像素和被修复区域的像素以一定的方式结合在一起。

图 6-26　素材文件

图 6-27　利用“修补工具”修改后的效果

图 6-28　“修补工具”选项栏

- 源：选择“源”，将选区拖到要修补的区域，松开鼠标左键就会用当前选区中的图像像素修补原来选中的需要被修补的区域。
- 目标：选择“目标”，将第一次选中的图像复制到目标区域。
- 透明：选中该复选框，被修补的图像与样本区域的图像产生透明的叠加效果，对于清晰的纯色背景或者渐变背景用该选项效果会更明显。
- “使用图案”按钮：使用“修补工具”创建选区后，单击“使用图案”按钮，可以选择“图案”并对待修补选区内的图像像素进行修补。
- 扩散：修复区域的像素被样本区域的像素替换后，扩散数值越大，边缘羽化效果越好，扩散数值越小，边缘越清晰。

### 6.2.4　内容感知移动工具

使用“内容感知移动工具”可以在不需要精确选择选区的情况下，将图像中某个区域的像素移动或复制到另一个区域，使整个画面重构，重构后的画面在视觉上几乎没有违和感。

在工具箱中选择“内容感知移动工具”，将光标放置在选区上，按住鼠标左键并移动鼠标，此时会将选中的区域移到另一边，并和周围的图像融为一体。

“内容感知移动工具”选项栏如图 6-29 所示，在工具选项栏中设置参数以优化操作。

图 6-29　“内容感知移动工具”选项栏

- 模式：“移动”是将选择后的像素区域移到另一个位置；“扩展”是将选择后的像素区域复制一份到另一个位置。
- 结构：该数值越大，选区内的图像像素被移到另一个位置后边缘保留的源图像越清晰，边缘与新位置的像素对比比较明显；该数值越小，选区内的图像像素被移到另一个位置后边缘越能与新位置的像素自然融合。
- 颜色：调整可修改源颜色的程度。该数值越小，选区内像素被移到另一个位置后，颜色变化较小；该数值越大，选区内像素被移到另一个位置后，颜色变化较大。
- 对所有图层取样：选中该复选框，操作时对所有图层的混合效果起作用；未选中该复选框，则对当前图层起作用。
- 投影时变换：选中该复选框，将选中的像素区域移到另一个位置后，可对选中的像素进行缩放或旋转。

### 6.2.5 红眼工具

使用“红眼工具”可去除相机拍摄时闪光灯照射导致的眼部红色反光。在工具箱中选择“红眼工具”。将“红眼工具”移到图片中人物的眼球区域并单击，即可去除红眼，如图 6-30 和图 6-31 所示。

工具选项栏中的“瞳孔大小”选项可设置瞳孔的大小，即眼睛深色中心的大小；“变暗量”选项可设置瞳孔的色深，该数值越大，颜色越深。

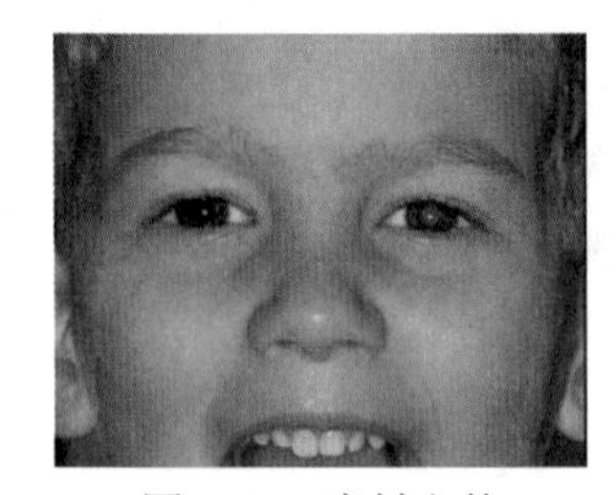

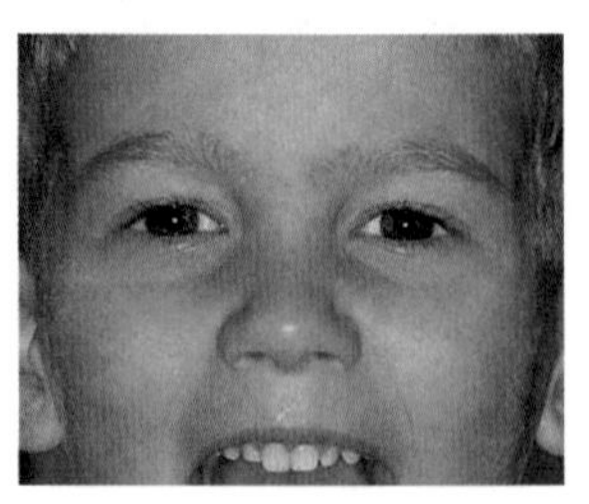

图 6-30 素材文件　　图 6-31 修复后的效果

### 6.2.6 案例：用修补工具组移动珍珠

图 6-32 所示是一幅带有珍珠的贝壳图像，利用修补工具可不留痕迹地将珍珠从贝壳里移出来，效果如图 6-33 所示。

图 6-32 素材文件

图 6-33 移动后的效果

01 在菜单栏中选择“文件”→“打开”命令，或按 Ctrl+O 快捷键，打开“素材 \ 第 6 章 \ 珍珠 .jpg”文件。

02 在工具箱中选择“内容感知移动工具”，在工具选项栏中选择模式为“移动”，设置“结构”为 4、“颜色”为 0。

03 按住鼠标左键并拖动，在珍珠外围绘制一个圆形选区，如图 6-34 所示。

04 按住鼠标左键将珍珠拖动到沙滩上，此时可以自由调整其大小，将珍珠调整到适当大小，如图 6-35 所示，双击或按 Enter 键确定调整，按 Ctrl+D 快捷键取消选区。

05 在工具箱中选择 “椭圆选框工具”，设置“羽化”为 0，按 Shift+Alt 组合键，从中心画正圆形选区选择珍珠，并在菜单栏中选择“选择”→“变换选区”命令调整选区，最后按住 Ctrl+Shift+I 快捷键，进行选区反选。

06 修复珍珠周边的阴影等像素，如图 6-36 所示。选择工具箱中的“修复画笔工具”，在工具选项栏的“模式”中选择“正常”，设置“源”为“取样”。按住 Alt 键，单击合适的沙滩区域作为取样点，然后使用左键涂抹珍珠周边区域使之与环境融为一体，完成效果如图 6-33 所示。

图 6-34 绘制选区

图 6-35 自由调整

图 6-36 使用“修复画笔工具”修复珍珠周边的阴影

## 6.3 仿制修复工具

“仿制修复工具”组包括“仿制图章工具”和“图案图章工具”，如图 6-37 所示。“仿制图章工具”可以结合“仿制源”面板使用，操作起来更方便。

图 6-37 “仿制修复工具”组

## 6.3.1　仿制图章工具

使用“仿制图章工具”可将图像中某部分的细节和颜色准确地复制到另一个区域，还可以修复图像中有缺陷部分的像素，是修图的重要工具之一。

在工具箱中选择“仿制图章工具”，在工具选项栏中设置“仿制图章工具”的属性，可以选择笔尖大小和硬度，设置不透明度、流量等。不同的笔刷直径会影响绘制的范围，而不同的笔刷硬度会影响绘制区域的边缘融合效果。

- 取样：按 Alt 键的同时单击图像中需要仿制的区域，此时，画面出现“十”字图标，“十”字图标显现的位置为取样点。松开 Alt 键，按住鼠标左键在需要复制的地方涂抹进行复制。仿制前后的效果如图 6-38、图 6-39 和图 6-40 所示。
- “对齐”：选中该复选框，无论复制停止多少次，都可以重新使用最新的取样点。 当“对齐”处于取消选中状态时，则在每次复制时重新使用同一个样本。
- 样本：选择从指定的图层中进行取样，可选择“当前图层”“当前和下方图层”和“所有图层”3 种模式。

图 6-38　素材文件

图 6-39　仿制后 1

图 6-40　仿制后 2

## 6.3.2　“仿制源”面板

“仿制源”面板要配合图章工具或修复画笔进行使用。在“仿制图章工具”选项栏单击“切换仿制源面板”按钮，或者在菜单栏中选择“窗口”→“仿制源”命令，可打开“仿制源”面板，如图 6-41 所示。“仿制源”面板设有 5 个样本源。

- 位移：在 X 轴和 Y 轴输入数据，可以在精确的位置对取样点进行复制。在宽度 W 和高度 H 的数值框中输入百分比，可以按比例缩放所仿制的源，也可以输入角度，旋转所仿制的源。
- 复位变换：单击按钮，将 W、H、角度值恢复到默认值。
- 锁定帧：可以使用与初始取样的帧相关的特定帧进行仿制。如果选中“锁定帧”复选框，即总是使用初始取样的帧进行仿制。
- 显示叠加：选中“显示叠加”复选框，可查看叠加效果。

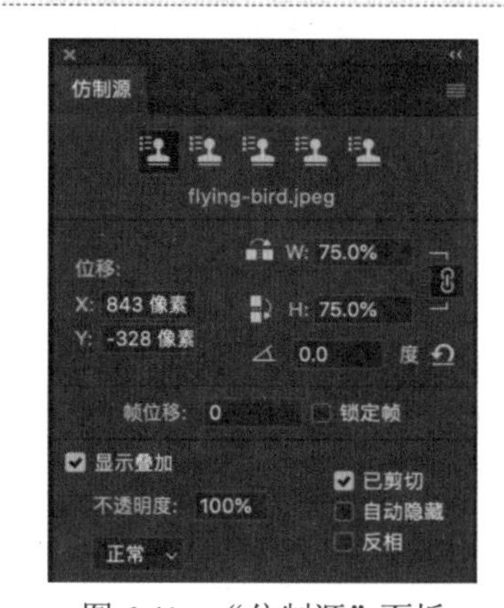

图 6-41　“仿制源”面板

## 6.3.3　图案图章工具

“图案图章工具”可以使用预设的图案或者载入的图案进行绘制，使图案和现有的图片相融合，用来合成各种风格的图像。

在工具箱的“仿制图章工具”上右击，在打开的列表中选择“图案图章工具”，在工具选项栏中单击“图案拾色器”右侧的下拉按钮，在打开的下拉列表中选择合适的图案。调整画笔参数，在画面中按住鼠标左键并拖动，即可绘制出图案。

“图案图章工具”选项栏如图 6-42 所示，各选项含义如下。

模式: 正常 不透明度: 100% 流量: 100% 0° 对齐 印象派效果

图 6-42 “图案图章工具”选项栏

- 画笔预设：可设置画笔笔尖形状，调整画笔笔尖大小、硬度、圆度等。
- 模式：设置使用“图案图章工具”进行涂抹时所使用的混合模式。
- 不透明度：设置使用“图案图章工具”进行涂抹时的不透明度。
- 压力按钮 ：单击此按钮，始终对“不透明度”使用压力，否则由“画笔预设”控制压力，此按钮在使用外接压感笔时才能突出其作用。
- 流量：设置使用“图案图章工具”进行涂抹时图像像素色彩的流出量。
- 喷枪 ：单击此按钮，涂抹出喷枪式的效果。
- 图案拾色器 ：单击其右侧的下拉按钮，在打开的下拉列表中可以选择在使用“图案图章工具”涂抹时所使用的图案。
- 对齐：选中该复选框，可以保持图案与原始起点的连续性；取消选中该复选框，则每次单击鼠标都重新应用图案。
- 印象派效果：选中该复选框，进行涂抹时可以模拟印象派的画面效果。

## 6.3.4 案例：用仿制图章工具和“仿制源”面板复制图像

本案例使用“仿制图章工具”和“仿制源”面板复制图像，将如图 6-43 所示的图像复制为如图 6-44 所示的效果。

01 在菜单栏中选择“文件”→“打开”命令，或按 Ctrl+O 快捷键，打开“素材 \ 第 6 章 \“飞鸟 .tif”文件。

02 在工具箱中选择“仿制图章工具” ，在工具选项栏中设置“笔尖大小”为 45、“硬度”为 50、“不透明度”为 100%、“流量”为 100%。

03 在工具选项栏中单击“切换仿制源面板”按钮 ，在打开的“仿制源”面板中，设置“仿制源图层 1” (左一)的宽度和高度为 75%、角度为 0 度；设置“仿制源图层 2” (左二)的宽度和高度为 60%、角度为 −45 度。

04 在“图层”面板中建立一个新的图层，在“仿制图章工具”选项栏的“样本”中选择“所有图层”。

05 按住 Alt 键的同时单击鸟为取样点，单击“仿制源图层 1” ，松开 Alt 键，在画面的右下位置涂抹复制出大小为 75% 的鸟的形状，如图 6-45 所示。

06 单击“仿制源图层 2” ，在画面的右上位置涂抹复制出大小为 60%、−45 度倾斜的第二只鸟。复制完成后，去掉复制的痕迹，如图 6-46 所示。

07 在工具选项栏中选择“魔术橡皮擦工具” ，在工具选项栏中设置“容差”为 24，单击复制的图像即可去掉边缘，再放大画面，使用“橡皮擦工具”进一步修复，并调整位置，完成后的效果如图 6-44 所示。

图 6-43 素材文件

图 6-44 复制后的效果

图 6-45 在画面的右下位置涂抹复制出大小为 75% 的鸟的形状

图 6-46 在画面的右上位置涂抹复制出大小为 60% 的鸟的形状

### 6.3.5 案例：用图案图章工具添加纹理

本案例介绍图案图章工具的使用方法，以及将预设图案添加到画面，添加前后的效果对比如图 6-47、图 6-48 所示。

01 在菜单栏中选择“文件”→“打开”命令，或按 Ctrl+O 快捷键，打开“素材\第 6 章\“绿叶底纹 .png”文件。在菜单栏中选择“编辑”→“定义图案”命令，弹出“图案名称”对话框，将名称定义为“绿叶底纹 .png”，单击“确定”按钮，

02 以同样的方式打开“素材\第 6 章\“圆点 .png”文件，并定义图案名称为“圆点 .png”。

03 在菜单栏中选择“文件”→“打开”命令，打开“素材\第 6 章\“女孩”文件。

04 在工具箱的“仿制图章工具”上右击，在打开的列表中选择“图案图章工具”。在工具选项栏中设置“笔尖大小”为 300、“模式”为“叠加”、“笔尖硬度”为 0、“不透明度”为 85%、“流量”为 50%，选中“对齐”复选框。

05 在工具选项栏中单击“图案”右侧的下拉按钮，在打开的下拉列表中选择刚存储的“绿色底纹 .png”。

06 在菜单栏中选择“窗口”→“图层”命令，打开“图层”面板，单击面板底部的“创建新图层”按钮，创建一个新图层，双击“图层 1”并将其重命名为“墙体”。

07 再建一个图层，重命名为“裙摆”。选择“墙体”图层，使用“图案图章工具”单击并涂抹背景墙面。处理花朵处等比较狭窄的位置，需要采用调小画笔笔尖、增大不透明度、减小流量等方法进行处理，然后使用“橡皮擦工具”擦掉洒落在裙子上的纹理，如图 6-49 所示。

图 6-47　素材文件

图 6-48　添加后的效果

图 6-49　添加背景纹理

08 在“图层”面板中选择“裙摆”图层，在工具箱中选择“图案图章工具”，工具选项栏的设置不变，在“图案”下拉列表中，选择刚存储的“圆点 .png”。

09 使用“图案图章工具”单击并涂抹女孩的裙摆，完成后的效果如图 6-48 所示。

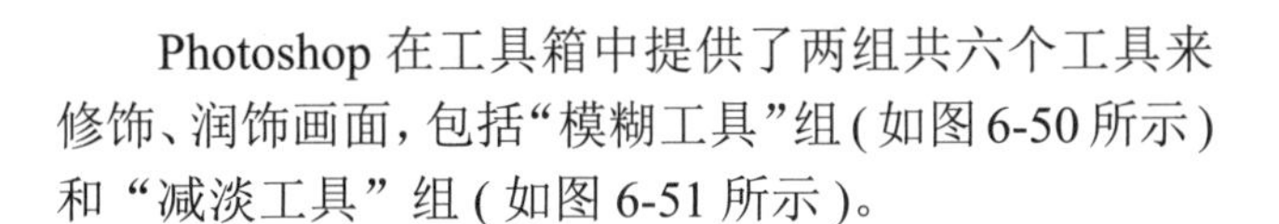

## 6.4 修饰图像

Photoshop 在工具箱中提供了两组共六个工具来修饰、润饰画面，包括“模糊工具”组 ( 如图 6-50 所示 ) 和“减淡工具”组 ( 如图 6-51 所示 )。

图 6-50　“模糊工具”组

图 6-51　“减淡工具”组

### 6.4.1 模糊工具

模糊工具通过使图像中指定区域的像素边缘柔化、减少像素的细节来增加对比度，突出画面主体。

在工具箱中选择“模糊工具”，在工具选项栏中设置笔尖大小和硬度、不透明度、流量等，然后在图像中需要模糊的区域按住鼠标左键进行涂抹，光标经过的图像区域会变模糊，如图 6-52 和图 6-53 所示。

“模糊工具”选项栏如图 6-54 所示，在工具选项栏中设置参数以优化模糊操作。

图 6-52　素材文件

图 6-53　模糊效果

80　模式: 正常　强度: 100%　0°　对所有图层取样

图 6-54　“模糊工具”选项栏

- 模式：用来设置“模糊工具”的混合模式，包括“正常”“变暗”“变亮”“色相”“饱和度”“颜色”和“明度”，每种模式的效果都不同。
- 强度：用来设置“模糊工具”的模糊强度，数值越大，被涂抹的像素区域越模糊。
- 对所有图层取样：选中该复选框，“模糊工具”将对所有图层生效；取消选中该复选框，将对选中的图层生效。

## 6.4.2 锐化工具

使用“锐化工具”可以增强图像中相邻像素之间的对比度，从而提高图像的清晰度，丰富图片的细节。

在工具箱的“模糊工具”上右击，在打开的列表中选择“锐化工具”。“锐化工具”与“模糊工具”的作用相反，通过在画面中涂抹提高画面清晰度，其工具选项栏中的大部分选项与“模糊工具”的选项相同。

在该工具选项栏中选中“保护细节”复选框，在进行锐化处理时会对图像细节进行保护，如图 6-55 和图 6-56 所示，第二张图片中经锐化处理后的兔子的面部更清晰、更明确。

图 6-55　锐化前

图 6-56　锐化后

## 6.4.3 涂抹工具

使用“涂抹工具”可以调整颜色过渡、涂抹均匀笔触，还可以画出毛发质感等。“涂抹工具”的使用效果和画笔调节关系很大，选择画笔的笔尖“大小”为 300 像素、“硬度”为 0，选中“散布”复选框，如图 6-57 所示。

使用“涂抹工具”在画面中按住鼠标左键拖动，该工具拾取鼠标单击处的颜色，并沿着拖动方向展开，如图 6-58 和图 6-59 所示。

“涂抹工具”选项栏中的“模式”用来设置涂抹工具的混合模式，选中“手指绘画”复选框，可以用前景色进行涂抹绘制。

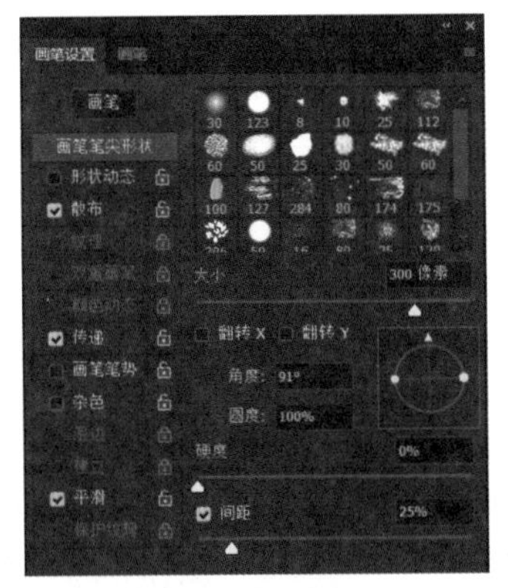

图 6-57　设置笔刷

图 6-58　素材文件

图 6-59　涂抹后的效果

## 6.4.4　减淡工具

“减淡工具”用来增强画面的明亮程度，可以使画面曝光不足的情况得以改善。在工具箱中选择“减淡工具”，在工具选项栏中设置画笔的笔尖大小和硬度、不透明度、流量等，然后在图像中需要被减淡的区域按住鼠标左键进行涂抹。

“减淡工具”选项栏如图 6-60 所示，在工具选项栏中设置参数以优化减淡操作。

图 6-60　“减淡工具”选项栏

- 范围：“高光”更改画面亮部区域；“中间调”更改灰色的中间范围；“阴影”更改画面暗部区域。
- 曝光度：指定曝光参数 ( 可设置较小的数值，经反复修改后，处理画面颜色更细致 )。
- 喷枪：单击此按钮，将画笔用作喷枪，或者在“画笔”面板中选择“喷枪”选项。
- 保护色调：选中“保护色调”复选框，可以保护色调不被过度破坏，并可以防止颜色发生色相偏移。

## 6.4.5　加深工具

“加深工具”可以对图像需要变暗的区域进行加深处理，增强图片的明暗对比度，从而丰富图像的层次关系。在工具箱的“减淡工具”上右击，在打开的列表中选择“加深工具”。

“加深工具”与“减淡工具”的作用相反，是通过在画面中涂抹进行加深处理，工具选项栏中的选项与“减淡工具”的相同。

## 6.4.6　海绵工具

在工具箱的“减淡工具”上右击，在打开的列表中选择“海绵工具”，在工具选项栏中调整画笔大小，选择模式，输入流量百分比，按住鼠标左键在要修改的图像区域涂抹，如图 6-61 和图 6-62 所示。

“海绵工具”选项栏如图 6-63 所示，在工具选项栏中设置参数以优化操作。

- 模式：选取更改颜色的方式。“加色”可增加颜色饱和度；“去色”可减少颜色饱和度；“流量”指定流量以设置饱和度变化速率。
- 自然饱和度：选中此复选框，可以防止颜色过度而失真。

图 6-61　素材文件

图 6-62　涂抹后的效果

65 模式: 去色 流量: 50% 0° 自然饱和度

图 6-63 “海绵工具”选项栏

## 6.4.7 案例：修饰图像色彩并制作景深效果

本案例使用“模糊工具”组和“减淡工具”组中的工具修饰图像色彩并制作景深效果，修改前后的效果对比如图 6-64 和图 6-65 所示。

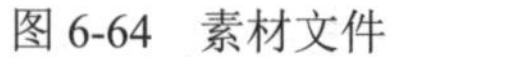

图 6-64 素材文件

图 6-65 修改后的效果

01 在菜单栏中选择“文件”→“打开”命令，或按 Ctrl+O 快捷键，打开“素材 \ 第 6 章 \ “蒲公英 .jpg”文件。

02 在工具箱的“减淡工具”上右击，在打开的列表中选择“加深工具”。在工具选项栏中设置“画笔大小”为 80、“范围”为“中间调”、“曝光度”为 80%，在画面底部颜色突出的杂草处进行涂抹，如图 6-66 所示。

03 在工具箱中选择“模糊工具”，在工具选项栏中设置“画笔大小”为 350、“模式”为“正常”、“强度”为 90%，选中“对所有图层取样”复选框，在画面中由远向近进行涂抹，在画面中间处调节模糊“强度”为 75%；近处调节模糊“强度”为 50%；留下视线最近处的几株蒲公英不进行模糊处理，效果如图 6-67 所示。

04 在工具箱的“模糊工具”上右击，在打开的列表中选择“锐化工具”，按 [ 或 ] 键调整笔刷大小，在工具选项栏中设置锐化“强度”为 50%，选中“保护细节”复选框，单击或涂抹视线最近处的几株蒲公英，使其看起来更清晰。

05 在工具箱中长按“减淡工具”，在打开的列表中选择“海绵工具”，在工具选项栏中设置画笔“大小”为 500、“模式”为“加色”、“流量”为 60%，在画面远处水平涂抹，调整“流量”设置为 45%，在画面近处水平涂抹，效果如图 6-68 所示。

图 6-66 使用“加深工具”

图 6-67 使用“模糊工具”

图 6-68 使用“海绵工具”

06 在工具选项栏中调节“画笔大小”为 90，在近处的蒲公英受光处单击，增加颜色的饱和度，完成后的效果如图 6-65 所示。

# 第7章 矢量图形

Photoshop 作为一款比较全能的平面设计软件，也拥有绘制矢量图形的功能。矢量图形在平面设计中的应用相当广泛，例如，我们常用的抠图、蒙版功能，或者直接以图形的形式参与构成平面作品。想要在作品中灵活地应用矢量工具，我们需要对矢量图形的性质有清楚的了解，才能将其与 Photoshop 软件中的其他功能联合运用。

## 7.1 认识矢量图形

计算机图形可以分为两大类：位图图像与矢量图形。Photoshop 软件可以处理这两种图形文件，一个 psd 文件中也可以同时包含位图与矢量数据。下面介绍这两种文件的大致区别。

位图图像，从技术上来说，是一种基于像素网格的点阵图像，也称为栅格图像。它是由一些方形的像素点通过不同的排列和着色构成的图像，如果将一张位图图像放到足够大的程度，会看到这些像素方格。在编辑位图文件时，改变的其实就是这些像素方格。而当同样的面积单位中，这种方格的数量越多，肉眼看到的图像质量就越高，色彩也就越丰富和顺滑。同理，当像素方格的分布密度越小，图像的质量也就越低，甚至会出现锯齿状的边缘。位图图像可以包含大量的色彩细节，但由于图像的像素值是固定的，因此在用拉伸的方法放大图像时，或者以低于创建的分辨率打印时，位图图像就会相应地丢失细节。日常生活中的数码照片、扫描照片等，都属于位图图像。

矢量图形，从数学的角度上来说，是一系列由点连接的线。它的形态是由这些点和线的位置决定的，并且只能由软件来生成。由于包含的内容比较单纯，矢量图形具有很高的可编辑性，无论放大缩小或是更改形状，矢量图形的质量都不会丢失，而且文件所占的空间也比较小。用矢量形式做出的插图、标志和文字等设计，无须考虑分辨率的问题即可进行任意缩放。图 7-1 与图 7-2 展示了矢量图形与位图图像在视觉形式上的不同。

图 7-1　矢量图形

图 7-2　位图图像

## 7.2 使用工具绘制矢量图形

使用矢量工具可以创建 3 种类型的对象：路径、形状和像素。因此在绘制前，需要在工具选项栏中选定其中一种，如图 7-3 所示，然后使用“钢笔工具”组或“形状工具”组中的工具来绘制矢量路径。

图 7-3　矢量工具选项栏

使用“路径”模式，如图 7-4 所示，可以绘制出路径轮廓。路径轮廓在操作画面上显示为蓝色带有锚点的直线或曲线，如图 7-5 所示，这是一种无法被显示、打印或导出的矢量对象，因此绘制出的路径被保存在“路径”面板中，无法在“图层”面板中显示，如图 7-6 与图 7-7 所示。路径有可能是闭合的，也有可能是非闭合的。非闭合路径有两个开放的端点，如直线段与曲线段；闭合路径则是连续的，如圆形、三角形等几何图形。路径可以被转换为选区、形状图层和矢量蒙版。

图 7-4　在工具选项栏中选择“路径”模式

使用“形状”模式，如图 7-8 所示，可以绘制出形状图层，画面效果如图 7-9 所示。形状包含了描边和填充两部分内容，其中描边可以进行变形，填充可以用纯色、渐变和图案来进行上色编辑。形状图层同时显示在“图层”面板和“路径”面板中，如图 7-10 与图 7-11 所示，因此它的描边和填充色是可以被打印和输出的。用基于矢量的工具，如钢笔工具和直接选择工具来对它进行编辑。

使用“像素”模式，如图 7-12 所示，可以在当前图层中绘制出以前景色为填充的图像，如图 7-13 与图 7-14 所示。该模式下绘制出的图像不具备矢量轮廓，如图 7-15 所示。

图 7-5 绘制出的路径对象

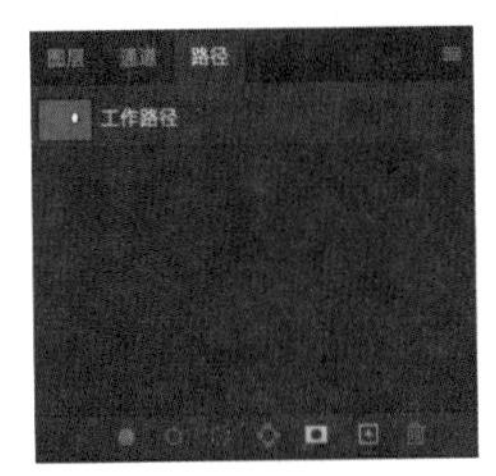

图 7-6 路径在“路径”面板中的显示

图 7-7 “图层”面板中无法显示路径

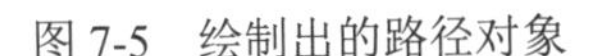

图 7-8 在工具选项栏中选择“形状”模式

图 7-9 绘制出的形状对象

图 7-10 形状显示在“路径”面板

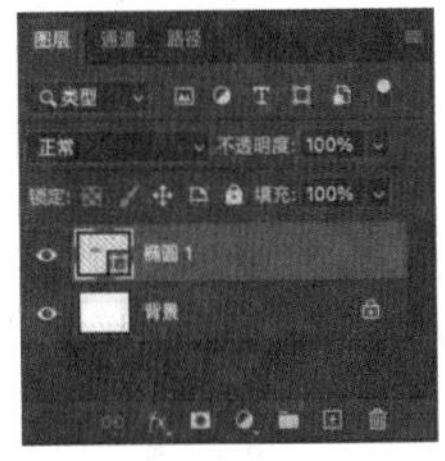

图 7-11 形状显示在“图层”面板

图 7-12 在工具选项栏中选择“像素”模式

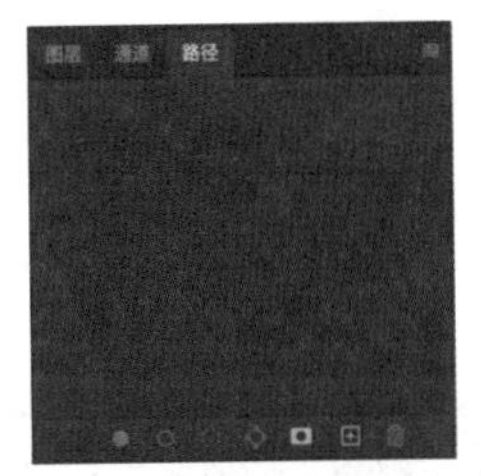

图 7-13 “路径”面板中无法显示像素对象

图 7-14 像素对象在“图层”面板中的显示

图 7-15 绘制出的像素对象

## 7.2.1 钢笔工具

“钢笔工具”是创建矢量图形时最常用的工具之一。在很多软件中都引入了“钢笔工具”，如 Adobe Illustrator、Adobe Photoshop 和 Adobe InDesign，还有一些视频软件如 Adobe Premiere Pro 和 Adobe After Effects 等，也包含了“钢笔工具”。虽然需要花一定的时间练习后才能掌握“钢笔工具”，但是其应用范围十分的广泛，是每个学习设计的人的必备技能。

“钢笔工具”组中包含钢笔工具、自由钢笔工具、弯度钢笔工具、添加锚点工具、删除锚点工具和转换点工具，如图 7-16 所示。其中钢笔工具和转换点工具的使用频率最高。

- “钢笔工具”：快捷键为 P，可以通过在画面上不同位置单击来连续创建锚点，以组成路径。当一系列锚点被建立之后，回到初始锚点再次单击，将创建出闭合路径，如图 7-17 所示。如果需要创建开放路径，如图 7-18 所示，可以在最后一个锚点被创建后使用 Esc 键结束绘制。

在绘制的过程中，如果需要得到曲线的效果，可以在单击后拖动鼠标，即可拉出两根调节弧度的控制柄，用于调整曲线的平滑度与方向，如图 7-19 所示。

用路径工具绘制出的线称为贝塞尔曲线，由法国工程师皮埃尔•贝塞尔于 1962 年开发，它的基本原理是由锚点生成线，再由锚点上的两个控制柄来调整曲线的大小和形状，控制柄对于曲线的控制有类似于橡皮筋的效果。

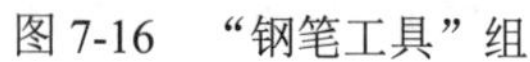

图 7-16 “钢笔工具”组

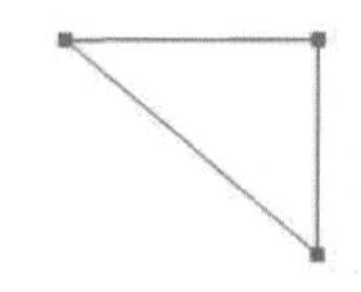

图 7-17 闭合的路径

图 7-18 开放的路径

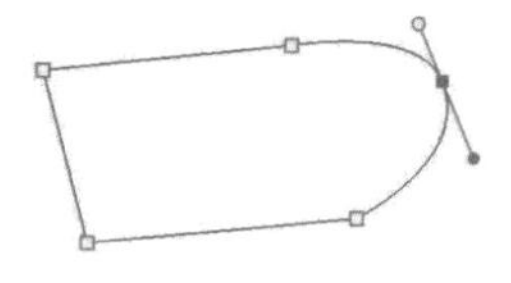

图 7-19 贝塞尔曲线

- “转换点工具”：在默认情况下，贝塞尔曲线的两个控制柄始终处于一条直线上，当调整其中一个控制柄，另外一个控制柄也会随之发生变化，如图 7-20 所示。使用“转换点工具”可以打破这种连接关系，在其中一个控制柄上使用“转换点工具”，可以将两个控制柄调整为任意的夹角，如图 7-21 所示。

另外，如果想要还原锚点控制柄的初始状态，可以使用“转换点工具”在锚点上单击，即可使控制柄归零消失，如图 7-22 所示。“转换点工具”还可以在没有控制柄的尖角锚点上拖出控制柄，使之变为圆角弧线的状态，如图 7-23 所示。

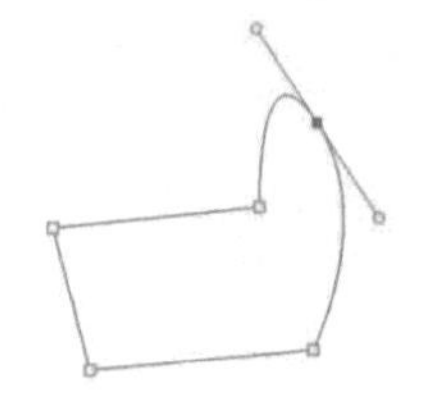

图 7-20 贝塞尔曲线的默认控制柄

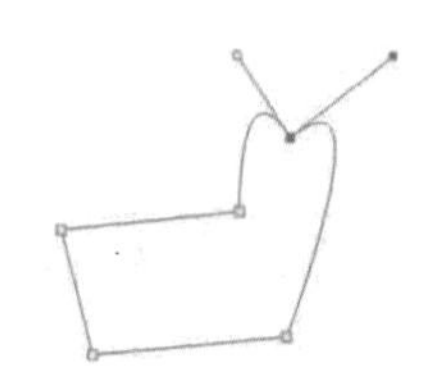

图 7-21 用“转换点工具”转换后的控制柄

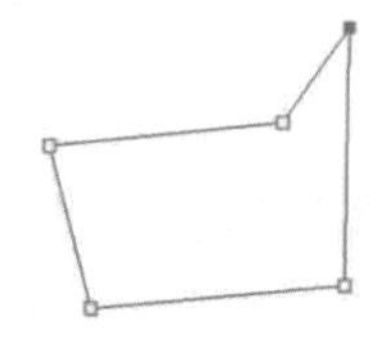

图 7-22 控制柄归零后的锚点

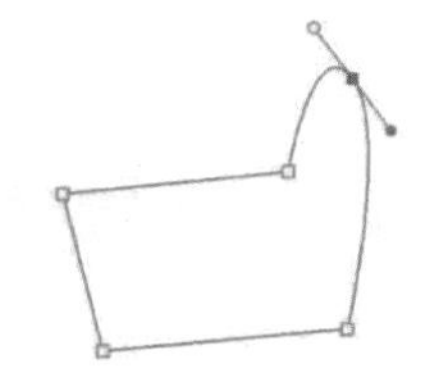

图 7-23 重新编辑后的锚点

**提示**

使用“钢笔工具”绘制图形时，如果在工具选项栏中的 按钮选项中选中“橡皮带”复选框，如图 7-24 所示，可以在绘制过程中移动鼠标时预览将要生成的路径形状，提高落笔的准确性。

图 7-24 在工具选项栏设置窗口中选择“橡皮带”

### 练习：使用“钢笔工具”创建路径。

**01** 新建空白文件，在菜单栏中选择“视图”→“显示”→“网格”命令，打开网格显示。

**02** 在工具箱中选择“钢笔工具”，并在工具选项栏中选择“路径”选项，将鼠标移至网格的某一个交叉点，即在 1 号位置单击，建立第一个锚点，如图 7-25 所示。

**03** 将鼠标沿水平方向移动，依然在网格交叉的位置上，即在 2 号位置单击，建立第二个锚点。此时，在第一个和第二个锚点之间生成了连接的路径，如图 7-26 所示。

**04** 继续沿着如图 7-27 所示的 3 号位置移动并单击鼠标，建立第三个锚点。将鼠标移至如图 7-28 所示的 4 号位置时单击，同时沿垂直方向拖动鼠标至 5 号位置，如图 7-29 所示，可以画出弧形线条。

**05** 在 6 号位置单击，完成弧形的绘制。继续按照位置顺序移动并单击鼠标，如图 7-30 所示。

**06** 将鼠标移回 1 号位置处，当光标变为 时，单击鼠标左键以封闭整个路径，如图 7-31 所示。

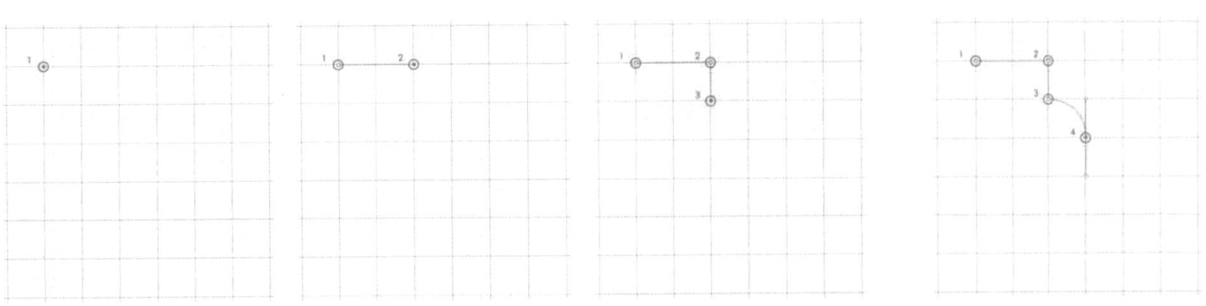

图 7-25 建立第一个锚点　图 7-26 建立第二个锚点　图 7-27 建立第三个锚点　图 7-28 在 4 号位置单击并拖动鼠标

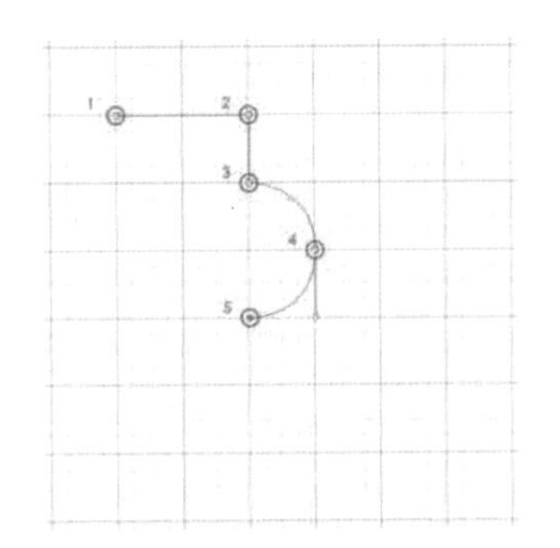

图 7-29 完成弧形部分

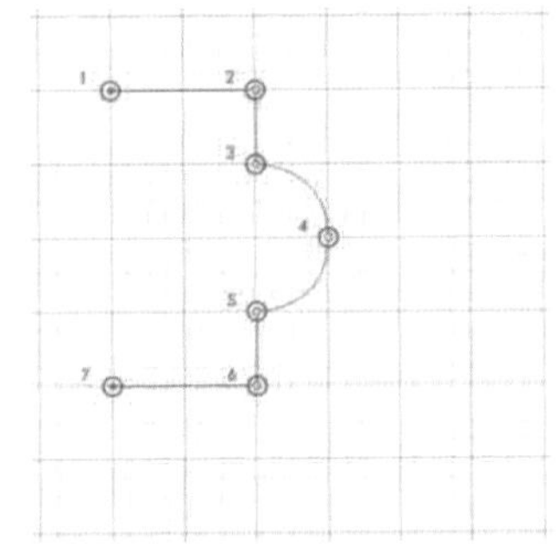

图 7-30 继续单击鼠标

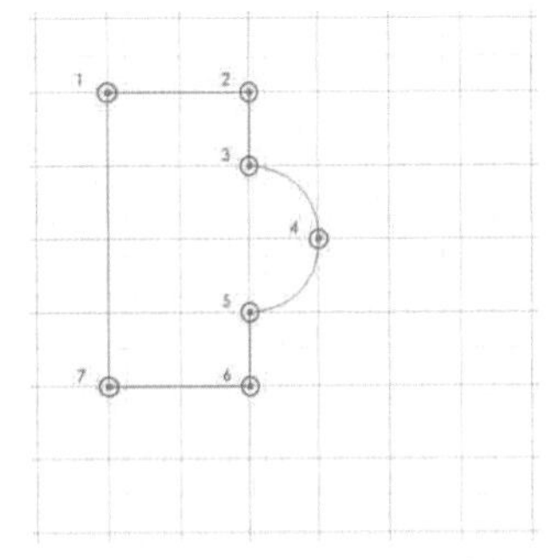

图 7-31 封闭后的完成路径

- “自由钢笔工具”：“自由钢笔工具”的使用方法和“套索工具”类似，按住鼠标左键的同时在需要描绘的轨迹上移动鼠标，就可以得到相应的路径。通过这种方法可以迅速地创建路径，但缺点是人手对鼠标轨迹不能精确地把控，可以通过后期的编辑和修改来实现想要得到的效果。
- “弯度钢笔工具”：比较适合绘制曲线，使用时在画面不同位置上创建两个相连的锚点，如图 7-32 所示，当在第三个位置创建锚点时，路径会在这三个锚点之间形成弯曲，如图 7-33 所示，通过拖动和单击鼠标来调整锚点的位置和路径弯曲的程度。如果需要绘制直线，则需要双击鼠标左键，然后在下一个位置单击，如图 7-34 所示。以此类推，可以创建更多的锚点来进一步完善路径。

图 7-32 两个相连的锚点

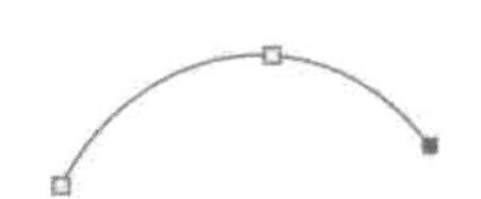

图 7-33 在 3 个描点间形成弯曲

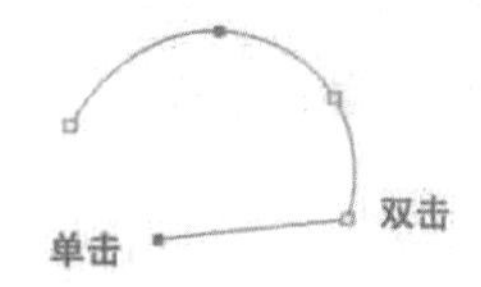


图 7-34 调整锚点位置和弯曲程度

- “添加锚点工具”与“删除锚点工具”：在完成一个路径的绘制后，如果需要修改路径的形状，添加或删除一些锚点，则选择相应的工具，将鼠标移到需要添加或删除锚点的位置单击，即可添加或删除锚点。这两个工具在日常操作中可以被“钢笔工具”替代，因为使用“钢笔工具”修改路径时，如果鼠标指针移到已有锚点的位置，指针会自动变为删除锚点工具的形式，此时单击鼠标，该锚点即会被删除，反之则可以添加锚点。

除了绘制路径之外，钢笔工具还可以用于绘制形状，如图 7-35 所示。在工具选项栏中选择绘制形状的选项后，还可以通过工具选项栏来设置填充和描边的颜色，以及描边的粗细、虚线形式等选项。图 7-36 展示了闭合路径与非闭合路径在填充色和描边效果上的差异。

形状　填充:　描边:　4.68 像素　W: 0 像素　H: 0 像素　自动添加/删除　对齐边缘

图 7-35 在工具选项栏中选择“形状”

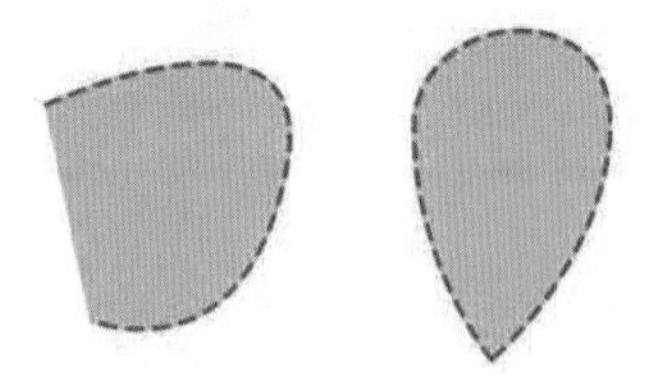

图 7-36　闭合与非闭合路径的对比图

## 7.2.2　路径选择工具与直接选择工具

在编辑或修改路径时，经常需要选择和移动路径或锚点的位置，这时需要使用“路径选择工具”或“直接选择工具”(快捷键 A)，如图 7-37 所示。这两个工具都是专门针对矢量对象的工具，只有这两个工具才能用于选择和移动路径。

“路径选择工具”用于选取整个路径，单击需要选择的路径，该路径即会显示为具有锚点的蓝色线条，如图 7-38 所示。选取路径后可以对其进行移动、变换或转换等操作。“路径选择工具”还可以用于删除和复制路径，选择路径后使用 Delete 键可以将路径整个删除，选择路径后按住 Alt 键并拖动鼠标则可以复制路径。

“直接选择工具”用于选择路径中的单个锚点，或是贝塞尔曲线中的调节柄，它的主要功能是调整锚点的位置和属性来编辑路径的形态。在图 7-39 中可以看到，被选定的锚点呈现蓝色，而该锚点所在路径的其余锚点呈现白色。

“直接选择工具”还可以用来删除单个锚点，与“删除锚点工具”不同的是，“删除锚点工具”只是在路径上将锚点删除，路径依然保留完整，而使用“直接选择工具”选择锚点，然后使用 Delete 键将其删除后，会使路径失去该锚点两端的连接而断开，如图 7-40 所示。

图 7-37　“路径选择工具”组

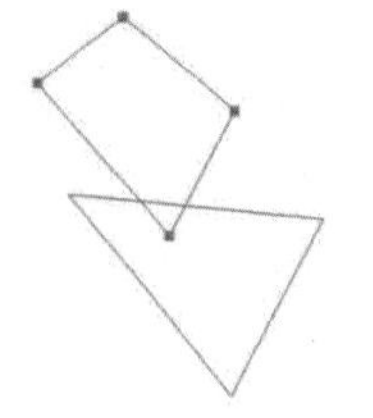

图 7-38　被选择的路径与未被选择的路径

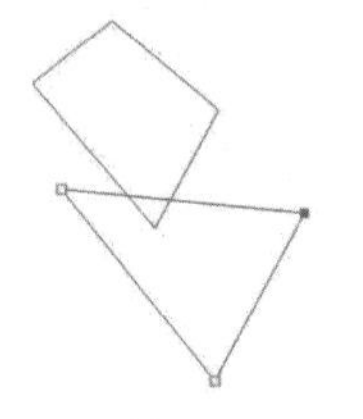

图 7-39　被选定的锚点示意图

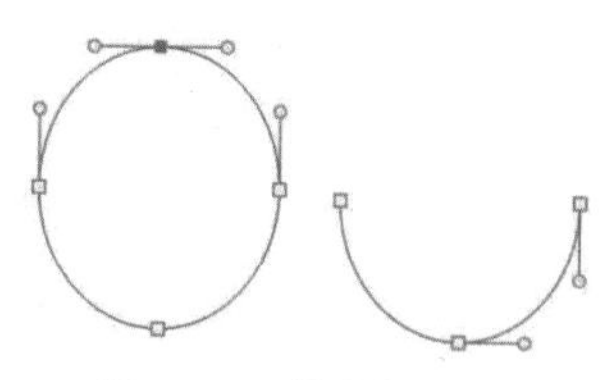

图 7-40　锚点被删除前后的路径

### 练习：使用“钢笔工具”进行抠图。

“抠图”是 Photoshop 操作中使用频率非常高的一种操作，几乎是制作影像合成与图像拼贴时必不可少的一个环节。使用“钢笔工具”进行抠图可以很大程度地实现对抠图区域的主观控制，因为路径的绘制是完全由手动掌控的。下面练习使用“钢笔工具”为一只如图 7-41 所示的翠鸟照片进行抠图。

图 7-41　翠鸟照片

**01** 在菜单栏中选择“文件”→“打开”命令，或按 Ctrl+O 快捷键，打开“素材 \ 第 7 章 \ 翠鸟 .jpg”文件。

**02** 在工具箱中选择“钢笔工具”，在图像中翠鸟形象边缘的某个位置单击，建立起始锚点，如图 7-42 所示。然后沿着翠鸟的边缘寻找合适的位置继续单击，如果该位置是弧线，可以适当地在单击后拖动鼠标，牵出控制圆角的手柄来绘制弧线，如果该位置出现转折，则直接单击。

03 沿着翠鸟形象继续创立锚点，忽略路径没有贴合形象边缘的地方，继续沿着像素边缘，以寻找弧度顶点和边缘转折点的方式单击和拖动鼠标，直到将整体形象描绘完整，并回到起始点单击，使路径闭合，如图 7-43 所示。在描绘的过程中，遇到一些转折比较细致的地方，使用放大镜工具将图像局部放大，并且配合使用抓手工具或鼠标滚轮来移动画面，以便于观察和操作。

04 找到路径与图像不够贴合的地方，将画面局部放大，使用“直接选择工具”调整锚点的位置。配合使用“钢笔工具”在路径上添加一些锚点，如图 7-44 和图 7-45 所示，或者使用“转换锚点工具”来改变锚点的转折形式，如图 7-46 和图 7-47 所示。

图 7-42　描绘中的路径

图 7-43　闭合之后的路径

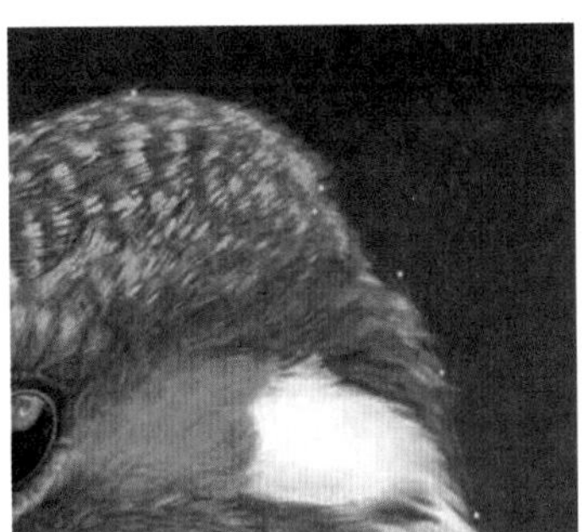

图 7-44　路径不够贴合的效果

图 7-45　在需要转折处添加锚点

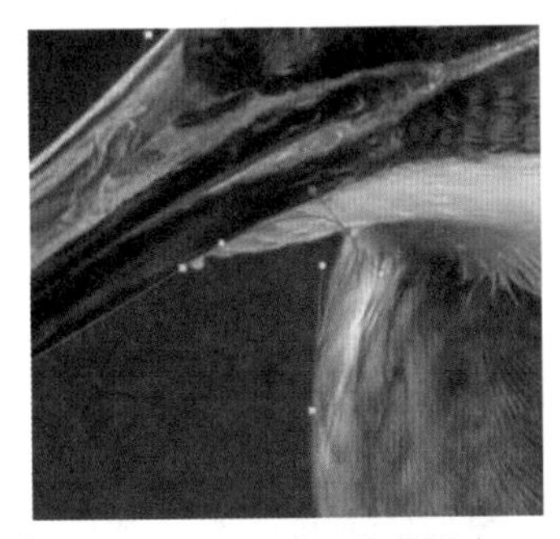

图 7-46　需要调整的锚点

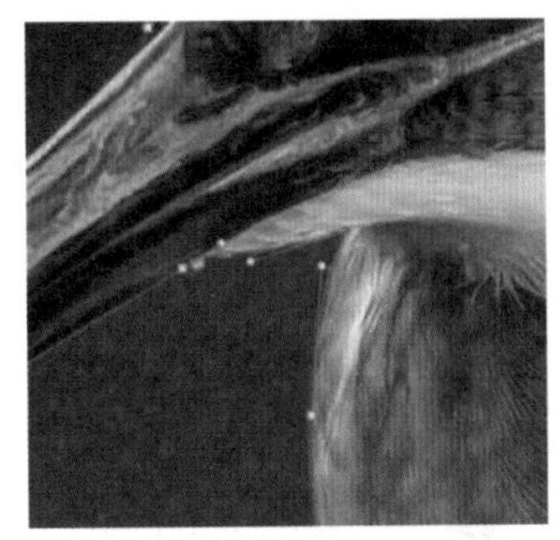

图 7-47　调整锚点之后的路径

05 调整完毕后的最终效果如图 7-48 所示，此时可以将图像存储为 .psd 格式的文件。在“路径”面板中找到刚描出的路径，如图 7-49 所示。使用路径描绘出来的区域可以转换为选区或矢量蒙版等对象，用于一些图像拼贴的作品中，或根据需要进行填充色彩等操作。

图 7-48　最终修改完的路径

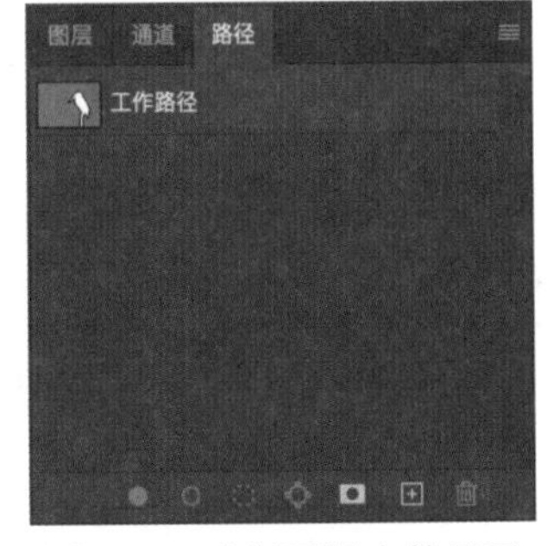


图 7-49　路径面板中的显示

## 7.2.3 矩形工具与圆角矩形工具

“矩形工具”组如图 7-50 所示。矩形工具可以用来绘制矩形和正方形的路径、形状或像素图形。在“矩形工具”选项栏中设置要创建的对象类型并设置相应的选项，如图 7-51 所示，在画面上单击即可弹出“创建矩形”对话框，如图 7-52 所示，输宽度和高度等数值创建矩形，或通过按住鼠标左键进行拖动创建矩形；按住 Shift 键并按住鼠标左键进行拖动可以创建正方形；按住 Alt 键并按住鼠标左键进行拖动，以单击点为中心创建矩形；按住 Shift+Alt 键，以单击点为中心创建正方形，效果如图 7-53 所示。

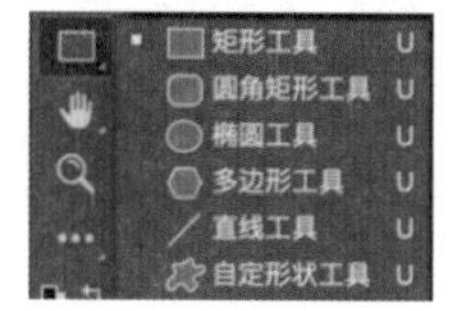


图 7-50 “矩形工具”组

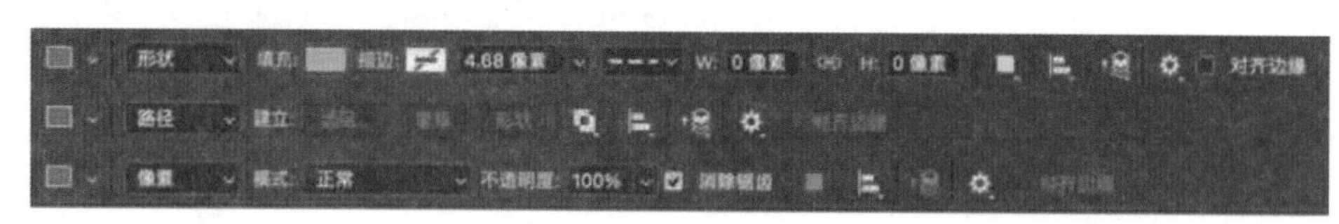


图 7-51 不同对象类型的工具选项栏对比

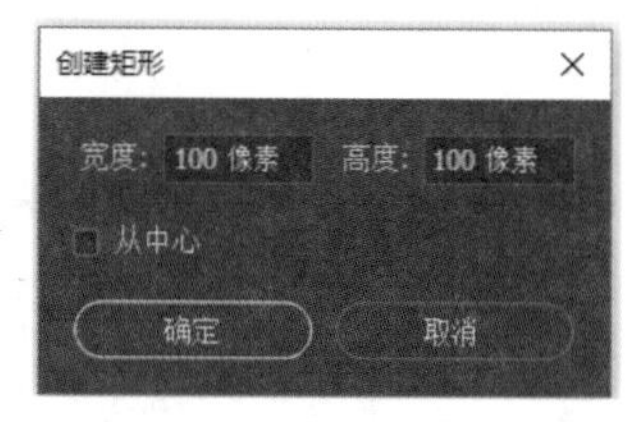


图 7-52 “创建矩形”对话框

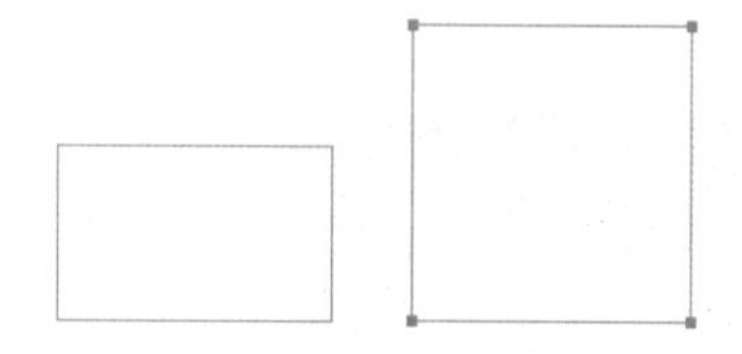

图 7-53 创建出的矩形与正方形

“圆角矩形工具”与“矩形工具”的使用方法基本相同，其在工具选项栏里多出了对圆角半径的设置，即“半径”选项，如图 7-54 所示。

图 7-54 圆角矩形的创建选项与效果

## 7.2.4 椭圆工具

“椭圆工具”可以用来创建椭圆和正圆形的形状、路径和像素。“椭圆工具”与“矩形工具”的使用方法基本相同，可以创建自由比例的椭圆和正圆形以及固定大小或比例的椭圆和正圆形，如图 7-55 所示。

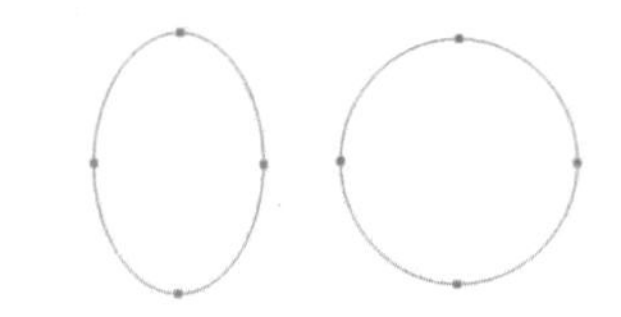

图 7-55 创建出的椭圆与正圆路径

## 7.2.5 多边形工具

“多边形工具”可以用来绘制形状、路径和像素。在工具选项栏中设置多边形的边数或星形角的数量，然后按住鼠标左键进行拖动可创建对象，如图 7-56 所示；也可以单击鼠标后，在打开的“创建多边形”对话框中输入多边形或星形半径的数值来创建固定大小的形状，如图 7-57 所示。

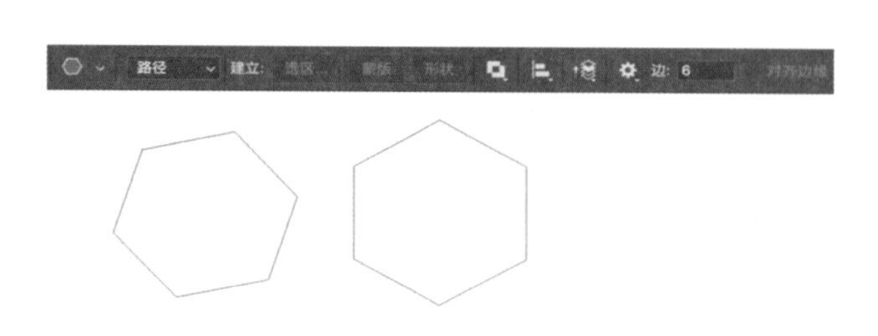


图 7-56 设置并创建多边形路径

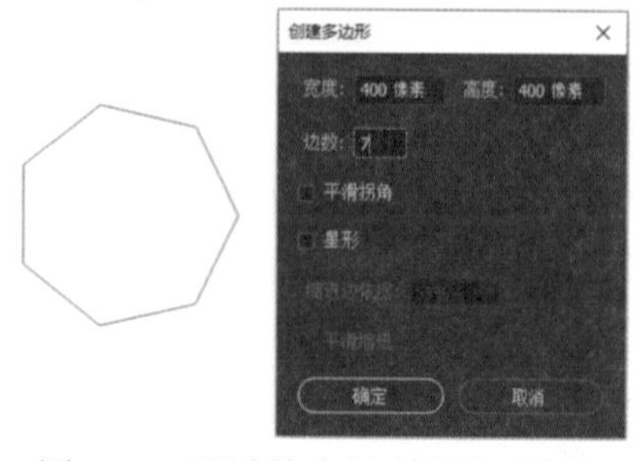


图 7-57 通过单击创建多边形路径

在创建星形时，需要在对话框中选中“星形”复选框，设置缩进边的数值，该数值是星形角的长短在半径中所占的比例。另外还可以为星形选择平滑缩进模式。图 7-58 展示了一些特殊的星形与多边形效果。

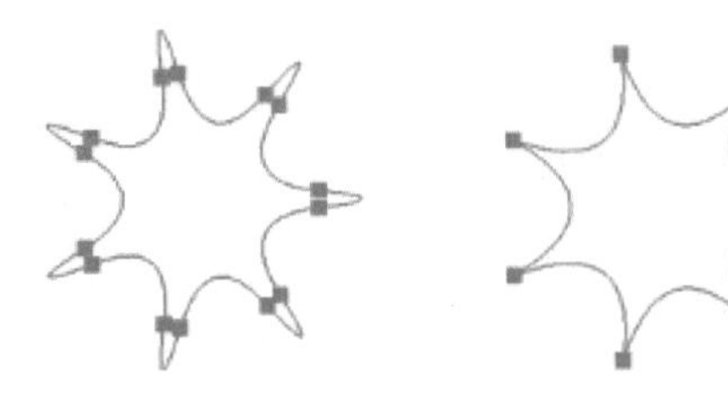

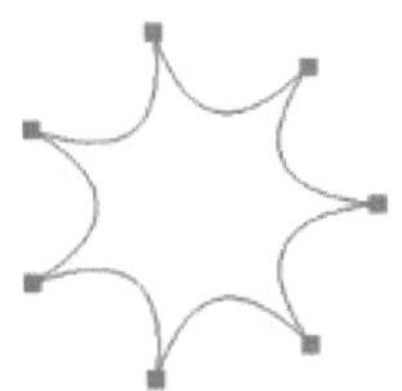

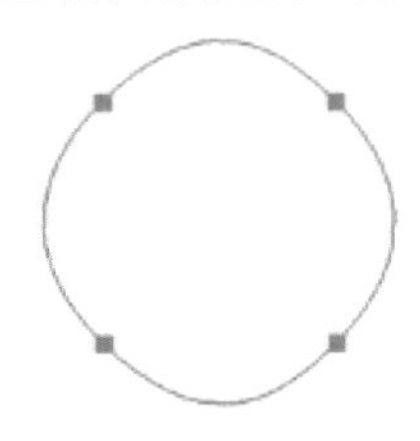


图 7-58　星形与多边形的变化

## 7.2.6 直线工具

“直线工具”用来绘制形状、路径和像素，能够绘制出带有箭头和不带有箭头的线段，如图 7-59 所示。需要注意的是，与“钢笔工具”不同，“直线工具”绘制的路径并不是基于两个锚点之间的线段，而是一种视觉上的线，将这条线放大后就会发现，它的路径和矩形相同，是由四个锚点构成的，如图 7-60 所示，因此，它的粗细可以被设置和调整。在工具选项栏中可以设置线的粗细和箭头选项等，如图 7-61 所示。使用“直线工具”时，按住 Shift 键再按住鼠标左键进行拖动，可以创建出水平、垂直或以 45° 角为增量的直线。

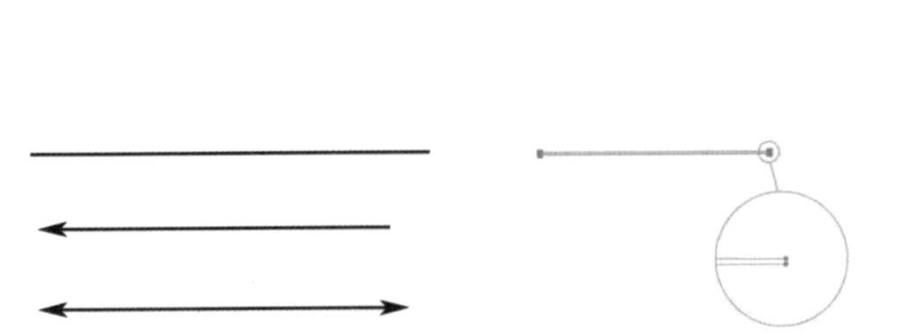

图 7-59　“直线工具”绘制的对象　图 7-60　直线的路径放大图

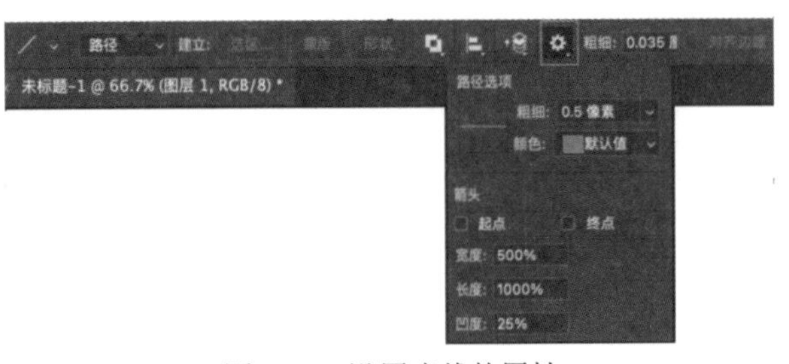


图 7-61　设置直线的属性

## 7.2.7 自定形状工具

在绘制一些图形之后，可以通过生成自定义形状的方式将这些图形保存下来，便于日后再次使用，而被保存过的这些图形，可以使用“自定形状工具”放置在画面上。

打开一幅之前绘制的矢量图形，如图 7-62 所示，使用选择工具将其选取，在菜单栏中选择“编辑”→“定义自定形状”命令，或者在图形上右击，在弹出的快捷菜单中选择“定义自定形状”命令，在打开的“形状名称”对话框中为该形状命名，单击“确定”按钮，如图 7-63 所示。

图 7-62　打开矢量图形

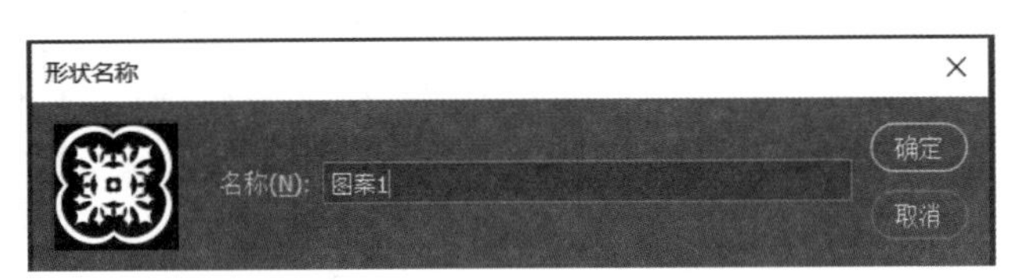


图 7-63　“形状名称”对话框

在“自定形状工具”选项栏中找到刚生成的形状，如图 7-64 所示。使用“自定形状工具”，可以在 Photoshop 中的任意文件里使用这个形状，如图 7-65 所示。

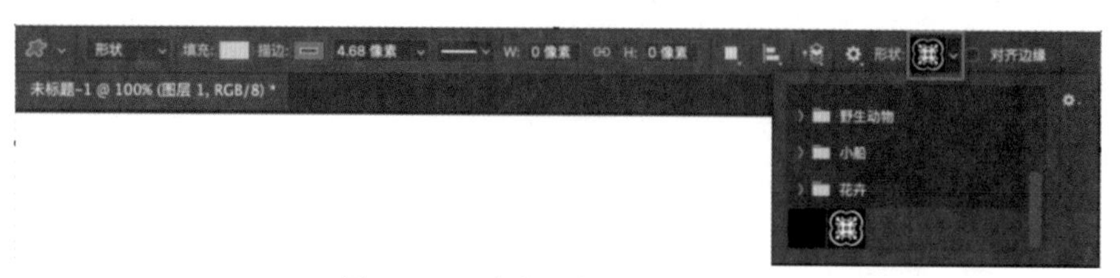

图 7-64 “自定形状工具”选项栏

图 7-65 在图片上使用自定形状

## 7.3 “路径”面板

在 Photoshop 文件中矢量对象与像素图像属于两个截然不同的分支，因此绘制的路径无法在“图层”面板中显示。想要编辑和管理路径，需要使用“路径”面板。

### 7.3.1 初识“路径”面板

在菜单栏中选择“窗口”→“路径”命令，打开“路径”面板。“路径”面板中显示当前工作路径、储存路径，以及当前矢量蒙版的名称和缩览图。在“路径”面板的下方有一排按钮，用来对路径元素进行编辑和管理，如图 7-66 所示。

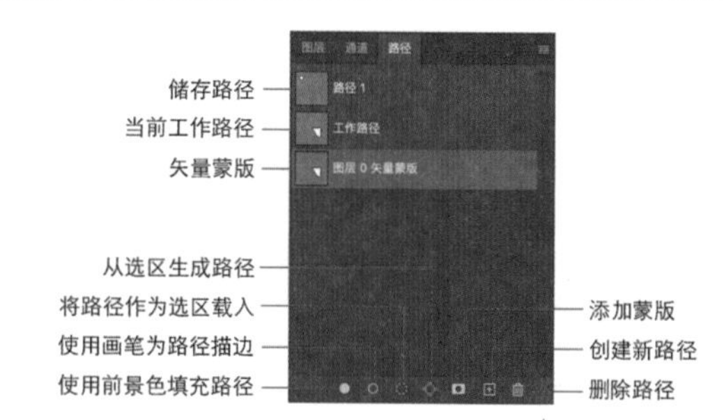


图 7-66 认识“路径”面板

### 7.3.2 添加和删除路径

单击“路径”面板下方的⊞按钮可以创建一个新的路径层，如图 7-67 所示。双击路径层名称可以为其命名，如图 7-68 所示。每个路径层都可以承载多个路径，但是在制作较为复杂的图像时，尽量将每一个路径都建立在各自的路径层中，并将其命名，以便于编辑和管理。

新建路径层工具还可以用来复制路径层，用鼠标将要复制的路径层拖到⊞按钮上，即可复制出新的路径层，如图 7-69 所示。

用鼠标可以选定不同的路径层，被选定的路径层会有特殊色彩的提示。如需同时选定多个路径层，可以在按住 Ctrl 键的同时用鼠标逐个单击需要的路径层，如图 7-70 所示。如果需要选定的路径层在面板中的位置彼此相邻，可以按住 Shift 键，然后分别在需要选定的范围两端先后单击来选定，如图 7-71 所示。

图 7-67 新建路径层

图 7-68 为路径层重命名

“删除”按钮🗑用来删除当前选定的路径层，选定路径层后单击该按钮即可将被选中的一个或多个路径层删除。

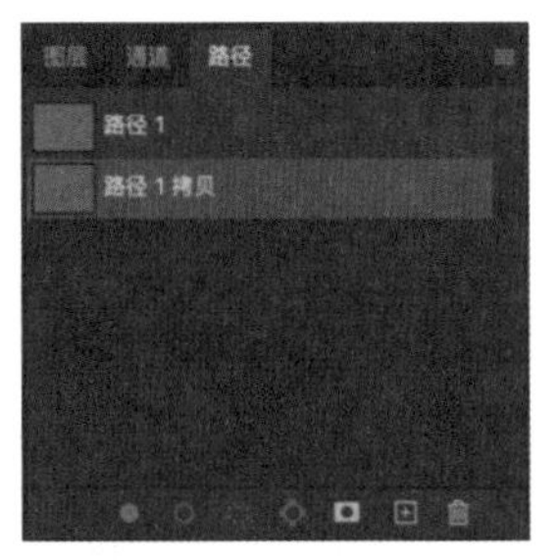

图 7-69 复制路径层

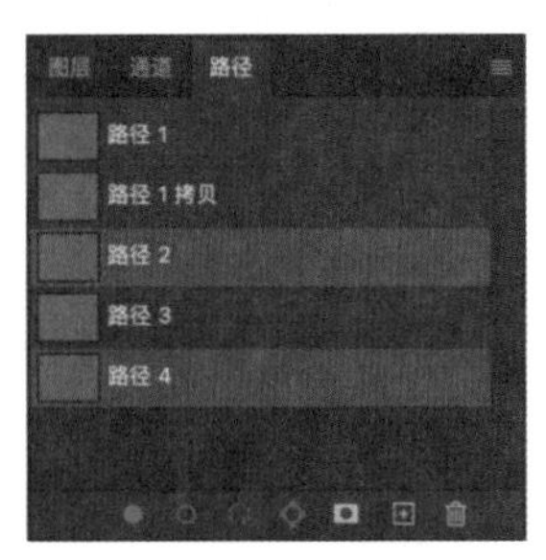

图 7-70 用 Ctrl 键选定路径层

图 7-71 用 Shift 键选定路径层

## 7.3.3 为路径添加描边和填充色

在 Photoshop 中，可以将路径的形状和轮廓以当前文件的前景色盖印在画布上。首先在路径层中创建路径，然后设置前景色，单击按钮，再用选择工具移动路径位置，单击按钮，画面上分别出现该路径的填充和描边，如图 7-72 所示。新生成的填充和描边为像素模式，可以在“图层”面板中显示出来，但无法用矢量工具进行操作，如图 7-73 所示。

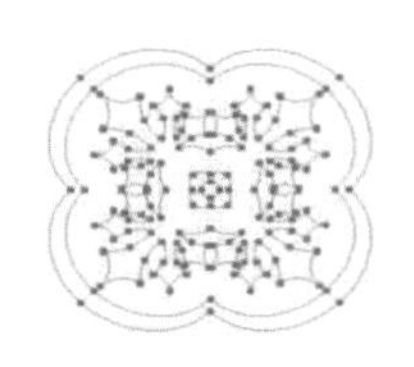
图 7-72 路径描边和填充后的效果

图 7-73 描边和填充后的图形显示在“图层”面板

## 7.3.4 路径的变换与变形

如果需要将绘制好的路径进行一些缩放、旋转或扭曲等修饰，可以在“路径”面板中选择该路径后，从“编辑”菜单中选择“变换路径”子菜单中的命令，或者使用 Ctrl+T 快捷键，就可以在路径外围看到定界框，此时通过拖动定界框的控制点来变形路径。具体操作方法与图像的变换变形方法相同。

## 7.3.5 对齐和分布路径

处于同一个路径层中的路径可以进行对齐与分布操作。同时选定要对齐或分布的路径，单击工具选项栏中的“对齐”按钮，打开下拉面板，如图 7-74 所示，即可选择不同的路径分布和对齐方式。位于不同路径层中的路径，无法进行彼此对齐和分布操作。

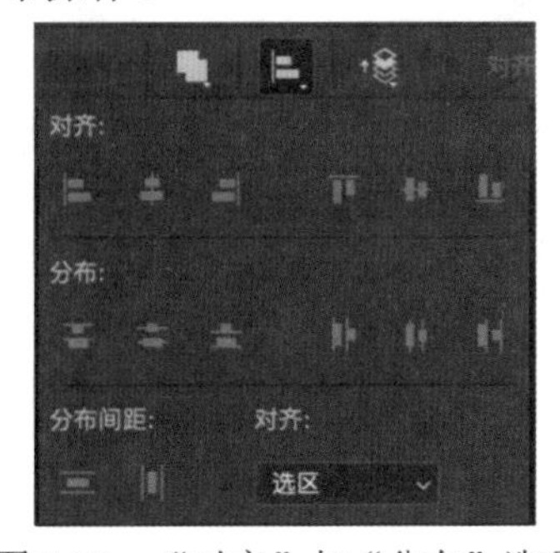

图 7-74 “对齐”与“分布”选项

## 7.3.6 路径与选区的转换

通过一些方式可以实现路径与选区的相互转换。打开“素材 \ 第 7 章 \ 牛油果 .jpg”文件，在工具箱中选择“快速选择工具”，在牛油果区域单击并按住鼠标左键进行拖动，直到整个牛油果被选定，如图 7-75 所示，单击“路径”面板底部的按钮，可以看到选区被转换为路径，如图 7-76 和图 7-77 所示。

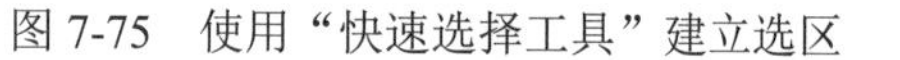

图 7-75　使用“快速选择工具”建立选区

图 7-76　由选区生成的路径

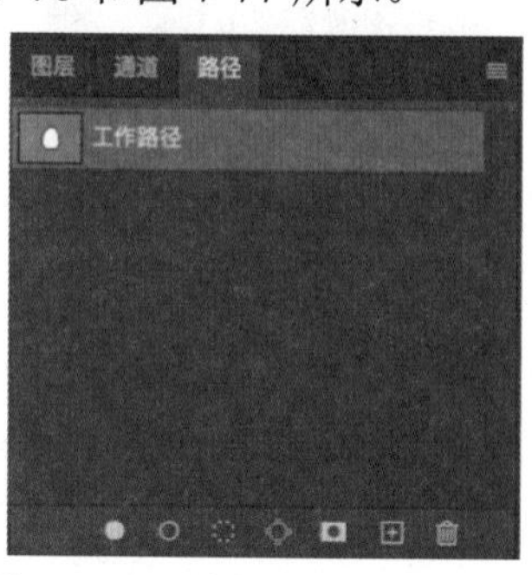


图 7-77　“路径”面板中的视图

若要将路径生成选区，则需要按住 Ctrl 键并单击“路径”面板中的路径缩览图，即可生成如图 7-75 所示的选区。

# 第8章 编辑文字

在 Photoshop 2020 软件中，文字以矢量形式存在，当将文字加入图像文件时，文字的字符由像素构成，它们的分辨率与当前文件相同。但 Photoshop 2020 会保留基于矢量的文字信息，并在缩放文字大小、保存 PDF 或 EPS 文件或者通过 PostScript 打印机打印图像时使用这些信息。

# 8.1 利用文字工具创建文字

文字是一种特殊的矢量对象，不能用编辑图像的工具修改它，文字又有别于路径，也不能用矢量工具来修改文字，因此需要使用专门的文字工具。“文字工具”组共由 4 种工具组成：横排文字工具、直排文字工具、直排文字蒙版工具、横排文字蒙版工具，如图 8-1 所示。

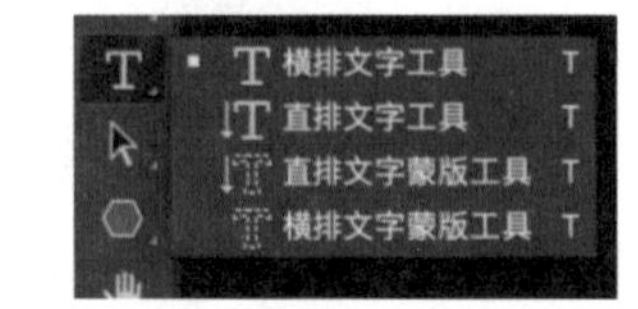


图 8-1 “文字工具”组

在工具箱中选择文字工具后，工具选项栏中就会出现文字工具的各种参数设置，如图 8-2 所示。用户可提前设置好文字的属性再输入文字，或在输入文字后再利用工具选项栏进行调整。

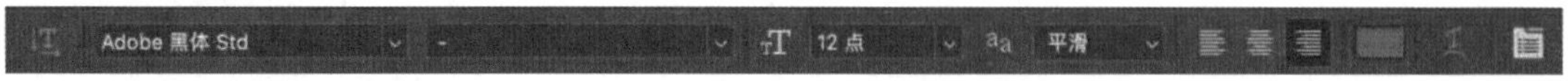

Adobe 黑体 Std　12 点　平滑

图 8-2 文字工具选项栏

## 8.1.1 横排文字工具

在 Photoshop 2020 中，文字的排列方式分为横排和竖排两种。“横排文字工具”是将文字以横向排列方式输入当前编辑文件的工具。

新建文档，在工具箱中选择“横排文字工具”并在需要输入文字的位置单击，可以看到输入文字的光标在画面上闪烁，并且在“图层”面板中会出现一个新的文本图层，此时，可以复制或输入文本内容，输入完毕后新建的文本图层会自动以输入的文本来命名，如图 8-3 所示。这种从单击开始输入的文字属于点文字，如果一直持续输入文本内容，文字会以直线的形式一直继续下去而不会自动分行，如图 8-4 所示。这种点输入文字的方式一般适用于制作标题这一类字符比较少且不需要换行的文本内容。如果需要输入段落性的文本内容，可以参照本章 8.3 节调整文字段落部分的内容。

“直排文字工具”与“横排文字工具”类似，区别在于其将文字以竖排的形式排列，效果如图 8-5 和图 8-6 所示。

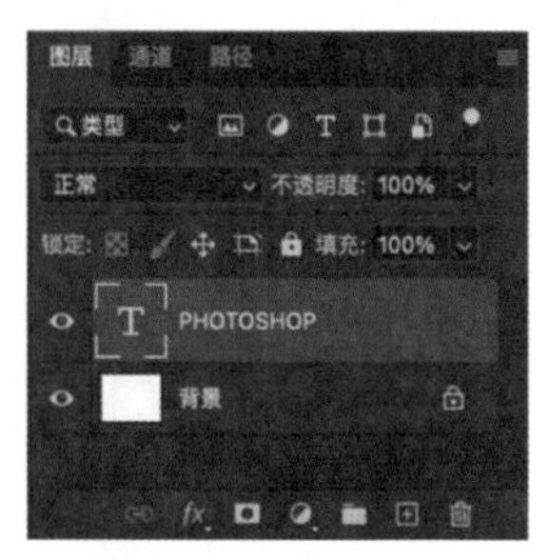


图 8-3 文本内容与文字图层名称对应

PHOTOSHOP

Start with Photoshop. Amazing will follow.

图 8-4 点式输入的文字

图 8-5 直排文字海报 1

图 8-6 直排文字海报 2

## 8.1.2 转换横排 / 直排文字

横排与直排文字可以相互切换，在菜单栏中选择“文字”→“文本排列方向”→“横排”或“竖排”命令，可以实现两者之间的切换，或者在工具选项栏中单击“切换文本取向”按钮，切换文字的排列方式，如图 8-7 所示。

图 8-7　单击“切换文本取向”按钮

## 8.1.3 直排 / 横排文字蒙版工具

“直排文字蒙版工具”与“横排文字蒙版工具”可以用来直接创建文字状的选区，省去了由文字生成选区的步骤，但是用这种方式建立的文字不能进行形态调整，因而只是作为一种快捷手段偶尔被使用，并不如文字工具的实用性强。

## 8.1.4 案例：为海报添加文字

为一张城市夜景的照片添加文字标题，使它变成一张海报，如图 8-8 所示。

01 在菜单栏中选择“文件”→“打开”命令，或按 Ctrl+O 快捷键，打开“素材 \ 第 8 章 \City.jpg”文件。用矢量工具在图像的下半部分画出一条横线形状和一个矩形形状，并将描边颜色设置为白色 (R:255、G:255、B:255)，填充色设置为空，效果如图 8-9 所示。

图 8-8　添加了文字的海报

图 8-9　绘制形状并填充颜色

02 在“图层”面板中将“矩形 1”图层拖到面板底部的“创建新图层”按钮上，新建矩形形状“矩形 1 拷贝”，并将“矩形 1 拷贝”的描边设置为空，填充色设置为白色 (R:255、G:255、B:255)，如图 8-10 所示。

图 8-10　设置填充颜色

03 在“图层”面板中将“矩形 1 拷贝”的不透明度设置为 10%，如图 8-11 和图 8-12 所示。

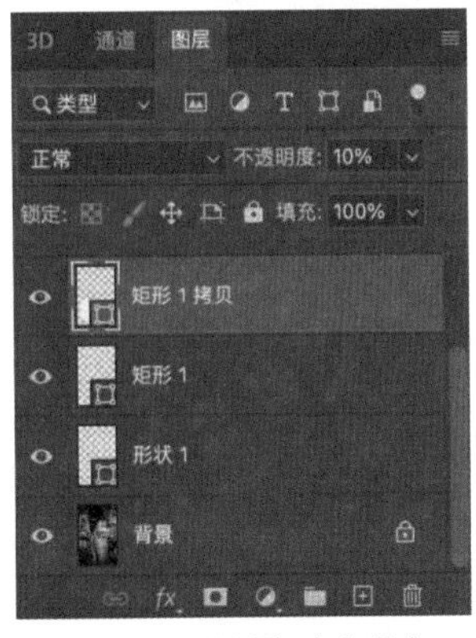

图 8-11　设置不透明度

图 8-12　设置不透明度后的画面效果

04 在工具箱中选择“横排文字工具”，设置字体为 Arial Narrow、字体样式为 Bold、字体大小为 138 点，并将颜色设置为白色 (R:255、G:255、B:255)，如图 8-13 所示，在画面上单击输入文字 CITY。在工具箱中选择“移动工具”，用鼠标或方向键调整文字位置，将文字的底边与横线相交，效果如图 8-14 所示。

05 参照图 8-15 所示设置文字属性，在画面上输入文字 LIGHTS，并调整文字位置，使画面效果如图 8-8 所示。

图 8-13　设置文字属性

图 8-14　加上文字 CITY 后的画面效果

图 8-15　文字 LIGHTS 的设置选项

## 8.2 使用“字符”面板

用于调整文字的面板有“字符”面板和“段落”面板两种，其中“字符”面板用于设置文字的字体、字号、颜色、行距和字间距等属性。在实际操作中，“文字工具”选项栏和“字符”面板都可以用来设置文字的这些属性。这些属性可以在创建文字之前设置好，也可以在创建文字之后再进行修改。需要注意的是，在默认情况下，这些修改会影响所选文字图层中的所有文字，因此如果只需要修改部分文字的样式，应提前使用文字工具将它们选定。

### 8.2.1 认识“字符”面板

“字符”面板是用来设置文字众多属性的一个窗口面板，如图 8-16 所示。它几乎囊括了 Photoshop 2020 软件中所有文本格式下的所有可调节项。

### 8.2.2 设置和调整字体

使用文字工具选项栏可以快速地选择字体，设置文字的大小以及颜色、段落对齐等，这部分功能与“字符”面板相重叠，如图 8-17 所示。

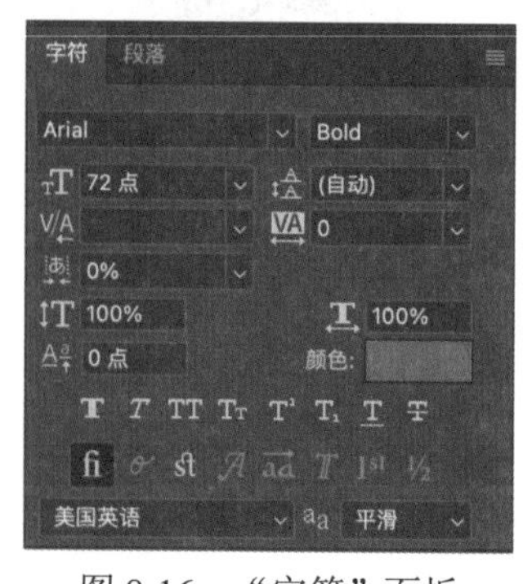


图 8-16　“字符”面板

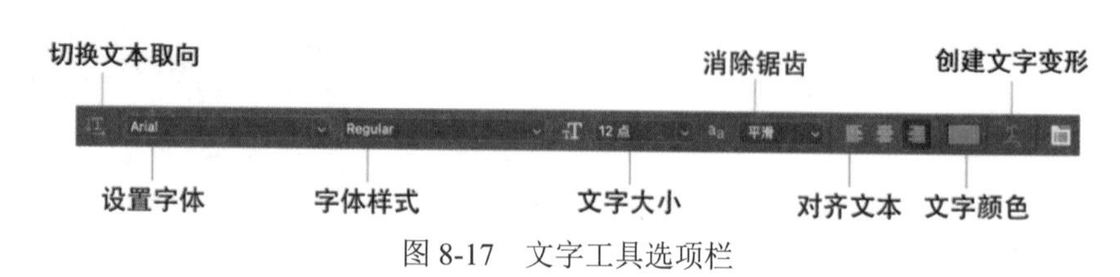


图 8-17　文字工具选项栏

- 切换文本取向：单击此按钮可以在横排和直排文字之间相互切换。
- 设置字体：可以在其下拉列表中选择一种字体。

- 字体样式：如果所选字体包含变体，可在下拉列表中选择如 Regular( 标准 )、Italic( 意式斜体 )、Bold( 粗体 ) 和 Bold Italic( 粗意式斜体 ) 等样式。需要注意的是，不是所有字体都含有样式变化，且斜体样式只能用于英文字体。
- 文字大小：可通过下拉列表设置文字字号大小，或直接输入字号数值后按 Enter 键。
- 消除锯齿：可以消除文字边缘的锯齿。文字虽然是矢量对象，但是仍然需要在被转换为像素之后才能在显示器上显示或打印输出。在发生这种转换的时候，文字边缘就会产生一些锯齿。
- 对齐文本：根据输入文字时鼠标的单击点的位置给文本设置左对齐、右对齐和居中对齐。
- 文字颜色：单击颜色块以打开“拾色器”对话框来设置文字颜色。
- 创建文字变形：单击此按钮，弹出“变形文字”对话框，可为文本添加变形样式。

在“字符”面板中，除了包含以上这些选项之外，还可以进行调整文字的间距、对文字进行缩放和添加特殊样式等操作，如图 8-18 所示。

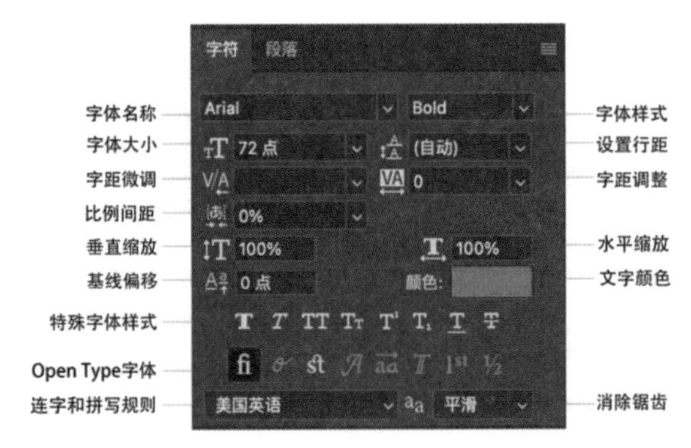


图 8-18　“字符”面板

- 设置行距：可以通过下拉列表或直接输入数值并按 Enter 键来设置文字行与行之间的垂直距离。默认选项为“自动”，表示 Photoshop 会根据文字的字体和大小自动分配行距。
- 字距微调：用来调整两个字符之间的距离。使用“横排文字工具”在两个字符之间单击，在出现闪烁的“I”形光标后，在“字符”面板上的该选项下拉列表中选择间距值或输入数值并按 Enter 键，在下拉列表中选择“度量标准”选项，表示使用字体内置的字距微调设置；选择“视觉”选项，表示根据字符的形状自动调节间距。
- 字距调整：不同于“字距微调”，“字距调整”用来调整多个字符或整个文本中所有字符的间距，调整的范围取决于当前是否有被选择的文字内容，否则即应用于整个文本。
- 比例间距：以百分比为标准收缩字符之间的距离，输入范围为 0 ～ 100%。
- 垂直缩放：在垂直方向上以百分比为单位缩放文字，输入范围为 0 ～ 1000%。
- 水平缩放：在水平方向上以百分比为单位缩放文字，输入范围为 0 ～ 1000%。
- 基线偏移：在使用文字工具在文本上单击并出现闪烁的“I”形状光标时，可以看到文字下方出现一条线，这就是文字的基线。在默认状态下，大部分文字和字母都位于基线上方，只有一些占到下两格的英文小写字母，如 g、j、p、q、y 的下半部分位于基线之下，如图 8-19 所示。基线是文字依托的一条假想线，调整基线的上下位置可以使字符上升或下降。
- 特殊字体样式：可以为一些没有粗体和斜体形式的字体添加“仿粗体”和“仿斜体”样式，以及一些下画线、删除线、大写字母和上下标注效果，这些效果可以单独使用，有些也可以组合在一起使用，如图 8-20 所示。

图 8-19　文字与基线位置

The quick brown fox jumps over a lazy dog.
The quick brown fox jumps over a lazy dog.
The quick brown fox jumps over a lazy dog.
THE QUICK BROWN FOX JUMPS OVER A LAZY DOG.
Testing The quick brown fox jumps over a lazy dog.

图 8-20　特殊字体样式效果

- OpenType 字体：包含当前 PostScript 和 TrueType 字体不具备的功能，如连体字和花饰字等。

**提示**

OpenType 字体

在字体库中，带有O标志的字体属于 OpenType 字体。它是由 Microsoft 和 Adobe 公司共同开发的一种字体格式，这种字体格式具有强大的跨平台功能，可以在 PC 端与 Mac 端无缝衔接，不会发生字体替换或版面改变等状况。使用 OpenType 字体可以在“字符”面板中进行选择，或单击“文字”菜单项，在 OpenType 命令的子菜单中选择特殊的文字效果，如图 8-21 与图 8-22 所示。

fi ℴ st 𝒜 aa T 1st ½

图 8-21　“字符”面板中的 OpenType 文字效果

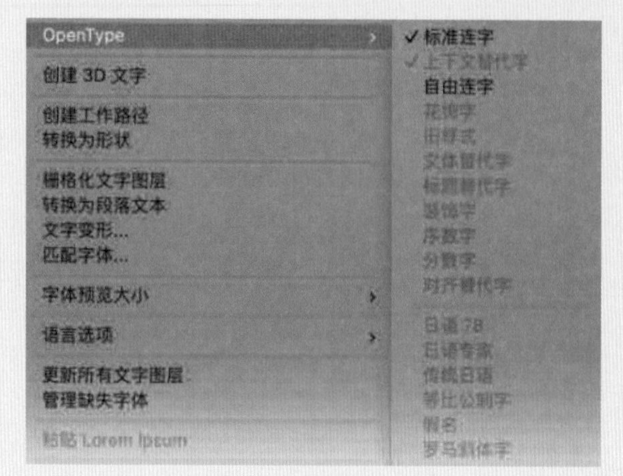


图 8-22　“文字”菜单中的 OpenType 文字效果

## 8.2.3　添加字符样式

使用“字符样式”面板可以保存文字的样式，以便快速应用于其他文字。操作步骤如下。

01 单击“字符样式”面板底部的⊞按钮，如图 8-23❶ 所示，创建一个新的空白字符样式。

02 双击新建的“字符样式 1”，如图 8-23❷ 所示，在打开的“字符样式选项”对话框中设置字符的各种属性，如图 8-23❸ 所示，单击“确定”按钮。

03 将设置好的字符样式应用于文本时，选定文字图层后再单击“字符样式”面板中的字符样式名称即可。

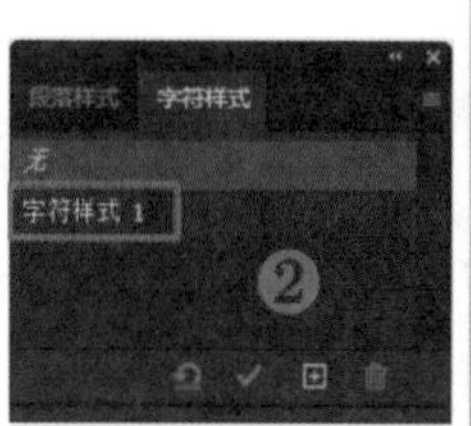


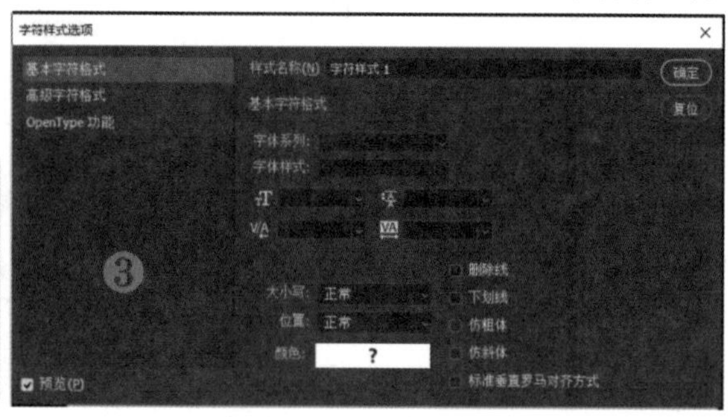


图 8-23　添加字符样式的操作流程

## 8.2.4　编辑文字颜色

若要编辑文字的颜色，有以下 4 种方法。

方法 1：通过“字符”面板编辑文字颜色，如图 8-24 所示。

方法 2：通过文字工具选项栏编辑文字颜色，如图 8-25 所示。

方法 3：按 Alt+Delete 或 Ctrl+Delete 快捷键，可将工具箱下方的前景色或背景色填充进文字。

方法 4：选定文本内容，通过“颜色”面板中的拾色器为文字选取颜色。

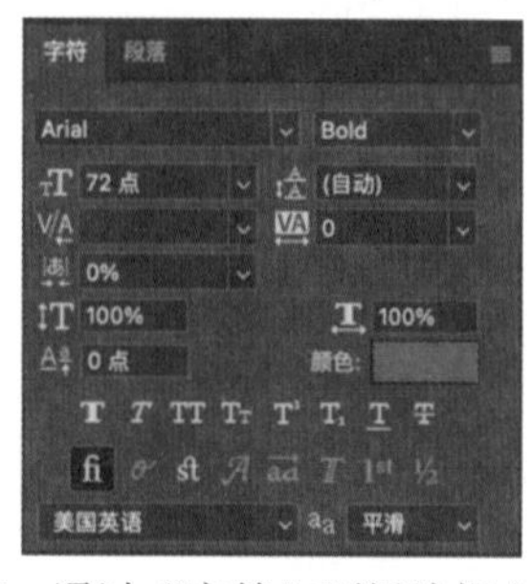


图 8-24　通过“字符”面板编辑文字颜色

图 8-25　通过文字工具选项栏编辑文字颜色

这 4 种方法都可以为文字在拾色器中选择一个单色，由于文字是一种特殊的矢量对象，因此在没有将其栅格化的情况下，不能将文字设置为较复杂的着色效果，如渐变色。

## 8.3 调整文字段落

在处理文字内容较多的作品时，如书籍和手册等，用点文字处理非常不方便。因此在输入段落性的文字时，我们需要使用段落文字的输入方法。这种方法可以使文本的排布限定在一个文本框内，让文字内容实现自动换行。平面版式可以通过将若干文本框进行调整和对齐来控制。由于文本框只能是矩形的，因此在版式变化上有一定的局限。

### 8.3.1 创建文本框

与创建点文字相同，创建文本框使用的也是“横排文字工具”与“直排文字工具”，区别在于创建文本框时在画面上单击后需拖动鼠标，画出一个虚线的方框，在拖动的同时鼠标光标的右上角会显示方框的长宽以精确设置文本框的大小。松开鼠标后，画面上留下绘制的虚线方框即是文本框。文本框的 4 个角和 4 条边的中点处还有类似锚点的 8 个调节点，此时可以开始输入或粘贴文本内容，如图 8-26 所示，也可以将鼠标移到虚线框的边缘或任意调节点的外侧用以调整文本框的大小或旋转文本框到一定角度。

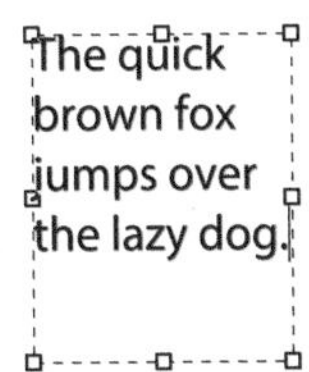


图 8-26　输入了文字的文本框

**注意**

在调整文本框大小的过程中，如果文本框被缩小到不能显示全部的文本，其右下角的调节点内部会出现 + 号，如图 8-27 所示，此时需要调整文字大小或文本框大小。

图 8-27　文字溢出的文本框

### 8.3.2 设置“段落”面板

“段落”面板如图 8-28 所示，与“字符”面板处于同一个菜单命令组中，可以用来调整段落的对齐、缩进和行间距等参数，以美化和调整文本的外观。

- 文本对齐方式：用来设置段落文本的对齐方式，分别为左对齐、居中对齐、右对齐、最后一行左对齐、最后一行居中对齐、最后一行右对齐和全部对齐。
- 段落缩进：左缩进 / 右缩进可以调整文字与定界框之间的距离，可以输入正负数值并按 Enter 键进行设置，或者将鼠标移到图标的位置，当光标变成

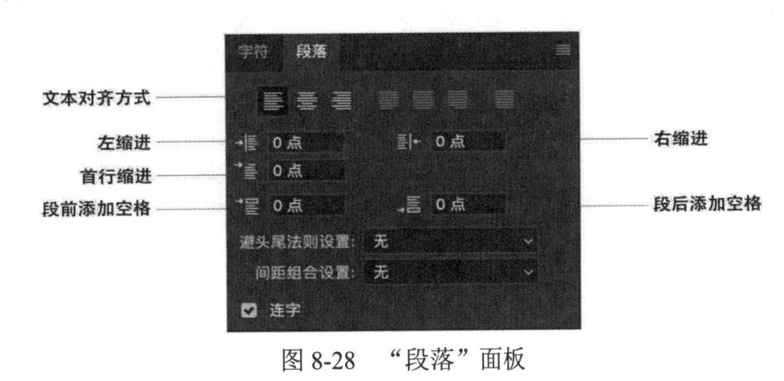


图 8-28　“段落”面板

左右箭头时，按住鼠标左键并左右拖动鼠标来调整文字的缩进度。

- 首行缩进：用来缩进段落中的首行文字，操作方法与左右缩进相同。
- 段前 / 段后添加空格：这两个功能用来添加段落与段落之间的距离。
- 连字：在将文本强制对齐时，最末一行末端的英文单词有时会被断开并移至下一行，选中该复选框，可以在被断开的单词中间显示连字符。

## 8.3.3 案例：编辑段落文字

使用段落文字工具为一首诗歌进行排版，效果如图 8-29 所示。

01 打开文本文件 When you are old.docx，选定全部的文字内容，使用 Ctrl+C 快捷键进行复制。

02 在菜单栏中选择“文件”→“打开”命令，或按 Ctrl+O 快捷键，打开“素材 \ 第 8 章 \Chemin.jpg”文件，在工具箱中选择“横排文字工具”，在图片中心位置建立文本框，按 Ctrl+V 快捷键粘贴文本内容，如图 8-30 所示。

03 连续单击以选定全部文本，打开“字符”面板，将字体设置为 Arial，字体大小设置为 40 点，文字颜色设置为白色 (R:255、G:255、B:255)，如图 8-31 所示，效果如图 8-32 所示。

04 选定第一行文字，在“字符”面板的“特殊字体样式”选项中选择“全部大写字母”，并将文字大小设置为 48 点，如图 8-33 所示，效果如图 8-34 所示。

图 8-29 诗歌排版效果

图 8-30 在图片上粘贴文本

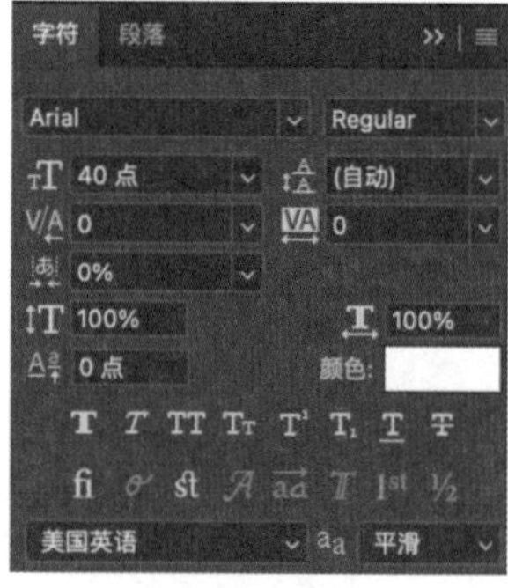


图 8-31 设置字体大小、颜色

图 8-32 设置字体大小、颜色后的效果

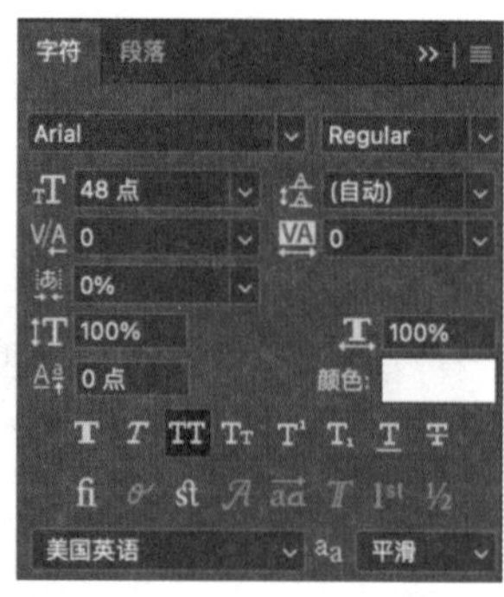


图 8-33 设置字体样式参数

图 8-34 设置第一行文字样式

05 选定第二行文字，在“字符”面板中将文字的字体大小设置为 30 点，如图 8-35 所示，效果如图 8-36 所示。

**06** 打开“段落”面板，选定全部文本，在“段落”面板中单击“居中对齐”按钮，如图 8-37 所示，效果如图 8-38 所示。

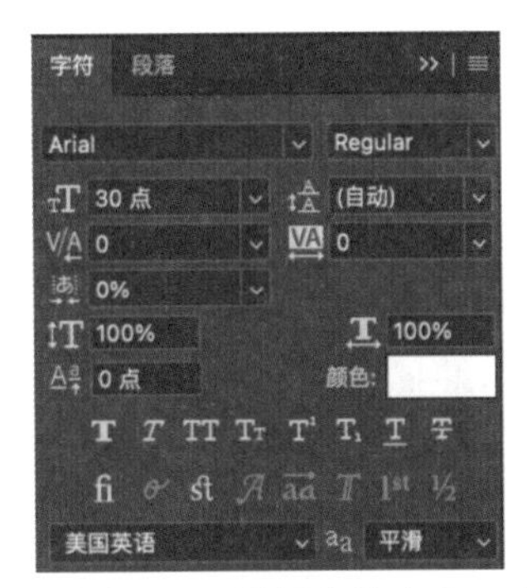


图 8-35　设置字体大小

图 8-36　设置第二行文字样式

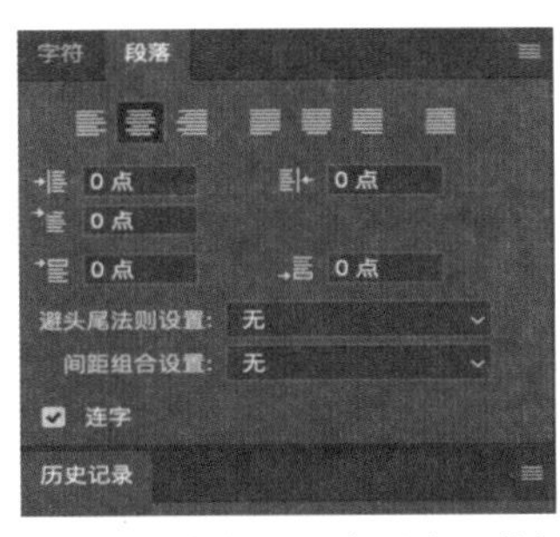


图 8-37　单击“居中对齐”按钮

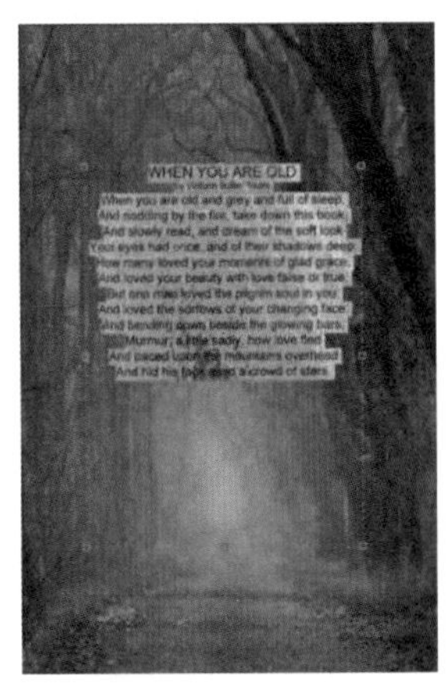


图 8-38　设置段落对齐

**07** 选定第二行文字，在“段落”面板中将“段前添加空格”项设置为 9 点，并将“段后添加空格”项设置为 50 点，如图 8-39 所示，效果如图 8-40 所示。

**08** 选择正数第七行文字，将“段前添加空格”项设置为 50 点，再选择倒数第四行，将“段前添加空格”项设置为 50 点，如图 8-41 所示。利用“移动工具”来调整文本框在画面中的位置，完成后的最终效果如图 8-29 所示。

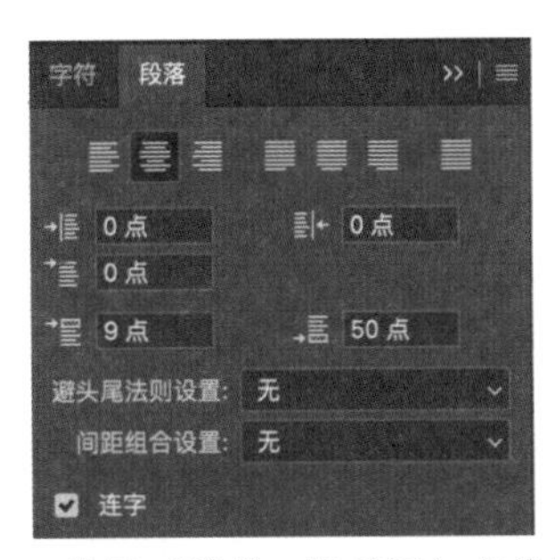


图 8-39　设置“段前 / 段后添加空格”数值

图 8-40　段前 / 段后添加空格

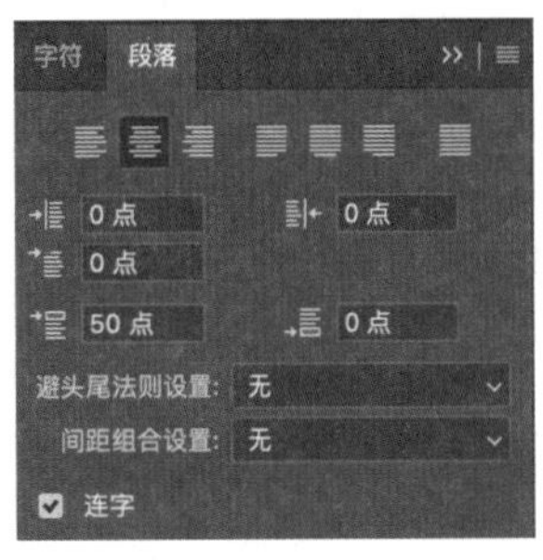


图 8-41　设置“段前添加空格”参数

## 8.3.4　新建段落样式

“段落样式”面板的使用方法与“字符样式”面板的使用方法相同。单击面板底部的■按钮，创建空白段落样式，再双击该样式就可以打开“段落样式选项”对话框以设置段落属性，如图 8-42 所示。

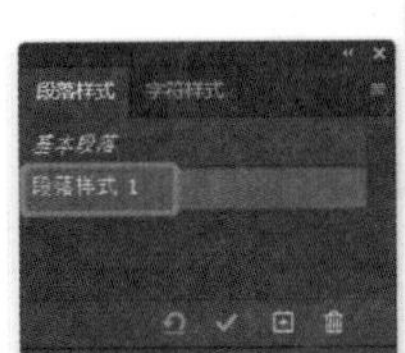


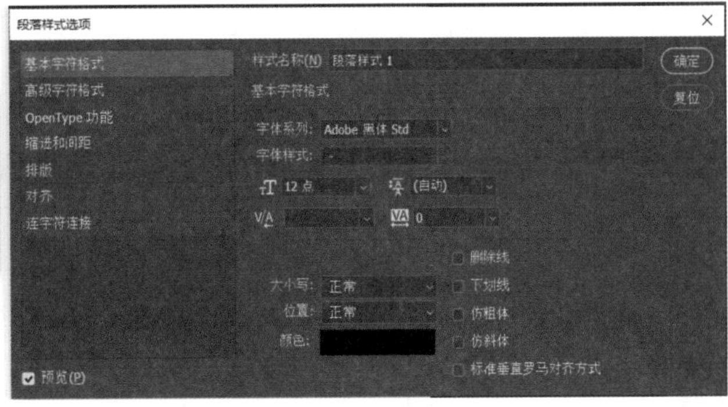


图 8-42　设置段落样式流程

# 8.4 使用文字变形

在 Photoshop 2020 中共有 15 种自带的文字变形样式，可对文字进行变形处理。这些变形可应用于点文字及段落文字上，也可应用于横排与直排文字蒙版工具创建的文字选区上。

## 8.4.1 “文字变形”命令

在菜单栏中选择“文字”→“文字变形”命令，打开“变形文字”对话框，如图 8-43 所示。在该对话框的“样式”下拉列表中可以找到所有的文字变形样式，如扇形、拱形和鱼眼等，选择需要的样式后，可在下方选中“水平”或“垂直”单选按钮，设置变形弯曲以及水平扭曲或垂直扭曲程度。

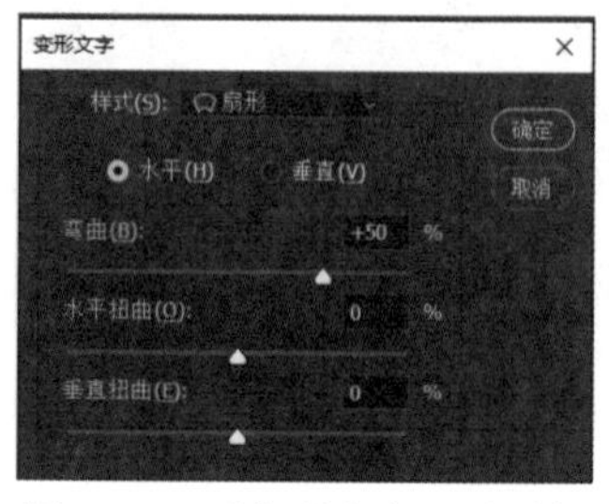


图 8-43　“变形文字”对话框

## 8.4.2 建立路径文字

路径文字本身是一种基于矢量格式的文字，通常在矢量软件中被广泛使用。应用路径文字功能，可以制作图形形式的文字排版。Photoshop 在 CS 版本之后开发了这一新功能，可以结合路径工具，将文本排列在路径内部或边缘。

根据所使用路径形式的不同，路径文字也可以分为两种形式。施放在路径描边上的文字的排列方式与点文字的排列方式相同，如图 8-44 所示。施放在闭合路径内部的文字排列方式与段落文字的排列方式相同，如图 8-45 所示。

图 8-44　路径描边上的文字

图 8-45　路径内部排列的文字

## 8.4.3 案例：线性文字海报

线性排列的文字可以应用在一些平面设计作品中，如海报、包装、书籍和宣传册等。图 8-46 是一张使用了这种文字设计的宣传海报，通过这个练习可以进一步了解线性排列文字的应用。

**01** 在菜单栏中选择“文件”→“打开”命令，或按 Ctrl+O 快捷键，打开“素材 \ 第 8 章 \Cactus.jpg”文件，在如图 8-47 所示的位置使用“钢笔工具”沿着仙人掌叶片的外围绘制曲线路径。

**02** 在工具箱中选择“横排文字工具”，在刚绘制的路径左下端的起始位置单击，出现闪烁的 I 形光标后输入文字内容，如图 8-48 所示，为文字选择字体 Myriad Pro，设置大小为 30 点、颜色为白色，如图 8-49 所示。

**03** 使用同样的方法在另一片仙人掌叶片边缘绘制路径并输入文字，如图 8-50 所示，文字属性参照图 8-51 进行设置。

**04** 继续在画面右上部分绘制路径并输入文字，如图 8-52 所示，文字属性参照图 8-53 进行设置，文字颜色分别设置为黄色 (R:251、G:251、B:214) 与蓝色 (R:179、G:248、B:242)。

**05** 最后使用“横排文字工具”在画面右下角建立文本框，

图 8-46　宣传海报

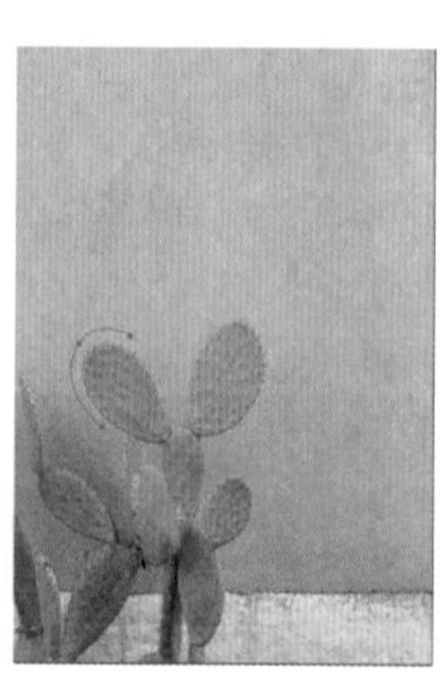

图 8-47　绘制曲线路径

输入文字内容，文字属性参照图 8-54 进行设置。设置完成后海报的效果如图 8-46 所示。

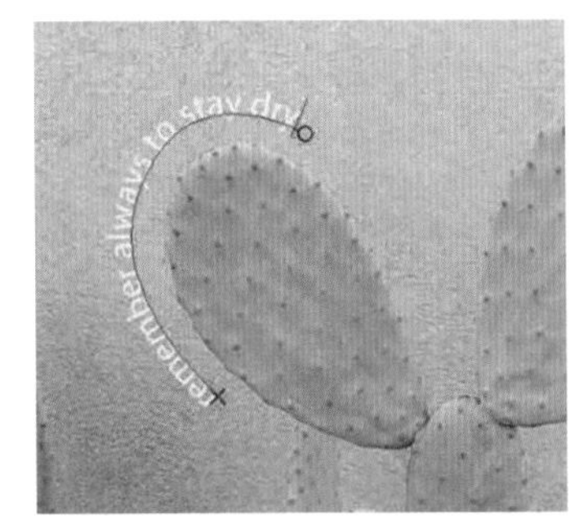


图 8-48　在路径上添加文字内容

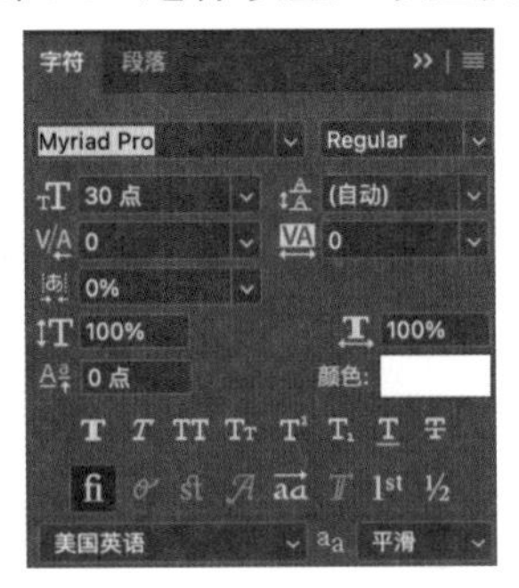


图 8-49　设置参数

图 8-50　输入文字后的效果

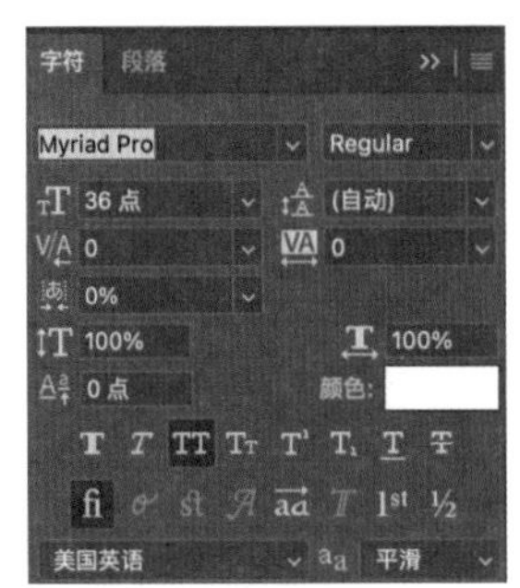


图 8-51　设置文字属性

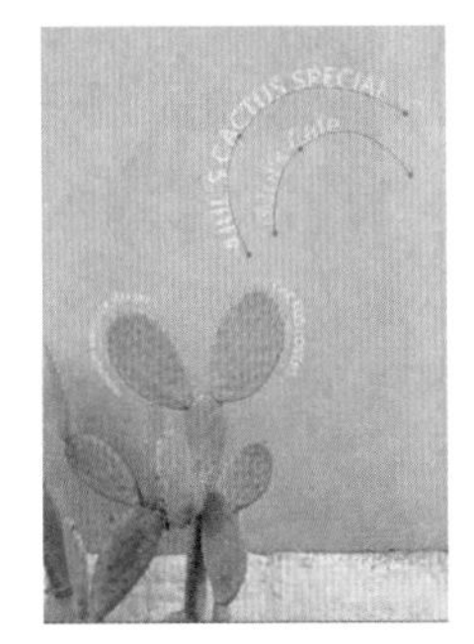

图 8-52　在右上角绘制路径并输入文字

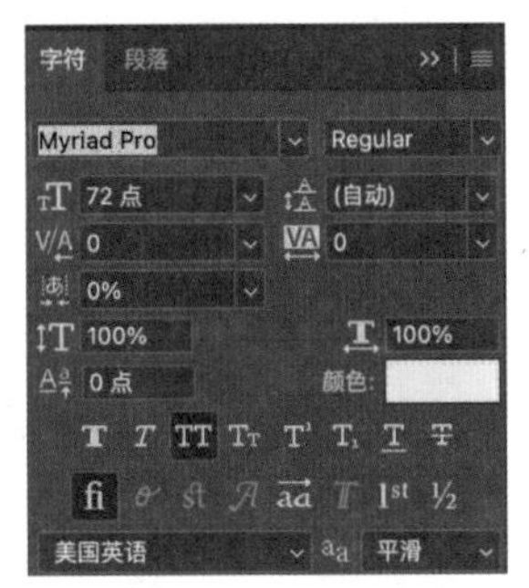


图 8-53　设置文字属性

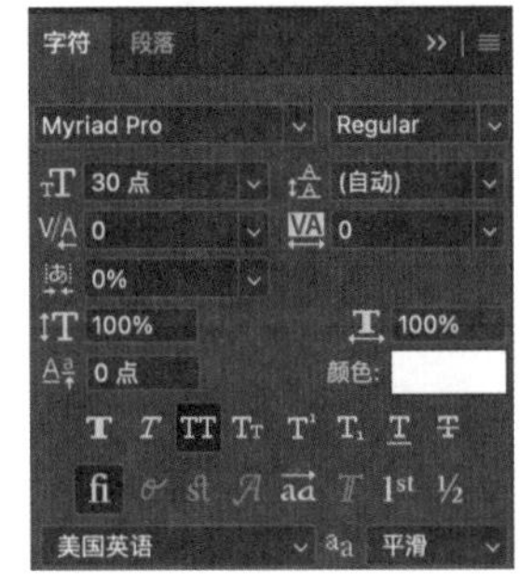


图 8-54　设置右下角文字属性

## 8.4.4　案例：排列图形文字

如图 8-55 所示是在路径内部排布文字，这种文字排列的方式可用于正文文本的排版，或者添加一些装饰占位性的平面元素。

**01** 在菜单栏中选择“文件”→“打开”命令，或按 Ctrl+O 快捷键，打开“素材 \ 第 8 章 \Towers.jpg”文件。在工具箱中选择“钢笔工具”，在画面上单击绘制天空形状的路径，并使路径闭合，如图 8-56 所示，此时的“路径”面板如图 8-57 所示。

图 8-55　路径文字

图 8-56　使用“钢笔工具”绘制天空形状的路径

图 8-57　“路径”面板

**02** 在工具箱中选择“横排文字工具”，将鼠标移到画面上的路径位置，当鼠标的光标变为如图 8-58 所示的形状时，单击鼠标，添加文字路径，如图 8-59 所示。

**03** 设置文字属性，如图 8-60 所示，将文字颜色设置为绿色 (R:49、G:161、B:18)，然后输入二进制内容的占位文字，效果如图 8-61 所示。

**04** 沿着画面下半部分的亮部再次绘制路径并添加文字，将文字颜色设置为蓝色 (R:53、G:0、B:251)，最终完成的画面效果如图 8-55 所示。

图 8-58　光标形状

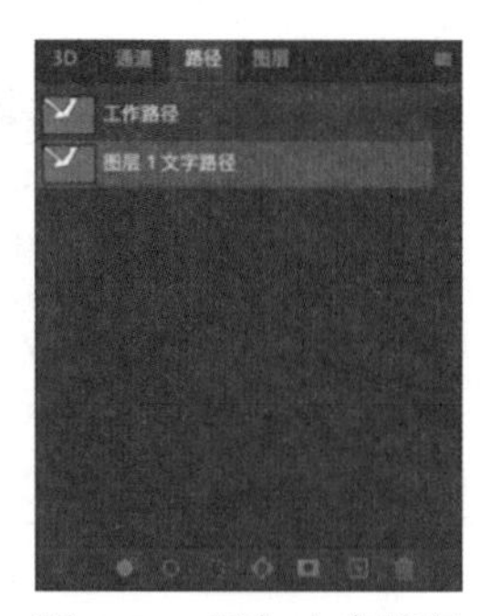


图 8-59　添加文字路径

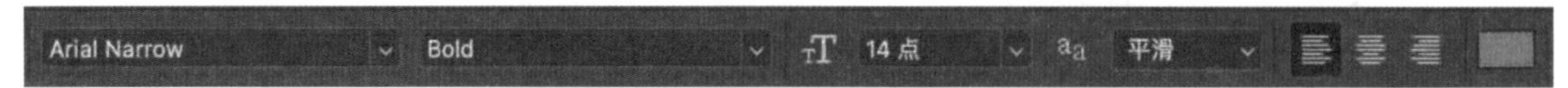


图 8-60　设置文字属性

图 8-61　输入二进制内容占位文字后的效果

## 8.4.5　从文字创建路径

选择一个文字图层，如图 8-62 所示，在菜单栏中选择“文字”→“创建工作路径”命令，可以创建基于文字形态的路径，而文字图层依旧保持不变，此时的“路径”面板如图 8-63 所示 。通过该操作得到的路径可以通过调整锚点来进行变形，或设置填充色和描边，在设计一些艺术字体时常会用到。

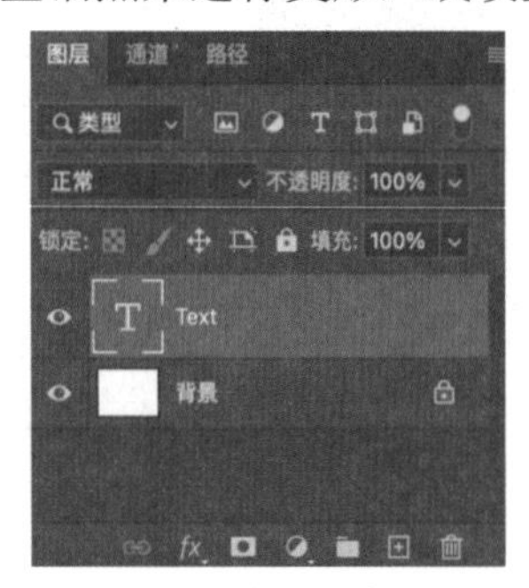


图 8-62　选择文字图层

图 8-63　创建路径后的“路径”面板

## 8.4.6　将文字转换为形状

由于文字是一种特殊的矢量形式，因此在编辑文字样式和色彩时会受到一定的技术限制。在进行一些特殊变化时，可以先将文字转换为矢量图形，再对其进行编辑。需要注意的是，文字一旦转换为图形，将不能回到文字状态，也就无法再修改文本的内容及字体等属性。

选定文字图层，在菜单栏中选择“文字”→“转换为形状”命令，可以将其转换为形状图层，如图 8-64 和图 8-65 所示。用这种方式转换文字之前最好先将原文字图层进行复制备份，以保留原始信息。

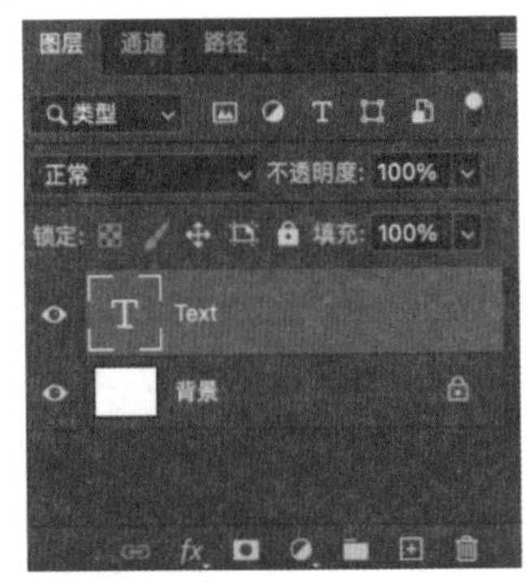


图 8-64　选择文字图层

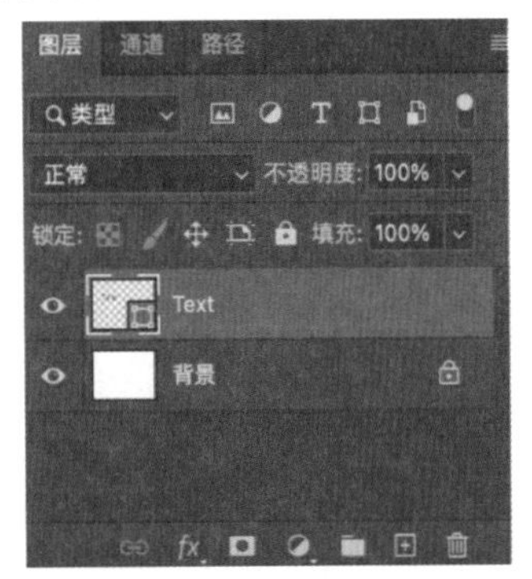


图 8-65　转换为形状之后的“图层”面板

## 8.4.7　文字图层的栅格化

如需要将文字对象转换为像素对象，可使用栅格化命令。在菜单栏中选择“文字”→“栅格化文字图层”命令，或在菜单栏中选择“图层”→“栅格化”→“文字”命令。栅格化后的文字变为图像，此时的“图层”面板如图 8-66 所示，可以使用绘画工具和滤镜进行涂改和修饰。

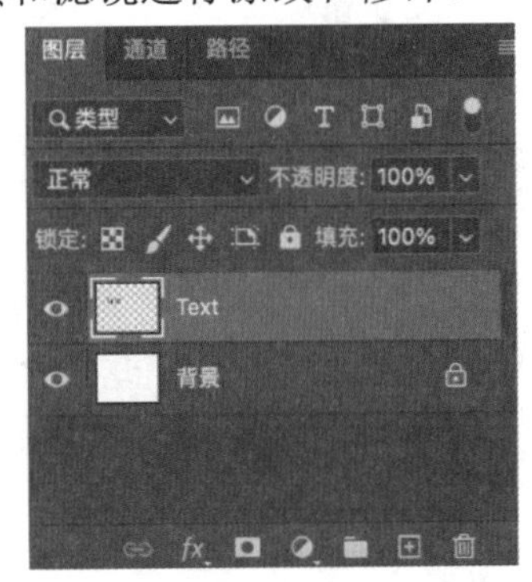


图 8-66　栅格化后的文字在“图层”面板中的显示

同文字转换为形状类似，栅格化后的文字失去了字体属性，不能够再修改文本内容和颜色、字体等，安全起见，应该提前对文字图层做好复制备份工作。

# 第9章 图层功能的使用

“图层”可以说是Photoshop软件中一切功能的基础与核心所在。在“图层”功能出现之前，Photoshop中的图像与文字全部处于同一平面上，与手绘图画一样，一切的操作都是不可逆的，并没有为数字图像处理带来太大的便利。而在1994年Photoshop 3.0版本中“图层”的出现，在当时可以说是颠覆了人们的认知，在数字媒体和艺术领域是一次革命性的突破。

## 9.1 图层的基本操作

图层的概念在于它使得一幅图像中可以容纳相互重叠的多个透明的独立平面，这些平面像玻璃纸一样，每一层平面都可以承载一个对象或一个效果，在一个平面上绘画或编辑时不会影响到其他图层中的对象，因此实现了数字图像的非破坏性编辑。

使用图层时依据图层的特性，将每一个效果或者对象都建立在各自的图层上，这样使得每一层效果都可以追溯和复原，从而能够保证对整体画面最大程度的控制。

### 9.1.1 初识“图层”面板

要学会使用图层，首先需要了解“图层”面板，它是我们用来创建、编辑和管理图层的工具。从图 9-1 中可以看到，图层是由上至下一层层堆叠显示的，像一张纵向排列的表格，每一行里都包含了位于最左侧的图层显示标志、一张缩览图和图层的名称。图层显示标志表示当前图层没有被隐藏，用鼠标单击该图标可以隐藏或显示图层。用鼠标单击任意一个图层可以将其选取，同时图层缩览图的四角会出现四角框，该图层行也会有颜色上的变化。

图 9-1　“图层”面板

### 9.1.2 图层的类别

Photoshop 软件中绝大部分编辑工作都是在图层上进行的，图层承载的内容也多种多样，根据承载内容的类型划分，可以将图层分为两类：图像与效果。图像类图层指的是承载着图像、文字、矢量图形、视频和 3D 对象的图层，这些图层中的内容都是在图像中可以显示出来的具体对象；效果类图层则承载着如色彩调整、填充和曲线等一些作用于图像类图层的调整效果，它们在画面中的存在依附于下方的图像图层。

“图层”面板的示意图如图 9-2 所示。

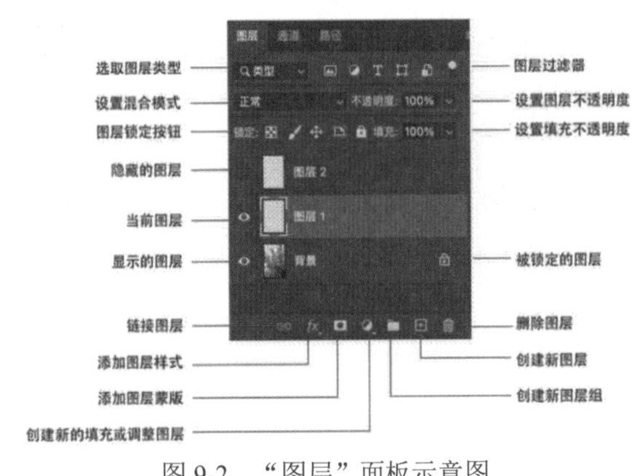


图 9-2　“图层”面板示意图

### 9.1.3 分类选择图层

当图层数量较多使图层查找起来有难度时，使用“图层”面板中的“类型”选项及其同一行的按钮，可以过滤显示需要的图层，将不需要的图层隐藏起来，从而起到简化操作界面的作用。

当使用“类型”选项时，先打开“类型”的下拉列表，然后选择一种图层类型，之后在第二个下拉列表中可以进一步细化选择的种类，如图 9-3 和图 9-4 所示。通过单击图层过滤器按钮也可以快速选择常用图层的种类，如图 9-5 所示。

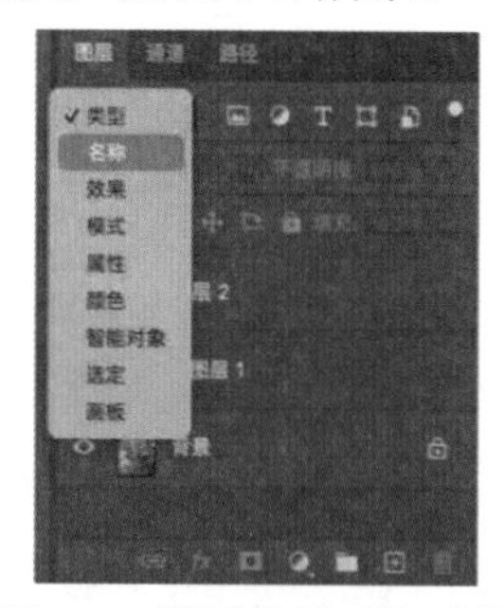

图 9-3　图层类型下拉列表

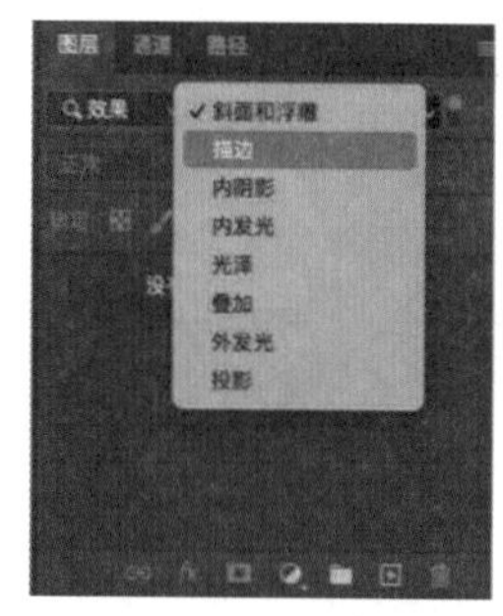

图 9-4　图层效果类型的子列表

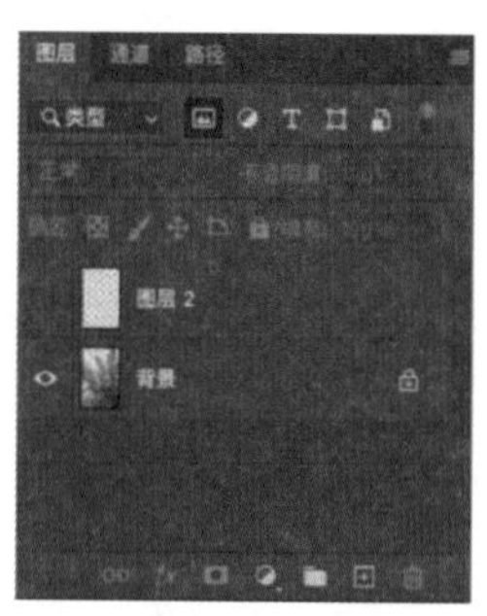

图 9-5　使用图层过滤器后的“图层”面板

### 9.1.4 新建图层

在开始编辑图像时，首先打开一幅素材图，或新建一个空白文件。此时，在“图层”面板中会看到唯一的一个图层——“背景”图层，如图 9-6 所示。

“背景”图层是文件中唯一的一幅背景图像，它会一直处于整个画面的最底层，且默认为锁定状态。锁定状态下的“背景”图层可以使用绘画工具、滤镜和调色命令等进行编辑，但不能调整不透明度与混合模式，也不能添加图层样式。单击锁定按钮，可以解除锁定并将其转换为普通图层，如图 9-7 所示。

在打开图像素材时，“背景”图层承载图像的原始像素。在编辑图像时不能直接修改原始信息，这会导致图像再也无法复原。因此，往往需要将“背景”保持锁定，并在其上方复制一个图层用于编辑，不只是“背景”图层，凡是需要保存原始信息的图层，都可以通过复制图层来进行编辑。具体操作是用鼠标在“图层”面板中单击并拖动需要被复制的图层到面板底部的⊞按钮上，即可创建一个与原始图层一模一样的新图层。复制图层的方法有很多，可以在原始图层上右击，在弹出的快捷菜单中选择“复制图层”命令，也可以通过在菜单栏中选择“图层”→“复制图层”命令；或选定原始图层再使用复制和粘贴的快捷键 Ctrl+C 和 Ctrl+V 来进行操作，复制结果如图 9-8 所示。

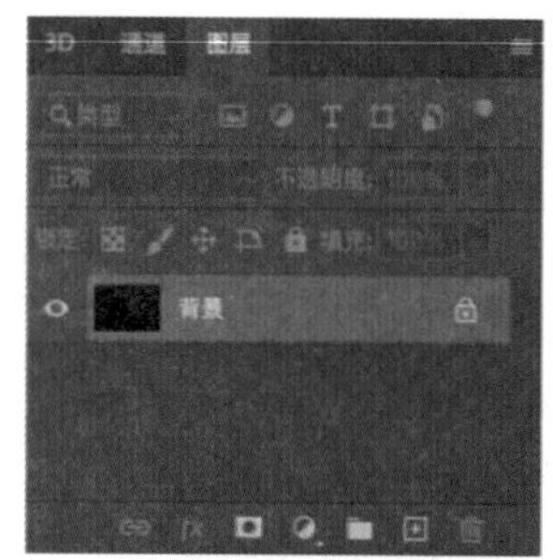

图 9-6　“背景”图层在“图层”面板中的初始状态

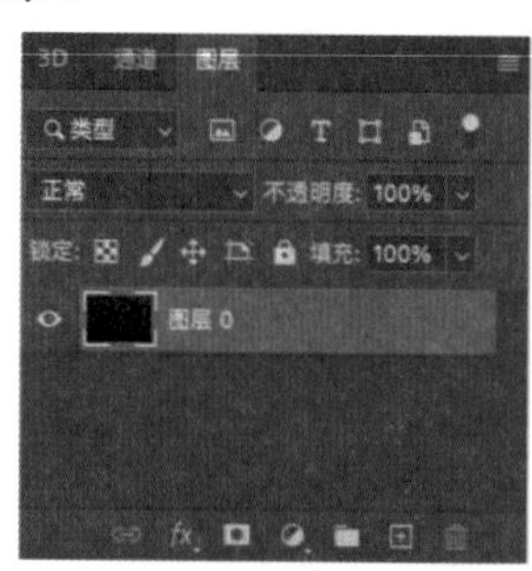

图 9-7　解锁后的背景图层

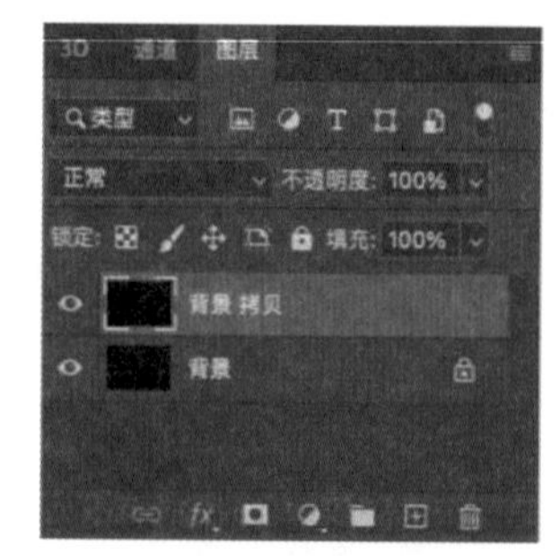

图 9-8　复制“背景”图层后的“图层”面板

若要继续在画面内添加其他内容，需要新建一个图层，用于承载这些新的内容。单击“图层”面板中的⊞按钮，即可在当前选择的图层上方新建一个图层，如果需要在当前图层下方建立新图层，则需要按住

Ctrl 键再单击⊞按钮，如图 9-9 所示。“背景”图层不可以被移动，因此它的下方不能创建新图层。

此外，新建图层也可以通过在菜单栏中选择“图层”→“新建”→“图层”命令，或者按住 Alt 键，再单击⊞按钮即可打开“新建图层”对话框来进行操作，使用这种方式可以在建立图层时为新图层设置名称、混合模式和颜色等属性，如图 9-10 所示，若选中“使用前一图层创建剪贴蒙版”复选框，还可以将它与下方的一个图层创建为一个剪贴蒙版组，如图 9-11 所示。

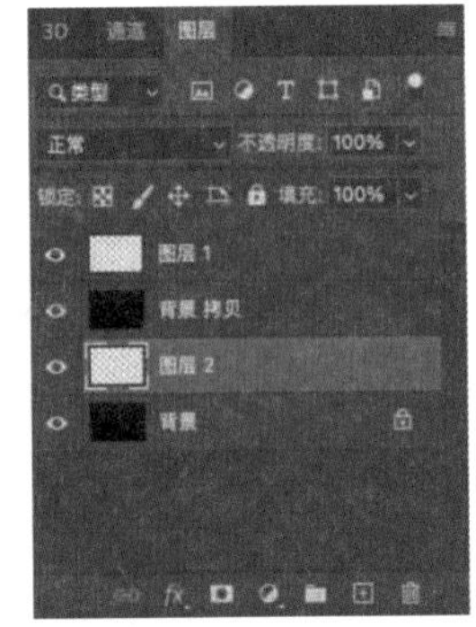

图 9-9　新建图层

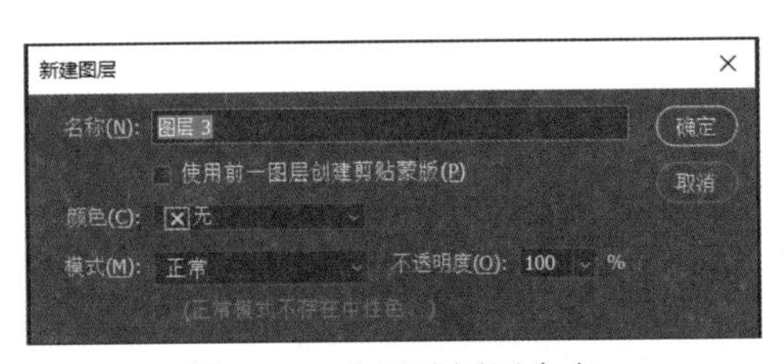


图 9-10　为新建图层命名

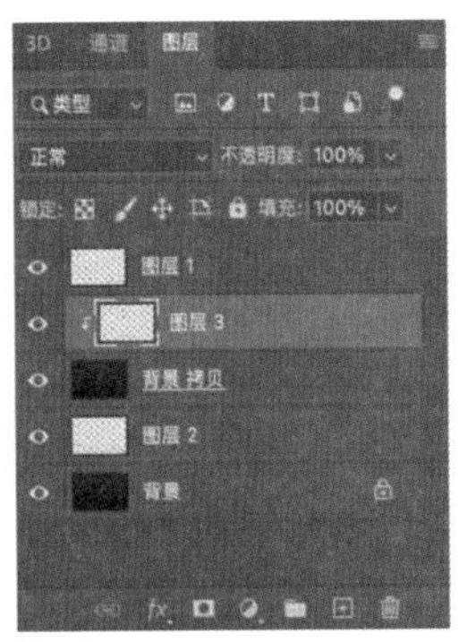


图 9-11　创建了剪贴蒙版组后的“图层”面板

为了最大限度地保持文件的完整和可编辑性，用户需要将每个内容都独立安排在各自的图层中。

## 9.1.5　图层的常规操作

图层的常规操作如下所示。

- 选择图层：在编辑图像之前，要养成一个习惯，即观察一下“图层”面板，确定当前要进行编辑的图层并将其选择。这个习惯可以在很大程度上避免不必要的损失和浪费。在 Photoshop 中，被选择的图层可以是单个图层，也可以是几个图层，被选择的图层也称为“当前图层”。选择单个图层的方法是用鼠标在“图层”面板上单击，如图 9-12 所示。使用 Alt+] 和 Alt+[ 快捷键可以在“图层”面板中逐个切换当前图层。

若需选择多个相邻的图层时，可以先单击位于最上方或最下方的一个图层，再按住 Shift 键并单击位于另一端的一个图层，即可将这一范围内的所有图层同时选取，如图 9-13 所示。若需选择的图层彼此并不相邻，按住 Ctrl 键并逐个单击要选择的图层即可，如图 9-14 所示。

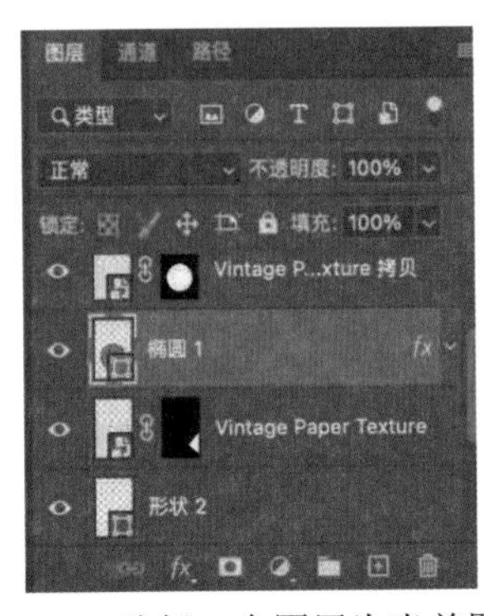


图 9-12　选择一个图层为当前图层

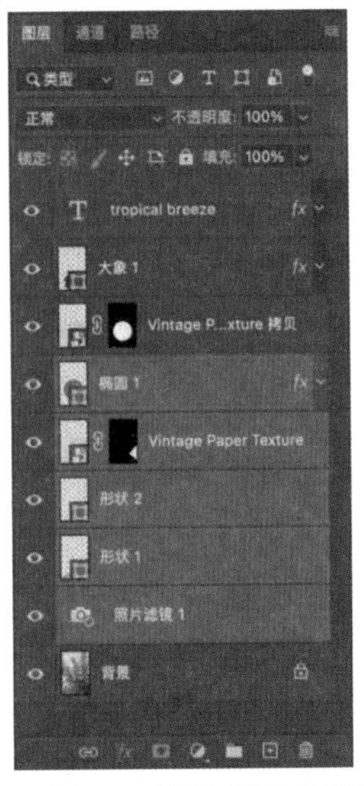


图 9-13　用 Shift 键选择多个连续图层

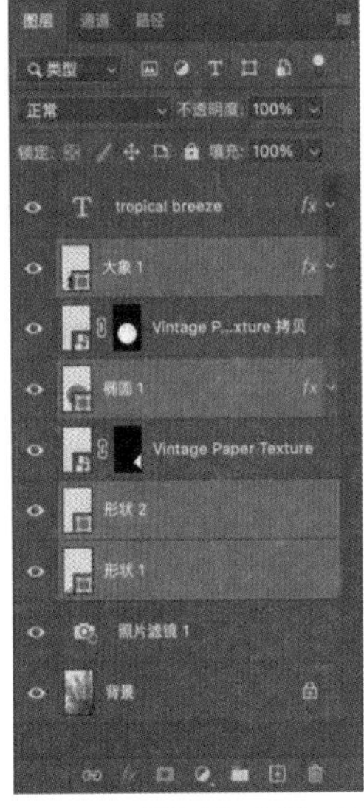


图 9-14　用 Ctrl 键逐个选择不相邻图层

在实际操作中，可用“移动工具”来选择图层。在“移动工具”选项栏中选中“自动选择”复选框，在画面上用“移动工具”单击，可以自动选取当前鼠标位置上处于画面最上层的图层，若单击鼠标右键则会出现当前位置上所有相关图层的名称以供选择，如图 9-15 所示。

- 调整图层堆叠顺序：在“图层”面板中，图层默认的堆叠顺序是根据图层创建的先后顺序排列的。在操作过程中，有时需要改变图层堆叠的顺序来调整它们在画面上的相互关系。

改变图层堆叠顺序最常用的方法是用鼠标拖动，只要在一个图层上按住鼠标，就可以将其拖到“背景”图层以上的任意一个位置，如图 9-16 与图 9-17 所示；另一种方法是执行命令，选择一个图层，然后打开“图层”菜单，选择“排列”命令，即可选取其中需要的命令。

- 链接图层：当需要对多个图层进行同样的操作 ( 移动、旋转、缩放、对齐等 ) 时，首先将要进行同样操作的图层链接起来，然后对其中任意一个图层进行操作即可，被链接的其余图层会随着当前图层一起变化。链接图层的方法是先选择需要链接的若干图层，然后单击“图层”面板底部的按钮，或在菜单栏中选择“图层”→“链接图层”命令。

图 9-15　用“移动工具”在画面上选择图层

图 9-16　用鼠标拖动来改变图层顺序

图 9-17　改变图层顺序后的画面效果

若要取消链接，先选择所有被链接的图层 ( 单击其中一个图层，在菜单栏中选择“图层”→“选择链接图层”命令即可选择全部链接图层 )，然后再单击“图层”面板底部的按钮。

若要取消单个图层的链接，可以单独选择要取消的图层，再单击按钮。

- 锁定图层：锁定功能可以保护图层中的透明区域、像素、画板和固定图像位置，先选择图层，再单击“图层”面板上方的“锁定”按钮，如图 9-18 所示。

锁定透明像素：可以将图层的透明区域进行锁定保护，在图层上的操作将不会影响图层中的透明区域。

锁定图像像素：可以保护图层中的像素部分不被擦除或涂改，图层可以移动和变换。

锁定位置：锁定图层的位置，图层将不能被移动。

锁定画板：可以防止画板内外自动嵌套。

锁定全部：锁定图层的全部属性，图层不能被编辑和修改。

- 修改名称：在编辑图层数量较多的文件时，通过缩览图选择图层就会变得比较麻烦。在这种情况下，可以根据需要为一些图层修改名称，便于管理和查找。在“图层”面板中，双击图层的名称，在出现的文本框中输入自定义的图层名称，如图 9-19 所示，然后按 Enter 键确认；或者在菜单栏中选择“图层”→“重命名图层”命令来进行操作。

- 图层编组：若要更加有效和系统地管理图层，除了命名之外，还可以为图层进行编组来简化图层的显示界面，编组在“图层”面板中的展开与收起效果分别如图 9-20 和图 9-21 所示。编组后的图层可以被视为一个整体来进行一些操作，如变换、链接、复制、隐藏或添加蒙版等。

图 9-18　锁定图层

图 9-19　双击图层为图层改名

图 9-20　图层组展开效果

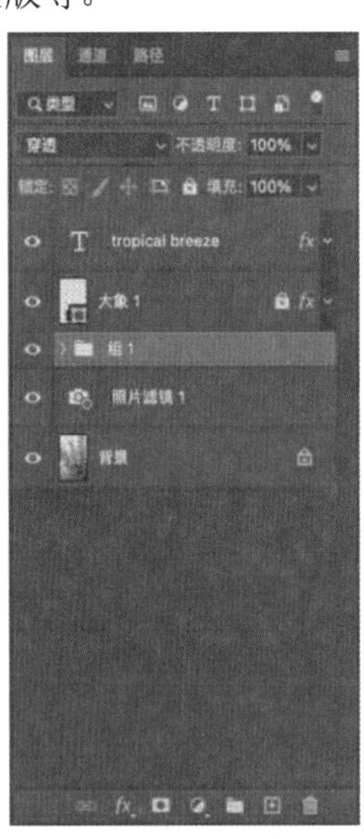


图 9-21　图层组收起效果

若要新建一个图层编组，可以单击“图层”面板底部的按钮，或者在菜单栏中选择“图层”→“新建”→“组”命令，执行这一命令可以在新建组的同时设置图层组的名称、颜色、混合模式等属性。在新建的图层组中单击按钮可以创建新图层，或者将其他图层拖到该组中，反之也可以将组中的图层拖出组。

如果需要将几个已存在的图层进行编组，则需选择这些图层，然后在菜单栏中选择“图层”→“图层编组”命令，或使用 Ctrl+G 快捷键；也可以在菜单栏中选择“图层”→“新建”→“从图层建立组”命令来进行操作。

如果需要解散一个图层编组，在菜单栏中选择“图层”→“取消图层编组”命令，或使用 Shift+Ctrl+G 快捷键即可。

- 对齐和分布图层：对齐图层是以一个图层中的像素边缘为基准，使其与画布或与其他图层中的像素边缘对齐。分布图层则可以使多个图层按照一定的间隔均匀分布。首先选择全部需要对齐的图层，然后在菜单栏中选择“图层”→“对齐”命令，在子菜单中选择相应的对齐命令，如图 9-22 所示。或者在工具选项栏中单击对齐和分布按钮，如图 9-23 所示，实现对齐和分布图层。

图 9-22　“对齐”命令的子菜单

图 9-23　工具选项栏中的对齐选项

- 合并图层：若将两个或两个以上的图层合并为一个图层，先选择需要合并的图层，在被选定的任意图层左侧的图层显示标志上右击，在弹出的快捷菜单中选择“显示 / 隐藏所有其他图层”命令，将不需要合并的图层隐藏，如图 9-24 所示，然后在图层区域再次右击，在弹出的快捷菜单中选择“合并可见图层”命令，或者在菜单栏中选择“图层”→“合并可见图层”命令，效果如图 9-25 所示。

此外，使用 Ctrl+Alt+E 快捷键，可以将所选图层盖印到一个新的图层中，而原图层保持不变，如图 9-26 所示。

- 删除图层：选择需要删除的图层，单击“图层”面板底部的按钮或将该图层拖到按钮处释放，或者按 Delete 键即可删除图层。

- 栅格化图层：这一操作使矢量类型的对象像素化，以对其进行一些基于像素类型的编辑。方法：在菜单栏中选择“图层”→“栅格化”命令，在子菜单中选择相应的命令，将对象转换为像素格式的图像。

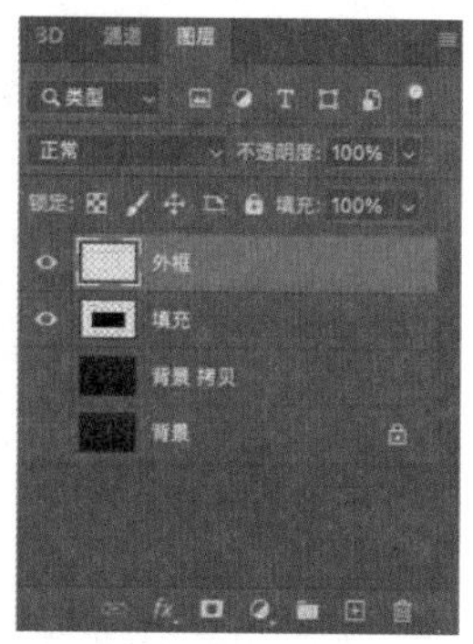
图9-24　将不需要合并的图层隐藏

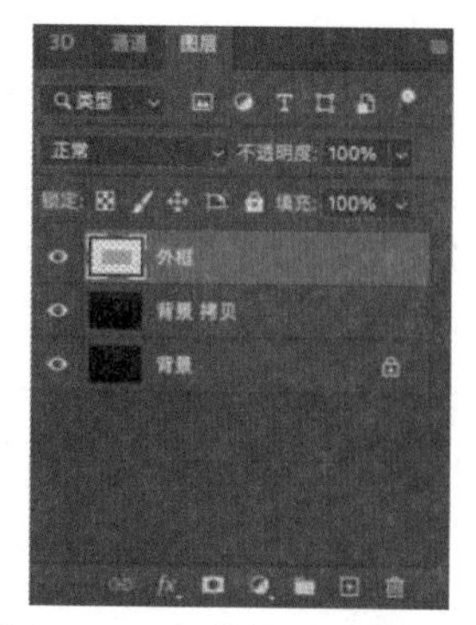
图9-25　合并图层后的效果

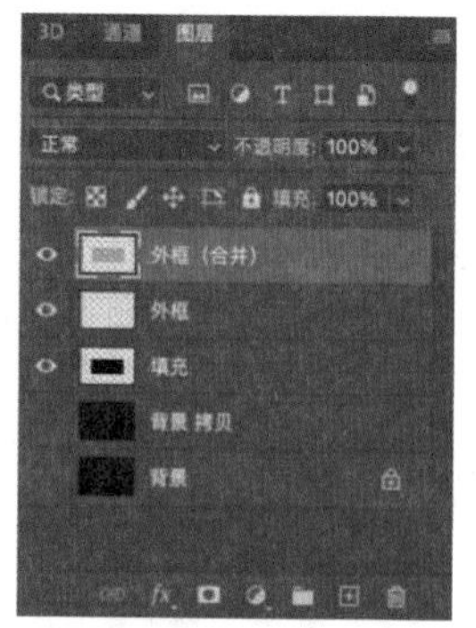
图9-26　盖印到新的图层

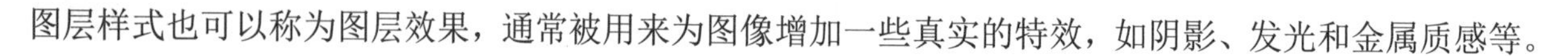

## 9.2 图层样式

图层样式也可以称为图层效果，通常被用来为图像增加一些真实的特效，如阴影、发光和金属质感等。

### 9.2.1 添加图层样式

单击“图层”面板底部的fx按钮可以为指定图层添加样式。首先选择图层，然后单击fx按钮，选择所需的效果名称，如图9-27所示，即可打开“图层样式”对话框，或者双击图层名称旁边的空白处，也可以打开“图层样式”对话框，为图层添加效果。

在“图层样式”对话框的左侧列表中显示了可以添加的各种效果，单击名称即可将相应的效果添加在之前选择的图层上；在对话框的右边可以设置对应效果的可编辑选项，如图9-28所示。

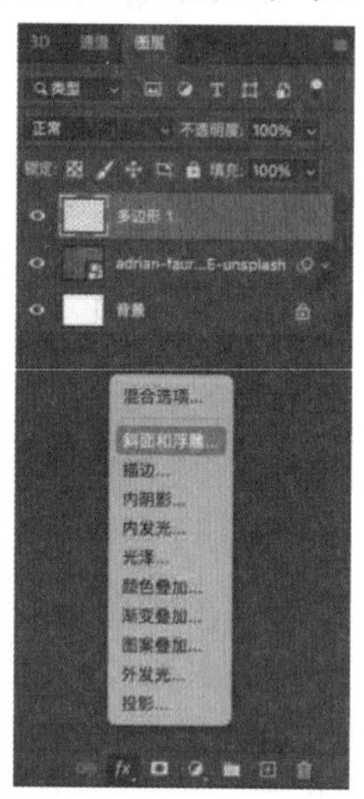
图9-27　添加图层样式

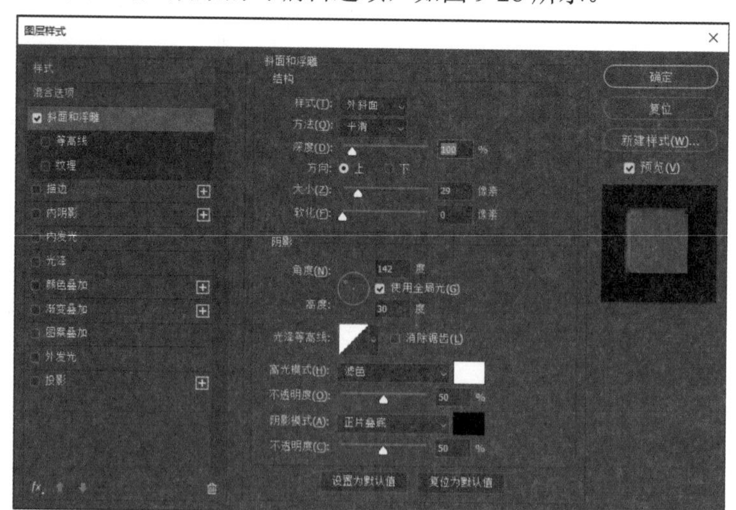
图9-28　在“图层样式”对话框中设置“斜面和浮雕”

被添加的图层样式显示在“图层”面板中，如图9-29所示，可以通过双击鼠标再次打开“图层样式”对话框进行编辑，或在对话框左侧的列表中通过选中相应的复选框来选择显示或隐藏一些效果，如图9-30所示。

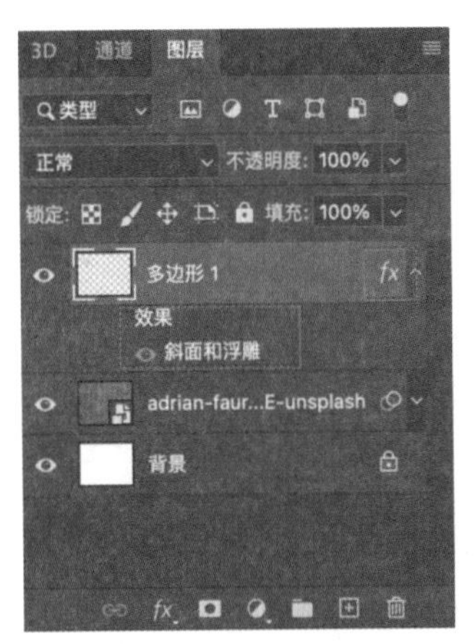


图 9-29　图层样式在“图层”面板中的显示

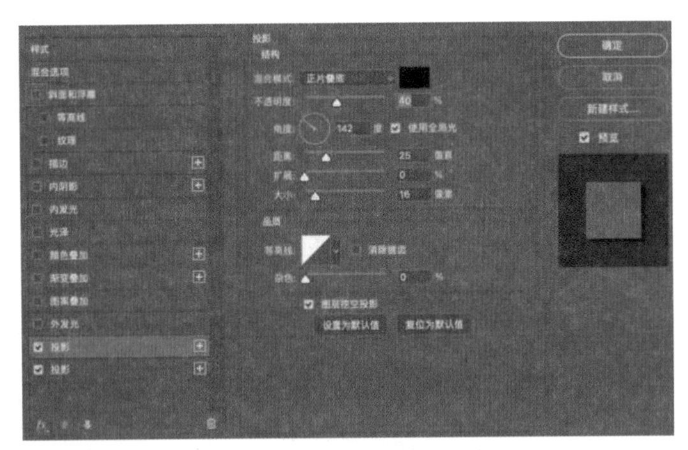

图 9-30　取消显示图层样式

另外，效果右侧的按钮表示这些效果可以被重复添加在一个图层上，如图 9-31 所示。在“图层”面板中，可见的图层样式由按钮标出，并可以通过单击来选择将其显示或隐藏，如图 9-32 所示。

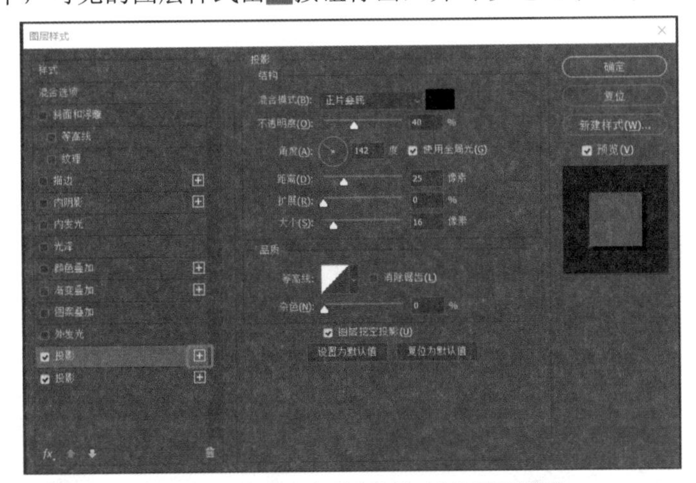

图 9-31　在窗口中重复添加新的图层样式

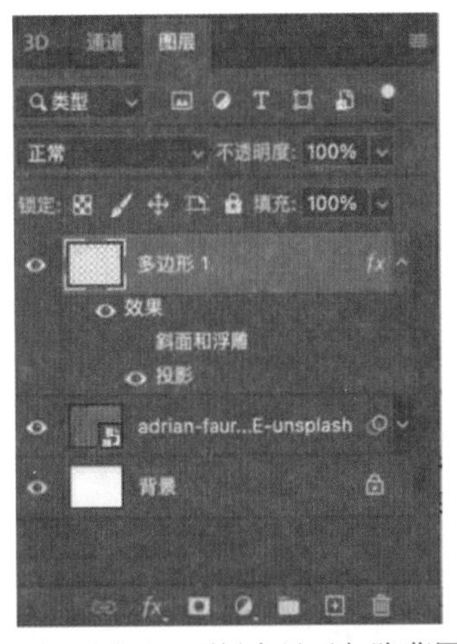


图 9-32　在“图层”面板中显示与隐藏图层样式

若将设置好的图层样式进行保存，在“图层样式”对话框中单击“新建样式”按钮，即可在弹出的对话框中将当前的图层样式保存，如图 9-33 所示，以便之后应用在其他图层上。被保存下来的图层样式显示在“图层样式”对话框的左侧第一项“样式”中，如图 9-34 所示，直接将需要的样式选中，单击“确定”按钮即可。

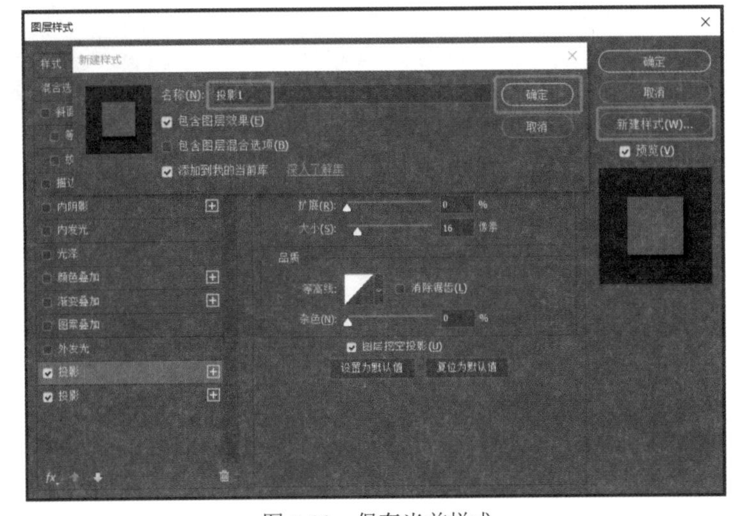

图 9-33　保存当前样式

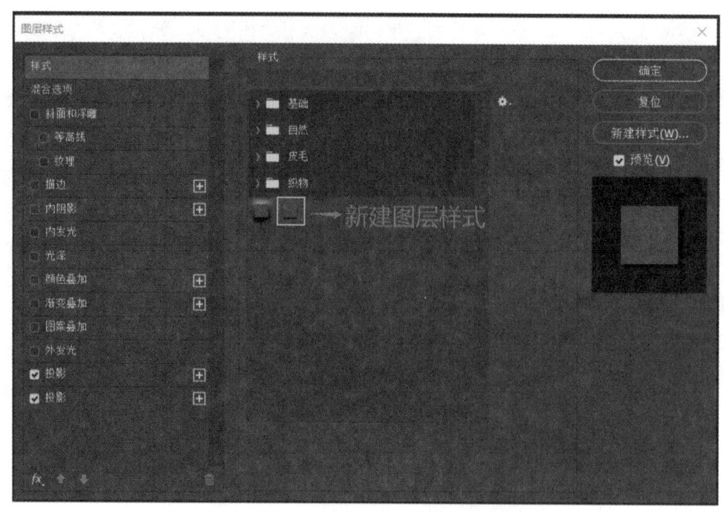


图 9-34　找到已存储的图层样式

## 9.2.2　使用“图层样式”对话框

- 斜面和浮雕效果：该效果可以将图层内容划分为高光和阴影块面，对高光块面进行提亮、阴影块面进行压暗以使图层中的内容呈现立体浮雕的效果。

在“图层样式”对话框中单击“样式”右侧的下拉按钮，在打开的下拉列表中可以选择浮雕的样式，如图9-35所示。“外斜面”表示从图层内容的外侧边缘开始创建斜面，下方图层成为斜面，如图9-36所示。“内斜面”表示在图层内容的内侧边缘创建斜面，相当于从图层内容的自身削出斜面，如图9-37所示。“浮雕效果”与“枕状浮雕”的斜面位于图层内容的内外之间，具体效果如图9-38所示。“描边浮雕”则是在描边上创建斜面，需要先添加“描边”图层样式，如图9-39所示，具体效果如图9-40所示。

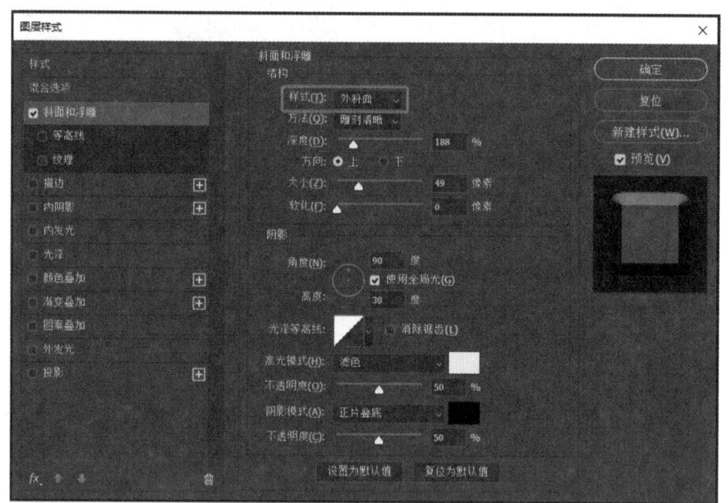


图 9-35　设置参数

图 9-36　“外斜面”效果

图 9-37　“内斜面”效果

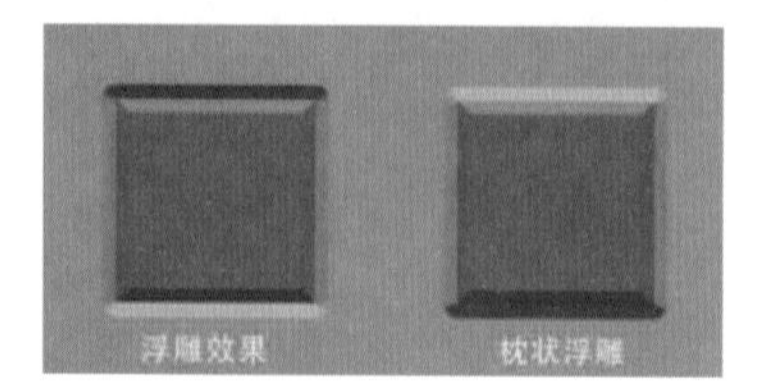


图 9-38　“浮雕效果”与“枕状浮雕”效果

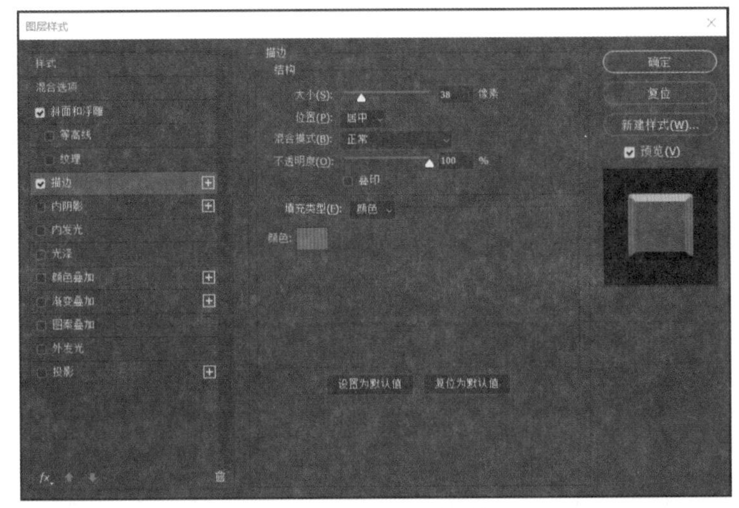


图 9-39　设置描边参数

图 9-40　“描边浮雕”效果

位于“样式”下方的“方法”可以用来设置浮雕边缘的形式，以“外斜面”样式为例，浮雕边缘的对比如图 9-41 所示。

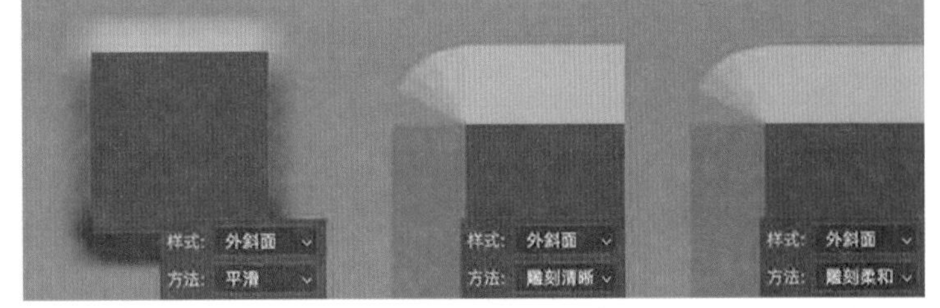


图 9-41　浮雕边缘形式对比

深度：增加或缩小“深度”值可以增强或减弱浮雕的明暗对比度。

方向：用来设置虚拟光源的上下位置，从而定位浮雕中高光和阴影的位置，还可以通过下方的角度选项来进行细节调整。

大小：用来设置浮雕斜面的面积大小。

软化：可以使浮雕的斜面变得更加柔和。

高光模式 / 阴影模式 / 不透明度：用来设置浮雕斜面中高光和阴影的混合模式与不透明度，从而调节浮雕的整体视觉效果。单击“高光模式”和“阴影模式”右侧的色块可打开“拾色器”对话框来设置高光与阴影的颜色，如图 9-42 和图 9-43 所示。

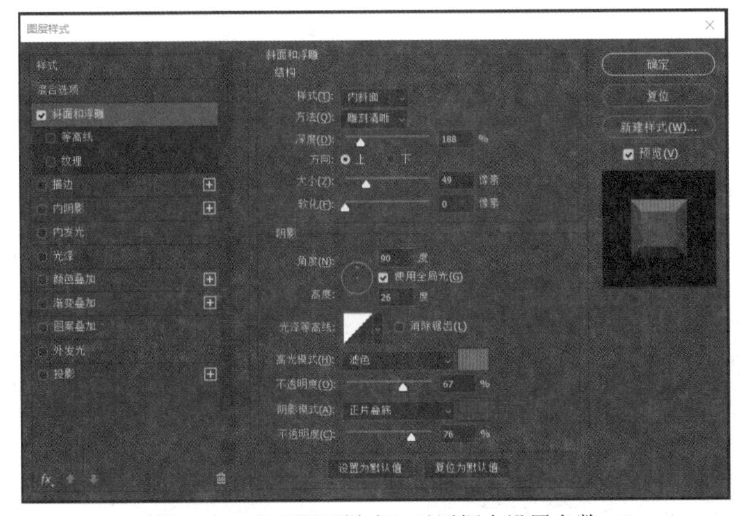


图 9-42　在“图层样式”对话框中设置参数

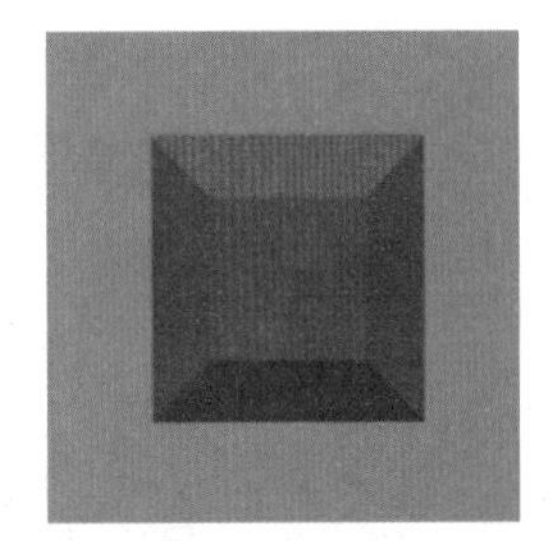

图 9-43　添加高光与阴影颜色后的效果

光泽等高线：“光泽等高线”选项如图 9-44 所示，可以改变浮雕表面光泽的形状，效果如图 9-45 和图 9-46 所示。

图 9-44 “光泽等高线”选项

图 9-45 “光泽等高线”高斯分布效果

图 9-46 “光泽等高线”锥形效果

等高线：在“图层样式”对话框的左侧列表“斜面和浮雕”效果的下方有两个可供选择的效果，即“等高线”和“纹理”效果，如图 9-47 所示。选择“等高线”，可以修改浮雕斜面的立体结构，如图 9-48 所示。选择“纹理”，可以在浮雕的斜面上添加纹理效果，以模拟一些不光滑的表面。

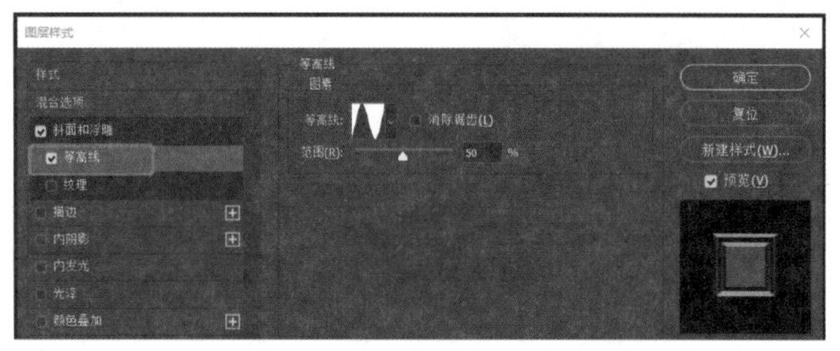

图 9-47 选择“等高线”改变浮雕

图 9-48 画面效果

- 描边：为图层中的对象添加描绘轮廓线的效果，激活后可以通过选项来设置描边的粗细、位置以及类型 ( 色彩、渐变色或图案 )。
- 光泽：“光泽”效果与“等高线”有相似的应用模式，即属于施放在已有效果之上的效果，主要作用是用来修饰其他效果。例如，表现一些金属表面的光泽感或物体表面的抛光等，可以通过设置“等高线”来控制光泽的样式。

“图层样式”对话框中还包含了内阴影、内发光、外发光和投影效果，这些效果可以用来制作一些发光和阴影类的特效；对话框中的颜色叠加、渐变叠加和图案叠加效果可以为图层覆盖上色彩、渐变色和指定图案。

### 9.2.3 案例：制作发光文字

使用图层样式可以制作出多种多样的视觉特效，比较常见的效果如发光文字，如图 9-49 所示。

**01** 在菜单栏中选择“文件”→“打开”命令，或按 Ctrl+O 快捷键，打开“素材 \ 第 9 章 \“森林 .psd”文件。在工具箱中选择“横排文字工具”，在画面中心输入文字 DISCOVERY，如图 9-50 所示，文字参数设置如图 9-51 所示。

图 9-49 发光文字

图 9-50 在画面中输入文字

图 9-51 设置文字参数

**02** 在“图层”面板中新建的文字图层名称旁边的空白处双击鼠标，打开“图层样式”对话框，为文字设置外发光与内发光，设置参考见图 9-52 和图 9-53，效果如图 9-54 所示。

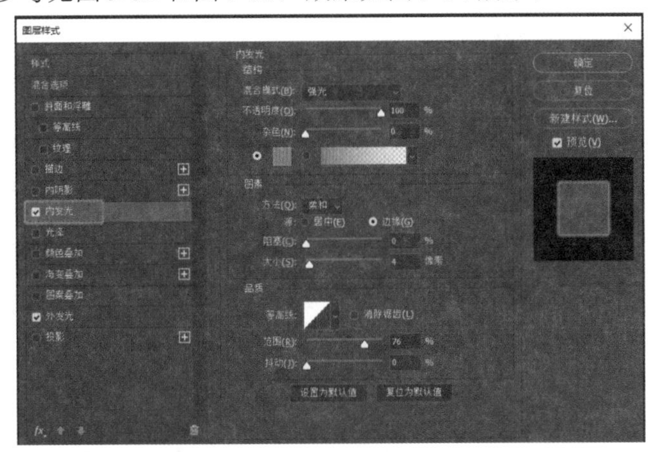

图 9-52 内发光设置参考

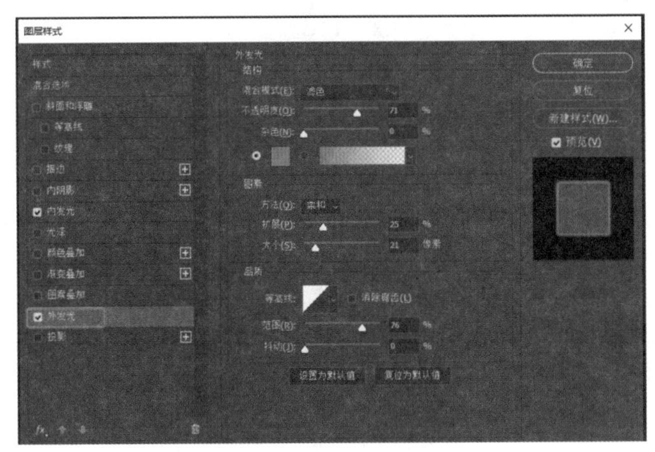

图 9-53 外发光设置参考

图 9-54 设置内外发光后的效果

**03** 新建图层，在新建的图层上使用“矩形选框工具”绘制一个矩形选区，如图 9-55 所示，此时的“图层”面板如图 9-56 所示。

图 9-55 绘制矩形选区

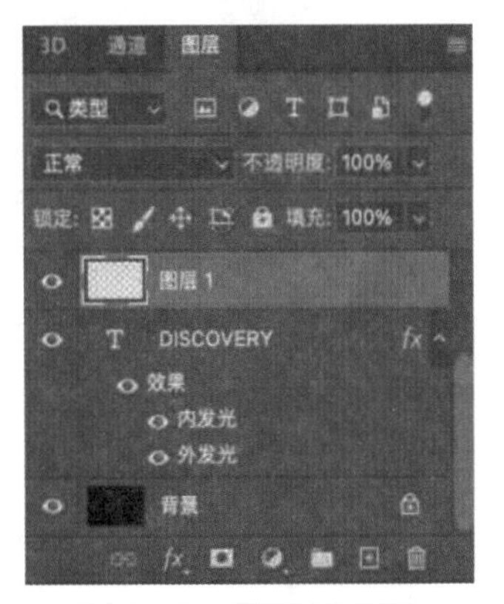


图 9-56 “图层”面板

**04** 在菜单栏中选择“编辑”→“描边”命令，为选区描边，将描边宽度设为 6 像素、颜色设为白色，如图 9-57 所示，完成效果如图 9-58 所示。

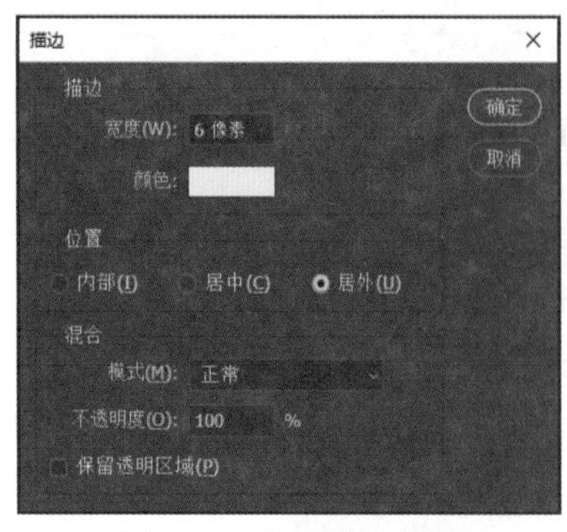


图 9-57　设置描边参数

图 9-58　添加描边后的效果

**05** 单击fx按钮，为矩形边框添加图层效果，设置参考见图 9-59 和图 9-60，最终效果如图 9-49 所示。

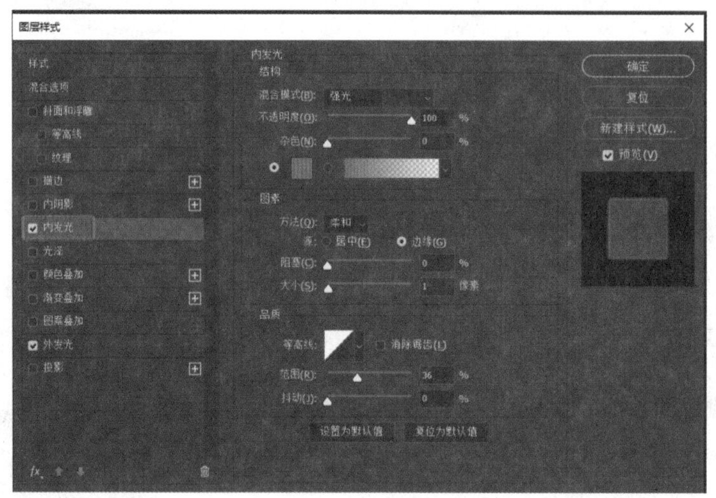


图 9-59　边框内发光设置参考

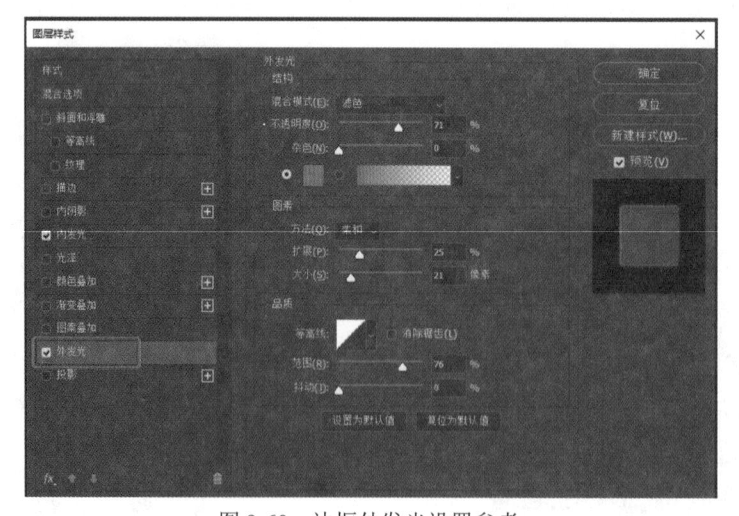


图 9-60　边框外发光设置参考

## 9.2.4　综合案例：制作金属质感文字

使用图层样式制作金属质感文字，效果如图 9-61 所示。

01 启动 Photoshop 2020 软件，在菜单栏中选择“文件”→“新建”命令，新建一个文档，设置“高度”和“宽度”均为 1024 像素。然后在工具箱下方设置前景色为浅灰色 (R:125、G:125、B:125)、背景色为深灰色 (R:67、G:67、B:67)。在工具箱中选择“渐变工具”，在工具选项栏中选择“前景色到背景色渐变”，将渐变类型设置为“径向渐变”，如图 9-62 所示，然后以画面中心为起点向任意角拉出渐变色，效果如图 9-63 所示。

02 复制背景图层，如图 9-64 所示，在背景图层上方置入素材图片“底纹 .jpg”，并将其大小缩放至与画布同宽，再按 Enter 确认，此时的“图层”面板如图 9-65 所示。

图 9-61　金属质感文字

图 9-62　设置渐变类型

图 9-63　径向渐变画面效果

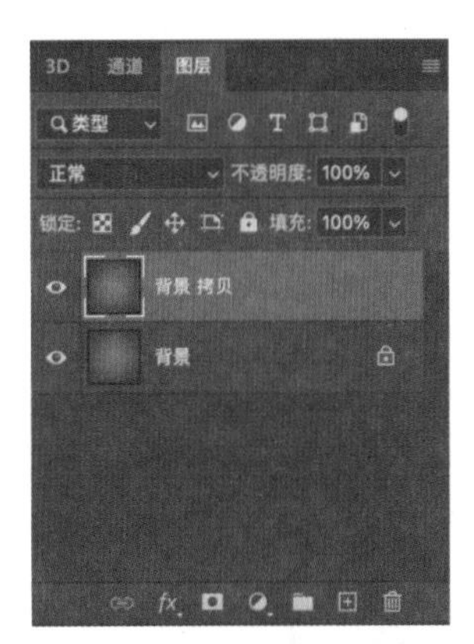

图 9-64　复制背景图层

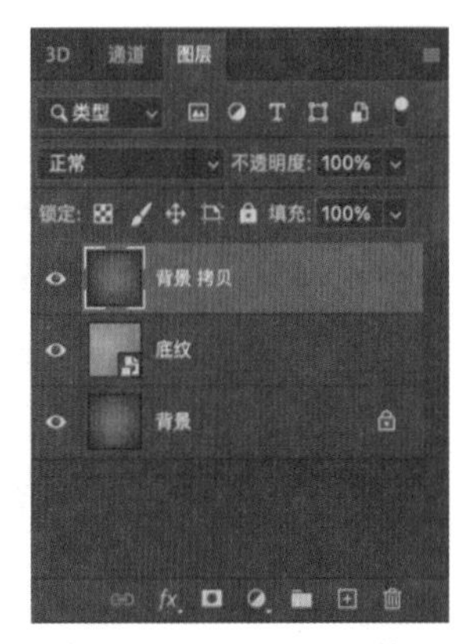

图 9-65　“图层”面板

03 将“背景 拷贝”图层的混合模式设置为“叠加”，“不透明度”设置为 80%，如图 9-66 所示。将“底纹”图层的混合模式设置为“正片叠底”，如图 9-67 所示，当前画面效果如图 9-68 所示。

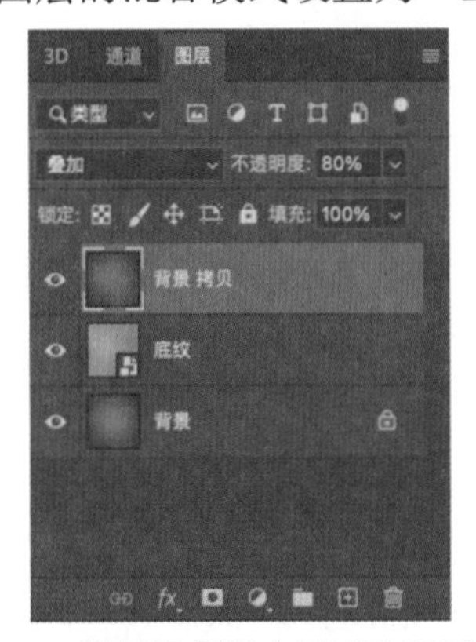

图 9-66　设置图层混合模式和不透明度

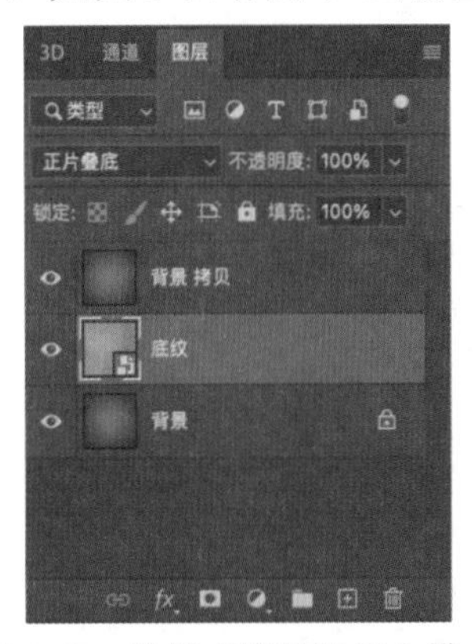

图 9-67　设置“底纹”混合模式

图 9-68　背景色画面效果

04 使用“横排文字工具”输入大写文字 ALL DAY，文字的属性设置参考图 9-69 所示，将文字颜色设置为深灰色 (R:69、G:70、B:70)。

05 复制文字图层，并将复制后的图层的“填充”值设置为 0，如图 9-70 所示。

06 返回初始文字图层，双击打开“图层样式”对话框，选择“投影”效果，参照图 9-71 所示设置参数，为文字添加投影效果，添加投影后的效果如图 9-72 所示。

07 为文字添加金属质感。在操作之前，先在软件中加入一幅表现金属质地的图案。打开素材图片“布料 .jpg”，在菜单栏中选择“编辑”→“定义图案”命令，将生成的图案命名为“布纹”，如图 9-73 所示。

图 9-69　设置文字属性

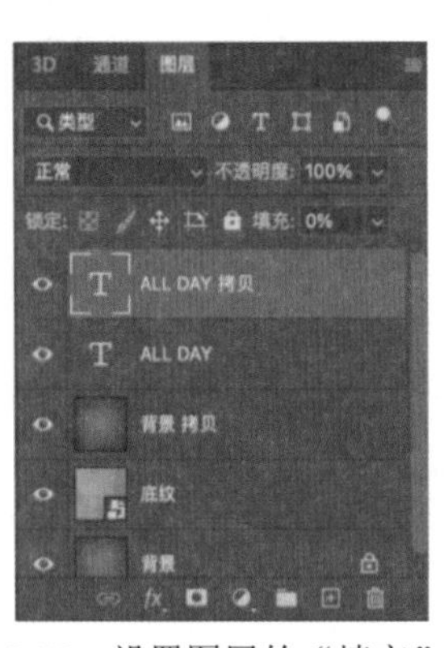

图 9-70　设置图层的“填充”值

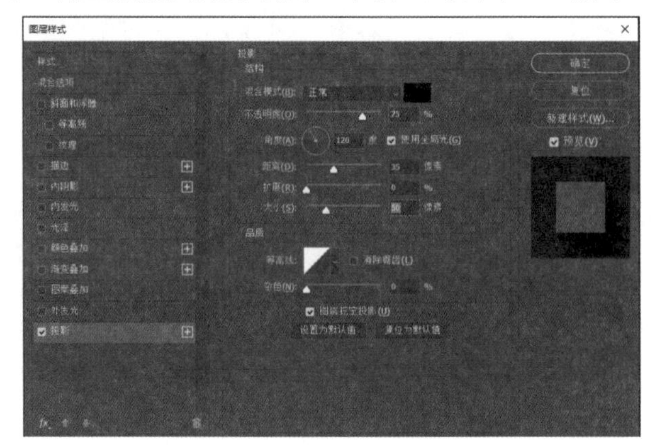
图 9-71　文字投影效果参数

图 9-72　投影画面效果

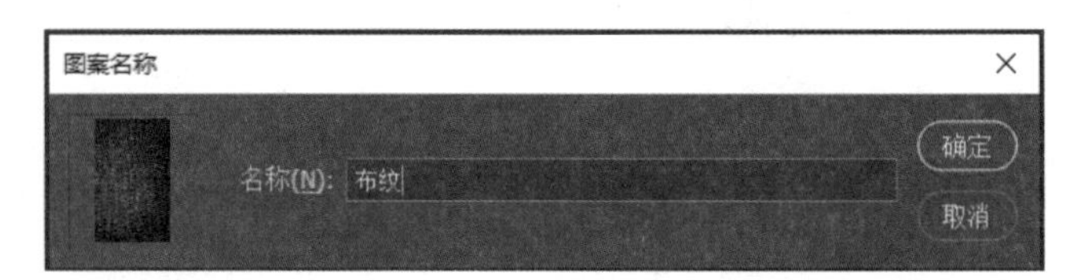

图 9-73　定义图案

08 双击之前新建的文字图层，为其设置图层样式效果。在“图层”面板底部单击fx按钮，在打开的列表中选择“斜面和浮雕”，弹出“图层样式”对话框，参考图 9-74 所示设置样式。然后在左侧项目栏里选择“等高线”，选中“消除锯齿”复选框，如图 9-75 所示。

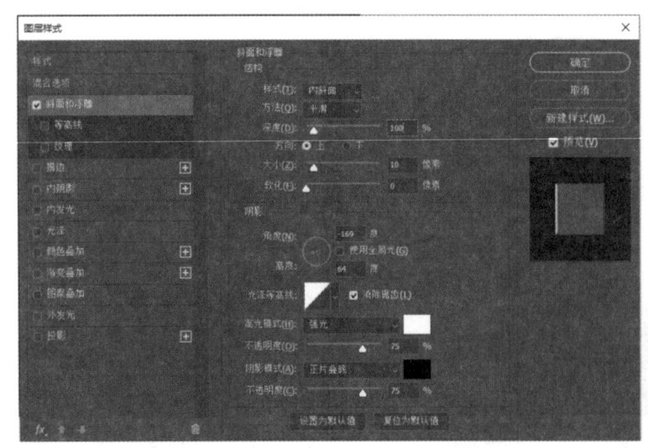
图 9-74　“斜面和浮雕”设置参考

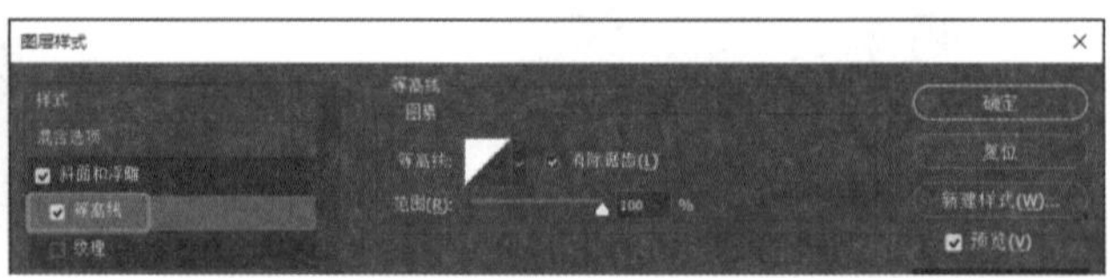
图 9-75　“等高线”设置

09 设置“纹理”选项，在“图案”中找到之前生成的“布纹”图案，然后参考图 9-76 所示设置参数。继续添加“描边”选项，参考图 9-77 所示设置参数。

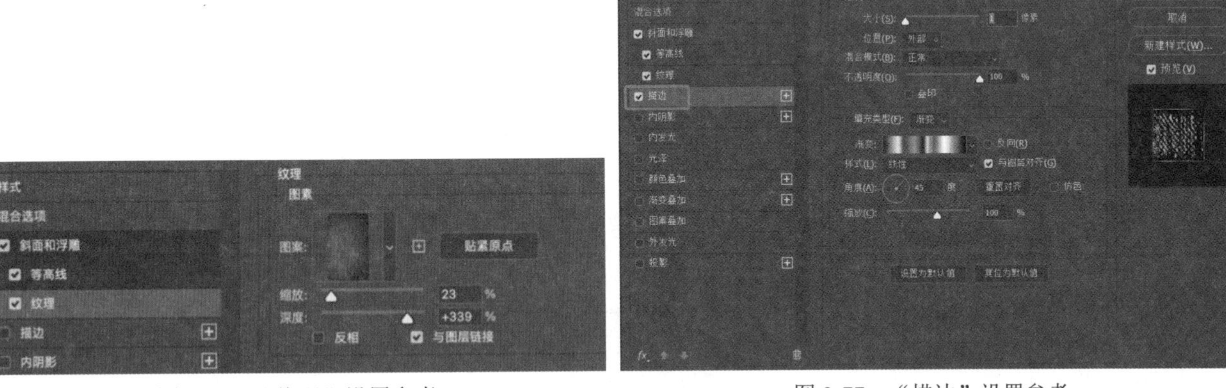


图 9-76　“纹理”设置参考　　　图 9-77　“描边”设置参考

**10** 添加“内发光”效果，参数设置如图 9-78 所示。添加“渐变叠加”效果，参数设置如图 9-79 所示。

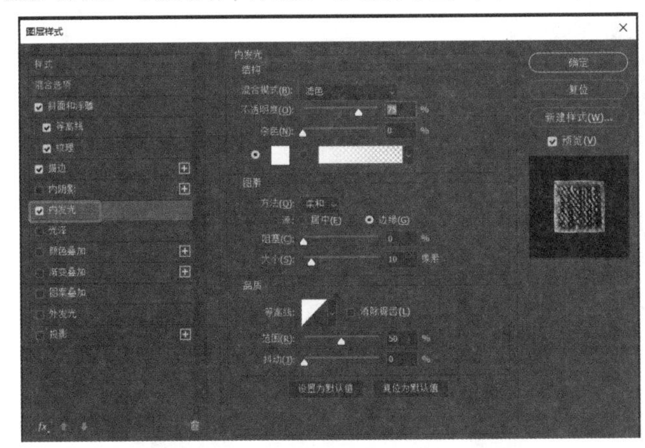

图 9-78　“内发光”效果设置参考

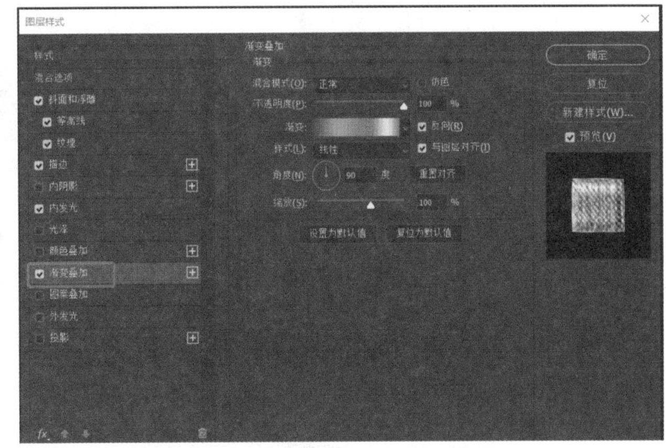

图 9-79　“渐变叠加”效果设置参考

**11** 最后选择“投影”效果，参数设置如图 9-80 所示。最终金属质感文字完成的画面效果如图 9-61 所示。

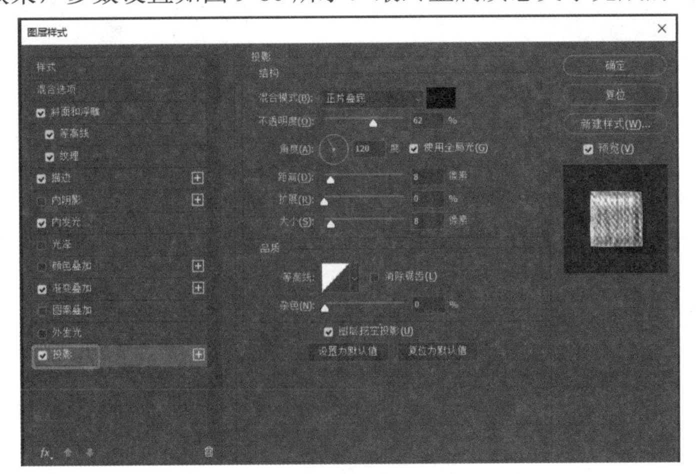

图 9-80　“投影”效果设置参考

## 9.3 图层的混合模式与不透明度的调整

混合模式与不透明度都具有混合像素或图层中对象的功能，在图像合成与特效制作时经常被使用。

### 9.3.1 图层不透明度

在 Photoshop 中打开一幅图片，可以看到在“图层”面板中有“不透明度”的设置选项，如图 9-81 所示，其默认值通常为 100%。将背景图层解锁，并尝试将这个数值调低时 ( 不透明度调整范围为 0 ～ 100%)，会发现图片变得透明，可看到下层的灰白格界面，如图 9-82 与图 9-83 所示。

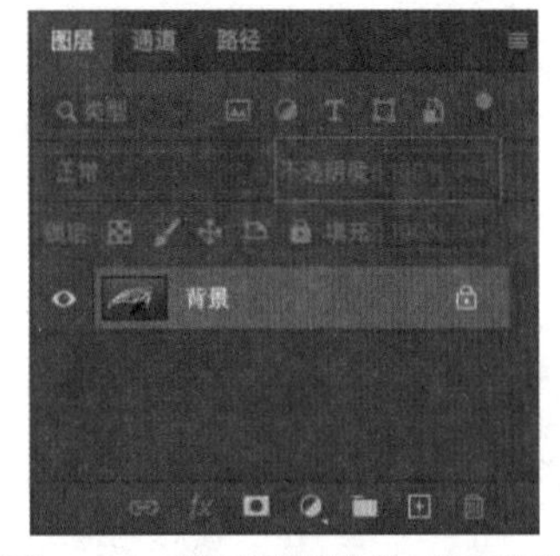

图 9-81　背景层默认的不透明度

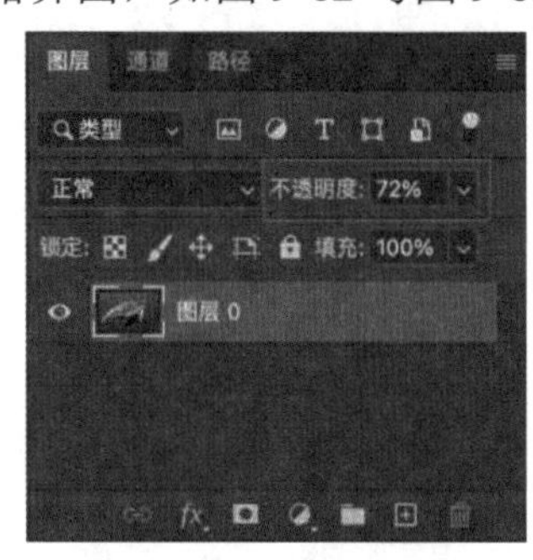


图 9-82　调整不透明度

图 9-83　画面透明度变化

调整不透明度的数值，可以让图层呈现不同程度的透明效果，这是将上下图层图像混合的最直接方法，如图 9-84 和图 9-85 所示。

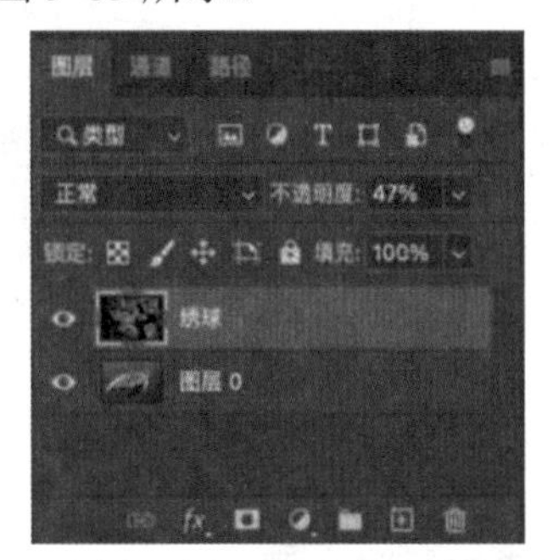


图 9-84　设置上层图层的不透明度使之向下混合

图 9-85　混合后的画面效果

### 9.3.2 图层混合模式

混合模式是用来将对象混合的高级功能，它不仅可以对图像发生作用，凡是可以被图层承载的对象都可以被混合。当为一个图层设置混合模式之后，它就可以与下方的图层产生混合效果。混合模式多种多样，综合搭配不同的混合模式可以产生丰富的视觉效果。

Photoshop 2020 的混合模式共有 6 组，总共 27 种模式，如图 9-86 所示。

下面以两幅图像为例，测试不同的混合模式产生的视觉效果。首先打开一个图像文件，如图 9-87 所示，在上层加入另一个图像文件，如图 9-88 所示，两幅图像在“图层”面板中的视图如图 9-89 所示。

- 组合模式组：必须在不透明度降低的情况下才能产生混合效果。

正常：图层默认的混合模式，当图层的不透明度为 100% 时会完全遮盖下面的图像，如图 9-90 所示。降低不透明度可以使其与下面的图层产生混合，如图 9-91 所示。

溶解：初始状态与正常模式类似，但当不透明度降低时，画面会以点状颗粒的形式与下面的图层产生混合，如图 9-92 所示。

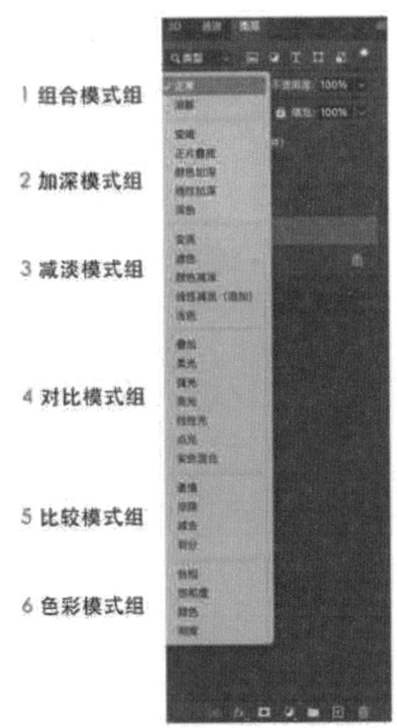


图 9-86　图层混合模式的类别

图 9-87　素材文件

图 9-88　上层图片

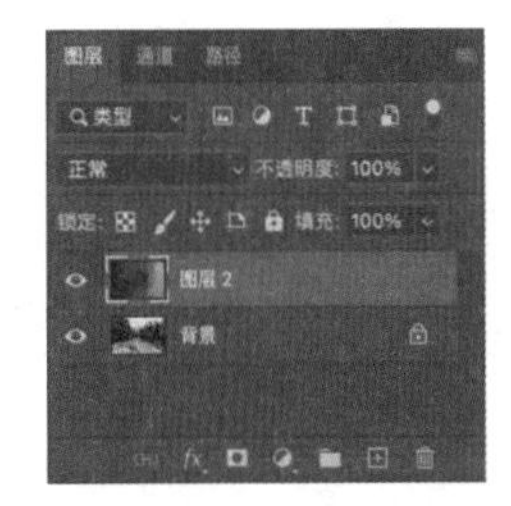


图 9-89　“图层”面板

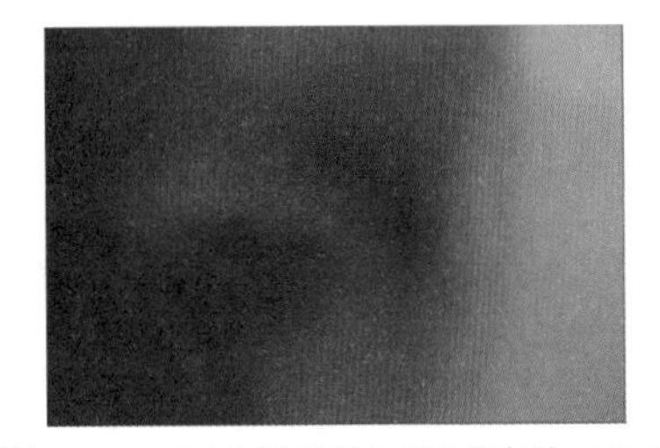

图 9-90　上层图层的不透明度为 100%

图 9-91　上层图层的不透明度为 50%

图 9-92　溶解

- 加深模式组：可以使图像变暗，以白色为基准，比白色暗的像素会将下层图层的像素加深变暗。

变暗：当前图层与下层图层比较，当前图层中比较亮的像素会被下层比较暗的像素替换，而亮度较低的像素则保持不变，如图 9-93 所示。

正片叠底：当前图层中的像素与下层的白色像素混合时保持不变，遇到黑色时则被其替换，从而使图像变暗，如图 9-94 所示。

颜色加深：通过增加对比度来加强深色区域，下层图像的白色保持不变，如图 9-95 所示。

线性加深：通过减小亮度使像素变暗，混合效果与“正片叠底”类似，如图 9-96 所示。

深色：比较两个图层所有通道值的总和，并将值较小的颜色显示出来，如图 9-97 所示。

图 9-93　变暗

图 9-94　正片叠底

图 9-95　颜色加深

图 9-96　线性加深

图 9-97　深色

- 减淡模式组：与加深模式组的效果相反，减淡模式组的混合效果可以使下方图层变得更亮。当前图层中的黑色像素不会产生作用，亮度高于黑色的像素会提亮下方图层中同一位置的像素。

变亮：与“变暗”效果相反，当前图层中较亮的像素会替换下层较暗的像素，而较暗的像素则被下层较亮的像素替换，如图 9-98 所示。

滤色：与“正片叠底”效果相反，可以使图像生成漂白的效果，如图 9-99 所示。

颜色减淡：与“颜色加深”相反，通过减小对比度来提亮下层图像，如图 9-100 所示。

图 9-98　变亮

图 9-99　滤色

图 9-100　颜色减淡

线性减淡 (添加)：与“线性加深”相反，通过增加亮度来减淡颜色，提亮效果比较强烈，如图 9-101 所示。

浅色：与“深色”相反，比较两个图层的所有通道值的总和并将值较大的颜色显示出来，如图 9-102 所示。

图 9-101　线性减淡 (添加)

图 9-102　浅色

- 对比模式组：可以增加下层图像的对比度，以 50% 的灰色为中间基准，亮度高于灰色的像素会使下层像素变亮，反之亮度值低于灰色的像素使下层变暗。

叠加：可以增强图像颜色，并保持高光和阴影，如图 9-103 所示。

柔光：当前图层中的像素亮度高于 50% 的灰色则图像变亮，低于 50% 的灰色则图像变暗，与普通色光照射效果类似，如图 9-104 所示。

强光：强光的变化原理与柔光相同，产生的效果比柔光剧烈，类似于舞台聚光灯的效果，如图 9-105 所示。

图 9-103　叠加

图 9-104　柔光

图 9-105　强光

亮光：亮度高于 50% 灰度的区域会以减小对比度的方式变亮，低于 50% 灰度的区域会以增加对比度的方式变暗，如图 9-106 所示。

线性光：亮度高于 50% 灰度的区域会以增加亮度的方式变亮，低于 50% 灰度的区域会以减小亮度的方式变暗，如图 9-107 所示。

点光：如果当前图层中的像素亮度高于 50% 的灰色，则替换暗的像素，如低于 50% 的灰色，则替换亮的像素，如图 9-108 所示。

实色混合：如果当前图层中的像素亮度高于 50% 的灰色，则替换暗的像素，如低于 50% 的灰色，则替换亮的像素，如图 9-109 所示。

图 9-106　亮光

图 9-107　线性光

图 9-108　点光

图 9-109　实色混合

- 比较模式组：比较当前与下方图层的像素，将相同的区域变为黑色，不同的区域显示为灰色或彩色。如当前图层含有白色，则使相应的下层像素显示反相，黑色不会产生影响。

差值：当前图层的白色区域使底层像素反相，如图 9-110 所示。

排除：与“差值”类似，混合效果的对比度较低，如图 9-111 所示。

减去：从目标通道中相应的像素值减去源通道中的像素值，如图 9-112 所示。

划分：查看每个通道中的颜色信息，从基色中划分混合色，如图 9-113 所示。

图 9-110　差值

图 9-111　排除

图 9-112　减去

图 9-113　划分

- 色彩模式组：应用色彩的三种属性 ( 明度、饱和度和色相 ) 中的一种或两种来混合图像。

色相：在不改变颜色浓度、中性色或深浅的情况下变换颜色，对于灰度色不起作用，如图 9-114 所示。

饱和度：将上层图像饱和度应用到下层图像，不会影响到明度和色相，如图 9-115 所示。

颜色：应用色相与饱和度进行混合，明度保持不变，如图 9-116 所示。

明度：将上下图层的明度进行混合，不改变色相与饱和度，如图 9-117 所示。

图 9-114　色相

图 9-115　饱和度

图 9-116　颜色

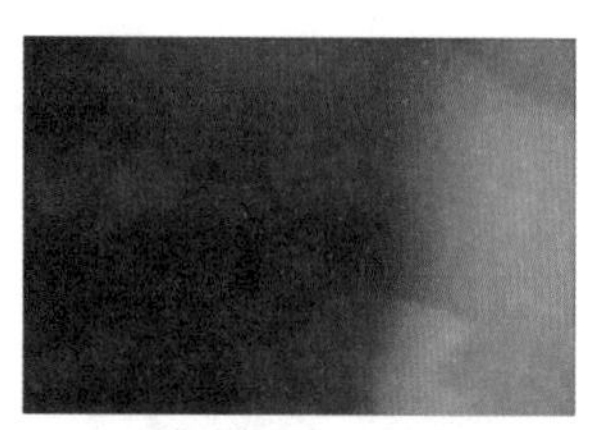
图 9-117　明度

## 9.3.3　案例：合成图像——桌上的金鱼

通过叠加图层的方式，制作一些影像合成的设计作品，如图 9-118 所示，将金鱼的照片与玻璃杯的照片合成为一幅图像。

**01** 在菜单栏中选择“文件”→“打开”命令，或按 Ctrl+O 快捷键，打开“素材 \ 第 9 章 \“玻璃杯 .jpg”文件。在菜单栏中选择“文件”→“置入嵌入对象”命令，将另一幅图片 GoldFish.jpg 置入文件，并将其缩放到合适的大小，如图 9-119 所示。

图 9-118　将金鱼的照片与玻璃杯的照片合成为一幅图像

图 9-119　将图片置入文件

**02** 选择 GoldFish 图层，将混合模式设置为“滤色”，如图 9-120 所示，在工具箱中选择“移动工具”，将金鱼的形象移入瓶中合适的位置，如图 9-121 所示。

**03** 金鱼的颜色有些淡，需要在下级图层的局部增加黑色，才能使滤色混合出的颜色加深。选择“背景”图层，单击“新建图层”按钮，在两个图层之间新建一个图层，如图 9-122 所示。

图 9-120　设置“滤色”

图 9-121　设置滤色后的画面效果

图 9-122　添加新图层

**04** 使用“缩放工具”将金鱼的区域放大，在工具箱中选择“画笔工具”，在工具选项栏中设置笔刷大小和不透明度，如图 9-123 所示，并将文件前景色设置为黑色，选择“图层 1”图层，在金鱼身体上需要加强的地方描画黑色，尤其是玻璃杯内有阴影的地方，使金鱼的显示得到加强，效果如图 9-124 所示。图 9-125 是将 GoldFish 图层隐藏后看到“图层 1”图层上画出的黑色区域。

图 9-123　设置笔刷大小和不透明度

图 9-124　加强显色后的金鱼

图 9-125　涂抹的黑色区域

**05** 将素材图片 Fishes.jpg 置入文件，使其在“图层”面板中处于最上层，如图 9-126 所示。将该图层的混合模式设置为“柔光”，效果如图 9-127 所示。

图 9-126　置入新素材

图 9-127　设置柔光后的效果

**06** 选择“背景”图层，使用“快速选择工具”选定图片顶部有阴影的部分，如图 9-128 所示，在菜单栏中选择“选择”→“修改”→“羽化”命令，或按 Shift+F6 快捷键，打开“羽化”对话框，将“羽化半径”设置为 20 像素，如图 9-129 所示。

**07** 再次选择 Fishes 图层，在菜单栏中选择“图层”→“栅格化”→“智能对象”命令，将图层进行栅格化处理，按 Delete 键清除选区内部的像素，如图 9-130 所示。

图 9-128　建立选区

图 9-129　设置“羽化半径”

图 9-130　删除选区内容

**08** 在工具箱中选择“橡皮擦工具”，将玻璃杯中局部的鱼形象擦除，完成后的图像如图 9-118 所示。

## 9.4　填充图层和调整图层的使用

当需要给一张照片或图像调整色调时，使用填充图层和调整图层可保证原始图像不被破坏。

### 9.4.1　创建填充图层

填充图层是一种只负责承载纯色、渐变和图案填充的特殊图层。在为图像上色、添加渐变或图案时使用填充图层来操作，可以比使用普通图层更加灵活地进行修改，属于非破坏性操作。且填充图层的图层属性与普通图层没有差别，因此得到广泛的应用。

填充图层根据填充的内容可以分为 3 个类别：颜色填充图层、渐变填充图层与图案填充图层。下面的例子中用颜色填充图层与图案填充图层为一支铅笔上色。

01 在菜单栏中选择“文件”→“打开”命令，或按 Ctrl+O 快捷键，打开“素材 \ 第 9 章 \“Pencil.jpg”文件。在工具箱中选择“钢笔工具”，沿着铅笔笔杆画出路径，如图 9-131 所示。

02 打开“路径”面板，如图 9-132 所示，按住 Ctrl 键并单击工作路径层的缩览图，将路径载入选区，如图 9-133 所示。

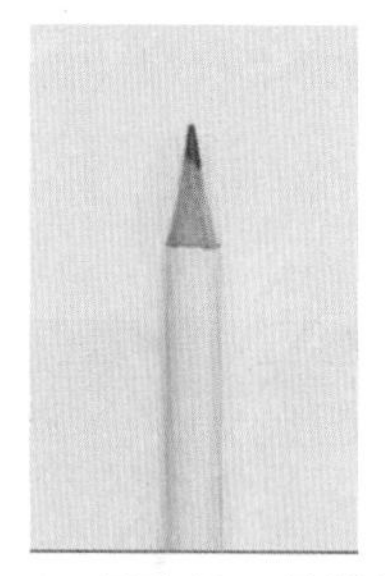

图 9-131 用路径工具描绘笔杆

图 9-132 “路径”面板

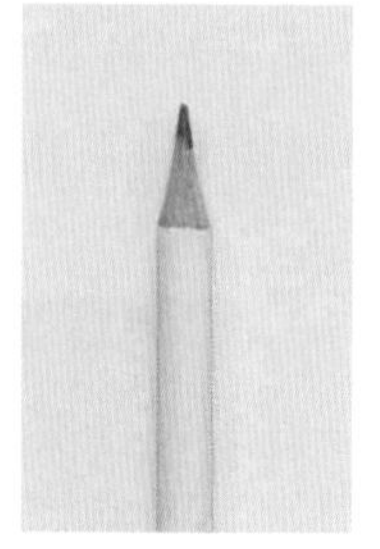

图 9-133 建立选区

03 在工具箱中选择“快速选择工具”，按住 Alt 键，单击选区上部边缘里有木纹的区域，将其从选区排除，如图 9-134 所示。

04 返回“图层”面板，单击面板底部的“创建新的填充或调整图层”按钮，在打开的列表中选择第一个选项“纯色”，如图 9-135 所示。在打开的“拾色器 (纯色)”对话框中设置颜色为黄色 (R:255、G:252、B:0)，单击“确定”按钮，如图 9-136 所示。

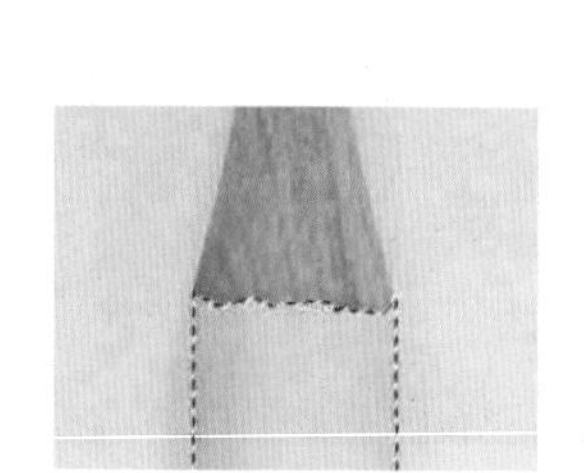

图 9-134 用“快速选择工具”修改选区

图 9-135 选择“纯色”选项

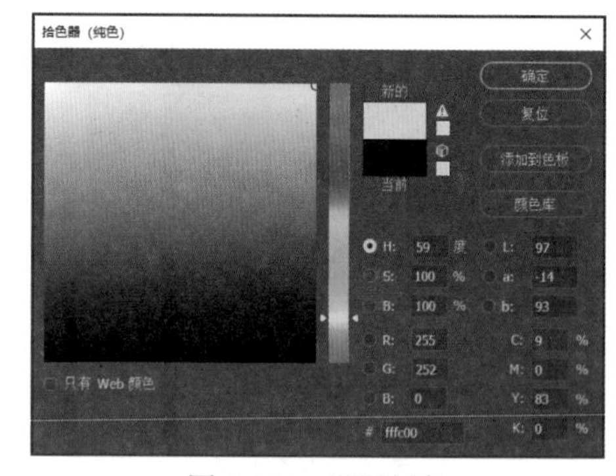


图 9-136 设置颜色

05 将填充图层的混合模式设置为“变暗”，如图 9-137 所示。

06 填充图层的颜色可以修改：在图 9-138 中红色方框的位置双击，打开“拾色器”对话框，将颜色重新设置为蓝色 (R:0、G:228、B:255)，单击“确定”按钮。修改颜色后的画面效果如图 9-139 所示。

07 打开素材图片 Morris.jpg，在菜单栏中选择“编辑”→“定义图案”命令，在弹出的“图案名称”对话框中将新图案命名为 morris01，如图 9-140 所示。

08 返回铅笔图像文件，在“图层”面板填充图层的蒙版上，如图 9-141 所示的区域按住 Ctrl 键并单击，载入选区。

09 单击“图层”面板底部的“创建新的填充或调整图层”按钮，在打开的列表中选择“图案”选项，如图 9-142 所示，弹出“图案填充”对话框，在该对话框中选择之前创建的图案 morris01，单击“确定”按钮，如图 9-143 所示。

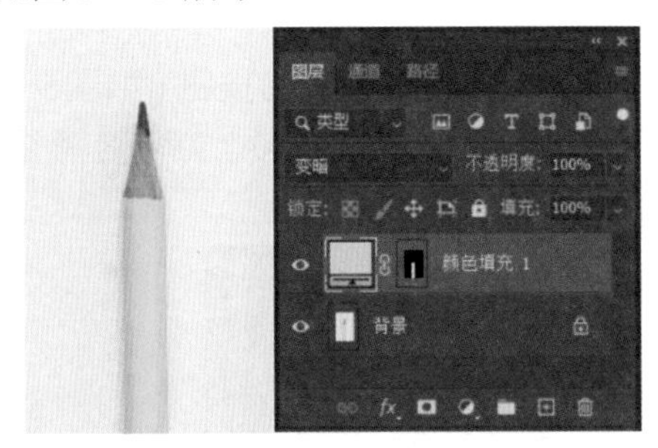


图 9-137　设置填充图层的混合模式后的画面效果

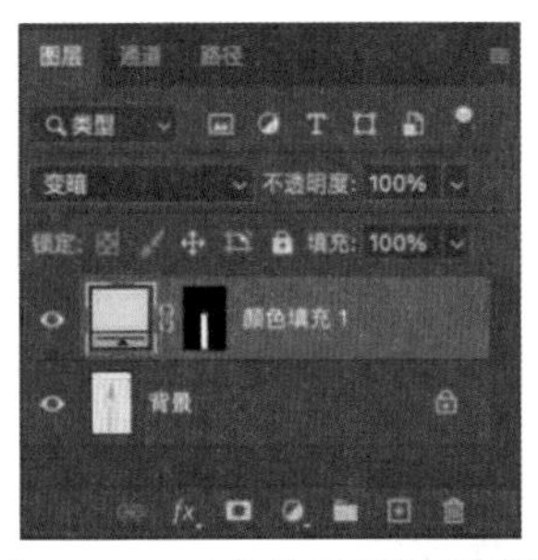


图 9-138　双击并重新设置颜色

图 9-139　新颜色效果

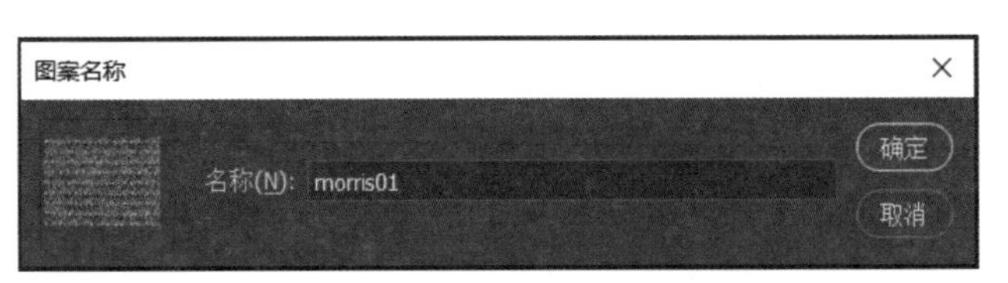


图 9-140　“图案名称”对话框

图 9-141　将填充图层载入选区

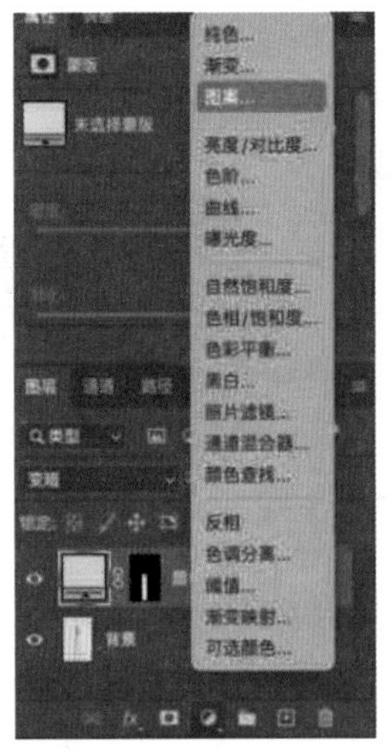

图 9-142　选择“图案”选项

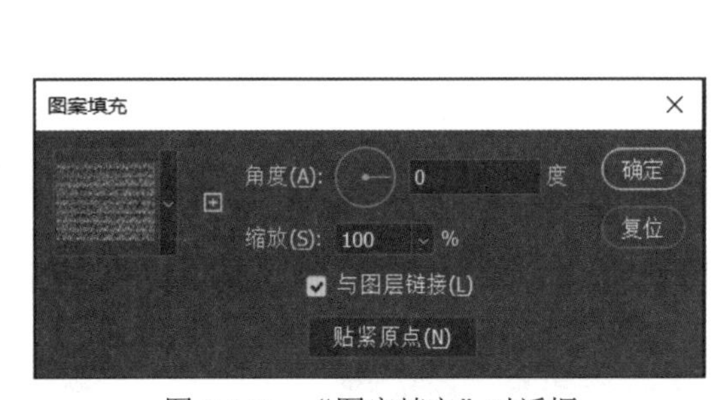


图 9-143　“图案填充”对话框

**10** 图案填充完成，效果如图 9-144 所示。根据需要也可以为图案填充图层设置混合模式，如“差值”，效果如图 9-145 所示。

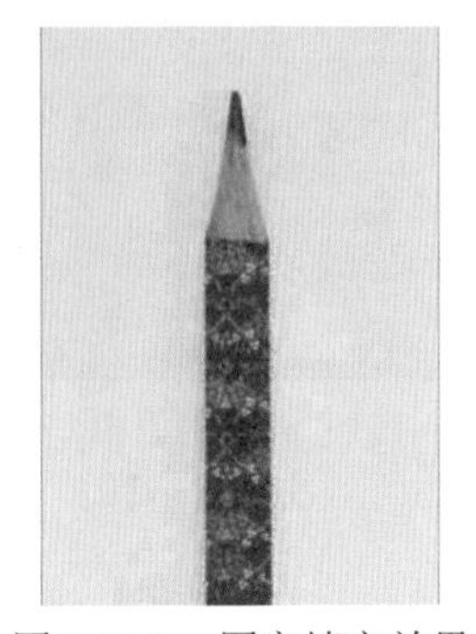

图 9-144　图案填充效果

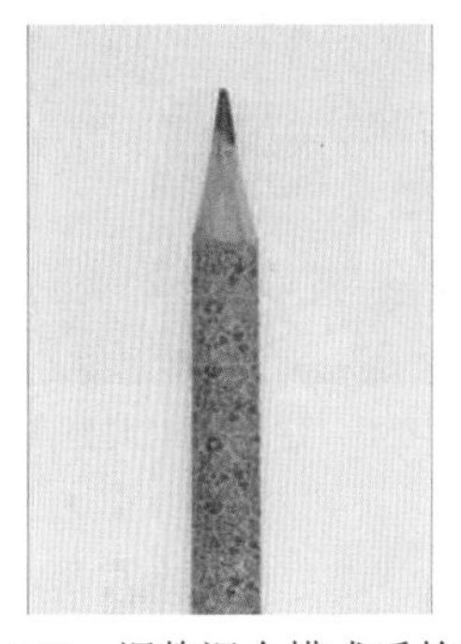

图 9-145　调整混合模式后的效果

## 9.4.2 创建调整图层

同填充图层一样，调整图层也是一种无损的画面调整工具。通过“调整”面板中的按钮 ( 如图 9-146 所示 )，或单击“图层”面板底部的按钮，在打开的列表中选择相应选项，可在当前图层上方创建调整图层，在打开的“属性”面板中可设置调整图层的参数，如图 9-147 所示。

图 9-146 “调整”面板

图 9-147 “属性”面板

调整图层中的功能选项，与菜单栏中的“图像”→“调整”命令中的子菜单功能的使用方法相同，与“调整”命令不同的是，使用调整图层不会改变原图像中的像素，具有保留原始信息的作用。

例如，调整照片中猫眼睛的颜色，操作步骤如下。

01 在菜单栏中选择“文件”→“打开”命令，或按 Ctrl+O 快捷键，打开“素材 \ 第 9 章 \“猫 .jpg”文件，使用“缩放工具”将猫的眼睛放大，如图 9-148 所示。

02 在工具箱中选择“快速选择工具”，选择猫的眼球部分，按住 Alt 键将白色的高光移出选区，如图 9-149 所示。

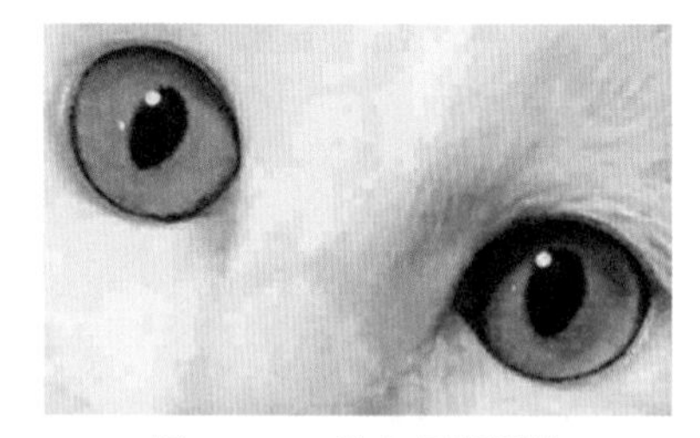
图 9-148 放大局部图片

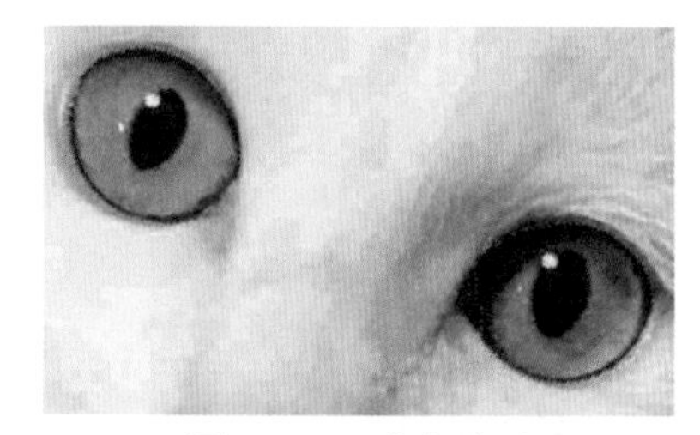
图 9-149 建立选区

03 在“图层”面板底部单击按钮，在打开的列表中选择“色相 / 饱和度”选项，生成调整图层，如图 9-150 所示。

04 在“属性”面板中，拖动“色相”滑块，改变眼睛的颜色，如图 9-151 所示。由于建立调整图层时，由选区生成了蒙版，因此变色效果只应用在了眼珠部位，变化效果如图 9-152 所示。

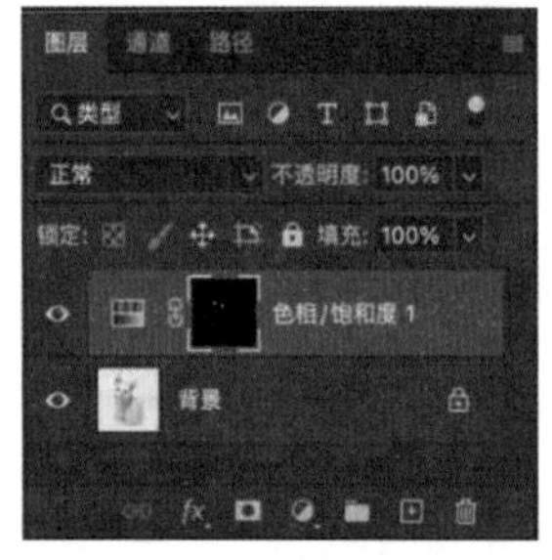

图 9-150 建立新的调整图层

图 9-151 调整“色相 / 饱和度”

图 9-152 调整后的画面效果

## 9.4.3 编辑调整图层

调整图层的编辑方式与普通图层一样，可以被显示、隐藏、复制、编组、删除，还可以相互链接，使用蒙版和图层样式，设置混合选项与不透明度。由于调整图层的效果会影响下方所有的图层，因此调整图层彼此之间也会产生影响，改变调整图层的堆叠顺序也会使画面产生变化，

如果想要调整图层只影响一个指定的图层，可将调整图层与指定图层按照上下次序进行摆放，确保调整图层在上，之后单击“属性”面板中的按钮即可。

## 9.4.4 案例：调整图层色调——Grunge Rock 风格照片

下面对一张吉他手的照片来进行处理，使之变为一种具有磨损效果的 Grunge Rock 风格照片，效果如图 9-153 所示。

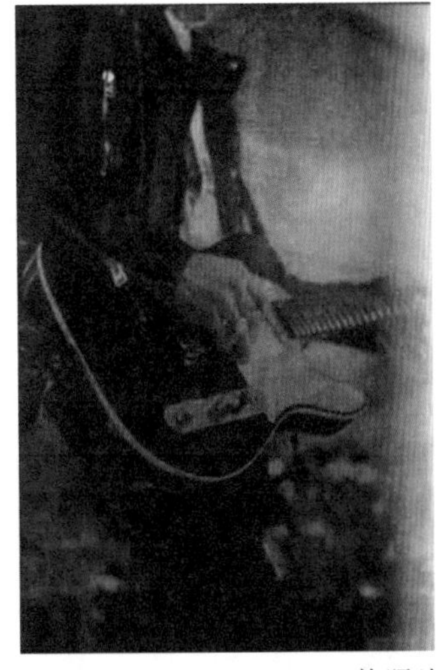

图 9-153 Grunge Rock 风格照片

**01** 在菜单栏中选择“文件”→“打开”命令，或按 Ctrl+O 快捷键，打开“素材 \ 第 9 章 \“吉他手 .jpg”文件。单击“图层”面板底部的按钮，在打开的列表中选择“渐变”选项，在背景图层上建立渐变填充图层，在打开的“渐变”填充对话框中将“角度”设置为 90º，双击“渐变”右侧的红色方框区域，如图 9-154 所示，打开“渐变编辑器”对话框，如图 9-155 所示，将渐变色设置为：不透明度 100%、位置 35%；不透明度 0% 、位置 100%。完成这项操作可以使照片底部区域变暗。

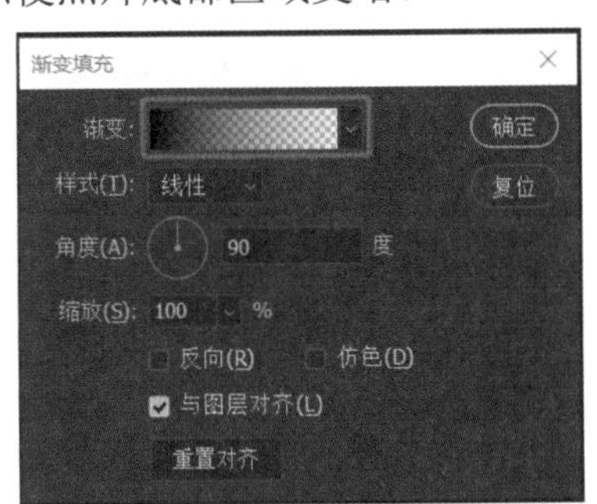


图 9-154 双击红色区域

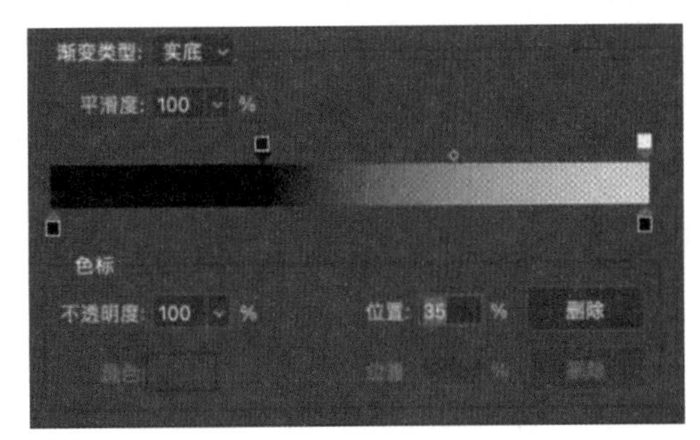


图 9-155 “渐变编辑器”对话框

**02** 再次创建一个渐变填充图层，打开“渐变编辑器”对话框，将渐变色设置为

不透明度 100%、位置 5%；

不透明度 50%、位置 15%；

不透明度 25%、位置 82%；

不透明度 100%、位置 94%；

不透明度 100%、位置 100%；

色号 R:156、G:4、B:51，位置 86%；

色号 R:250、G:167、B:134，位置 98%；

色号 R:250、G:217、B:196，位置 100%；

渐变填充设置和渐变色编辑效果如图 9-156 和图 9-157 所示。

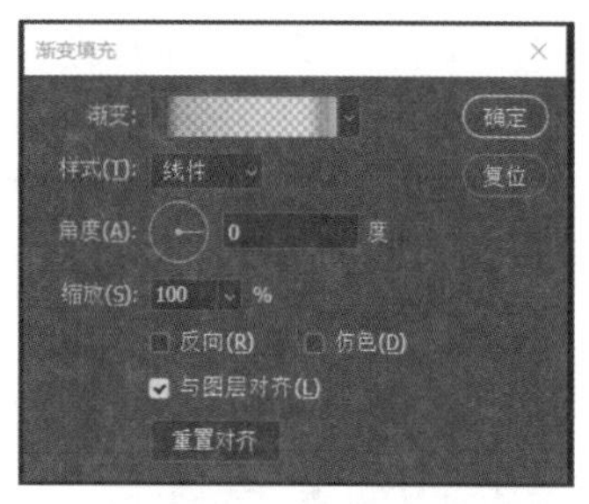

图 9-156　渐变填充设置

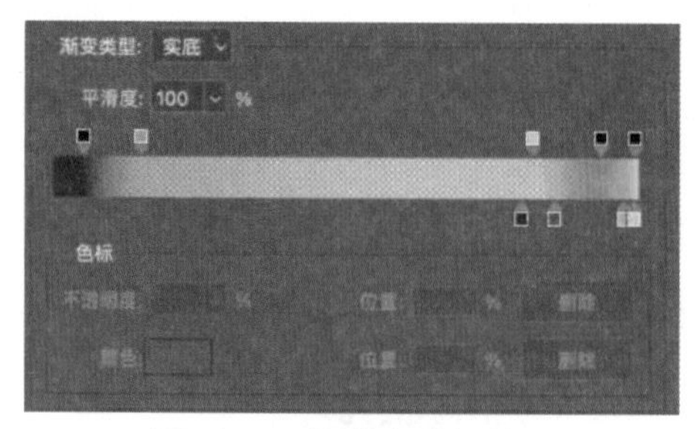

图 9-157　渐变色编辑效果

03 将刚创建的渐变图层的混合模式设置为“滤色”，此时，照片被加上了漏光的视觉效果，如图 9-158 所示。

04 选择“背景”图层，在“调整”面板中单击按钮，添加“曲线”调整图层，在“属性”面板中调整曲线，使照片突出高亮部分，如图 9-159 所示。

05 单击“调整”面板中的按钮，创建“色相 / 饱和度”调整图层，在“属性”面板中将饱和度降低到 -36，如图 9-160 所示。

06 在图层的最上层置入素材文件“水泥 .jpg”，将图片放大至铺满画面，设置混合模式为“叠加”，如图 9-161 所示。

07 最终画面效果如图 9-153 所示，如果想要调节磨损的强度，也可以尝试其他混合模式，如强光，画面效果如图 9-162 所示。

图 9-158　设置滤色画面效果

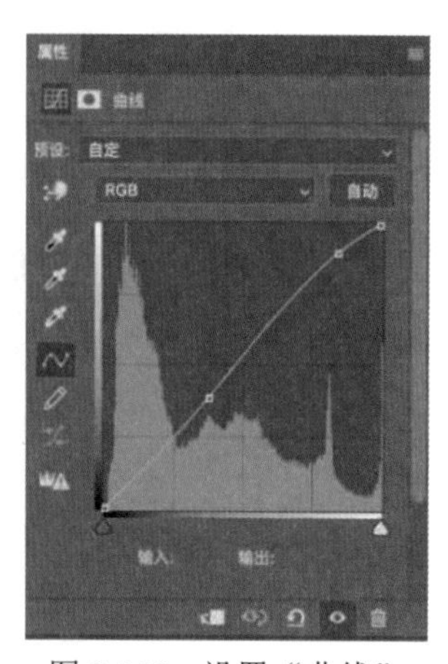

图 9-159　设置“曲线”

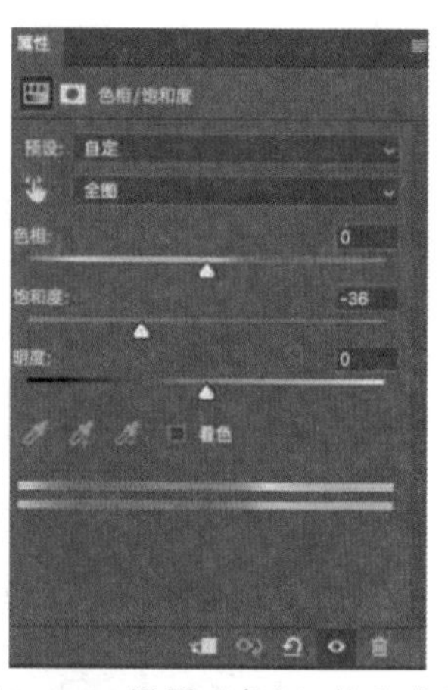

图 9-160　设置“色相 / 饱和度”

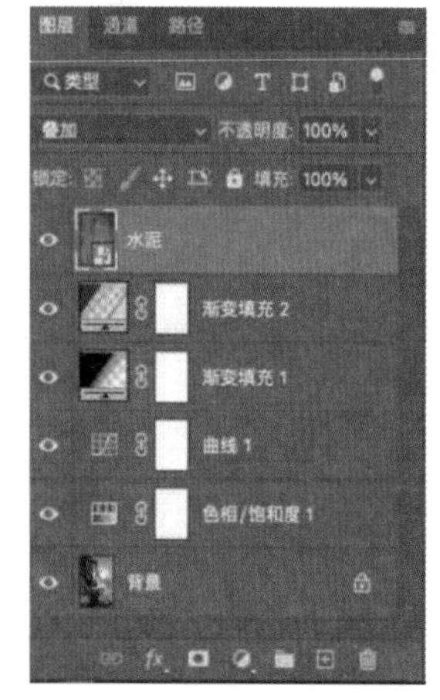

图 9-161　添加新素材后的“图层”面板

图 9-162　设置为强光混合模式后的画面效果

# 第10章 蒙版和通道的应用

蒙版和通道作为 Photoshop 2020 重要的高级功能，常应用于对象选取、图像特效制作等操作。本章将详细介绍蒙版和通道的相关知识，包括蒙版类型、蒙版的编辑以及通道的概念和应用等，使读者全面认识并掌握蒙版和通道的相关知识与实际应用。

# 10.1 蒙版的类型

蒙版通过将不同的灰度值转化为不同的透明度，然后作用于它所在的图层，从而使图层内容的透明度产生相应的变化，将图层内容进行遮盖或获取选区。为了满足不同的创作需求，Photoshop 2020 提供了更多类型的蒙版，包括图层蒙版、矢量蒙版、剪贴蒙版和快速蒙版。掌握不同类型蒙版的特点，会让蒙版使用起来更加得心应手。

## 10.1.1 图层蒙版

图层蒙版也称为像素蒙版，是最常用的蒙版类型，主要作用是控制图像的显示与隐藏。利用图像编辑工具在蒙版中进行编辑，编辑后蒙版中的黑色区域为完全隐藏部分、白色区域为完全显示部分、灰色区域为半透明显示部分。用户可以使用“图层”面板或“调整”面板添加图层蒙版。

### 1. 应用图层蒙版合成图像

打开“素材 / 第 10 章”中的“山 01.jpg”和“山 02.jpg”文件，将两张图片复制到一个文件中，在“图层”面板底部单击“添加图层蒙版”按钮，即可新建图层蒙版，如图 10-1 所示，利用“画笔工具”在蒙版中把需要隐藏的部分涂抹为黑色，如图 10-2 所示，得到如图 10-3 所示的图像效果。

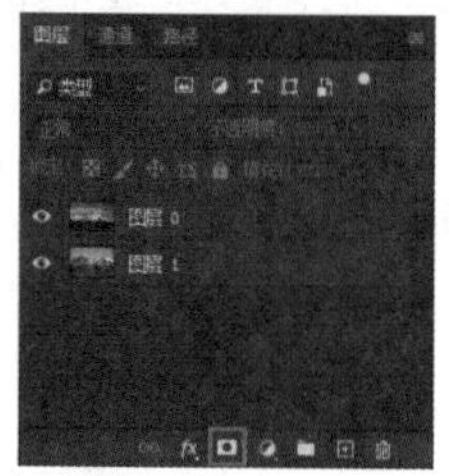

图 10-1　为图层 0 添加“图层蒙版”

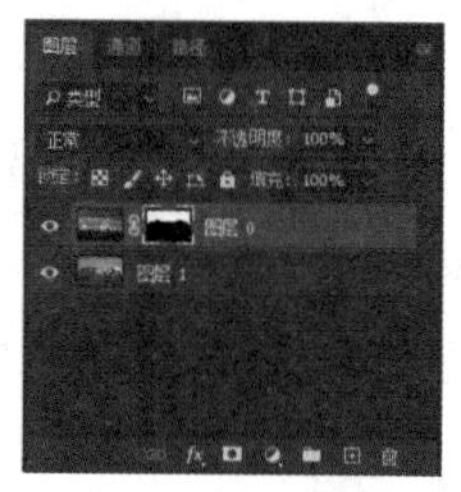

图 10-2　隐藏的部分涂抹为黑色

图 10-3　最终效果

### 2. 调整 / 填充图层蒙版

创建调整图层和填充图层后，在“图层”面板中会自动创建一个图层蒙版，便于用户编辑调整 / 填充效果的区域。使用图层蒙版功能，可填充蒙版颜色、控制显示或隐藏区域。单击“调整”面板中的“色阶”按钮，如图 10-4 所示，创建“色阶 1”调整图层，如图 10-5 所示，然后编辑调整图层蒙版，调整图像颜色后的效果如图 10-6 所示。

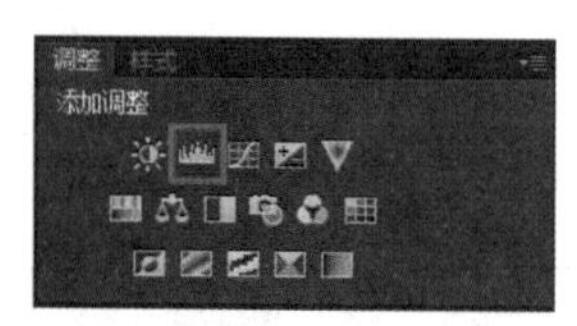

图 10-4　单击“色阶”按钮

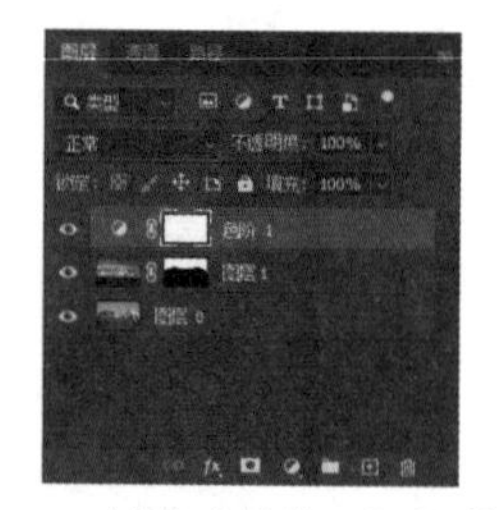

图 10-5　创建“色阶 1”调整图层

图 10-6　调整图像颜色后的效果

## 10.1.2 矢量蒙版

矢量蒙版利用矢量图形来显示与隐藏图像。矢量蒙版在编辑过程中可不受像素影响，进行任意缩放也不会更改图像的清晰度。首先在“图层”面板中添加矢量蒙版，再利用“钢笔工具”或形状工具编辑矢量蒙版。

打开“素材 \ 第 10 章 \ 矢量蒙版 .jpg”文件，新建空白图层“图层 1”，选择“图层 1”图层，按住 Ctrl 键，单击“图层”面板底部的“添加矢量蒙版”按钮，如图 10-7 所示，即可为“图层 1”添加矢量蒙版。为“图层 1”图层填充黑色 (R:0、G:0、B:0)，❶ 然后在工具箱中选择“自定形状工具”，❷ 在工具选项栏中选择“路径”，打开“形状”下拉面板，❸ 选择所需的图形，在画布上拖动鼠标绘制矢量图形，如图 10-8 所示，即可将图形以外的图层内容隐藏，只显示图形以内的区域，如图 10-9 所示。

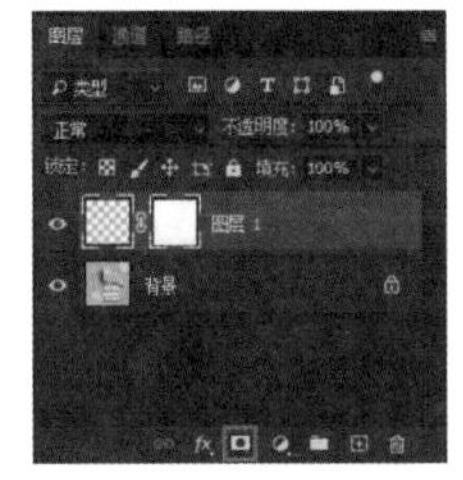

图 10-7　添加矢量蒙版

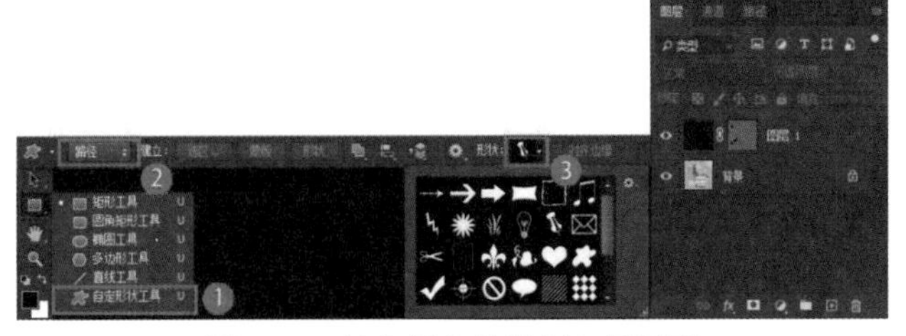

图 10-8　填充颜色并绘制矢量图形

图 10-9　最终效果

## 10.1.3　剪贴蒙版

剪贴蒙版可以用下方图层的形状来显示上方图层的显示形态。因此，在创建剪贴蒙版时至少需要两个图层。位于最下方的图层称为基底层，基底层的内容决定了蒙版的显示形态，位于基底层上方的图层称为剪贴层，可同时创建多个剪贴层。选择需要创建剪贴蒙版的图层，在菜单栏中选择“图层”→“创建剪贴蒙版”命令，或者按住 Alt 键的同时在两个图层中间单击，都可以快速创建剪贴蒙版。

打开“素材 \ 第 10 章 \ 剪贴蒙版 .jpg”文件，新建一个文字图层，输入文字“剪贴蒙版”，如图 10-10 所示，调整两个图层之间的顺序，将文字图层置于“背景”图层之下。将鼠标移至“图层”面板上，按住 Alt 键的同时在两个图层的中间位置单击，即可创建“剪贴蒙版”，如图 10-11 所示，可以看到文字的颜色变成了背景的颜色和肌理。

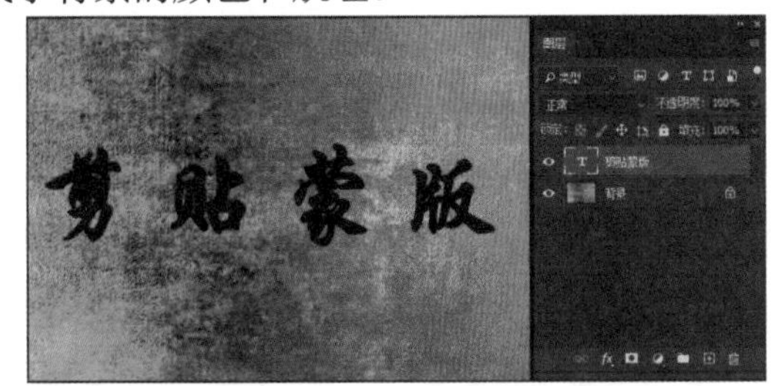


图 10-10　新建文字图层并输入文字“剪贴蒙版”

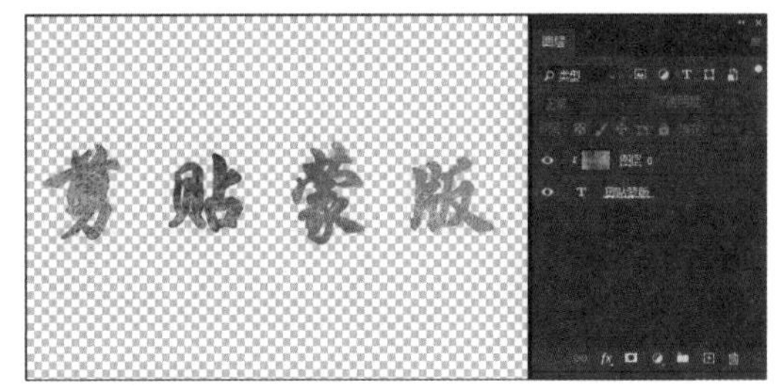


图 10-11　文字变成背景的肌理效果

## 10.1.4　快速蒙版

快速蒙版主要用于在画面中快速选取需要的图像区域，以创建选区。单击工具箱底部的“以快速蒙版模式编辑”按钮，即可进入快速蒙版，使用“画笔工具”在蒙版中绘制，默认情况下以半透明的红色显示蒙版区域，退出蒙版编辑状态后，即可将蒙版以外的区域创建为选区。

### 1. 以快速蒙版模式编辑

打开“素材 \ 第 10 章 \ 苹果 .jpg”文件。单击“以快速蒙版模式编辑”按钮，进入快速蒙版，使用“画笔工具”在快速蒙版中编辑，被编辑的区域将会显示为半透明蒙版状态，如图 10-12 所示。再单击“以标准模式编辑”按钮，退出快速蒙版，创建选区，效果如图 10-13 所示。

图 10-12　使用“画笔工具”在快速蒙版中编辑

图 10-13　退出快速蒙版，创建选区

## 2. 更改快速蒙版选项

双击“以快速蒙版模式编辑”按钮，打开“快速蒙版选项”对话框。在该对话框中可以指定“色彩指示”选项，如图 10-14 所示，若选中“所选区域”单选按钮，可将绘制的蒙版区域创建为选区，如图 10-15 所示。

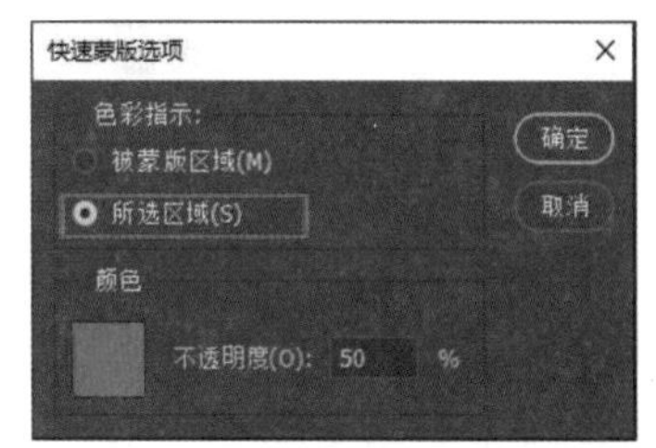


图 10-14　指定“色彩指示”选项

图 10-15　将绘制的蒙版区域创建为选区

## 10.1.5　案例：利用蒙版合成图像

需要替换人物图像背景时，可通过图层蒙版快速完成。本案例将两幅图像复制到同一个文档中，添加图层蒙版后利用蒙版的遮盖功能来遮盖人物图像的原背景区域，再替换背景合成新的画面效果，并利用各种调整命令使画面中的色调和明暗对比度相统一，增强画面意境，让合成效果更自然，如图 10-16 和图 10-17 所示。

**01** 在菜单栏中选择“文件”→“打开”命令，或按 Ctrl+O 快捷键，打开“素材 \ 第 10 章 \ 蒙版女人 .jpg”文件，按 Ctrl+A、Ctrl+C 快捷键全选并复制图像，再打开“素材 \ 第 10 章 \ 蒙版背景 .jpg”文件，按 Ctrl+V 快捷键，粘贴图像，得到“图层 1”图层，如图 10-18 所示。

图 10-16　素材文件 1 和 2

图 10-17　蒙版合成后的效果

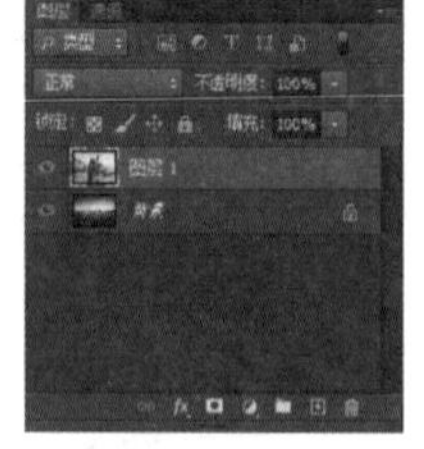

图 10-18　得到“图层 1”图层

**02** 在“图层”面板底部单击“添加图层蒙版”按钮，为“图层 1”添加图层蒙版，如图 10-19 所示。选择“画笔工具”，在工具选项栏中选择画笔类型并设置大小，更改前景色为黑色，在人物图像背景区域进行涂抹，利用蒙版遮盖涂抹区域的图像，只保留人物图像，如图 10-20 所示。

**03** 编辑图层蒙版后，按住 Ctrl 键的同时单击蒙版缩览图，载入蒙版为选区，在图像窗口中可看到人物图像已被添加到选区内，如图 10-21 所示。

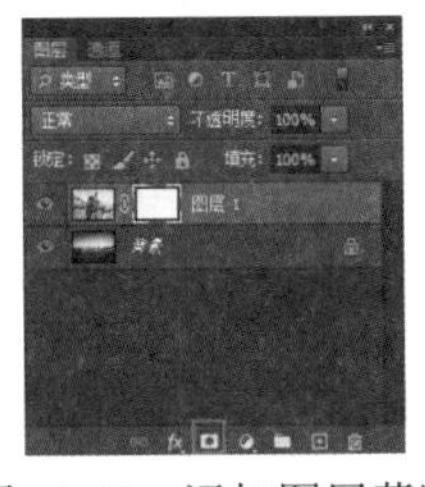

图 10-19　添加图层蒙版

图 10-20　蒙版遮盖人物以外区域

图 10-21　人物图像已被添加到选区内

04 创建“色彩平衡 1”调整图层，在打开的“属性”面板中选择色调为“中间调”，设置下方选项参数为 +40、0、+20；选择色调为“高光”，调整下方选项的参数为 0、0、-20；选择色调为“阴影”，调整下方选项的参数为 0、0、+20，如图 10-22 所示。

05 设置“色彩平衡 1”调整图层的参数后，选区内人物图像的颜色被更改，人物与背景区域的色调得到初步统一，如图 10-23 所示。

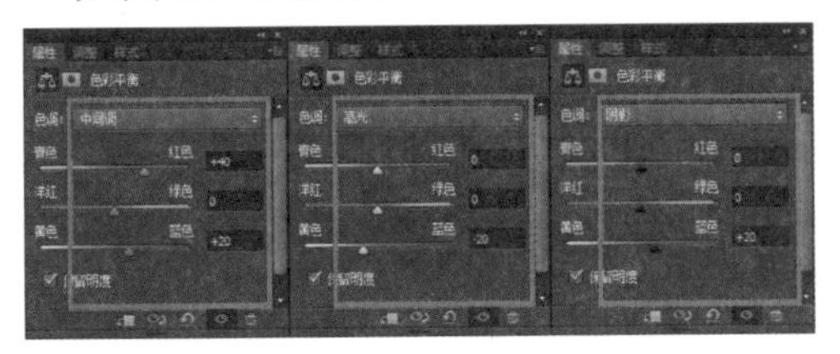

图 10-22　设置参数

图 10-23　设置“色彩平衡 1”后的效果

06 按住 Ctrl 键的同时单击“色彩平衡 1”蒙版缩览图，载入“色彩平衡 1”蒙版为选区，如图 10-24 所示。

07 创建“色阶 1”调整图层，在打开的“属性”面板中对色阶选项进行设置，输入的数值依次为 10、1、245，设置后可以看到人物图像的颜色深度被加强，如图 10-25 所示。

图 10-24　按住 Ctrl 键的同时单击“色彩平衡 1”蒙版缩览图

图 10-25　对色阶选项进行设置

08 再次载入图层蒙版为选区，创建“亮度 / 对比度 1”调整图层，在“属性”面板中设置“亮度”为 -30、“对比度”为 10，设置后提高画面对比度效果，如图 10-26 所示。

09 全选除“背景”图层以外的所有图层，按 Ctrl+E 快捷键将这些图层合并为一个图层，如图 10-27 所示。合并后调整人物的大小和位置，如图 10-28 所示。

10 在菜单栏中选择“滤镜”→“模糊”→“光圈模糊”命令，调整光圈范围，将模糊度设置为 10，为人物图层添加模糊效果，使其更好地融入背景之中，如图 10-29 所示。蒙版合成后的最终效果如图 10-17 所示。

图 10-26　设置“亮度”为 -30、“对比度”为 10

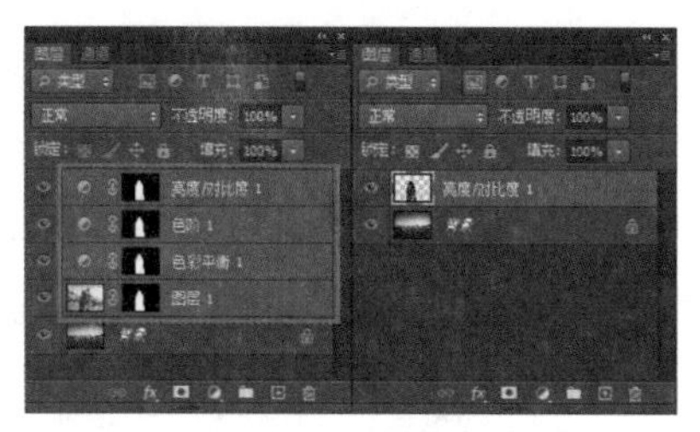

图 10-27　合并图层

图 10-28　调整人物的大小和位置

图 10-29　光圈模糊效果

## 10.2 蒙版的编辑与操作

创建图层蒙版和矢量蒙版后，还可以利用“属性”面板中的蒙版选项，对蒙版进行进一步的编辑，如设置蒙版的浓度、羽化值等，或是调整蒙版边缘、利用色彩范围编辑蒙版、反相蒙版等，通过设置这些选项，编辑蒙版变得更方便、更精确。

### 10.2.1 “属性”面板中的蒙版选项

在“图层”面板中选择需要编辑的蒙版，在菜单栏中选择“窗口”→“属性”命令，打开“属性”面板，可看到该蒙版的缩览图效果，“属性”面板还提供了“浓度”“羽化”“调整”等选项，可对蒙版做进一步的编辑。

打开“素材 \ 第 10 章 \ 男人 .jpg”文件，复制“背景”图层，为复制后的图层添加蒙版。选择“画笔工具”，在工具选项栏中选择画笔类型并设置大小，更改前景色为黑色，在人物图像背景区域进行涂抹，利用蒙版遮盖涂抹区域的图像，只保留人物图像。在“图层”面板中选择该蒙版缩览图，在“属性”面板中可对蒙版的羽化值进行设置，使蒙版的边缘更为柔和，如图 10-30 和图 10-31 所示。

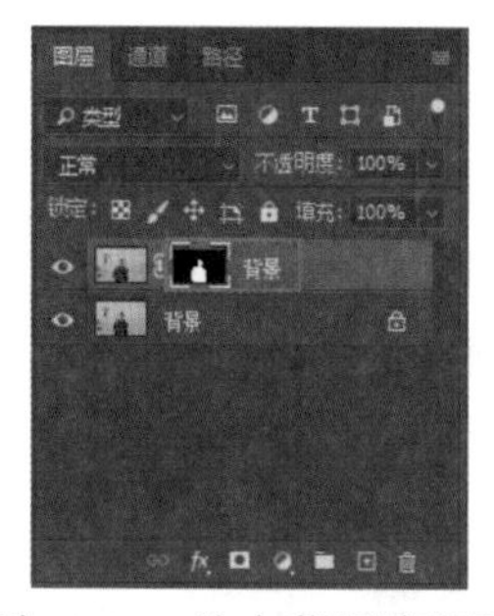

图 10-30　选中蒙版缩览图

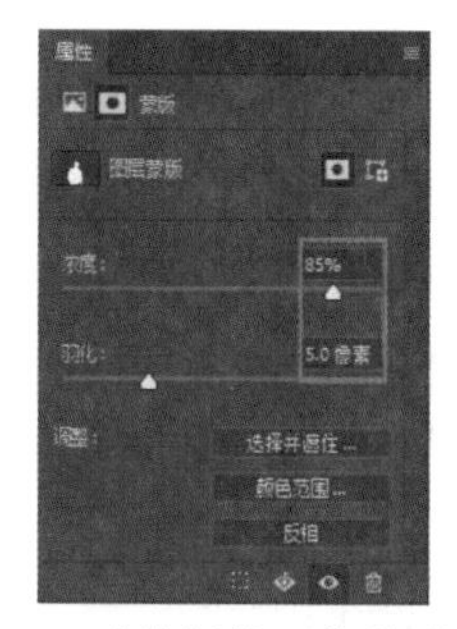

图 10-31　对蒙版的羽化值进行设置

### 10.2.2 编辑蒙版边缘

利用“属性”面板中的蒙版边缘功能，可使图层蒙版边缘的视觉效果更自然。

在“图层”面板中选择蒙版后，在“属性”面板底部单击“选择并遮住”按钮，如图 10-32 所示，打开“调整蒙版”对话框，可对蒙版边缘进行设置，设置“透明度”为 20%、“半径”为 2 像素、“平滑”为 30、“羽化”为 30 像素、“对比度”为 0、“移动边缘”为 -10%。同时可以利用“视图”模式下拉列表选择不同的视图显示方式，以查看蒙版效果，如图 10-33 所示。

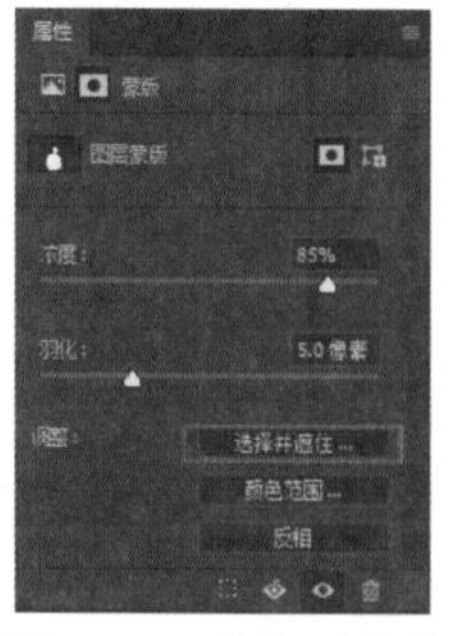

图 10-32　单击“选择并遮住”按钮

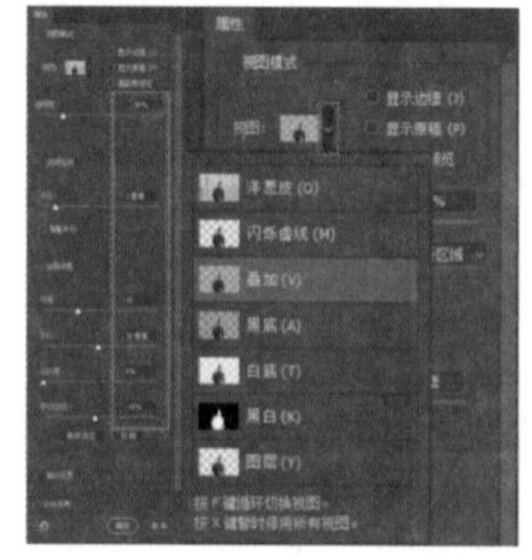

图 10-33　对蒙版边缘进行设置并选择不同的视图显示方式

## 10.2.3　使用颜色范围设置蒙版

“颜色范围”可根据图像的色彩范围控制蒙版遮盖和显示的区域范围。在“属性”面板中单击“颜色范围”按钮，在打开的“色彩范围”对话框中利用吸管工具取样颜色，被选取的色彩区域在对话框缩览图中以黑色显示，即为蒙版遮盖区域。

### 1. 编辑颜色范围

打开“素材\第 10 章\相框 .jpg”文件，按 Ctrl+A、Ctrl+C 快捷键全选并复制图像，再打开“素材\第 10 章\猫 .jpg”文件，按 Ctrl+V 快捷键，粘贴相框图像，得到“图层 1”图层，为相框图层添加蒙版。在“属性”面板中单击“颜色范围”按钮，如图 10-34 所示，弹出“色彩范围”对话框，此时用吸管工具在图像的中间位置单击，取样颜色，可以确定颜色范围，如图 10-35 所示。

### 2. 查看蒙版效果

选取颜色范围后，在“图层”面板中可看到编辑后的蒙版效果，黑色为遮盖区域，在图像窗口中可看到遮盖的部分显示“背景”图层中的图像内容，最终合成效果如图 10-36 所示。

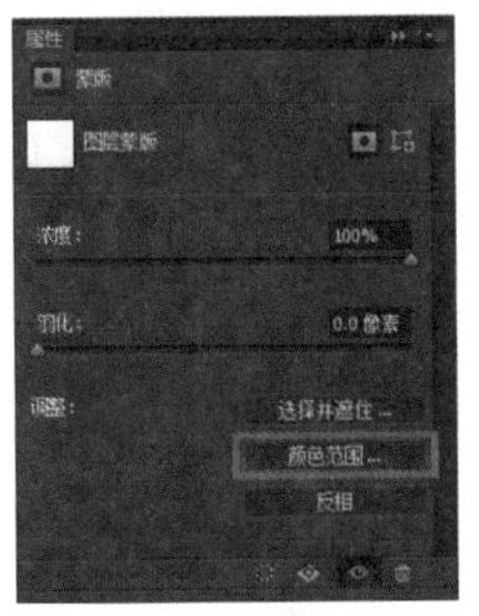

图 10-34　单击“颜色范围”按钮

图 10-35　取样颜色

图 10-36　编辑后的蒙版效果和最终合成效果

## 10.2.4　反相蒙版

利用反相蒙版功能可以将蒙版效果反相，即将遮盖和显示的区域互换。选择蒙版后，单击“属性”面板下方的“反相”按钮，如图 10-37 所示，即可将蒙版效果反相。蒙版原遮盖效果与反相后的效果如图 10-38 所示。

图 10-37　单击“反相”按钮

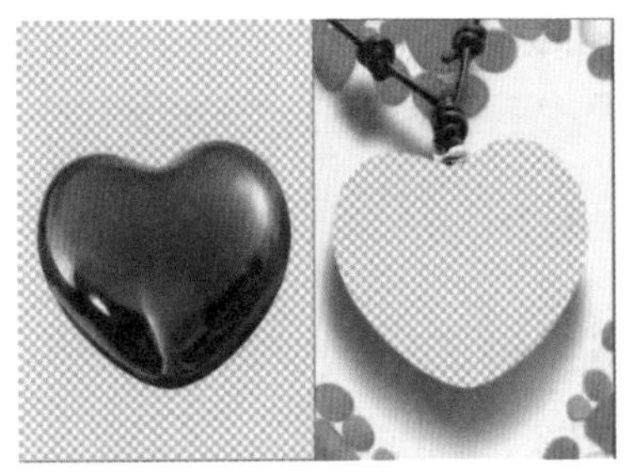
图 10-38　蒙版效果反相对比

## 10.2.5　案例：利用通道更改色调

通道存储了图像的所有颜色信息，在调整图像时，可通过编辑颜色通道改变图像色调。本案例对不同的颜色通道进行复制和粘贴，快速改变画面色调，制作出具有梦幻感觉的画面效果，如图 10-39 和图 10-40 所示。

**01** 在菜单栏中选择“文件”→“打开”命令，或按 Ctrl+O 快捷键，打开“素材\第 10 章\通道改色调 .jpg”文件。在“图层”面板中单击“背景”图层并向下拖动到“创建新图层”按钮上，复制图层，得到“背景 拷贝”图层，如图 10-41 所示。

**02** 打开“通道”面板，单击“绿”通道，然后按 Ctrl+A 快捷键全选图像，再按 Ctrl+C 快捷键复制图像，如图 10-42 所示。

**03** 在“通道”面板中单击“蓝”通道，按 Ctrl+V 快捷键，粘贴上一步复制的“绿”通道，如图 10-43 所示。然后单击 RGB 通道，如图 10-44 所示，显示所有通道。

图 10-39 素材文件

图 10-40 利用通道更改色调后的效果

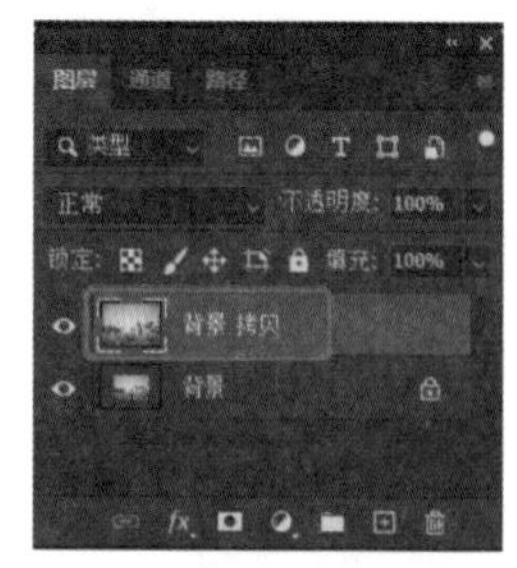


图 10-41 复制“背景”图层

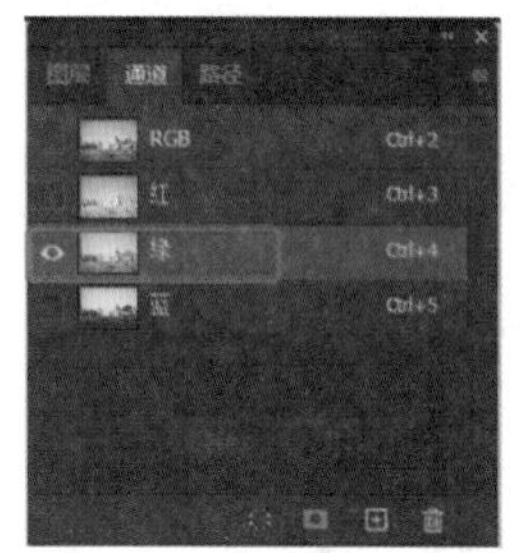


图 10-42 单击“绿”通道并复制图像

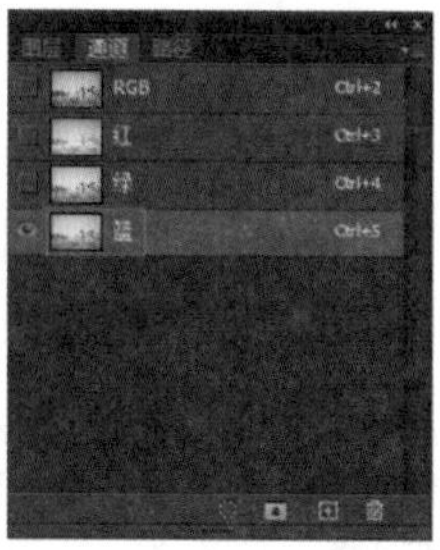

图 10-43 单击“蓝”通道并粘贴“绿”通道

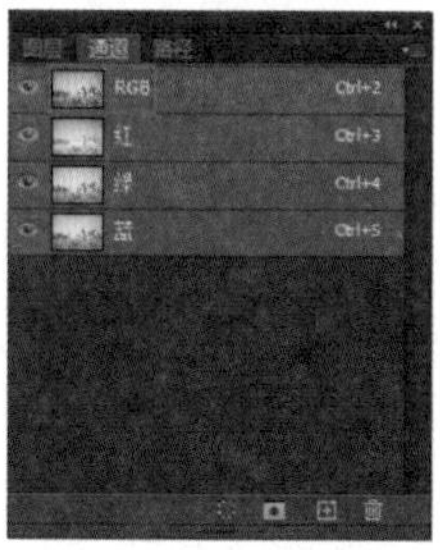

图 10-44 显示所有通道

**04** 编辑通道后，在图像窗口中可看到更改色调后的效果，如图 10-45 所示。

**05** 创建“自然饱和度 1”调整图层，在“属性”面板中设置“自然饱和度”为 +80、“饱和度”为 +20，如图 10-46 所示，增强画面色彩的艳丽度。

**06** 创建“亮度 / 对比度 1”调整图层，在“属性”面板中设置“亮度”为 -40、“对比度”为 +30，如图 10-47 所示，设置后画面明暗对比效果被增强，使画面具有梦幻效果，利用通道更改色调后的效果如图 10-40 所示。

图 10-45 色调更改后的效果

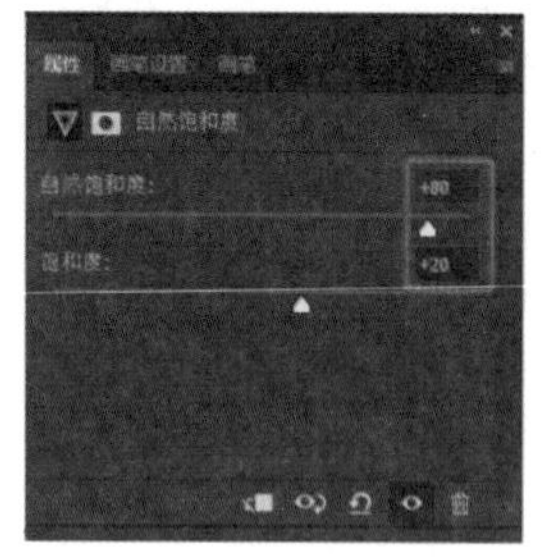


图 10-46 设置“自然饱和度”和“饱和度”

图 10-47 调整“亮度”和“对比度”数值

## 10.3 认识并应用通道

通道主要用于存储图像颜色信息和选择范围，通过“通道”面板可以查看图像的通道信息，还可利用“通道”面板查看通道类型、复制通道或将通道转换为选区等。利用“图像”菜单中的命令对通道进行高级计算，可以更改图像色彩效果或合成特殊画面。

## 10.3.1 “通道”面板

打开任意一幅图片，在“通道”面板中可查看图像的通道信息。在菜单栏中选择“窗口”→“通道”命令，打开“通道”面板，该面板中会按照图像的颜色模式显示通道的数量和名称。

打开“素材\第 10 章\婴儿.jpg”文件 (RGB 颜色模式)，在“通道”面板中可以看到组成该图片的 RGB 通道信息，如图 10-48 所示。在该面板中单击“绿”通道，可隐藏其他颜色通道，如图 10-49 所示，在图像窗口中以灰度效果显示通道图像，如图 10-50 所示。

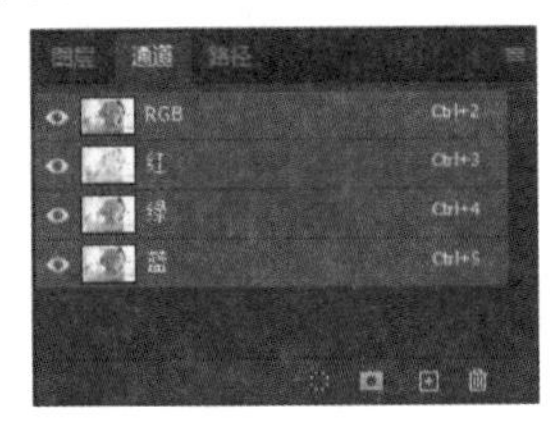

图 10-48　“通道”面板

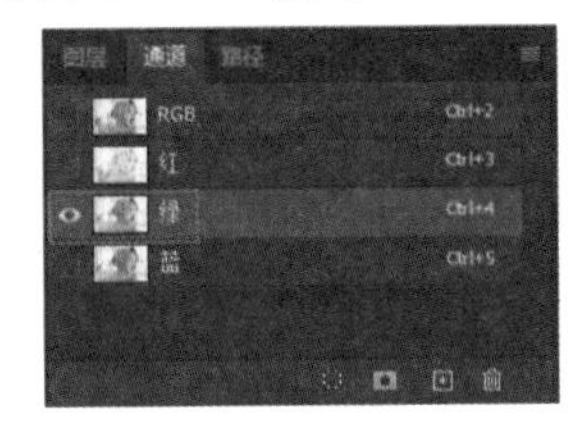

图 10-49　单击“绿”通道

图 10-50　灰度效果显示

## 10.3.2 通道的类型

根据通道的用途可将其分为复合通道、颜色通道、Alpha 通道、临时通道和专色通道，下面介绍各通道的主要功能。

### 1. 复合通道和颜色通道

复合通道是同时预览并编辑所有颜色通道的一个快捷方式，图像颜色模式决定了复合通道和颜色通道名称。打开“素材\第 10 章\荷花.jpg”文件 (RGB 颜色模式)，如图 10-51 所示。在“通道”面板中可看到 RGB 为复合通道，“红”“绿”“蓝”为颜色通道，如图 10-52 所示。

### 2. Alpha 通道

Alpha 通道用于保存选区范围，同时不会影响图像的显示和印刷效果。在“通道”面板中单击“创建新通道”按钮，可新建一个 Alpha 通道。若在创建完选区后单击“将选区创建为通道”按钮，即可新建 Alpha 通道并存储选区，如图 10-53 所示，即为创建 Alpha 1 通道后的效果。

图 10-51　“荷花.jpg”图片

图 10-52　“通道”面板

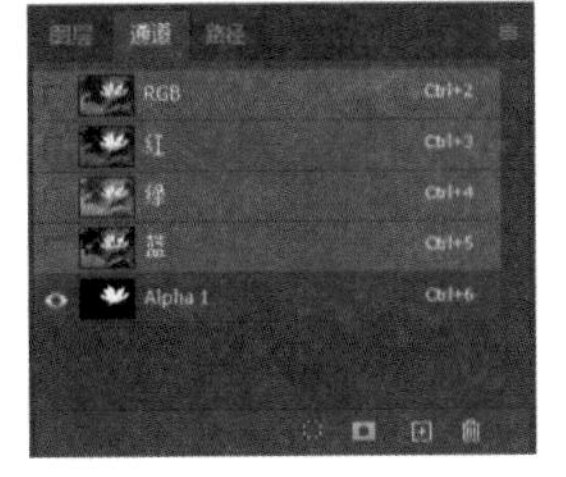

图 10-53　创建 Alpha 1 通道

### 3. 临时通道

临时通道是临时存在的通道，用于暂时保存选区信息，在创建图层蒙版、调整图层后或进入快速蒙版模式编辑状态下都会产生一个临时通道。在“图层”面板中选择创建的调整图层，此时在“通道”面板中出现临时通道。

打开“素材\第 10 章\荷花.jpg”图片，创建“色阶 1”调整图层。在“图层”面板中单击“色阶 1”调整图层，如图 10-54 所示。此时在“通道”面板中可以看到“色阶 1 蒙版”临时通道，如图 10-55 所示。

### 4. 专色通道

专色通道是可以保存专色信息的通道，可作为一个专色版应用到图像和印刷中。在“通道”面板中单击右上角的“扩展”按钮，在打开的快捷菜单中选择“新建专色通道”命令，可打开“新建专色通道”对话框。在该对话框中设置通道名称和油墨颜色，如图 10-56 所示，单击“确定”按钮，在“通道”面板中创建专色通道，如图 10-57 所示。

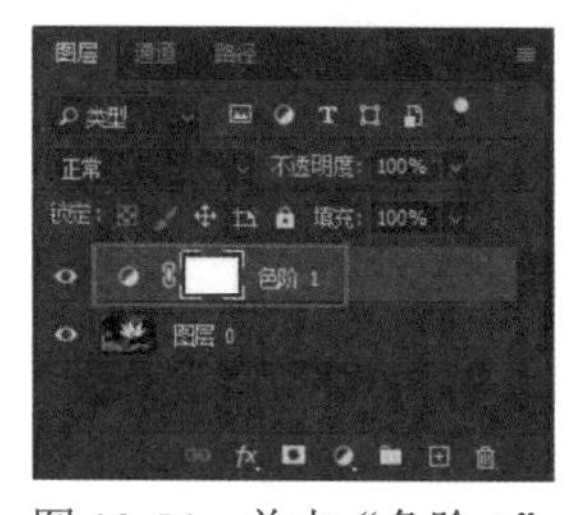

图 10-54　单击“色阶 1”调整图层

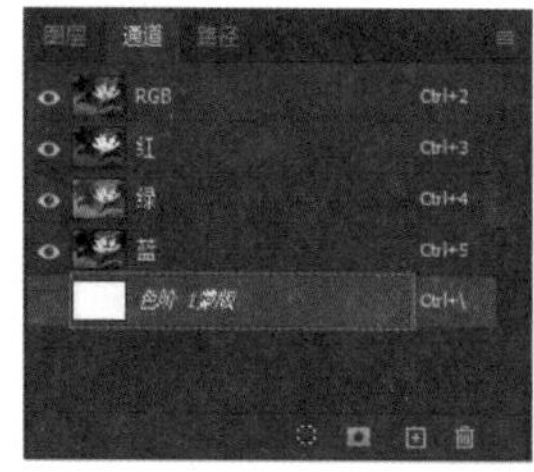

图 10-55　“色阶 1 蒙版”临时通道

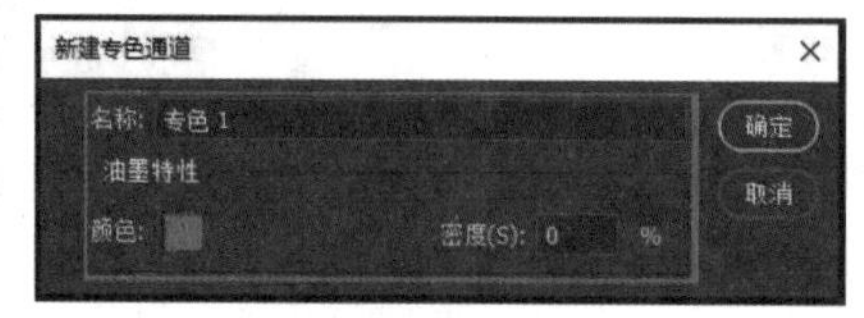


图 10-56　“新建专色通道”对话框

图 10-57　创建专色通道

## 10.3.3　复制通道

在“通道”面板中直接编辑颜色通道，会改变图像的色彩效果，所以当需要利用颜色通道创建选区时，先复制颜色通道再进行编辑。复制通道可通过面板菜单中的“复制通道”命令来完成。

选择颜色通道后，单击“通道”面板右上角的扩展按钮，在打开的快捷菜单中选择“复制通道”命令，如图 10-58 所示，打开“复制通道”对话框，在该对话框中设置通道名称，如图 10-59 所示，单击“确定”按钮后即可复制选择的颜色通道，如图 10-60 所示。

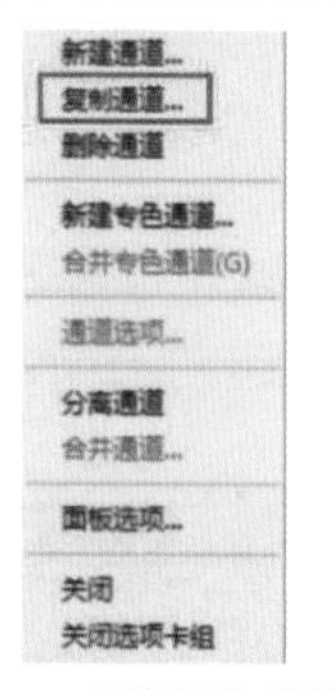


图 10-58　“扩展”快捷菜单

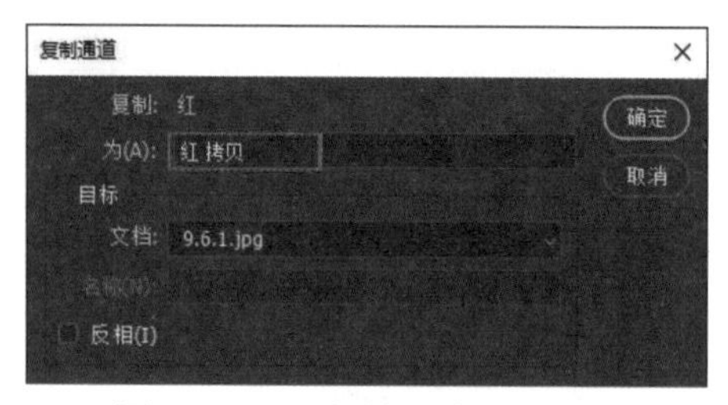


图 10-59　“复制通道”对话框

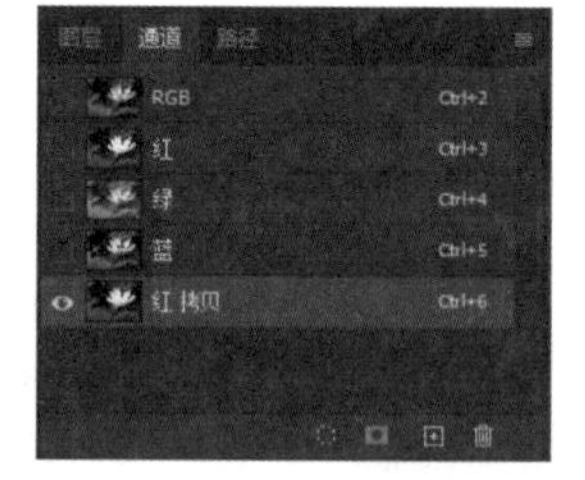

图 10-60　复制后的“通道”面板

**提示**

在“通道”面板中选择颜色通道后，向下拖动到“创建新通道”按钮上，可快速复制通道，这与在“图层”面板中快速复制图层的操作方法类似。

## 10.3.4　通道与选区的转换

若要将通道转换为选区，在“通道”面板中选择某个存储图像的颜色通道，如图 10-61 所示，单击“通道”面板底部的“将通道作为选区载入”按钮，如图 10-62 所示，即可根据选择的颜色通道的灰度值创建选区，通道中的白色为选择区域、灰色为半透明区域、黑色为未选择区域，画面效果如图 10-63 所示；或者按住 Ctrl 键，单击“通道”面板中的颜色通道缩览图，也可将通道转换为选区。

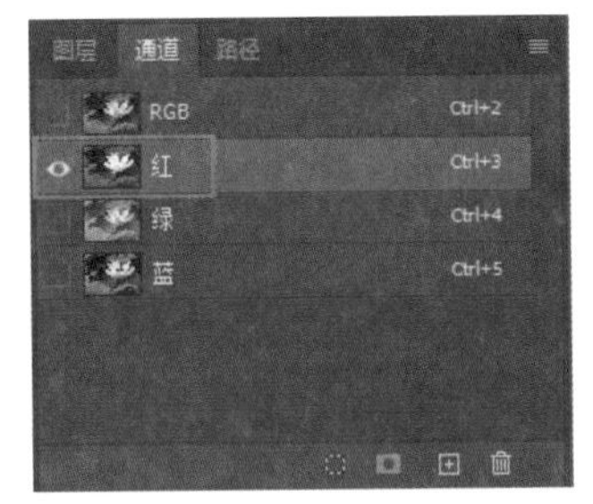


图 10-61　选择颜色通道

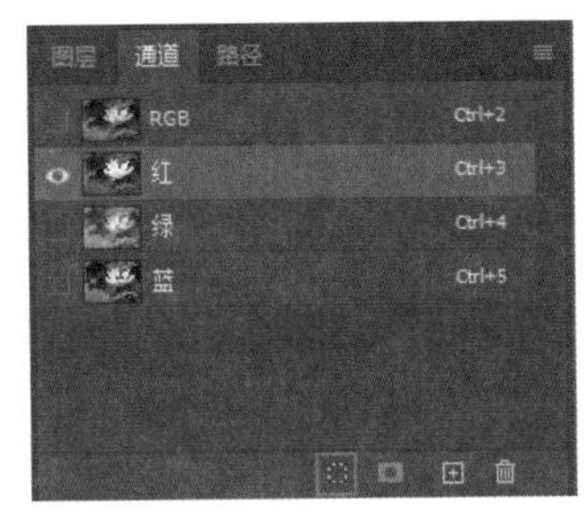


图 10-62　将通道转换为选区

图 10-63　画面效果

## 10.3.5　应用图像

利用“应用图像”命令可将图像的图层和通道“源”与现用图像的“目标”图层和通道相互混合，起到更改图像色调的作用。在菜单栏中选择“图像”→“应用图像”命令，在打开的“应用图像”对话框中设置应用图像的源、图层及混合模式，设置完成后单击“确定”按钮，如图 10-64 所示。图像将转换为黑白效果，如图 10-65 所示。

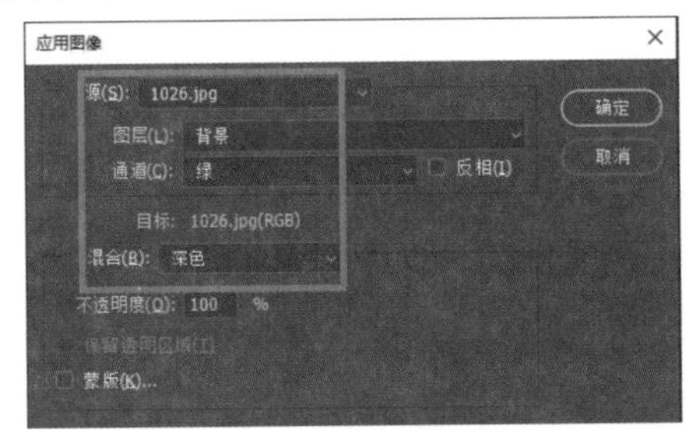


图 10-64　“应用图像”对话框

图 10-65　使用“应用图像”命令调节色调的效果对比

## 10.3.6　计算通道

使用“计算”命令可将图像中的一个或两个不同通道进行混合，计算后可得到一个新通道、新文档或选区。

打开“素材 \ 第 10 章 \ 光点 .jpg”文件，按 Ctrl+A、Ctrl+C 快捷键全选并复制图像，再打开“素材 \ 第 10 章 \ 近景女人 .jpg”文件，按 Ctrl+V 快捷键，粘贴光点图像，得到“图层 1”图层。在菜单栏中选择“图像”→“计算”命令，在打开的“计算”对话框中设置用于计算的通道及通道计算结果的存储方式等选项，如图 10-66 所示。单击“确定”按钮，进行计算后即可混合得到黑、白、灰显示的效果，如图 10-67 所示。

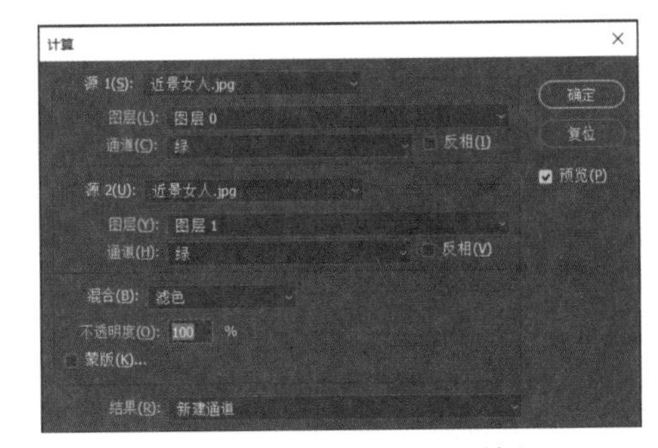


图 10-66　“计算”对话框

图 10-67　计算后的效果

## 10.3.7 案例：利用通道选择和合成图像

若要图像展现肌理合成效果，可利用通道的计算功能，将两个图像的颜色通道进行混合，得到新的通道效果。本案例在人物画面中复制混合的通道图像，得到带有肌理的人物影像，再对画面进行颜色调整，调出神秘的暗蓝色，效果对比如图 10-68 和图 10-69 所示。

图 10-68　素材文件

图 10-69　最终效果

01 在菜单栏中选择“文件”→“打开”命令，或按 Ctrl+O 快捷键，打开“素材 \ 第 10 章”文件夹中的“坐着的女人 .jpg”和“背景 .jpg”文件。在“坐着的女人”文件中执行“图像”→“计算”命令，打开“计算”对话框 ( 注：只有两幅图像的尺寸和分辨率相同，才可以进行计算 )。

02 在“计算”对话框中设置“源 1”为“坐着的女人 .jpg”、“源 2”为“背景 .jpg”、“通道”为“蓝”、“混合”为“滤色”，如图 10-70 所示。

03 单击“确定”按钮，计算结果将显示在“通道”面板中，可查看通过计算得到的 Alpha 1 通道，如图 10-71 所示。在图像窗口中可看到通过计算得到的特殊的画面效果，如图 10-72 所示。

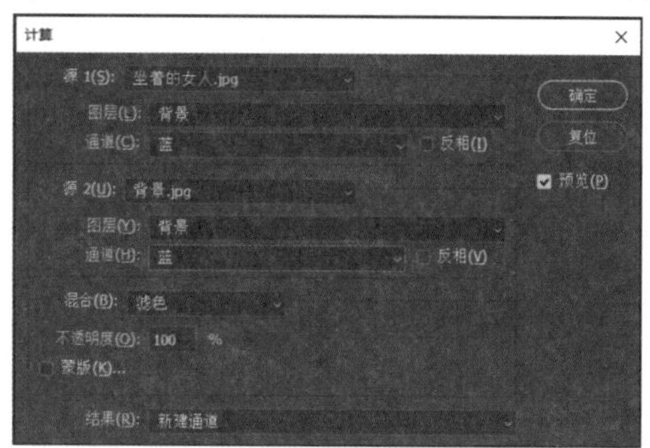


图 10-70　“计算”对话框

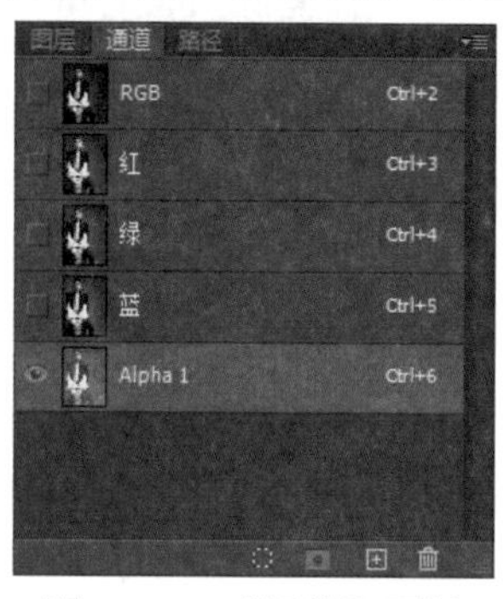


图 10-71　“通道”面板

图 10-72　画面效果

04 按 Ctrl+A、Ctrl+C 快捷键，全选并复制通道图像，在“通道”面板中单击 RGB 通道，如图 10-73 所示，显示原图像通道，并按 Ctrl+V 快捷键，粘贴复制的图像，得到“图层 1”图层，如图 10-74 所示。

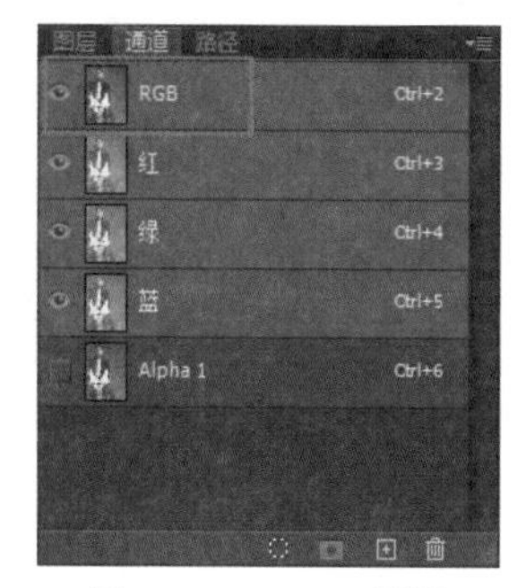


图 10-73　RGB 通道

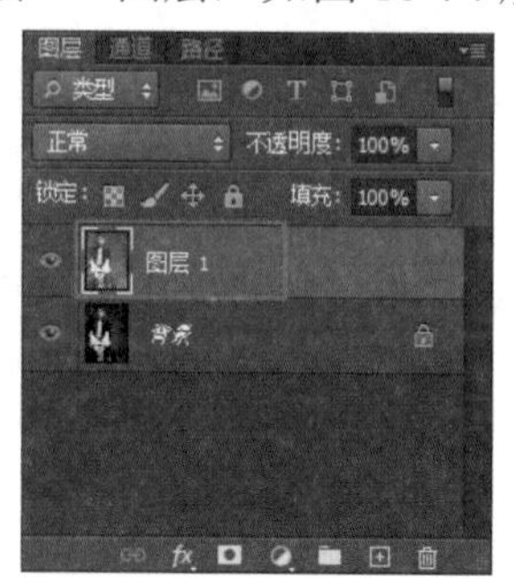


图 10-74　粘贴复制的图像

**05** 复制“背景”图层，得到“背景 拷贝”图层，❶ 将“背景拷贝”图层向上移至“图层 1”的上方，❷ 设置其图层混合模式为“颜色”，如图 10-75 所示，混合图层后可看到人物图像混合出的色彩效果，如图 10-76 所示。

图 10-75　复制、移动图层并设置混合模式

图 10-76　色彩效果

**06** 在“调整”面板中单击“色彩平衡”按钮，如图 10-77 所示，创建“色彩平衡 1”调整图层。在“属性”面板中选择“色调”为“阴影”，下方的各项参数依次设置为 0、0、+40，如图 10-78 所示。

**07** 选择“色调”为“高光”，下方的各项参数依次调整为 +10、0、+60，如图 10-79 所示，调出蓝色调画面效果，如图 10-80 所示。

**08** 在“调整”面板中单击“色阶”按钮，如图 10-81 所示，创建“色阶 1”调整图层。在“属性”面板中输入的各项参数依次为 5、0.8、250，如图 10-82 所示。最终画面效果如图 10-69 所示。

图 10-77　单击“色彩平衡”按钮

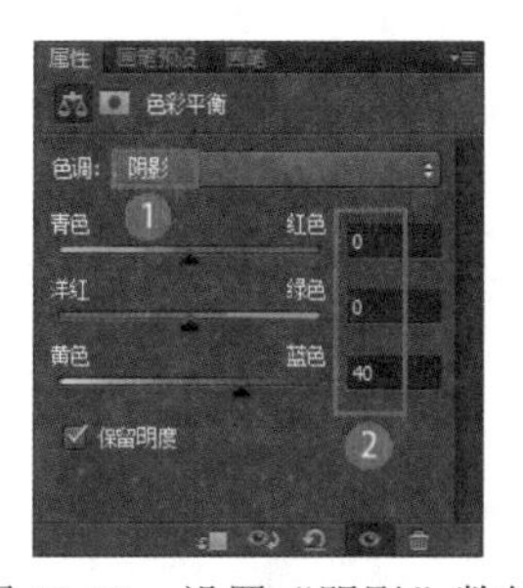


图 10-78　设置“阴影”数值

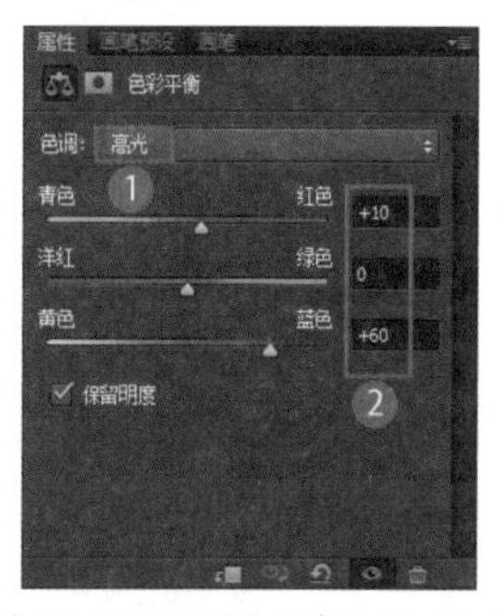


图 10-79　设置“高光”数值

图 10-80　蓝色调画面效果

图 10-81　单击“色阶”按钮

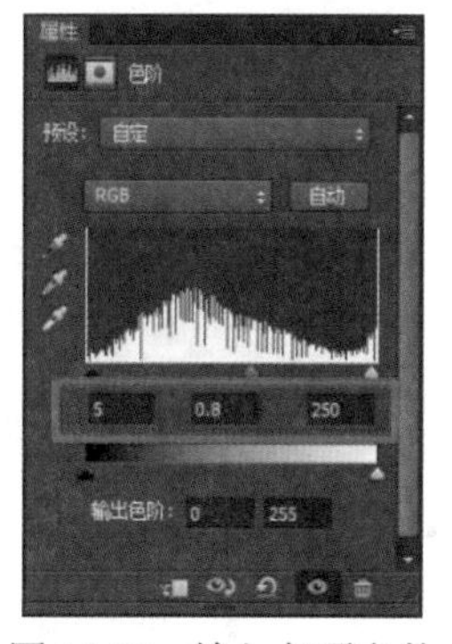


图 10-82　输入各项参数

# 第11章 滤镜的设置与使用

使用滤镜能够制作出千变万化、丰富多彩的图像特效，被喻为 Photoshop 的万花筒。滤镜能在瞬间完成许多令人眼花缭乱的效果，如模拟各种绘画艺术中的不同表现：印象派绘画、马赛克拼贴、水光异彩的水彩画、充满立体感的金属浮雕等，还能模拟真实的玻璃和胶片效果，添加各种独一无二的光晕，通过扭曲和模糊等命令渲染气氛。因此，滤镜在图像处理中具有举足轻重的作用。

# 11.1 认识滤镜

Photoshop 的滤镜种类繁多，设置和应用的效果也各不相同，但是在使用方法上大同小异，了解和掌握这些使用方法，对提高滤镜的使用效率大有裨益。

## 11.1.1 滤镜概述

### 1. 滤镜的概念

Photoshop 滤镜从根本上讲，是一种插件的模块，它能够迅速操纵图像中的各个像素块。照片是一种位图，通过将它放大，不难发现，位图是由一个个像素点组成的，因此每一个像素都有自己的位置和色值，滤镜的实质就是通过改变这些像素的位置和颜色来实现各种各样的特效。

### 2. 滤镜的种类

滤镜分为内置滤镜和外挂滤镜两大类。内置滤镜是指由 Photoshop 自身提供的各种滤镜，而外挂滤镜则是由其他厂商开发的特色滤镜，它们需要另行安装在 Photoshop 中才能被使用。本章讲解 Photoshop 内置滤镜的设置与使用。

### 3. 滤镜的使用

掌握滤镜的使用规则和技巧，可以有效地避免操作上的失误。

(1) 使用规则

① 使用滤镜处理多图层的图像时，先选中需要编辑的图层，并且保持该图层的可见状态，即缩览图前显示👁图标。

② 滤镜同绘画工具一样，只能处理当前选择图层中的图像，不能同时处理多个图层中的图像。

③ 滤镜的处理效果以像素为单位，即使设置相同的参数，由于处理不同分辨率的图像，其最终效果也会有所不同。

④ 只有“云彩”滤镜可以应用在没有像素的区域，其他滤镜都必须应用在包含像素的区域，否则不能使用这些滤镜 ( 外挂滤镜除外 )。

⑤ 如果已创建选区，滤镜只处理选择的图像；如果未创建选区，则处理当前图层中的全部图像。

(2) 使用技巧

① 在“滤镜”对话框中设置参数时，按住 Alt 键，“取消”按钮会变成“复位”按钮，如图 11-1 所示，单击该按钮，可以将参数恢复为初始状态。

图 11-1　“滤镜”对话框中的“取消”与“复位”按钮

② 使用一个滤镜后，“滤镜”菜单中会出现该滤镜的名称，单击它或按 Ctrl+F 快捷键可以快速应用这个滤镜。如果要修改滤镜参数，可以按 Alt+Ctrl+F 快捷键打开相应的对话框重新设定。

③ 应用滤镜的过程中，如果要终止处理，可以按 Esc 键。

④ 使用滤镜处理图像后，在菜单栏中选择“编辑”→“渐隐”命令，可以继续修改滤镜效果的不透明度与混合模式，如图 11-2 所示。

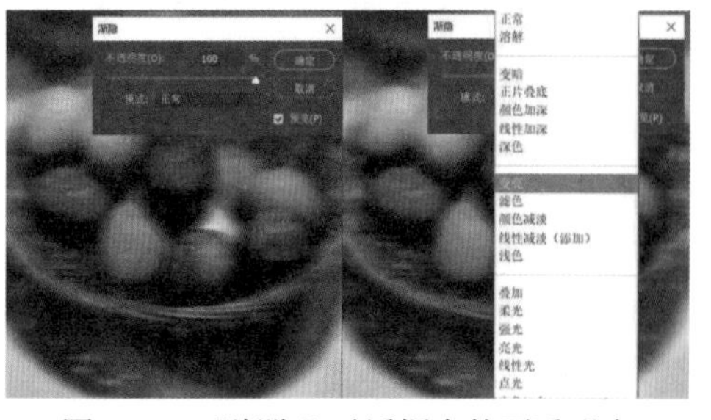

图 11-2　“渐隐”对话框中的不透明度与混合模式

## 11.1.2 提高滤镜的工作效率

有些滤镜使用时会占用大量内存，尤其是将滤镜应用于大尺寸、高分辨率的图像时，处理速度会非常缓慢。

如果图像尺寸较大，可以在图像上选择部分区域试验滤镜效果，得到满意的结果后，再应用于整幅图像。如果图像尺寸很大，而且内存不足时，可将滤镜应用于单个通道中的图像。在运行滤镜之前，建议先选择菜单栏中的“编辑”→“清理”→“全部”命令，释放内存，将更多的内存分配给 Photoshop。如果需要，可关闭其他正在运行的应用程序，以便为 Photoshop 提供更多的可用内存，提高滤镜速度，尤其在使用“光照效果”“木刻”“染色玻璃”“铬黄”“波纹”“喷溅”“喷色描边”和“玻璃”等滤镜时，更需要提高滤镜速度。

## 11.1.3 案例：模糊背景

本节案例通过制作虚化背景，达到丰富背景、制造动感和模糊的效果，前后效果对比如图 11-3 和图 11-4 所示，帮助读者初步学习滤镜的基本操作方法。

图 11-3 素材文件 图 11-4 使用模糊背景后的效果

**01** 在菜单栏中选择“文件”→“打开”命令，或按 Ctrl+O 快捷键，打开“素材\第 11 章\啤酒瓶 .tif”文件。

**02** 在“通道”面板中，按下 Ctrl 键，单击 Alpha 1 通道的缩览图，载入其选区，如图 11-5 所示。

**03** 在“图层”面板中，新建图层，设置前景色为玫红色 (R:240、G:20、B:160)、背景色为黄色 (R:255、G:255、B:0)。

**04** 在工具箱中选择“渐变”工具并填充渐变，效果如图 11-6 所示。

**05** 按 Ctrl+D 快捷键取消选区，选择填充的渐变背景图层。在菜单栏中选择“滤镜”→“模糊”→“高斯模糊”命令，在弹出的对话框中设置“高斯模糊”参数，如图 11-7 所示。

图 11-5 载入选区

图 11-6 填充渐变

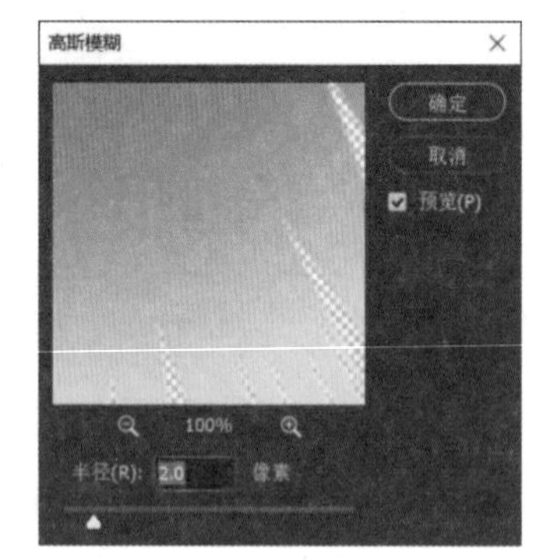


图 11-7 “高斯模糊”对话框

**06** 单击“确定”按钮，关闭对话框，得到模糊的背景，如图 11-8 所示。

**07** 在菜单栏中选择“滤镜”→“模糊”→“径向模糊”命令，在弹出的对话框中按照图 11-9 所示设置参数。

**08** 按 Ctrl+F 快捷键，再次执行“径向模糊”命令，效果如图 11-10 所示。

**09** 按 Ctrl+Alt+F 快捷键，将显示上次应用的“径向模糊”对话框，参数设置及效果如图 11-11 所示，完成实例的制作。

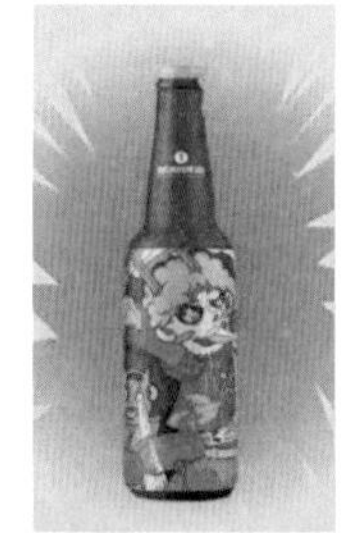
图 11-8　“高斯模糊”效果

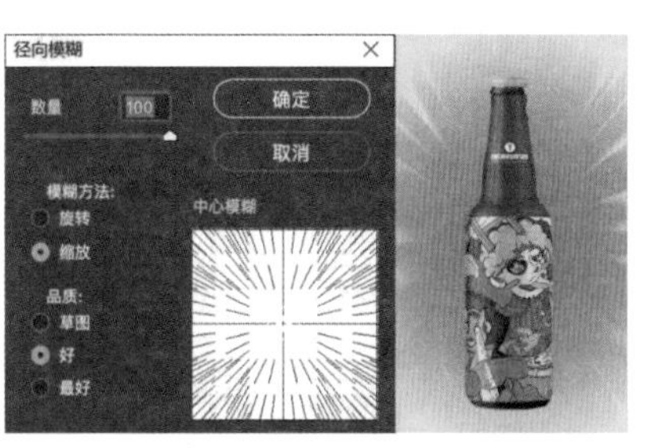

图 11-9　设置“径向模糊”参数

图 11-10　再次执行“径向模糊”命令后的效果

图 11-11　参数设置及效果

## 11.1.4　滤镜库的使用

“滤镜库”不是一个具体的滤镜操作命令，而是将 Photoshop 中提供的部分滤镜整合在一个编辑器内，通过图标的表现形式，把每种滤镜都直观地展示出来。通过单击相应的滤镜命令图标，可以在对话框的预览窗口中查看图像应用该滤镜后的效果，使用起来十分方便。

使用“滤镜库”的优势在于它可以累积应用多个滤镜。“滤镜库”既可以多次应用单个滤镜，还可以重新排列滤镜，并随时更改已应用的每个滤镜设置，通过预览以实现理想的效果。

“滤镜库”中包含的命令和操作非常丰富，下面介绍“滤镜库”对话框的使用方法。

01 在菜单栏中选择“文件”→“打开”命令，或按 Ctrl+O 快捷键，打开“素材 \ 第 11 章 \ 玉米笋 .tif”文件。

02 在菜单栏中选择“滤镜”→“滤镜库”命令，弹出“滤镜库”对话框。单击该对话框左侧的▶按钮，❶展开的区域中可以显示该项的全部效果。单击某滤镜，如❷“调色刀”，则该对话框右侧显示此滤镜的设置信息，其中，滤镜名称在❸所在的位置显示，若不想显示全部类型的滤镜信息，可以通过单击❹所在位置的⌃按钮，进行隐藏，如图 11-12 所示。

03 在“滤镜库”对话框中，按 Ctrl 键，❶“取消”按钮变为“默认值”按钮，该选项方便各项参数恢复到初始设置值。分别单击“缩小”按钮−、“放大”按钮+，❷则图像大小可以进行缩放。在“滤镜库”对话框中，单击“取消”按钮取消命令的应用，单击“确定”按钮确定命令的应用。❸通过单击右下角的“新建”按钮+和“删除”按钮🗑，可进行新滤镜效果的建立和删除，还可以通过拖动的方式，❹调整滤镜的应用顺序。当所有滤镜效果达到满意后，❺单击“确定”按钮，实现最终“滤镜库”预览效果的应用，如图 11-13 所示。

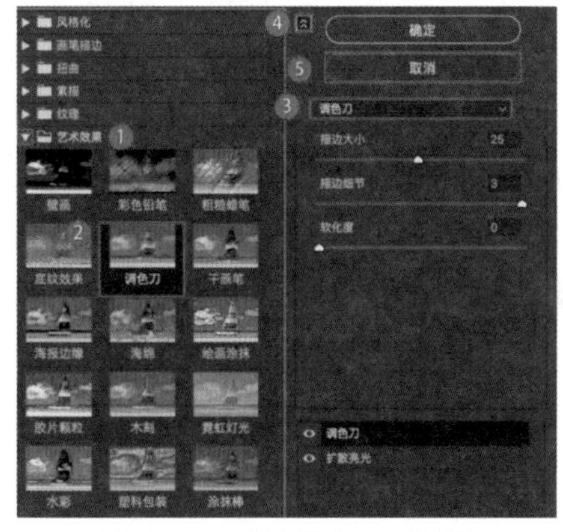

图 11-12　“滤镜库”对话框

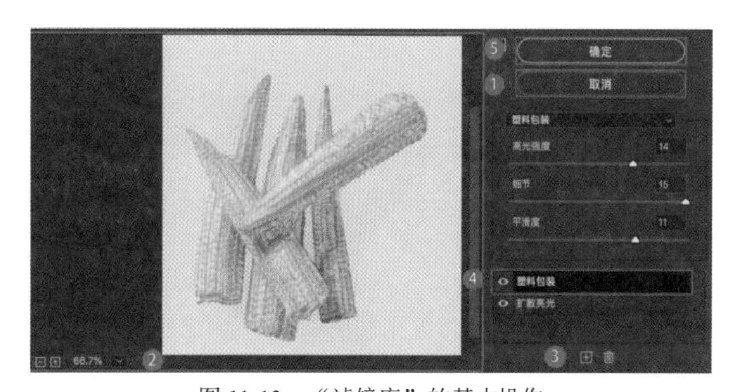

图 11-13　“滤镜库”的基本操作

## 11.1.5　案例：塑料袋中的玉米笋

通过制作一个装在塑料袋中的玉米笋实例，模拟塑料袋的光泽感，如图 11-14 和图 11-15 所示，帮助读者初步学习“滤镜库”的应用。

**01** 在菜单栏中选择“文件”→“打开”命令，或按 Ctrl+O 快捷键，打开“素材 \ 第 11 章 \ 玉米笋 .tif”文件。

**02** 在“图层”面板中，选择并显示“塑料袋”图层中的图像。

**03** 在菜单栏中选择“滤镜”→“滤镜库”命令，弹出“滤镜库”对话框，选择“扭曲”→“玻璃”滤镜，并完成相应设置，如图 11-16 所示。

图 11-14　素材文件

图 11-15　使用滤镜后的塑料袋中的玉米笋效果

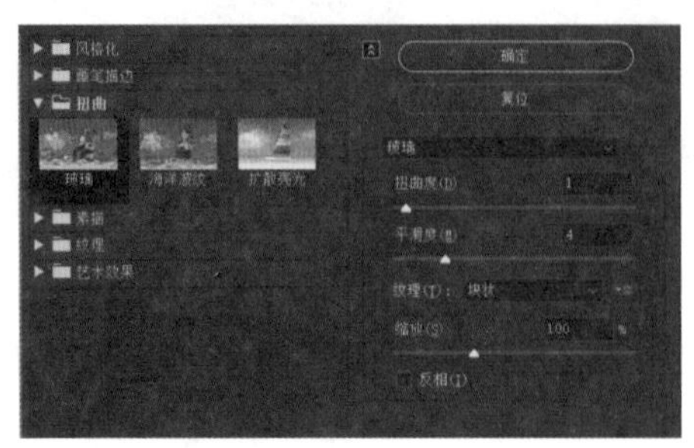

图 11-16　“玻璃”滤镜

**04** 在“滤镜库”中，选择“扭曲”→“扩散亮光”滤镜，并完成相应设置，如图 11-17 所示。设置完成后，单击“确定”按钮，关闭对话框，实现滤镜库的应用。

**05** 在“图层”面板中，❶ 设置图层的混合模式为“线性加深”，❷ 调整“不透明度”为 60%，如图 11-18 所示，制作出塑料袋包装的光泽感。

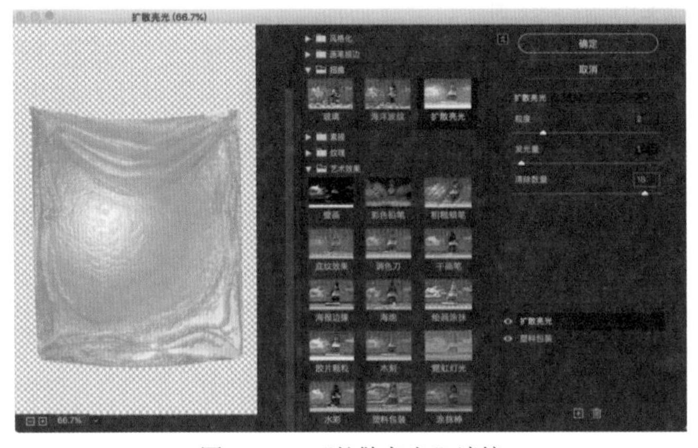

图 11-17　“扩散亮光”滤镜

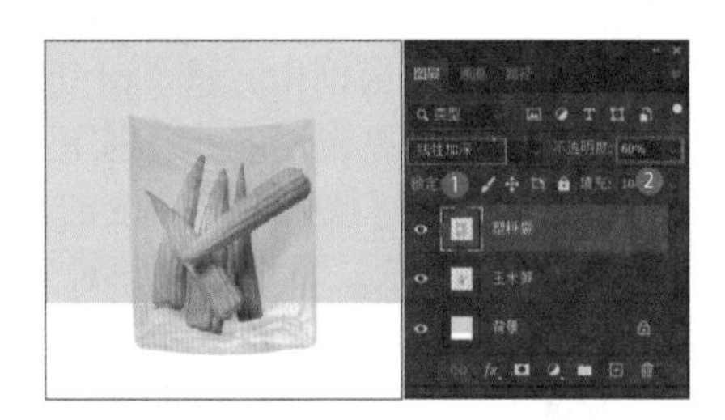

图 11-18　塑料袋中的玉米笋效果

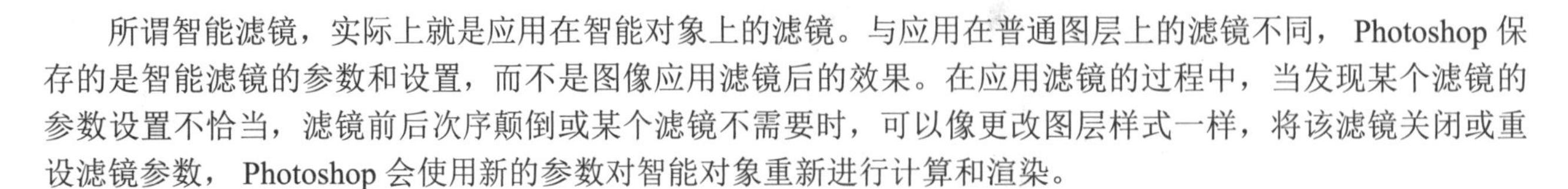

## 11.2 智能滤镜

所谓智能滤镜，实际上就是应用在智能对象上的滤镜。与应用在普通图层上的滤镜不同，Photoshop 保存的是智能滤镜的参数和设置，而不是图像应用滤镜后的效果。在应用滤镜的过程中，当发现某个滤镜的参数设置不恰当，滤镜前后次序颠倒或某个滤镜不需要时，可以像更改图层样式一样，将该滤镜关闭或重设滤镜参数，Photoshop 会使用新的参数对智能对象重新进行计算和渲染。

### 11.2.1 智能滤镜与普通滤镜的区别

在 Photoshop 2020 中，普通的滤镜是通过修改像素来生成效果。如图 11-19 所示为一个图像文件，如图 11-20 所示是为图像添加“镜头光晕”滤镜后的效果，从“图层”面板中可以看到，“背景”图层的像素被修改，如果将图像保存并关闭，就无法恢复为原来的效果。

图 11-19　“镜头光晕”滤镜使用前

图 11-20　“镜头光晕”滤镜使用后

智能滤镜是一种非破坏性的滤镜，它将滤镜效果应用于智能对象上，不会修改图像的原始数据。如图 11-21 所示为添加“镜头光晕”智能滤镜后的效果，与普通的“镜头光晕”滤镜的效果完全相同。

图 11-21　“镜头光晕”智能滤镜使用后

## 11.2.2　案例：怀旧老照片

本节案例通过制作一幅照片的网格样式肌理，表达一种怀旧的感觉，如图 11-22 和图 11-23 所示，帮助用户初步学习智能滤镜的应用。

要启动智能滤镜，首先将图层转换为智能对象。

01 在菜单栏中选择“文件”→“打开”命令，或按 Ctrl+O 快捷键，打开“素材 \ 第 11 章 \ 海星 .tif”文件。

02 在菜单栏中选择“滤镜”→“转换为智能滤镜”命令，将“背景”图层转换为智能对象“图层 0”，如图 11-24 所示。

03 按 Ctrl+J 快捷键复制得到“图层 0 拷贝”图层，如图 11-25 所示。将该图层的前景色设置为橘黄 (R:255、G:140、B:70)，背景色设置为白色 (R:255、G:255、B:255)。

图 11-22　素材文件

图 11-23　使用智能滤镜后的效果

图 11-24　转换为智能对象

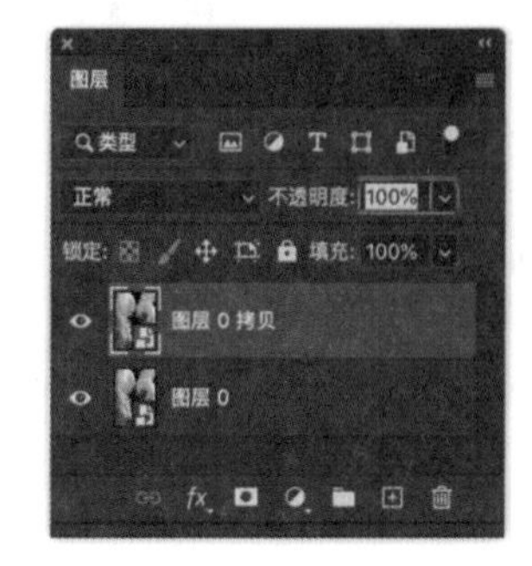



图 11-25　复制得到新图层

04 在菜单栏中选择“滤镜”→“滤镜库”命令，打开“滤镜库”对话框。为对象添加“素描”组中的“半调图案”滤镜，将“图案类型”设置为“网点”，如图 11-26 所示。

05 在菜单栏中选择“滤镜”→“锐化”→“USM 锐化”命令，在打开的“USM 锐化”对话框中对图像进行锐化，使网点变得更清晰，具体参数如图 11-27❶ 所示。

06 设置“图层 0 拷贝”图层的混合模式为“正片叠底”，如图 11-27❷ 所示，完成对照片的智能滤镜应用。

图 11-26 “半调图案”滤镜设置

图 11-27 USM 锐化及效果

## 11.2.3 案例：深入打造老照片效果

照片添加智能滤镜效果后，还可以继续进行修改，以达到更为逼真的效果。下面介绍编辑智能滤镜的使用方法和技巧。

01 在菜单栏中选择“文件”→“ 打开”命令，或按 Ctrl+O 快捷键，打开“素材 \ 第 11 章 \ 海星 2.tif”文件，这是上一个实例的最终效果，如图 11-28 所示。

02 在“图层”面板中双击“图层 0 拷贝”图层的“USM 锐化”智能滤镜，在弹出的“USM 锐化”对话框中修改滤镜参数，如图 11-29 所示，单击“确定”按钮，可得到修改后的效果。

03 在“图层”面板中，❶ 双击“滤镜库”右侧的“编辑滤镜混合选项”按钮，打开“混合选项 ( 滤镜库 )”对话框，❷ 设置滤镜的“模式”为“正常”、❸“不透明度”为 50%，如图 11-30 所示。

图 11-28 素材文件

图 11-29 修改“USM 锐化”参数

图 11-30 “滤镜库”混合选项

04 在“图层”面板中，❶ 单击“滤镜库”左侧的图标，可隐藏该智能滤镜效果，再次单击该图标，可重新显示滤镜效果。在“图层”面板中，❷ 按住 Alt 键的同时将光标放在“图层 0 拷贝”右侧的图标上，从一个智能对象拖到另一个智能对象，❸ 便可复制智能效果，如图 11-31 所示。照片深入打造后的效果如

图 11-32 所示。

图 11-31　复制智能滤镜

图 11-32　深入打造后的效果

## 11.3 独立滤镜

### 11.3.1 “自适应广角”滤镜

使用“自适应广角”滤镜可以矫正相机镜头产生的广角变形问题。在使用广角镜头相机拍摄时，照片图像会出现弧形的变形效果，如果变形严重，照片图像会失真，影响查看效果。此时使用“自适应广角”滤镜中的各种选项设置可以最大程度地减少图像的失真。例如，如图 11-33 所示的图片，广角变形问题比较严重，下面使用“自适应广角”滤镜命令对其进行校正。

图 11-33　广角变形的照片

01 在菜单栏中选择“文件”→“打开”命令，或按 Ctrl+O 快捷键，打开“素材\第 11 章\广角照片 .tif”文件。

02 在菜单栏中选择“滤镜”→“自适应广角”命令，打开“自适应广角”对话框。该对话框的左侧是工具栏，包含了“约束”工具组以及视图调整工具。该对话框的右侧是滤镜的设置选项，可以对图像的变形进行校正。在该对话框左侧工具栏中单击“约束”工具，在图像中单击，建立调整画面的约束路径，调整约束路径中心的控制柄，更改路径曲率，路径调整后会自动变为直线，同时画面产生了扭曲，画面中的弧形扭曲转变为直线，如图 11-34 所示。

图 11-34　“自适应广角”对话框

**03** 在该对话框左侧工具栏中选择“多边形约束”工具，在图像中单击，建立约束多边形以框选楼梯建筑，多边形约束路径建立之后，图像中弧形的楼体匹配为直线状态。该对话框的下端提供了显示网格的控制选项，以及细节预览框，如图 11-35 所示，用户可以根据情况选择使用。设置完毕后单击“确定”按钮，完成滤镜操作。

**04** 使用“裁剪”工具对图像进行裁切，完成图像的调整，效果如图 11-36 所示。

图 11-35　显示网格

图 11-36　裁切后的效果

## 11.3.2 Camera Raw 滤镜

每次将 RAW 格式的图片文件拖入 Photoshop 中时，最先出现的都是 Camera Raw 滤镜操作界面。该操作界面中每一个工具看似非常简单，但将其合理组合使用，足以产生令人眼前一亮的效果。Camera Raw 基础操作面板主要有三大功能区，分别是❶直方图、❷工具箱和❸图像调整选项卡，如图 11-37 所示。

图 11-37　Camera Raw 滤镜操作界面

### 1. Camera Raw 工具箱

Camera Raw 滤镜工作界面右侧提供了多种工具，用来对画面的局部进行处理。

- 编辑工具：用来调整图像的基本色调与颜色品质。
- 污点去除工具：该工具可以使用另一区域中的样本修复图像中选择的区域。
- 调整画笔：使用该工具在画面中限定一个范围，然后在右侧参数设置区中进行设置，以处理局部图像的曝光度、亮度、对比度、饱和度和清晰度等。
- 渐变滤镜：该工具能够以渐变的方式对画面的一侧进行处理，而对画面的另一侧不进行处理，并使两部分之间过渡柔和。
- 径向滤镜：该工具能够突出展示图像特定部分，其功能与“光圈模糊”滤镜类似。
- 消除红眼：其功能与 Photoshop 中的“红眼工具”相同，可用来去除红眼。
- 预设：在该工具中可以将当前图像调整的参数存储为“预设”，然后使用该“预设”快速处理其他图像。
- 抓手工具：当图像放大至超出预览窗口显示范围时，选择该工具，在画面中按住鼠标左键进行拖动，可以调整预览窗口中的图像显示区域。

- 切换取样器叠加：用于检测指定颜色点的颜色信息。选择该工具后，在图像上单击，即可显示该点的颜色信息，最多可显示 9 个颜色点。该工具主要用来分析图像的偏色问题。
- 切换网格覆盖图：以网格形式显示参考线，方便用户定位和调整图片。

### 2. Camera Raw 图像调整选项卡

在 Camera Raw 工作界面的右侧集中了大量的图像调整命令，这些命令被分为多个组，以选项卡的形式显示在界面中，并以常见的文字标签形式显示，单击某一文字标签，即可切换到相应的选项卡，图像调整命令说明如下。

单击右侧的编辑工具，用于显示图像调整选项卡。

- 基本：用于调整图像的基本色调与颜色品质。
- 曲线：用来对图像的亮度、阴影等进行调节。
- 细节：用来锐化图像与减少杂色。
- 混色器：可以对颜色进行色相、饱和度、明亮度等设置。
- 分离色调：可以分别对高光区域和阴影区域进行色相和饱和度的调整。
- 光学：用来去除由镜头造成的图像缺陷，如扭曲、晕影、紫边等。
- 几何：对图像的透视角度、画幅大小进行自动和手动调节。
- 效果：可以为图像添加或去除杂色，还可以用来制作晕影暗角特效。
- 校准：不同相机都有自己的颜色与色调调整设置，拍摄出的照片颜色也会存在些许偏差。在“校准”选项卡中，可以对这些色偏问题进行校正。

### 3. Camera Raw 滤镜的使用

通过 Camera Raw 滤镜可以有效地校正图像的偏色，下面介绍 Camera Raw 滤镜的使用方法。

**01** 在菜单栏中选择“文件”→“打开”命令，或按 Ctrl+O 快捷键，打开“素材\第 11 章\“斗牛场 .tif” 文件。

**02** 在菜单栏中选择“滤镜”→“Camera Raw 滤镜”命令，打开 Camera Raw 滤镜工作界面，❶ 单击图片右下角的按钮，完成原图和效果图之间的切换，使调整前后的效果对比更清晰直观。

**03** 在“基本”选项卡中，参照如图 11-38 所示 ❷ ～ ❹ 的步骤，调整图像基本色调与颜色品质。

**04** 单击“混色器”选项卡，在“调整”下拉列表中选择 HSL 选项，在其中分别调整图像的“色相”“饱和度”和“明亮度”参数，如图 11-39 所示。

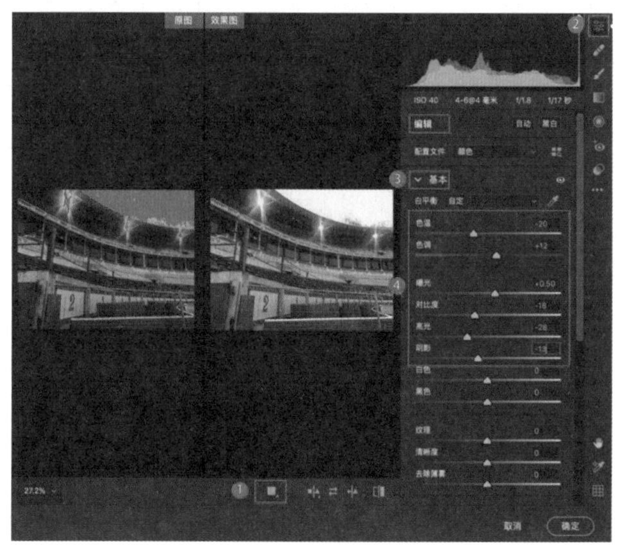


图 11-38　调整色调与颜色品质

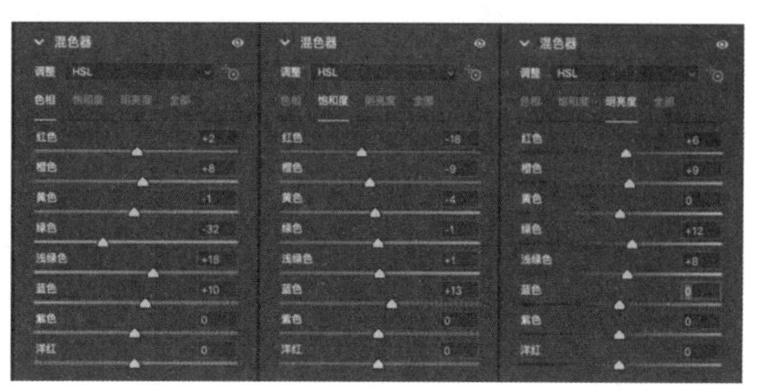


图 11-39　分别调整“色相”“饱和度”和“明亮度”参数

**05** 切换至“效果”选项卡，在其中调整“颗粒”和“晕影”参数，如图 11-40 所示。完成上述设置后，单击“确定”按钮保存操作，完成最终图像的调整。

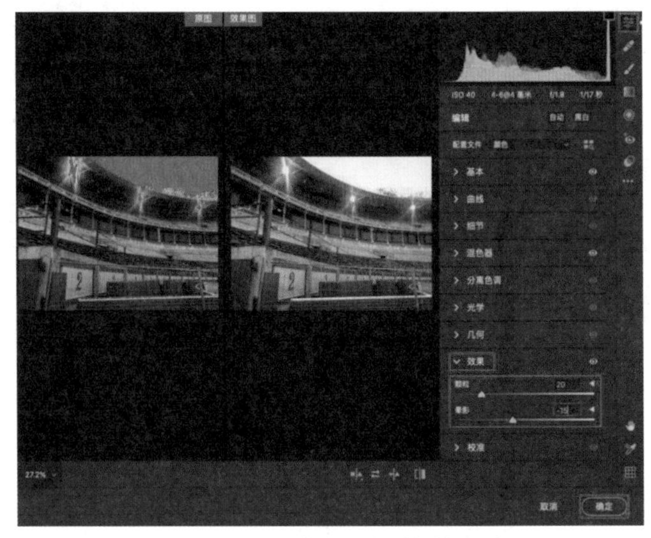

图 11-40 “效果”选项卡的设置

## 11.3.3 “液化”滤镜

使用“液化”滤镜可以将图像内容像液体一样产生扭曲变形，在“液化”滤镜对话框中使用相应的工具，可以推、拉、旋转、反射、折叠和膨胀图像的任意区域，从而使图像画面产生特殊的艺术效果。需要注意的是，“液化”滤镜在“索引颜色”“位图”和“多通道”模式中不可用。下面通过将胡萝卜根须“液化”的案例，介绍“液化”滤镜的使用方法。

**01** 在菜单栏中选择“文件”→“打开”命令，或按 Ctrl+O 快捷键，打开“素材\第 11 章\胡萝卜.tif”文件。

**02** 在菜单栏中选择“滤镜”→“液化”命令，打开“液化”对话框。在“液化”对话框左侧，提供了扭曲变形图像所需要的工具。❶选择“向前变形”工具，将光标移至图像上，此时光标变为一个大圆形，❷大圆是变形范围。

**03** 单击预览窗口中的图像，按住鼠标左键进行拖动，即可将图像中的像素向鼠标移动的方向推动。❸使用“重建”工具，在扭曲的图像上涂抹，可以将其恢复原状。

**04** ❹选择“平滑”工具，涂抹图像，可以使变形变得更加柔和。

**05** ❺选择“顺时针旋转扭曲”工具，在视图中单击并按住鼠标左键一定时间，可在原地按顺时针方向旋转扭曲图像。

**06** 按 Alt 键，可快速切换到“逆时针旋转扭曲”工具，在视图中单击并按住鼠标一定时间，可逆时针旋转扭曲图像。

**07** ❻单击该对话框中的“恢复全部”按钮，可将图像恢复到初始状态。

**08** ❼使用“褶皱”工具在图像中单击并按住鼠标左键，使变形区域中的图像像素向变形中心靠近。其他扭曲工具的使用方法基本相似，这里就不再做详细介绍。

**09** 使用“冻结蒙版”工具在视图中涂抹，然后使用“向前推进”工具扭曲图像，可发现被遮盖住的图像将不受扭曲工具的影响，按 Ctrl+Z 快捷键，撤销上一步操作。❽单击“全部蒙住”按钮，可将整个图像冻结。

**10** ❾使用“解冻蒙版”工具，在图像上单击并拖动，将需要变形扭曲的图像部分的蒙版擦除。参照以上方法，综合使用工具栏中的工具，对图像进行变形，❿单击“蒙版选项”组中的“无”按钮，将蒙版清除，被红色蒙版的图像如图 11-41 所示，没有做任何修改，而没有被蒙版的图像随着鼠标拖动而变形，设置结束后单击“确定”按钮，关闭对话框，完成“液化”滤镜的应用，效果如图 11-42 所示。

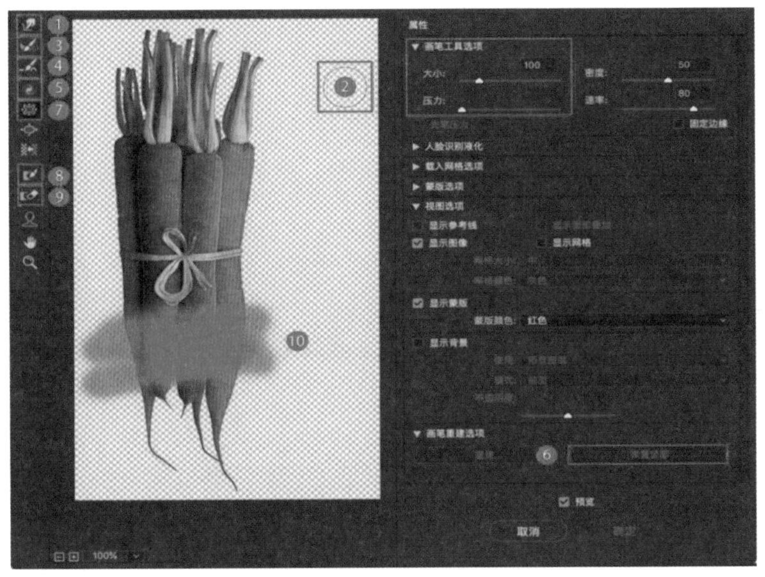

图 11-41　“液化”对话框

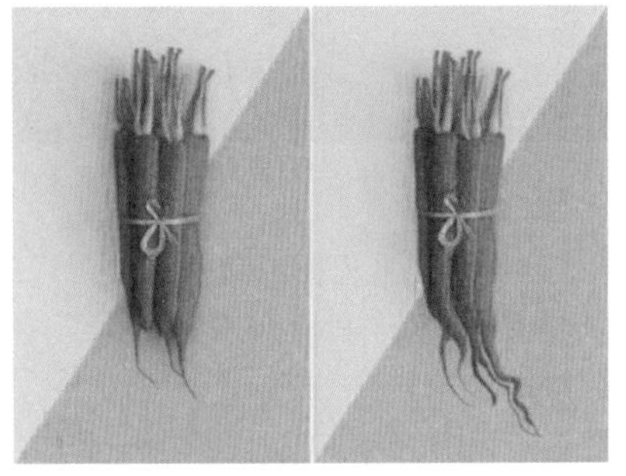

图 11-42　液化滤镜效果

## 11.3.4　“消失点”滤镜

使用 Photoshop 进行图片合成时，往往会遇到透视变形的情况，使用“消失点”滤镜可以运用透视原理，在图像中生成具有透视效果的图像。

01 在菜单栏中选择“文件”→“打开”命令，或按 Ctrl+O 快捷键，打开“素材 \ 第 11 章 \ 路在脚下 .tif”文件。

02 新建一个图层，单击“文字工具”，❶ 在图像中输入文字“无尽的征途”，❷ 具体的字体和字号设置参照图 11-43 所示。

03 选择文字图层，按 Ctrl+A 快捷键全选得到它的选区，按 Ctrl+C 快捷键复制选区内容，按 Ctrl+D 快捷键取消选区，❶ 然后隐藏该图层，使之不可见。

04 ❷ 新建一个空白图层，并且选择这个图层，如图 11-44 所示。

图 11-43　输入文字

图 11-44　隐藏文字

05 在菜单栏中选择“滤镜”→“消失点”命令，在弹出的对话框左上角单击“创建平面工具”，根据公路的透视，依次单击 4 个点，绘制出一个透视平面，如图 11-45 所示。需要注意的是，这个平面尽量符合透视原理，且面积够大，以方便后期的调整。

06 按 Ctrl+V 快捷键把文字复制到左上角，如图 11-46 所示。

图 11-45　创建平面工具的使用

图 11-46　粘贴文字

**07** 把鼠标移到文字位置，拖至下方的消失平面上，这时文字会自动吸附到平面里，拖动改变文字的位置，可以得到不一样大小的透视效果，如果文字太大可以上下拖动，如图 11-47 中的❷～❹文字会自动进行透视缩放。

**08** 最后利用变换工具，❺拖动文字边缘控制框上的控制点以进行文字的放大和缩小操作，如图 11-47 所示。

图 11-47　调节文字大小

**09** 单击“消失点”对话框中的“确定”按钮，返回 Photoshop 主页面，将“图层 1”图层的混合模式改为“叠加”，即可把文字与路面融和起来，如图 11-48 所示。

图 11-48　叠加文字效果

## 11.4 艺术效果滤镜

### 11.4.1 3D 滤镜组

3D 滤镜组中包含两组滤镜命令，分别是生成凹凸图和生成法线图。这两组命令的作用是配合

Photoshop 的 3D 模型生成贴图。对图片应用该滤镜组的命令，图片将转变为贴图图像。

## 11.4.2 “风格化”滤镜组

“风格化”滤镜组中的滤镜命令可以通过置换像素和查找并增加图像的对比度，使照片图像生成手绘图像或印象派绘画的效果。

01 在菜单栏中选择“文件”→“打开”命令，或按 Ctrl+O 快捷键，❶ 打开“素材 \ 第 11 章 \ 花瓣 .tif”文件。

02 在菜单栏中选择“滤镜”→“风格化”命令，其子菜单中显示“风格化”滤镜组的全部命令。它们分别为 ❷ 查找边缘、❸ 等高线、❹ 风、❺ 浮雕效果、❻ 扩散、❼ 拼贴、❽ 曝光过度、❾ 凸出和 ❿ 油画等滤镜命令，效果如图 11-49 所示，其中 ❶ 为原图。

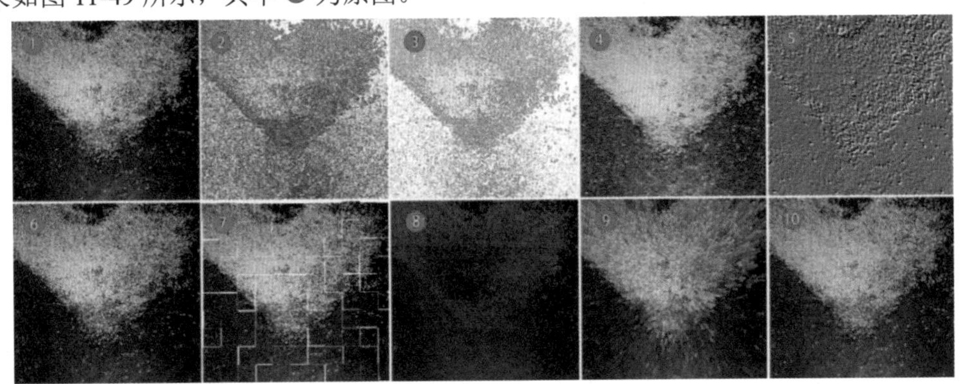

图 11-49　“风格化”滤镜组的滤镜效果

## 11.4.3 “模糊”滤镜组

使用“模糊”滤镜组中的滤镜命令，可以为图像边缘过于清晰或对比度过于强烈的区域添加模糊效果，以产生各种不同的模糊效果。使用选择工具选择特定图像以外的区域进行模糊，可以强调要突出的图像。

在菜单栏中选择“滤镜”→“模糊”命令，打开其子菜单，其中包括 11 种模糊命令，分别为 ❶ 表面模糊、❷ 动感模糊、❸ 方框模糊、❹ 高斯模糊、❺ 进一步模糊、❻ 径向模糊、❼ 镜头模糊、❽ 模糊、平均、特殊模糊和 ❾ 形状模糊，效果如图 11-50 所示。

图 11-51 为应用“表面模糊”命令后得到的效果。模糊滤镜的作用是使图像产生柔和、平滑的过渡效果。

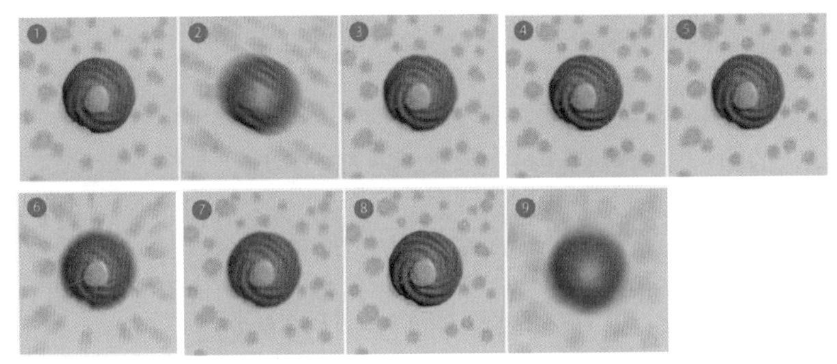

图 11-50　“模糊”滤镜组的滤镜效果

图 11-51　“表面模糊”的滤镜效果

## 11.4.4 案例：滑雪的动感特效

使用“动感模糊”滤镜可以模拟高速跟拍产生的带有运动方向的模糊效果，下面将使用该滤镜为照片添加运动模糊效果，前后效果对比如图 11-52 和图 11-53 所示。

01 在菜单栏中选择“文件”→“打开”命令，或按 Ctrl+O 快捷键，打开“素材 \ 第 11 章 \ 滑雪 .tif”文件。

02 按 Ctrl+J 快捷键复制“背景”图层，得到“图层 1”图层。选择“图层 1”图层，在菜单栏中选择“滤镜”→“转换为智能滤镜”命令，图层缩览图右下角将出现相应图标，如图 11-54 所示。

图 11-52　素材文件

图 11-53　添加“动感模糊”的滤镜效果

图 11-54　复制图层

03 在菜单栏中选择“滤镜”→“模糊”→“动感模糊”命令，弹出“动感模糊”对话框，在该对话框中设置“角度”为 -30°、“距离”为 187 像素，如图 11-55 所示，单击“确定”按钮。

04 在“图层”面板中，单击“智能滤镜”的图层蒙版，如图 11-56 所示。

05 选择工具箱中的“画笔工具”，打开“画笔”面板，选择柔边圆画笔，设置“大小”为 180 像素，设置“硬度”为 50%，将前景色设置为黑色，在画面中人像的位置进行涂抹，如图 11-57 所示，最终效果如图 11-53 所示。

图 11-55　应用“动感模糊”命令

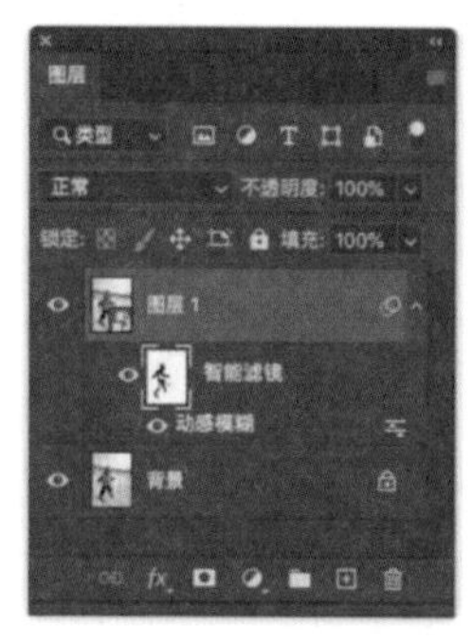

图 11-56　选择“智能滤镜”的蒙版

图 11-57　使用画笔工具

## 11.4.5 “镜头校正”滤镜

“滤镜校正”滤镜通过对各种相机与镜头的测量自动校正，可轻松地消除桶状和枕状变形、相片周边暗角，以及造成边缘出现彩色光晕的色像差。

01 在菜单栏中选择“文件”→“打开”命令，或按 Ctrl+O 快捷键，打开“素材 \ 第 11 章 \ 斗牛场 .tif”图片。

02 在菜单栏中选择“滤镜”→“镜头校正”命令，打开“镜头校正”对话框，❶ 选中“预览”复选框，预览效果。❷ 在“自动校正”选项卡的“搜索条件”栏中，❸ 设置相机的品牌、型号和镜头型号，如图 11-58 所示。此时“校正”栏中的选项变为可用状态，可自动校正需要校正的项目图像。使用“抓手”工具，单击并拖动可预览图像，方便查看图像。

03 ❶ 单击“镜头校正”对话框右侧的“自定”选项卡，设置其各项参数，❷ 精确地校正扭曲，❸ 继续对垂直和水平透视角度进行设置，如图 11-59 所示，设置完毕后，单击“确定”按钮，关闭对话框，实现镜头校正滤镜的应用。

图 11-58　“镜头校正”对话框

图 11-59　“自定”选项卡

## 11.4.6　“模糊画廊”滤镜组

使用“模糊画廊”滤镜组中的滤镜命令，可以模拟照相机在拍照时产生的镜头模糊效果。该滤镜组命令在设置时非常灵活，可以根据用户的需要在图像中创建各种模糊效果，如图 11-60 所示。

图 11-60　“模糊画廊”对话框

“模糊画廊”滤镜组中包括❷场景模糊、❸光圈模糊、❹移轴模糊、❺路径模糊和❻旋转模糊等滤镜，效果如图 11-61 所示，其中❶为原图。

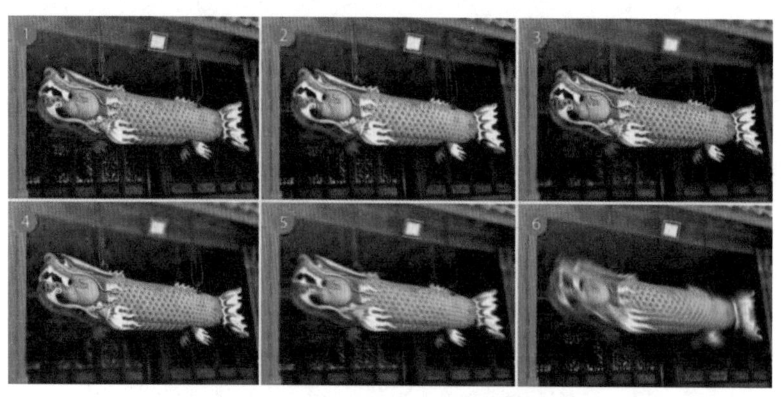

图 11-61 “模糊画廊”滤镜组的滤镜效果

## 11.4.7 “扭曲”滤镜组

扭曲滤镜通过创建三维或其他形体效果对图像进行几何变形，从而创建 3D 或其他扭曲效果。如图 11-62 和图 11-63 所示为扭曲滤镜组中“旋转扭曲”滤镜应用前后的效果。

“扭曲”滤镜组中的滤镜主要是将当前图层或选区内的图像进行各种各样的扭曲变形，比如创建波浪、波纹，以及球面等效果。选择菜单栏中的“滤镜”→“滤镜库”→“扭曲”命令，其子菜单中包含了 9 种滤镜，分别为波浪、波纹、极坐标、挤压、切变、球面化、水波、旋转扭曲和置换滤镜。图 11-64 的❶～❾分别展示了应用这些滤镜命令后的图片效果。

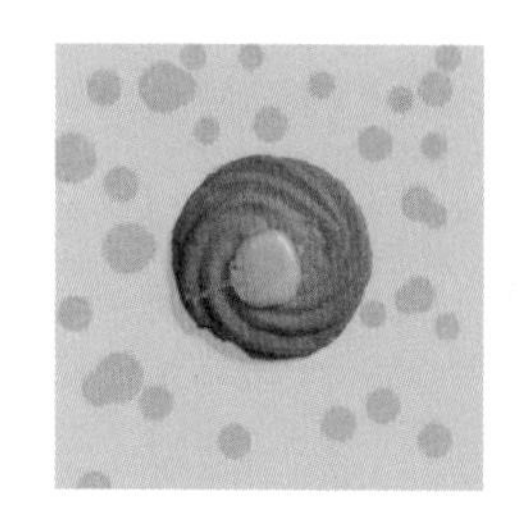

图 11-62 “旋转扭曲”滤镜使用前

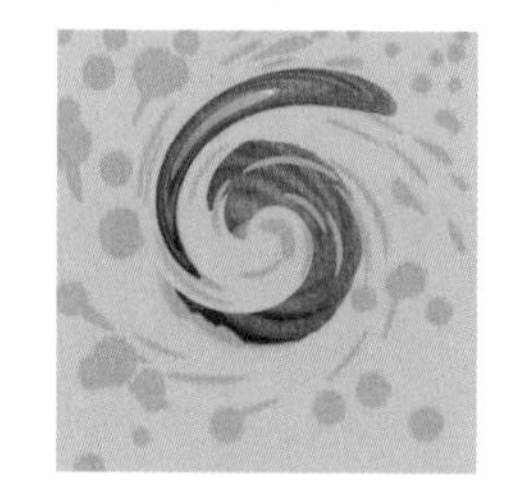

图 11-63 “旋转扭曲”滤镜使用后

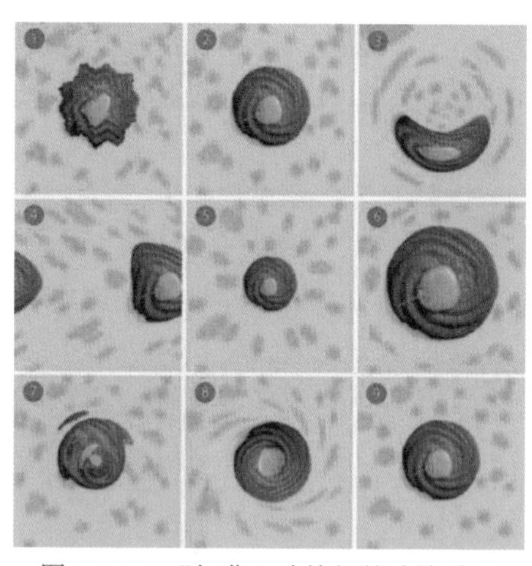

图 11-64 “扭曲”滤镜组的滤镜效果

## 11.4.8 案例：水中的涟漪

下面将主要利用“水波”滤镜来制作水中的涟漪，前后效果对比如图 11-65 和图 11-66 所示。

**01** 在菜单栏中选择“文件”→“打开”命令，或按 Ctrl+O 快捷键，打开“素材 \ 第 11 章 \ 平静湖面 .tif”文件。

**02** 按 Ctrl+J 快捷键复制“背景”图层，得到“图层 1”图层。使用选区工具绘制山脉部分，按 Delete 键将其删除，如图 11-67 所示，接下来只对湖面进行滤镜操作。

**03** 在“图层 1”图层上右击，在弹出的快捷菜单中选择“转换为智能对象”命令，将复制得到的图层转换为智能对象。

**04** 在菜单栏中选择“滤镜”→“扭曲→“水波”命令，在弹出的“水波”对话框中设置“数量”为 74、“起伏”为 20，“样式”选择“水池波纹”，如图 11-68 所示，单击“确定”按钮。

图 11-65　素材文件

图 11-66　添加涟漪效果

图 11-67　复制图层并删除山脉

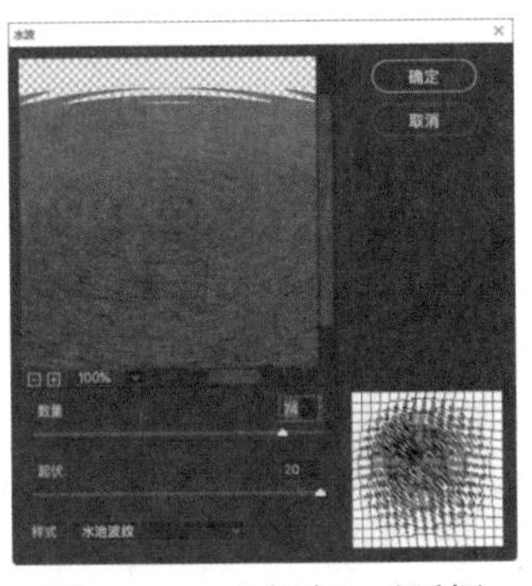

图 11-68　“水波”对话框

**05** 在“图层”面板中选择水波所在的图层，单击“添加图层蒙版”按钮，为该图层创建图层蒙版。将前景色设置为黑色，选择工具箱中的“画笔工具”，打开“画笔”面板，选择“柔边圆”画笔，将画笔调整到合适大小后，在图像中的湖面周围进行涂抹，将湖面周围的涟漪隐去，如图 11-69 所示。

**06** 在菜单栏中选择“文件”→“打开”命令，或按 Ctrl+O 快捷键，打开“素材\第 11 章\天鹅 .png”文件，如图 11-70 所示，将天鹅通过复制、粘贴，拖入文档，调整至合适的大小和位置后，最终效果如图 11-66 所示。

图 11-69　隐去部分涟漪

图 11-70　“天鹅 .png”文件

## 11.4.9　“锐化”滤镜组

“锐化”滤镜组中的滤镜主要是通过增加相邻像素的对比度，使模糊的图像变得清晰、画面更加鲜明，并使图像更加细腻。选择菜单栏中的“滤镜”→“锐化”命令，在其子菜单中显示了“锐化”滤镜组的全部命令，包括防抖、进一步锐化、锐化、❶ 锐化边缘、❷ 智能锐化和 ❸ USM 锐化等滤镜命令，部分滤镜效果如图 11-71 所示。

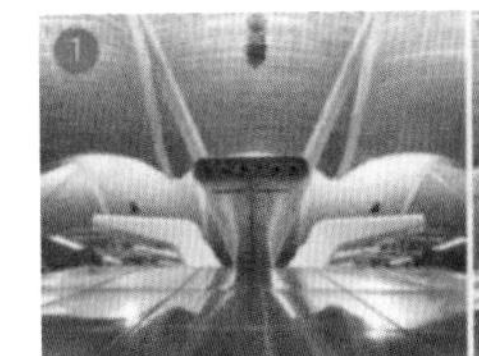

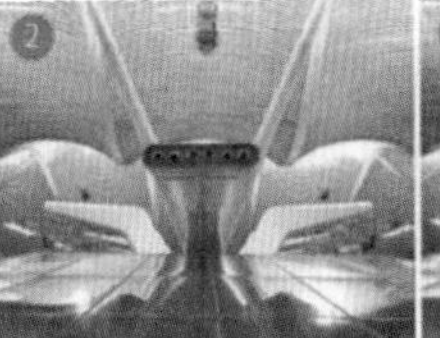

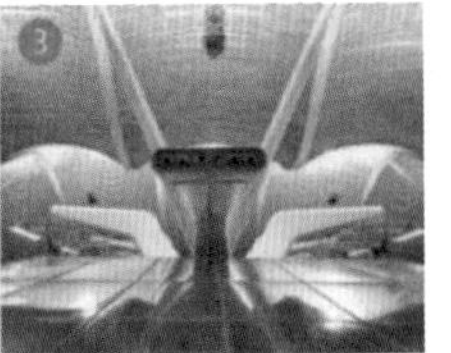

图 11-71　“锐化”滤镜组的部分滤镜效果

## 11.4.10 “视频”滤镜组

“视频”滤镜组属于 Photoshop 的外部接口程序，用来从摄像机输入图像或将图像输入录像带，通过转换图像中的色域，使之适合 NTSC 视频标准色域，以使图像可被接收。

选择菜单栏中的“滤镜”→“视频”命令，其子菜单中包括“NTSC 颜色”和“逐行”两种滤镜命令。因为这两种滤镜只有图像在电视或其他视频设备上播放时才会用到，所以在此就不再举例展示。

## 11.4.11 “像素化”滤镜组

使用“像素化”滤镜组中的滤镜命令，可以将图像中颜色相近的像素结成块，以此来清晰地定义一个选区，可以创建出如手绘、抽象派绘画以及雕刻版画等效果。

在菜单栏中选择“滤镜”→“像素化”命令，在其子菜单中可以看到“像素化”滤镜组的全部命令，包括❷彩块化、❸彩色半调、❹点状化、❺晶格化、❻马赛克、❼碎片和❽铜版雕刻等滤镜命令，效果如图 11-72 所示，其中❶为原图。

图 11-72 “像素化”滤镜组的滤镜效果

## 11.4.12 “渲染”滤镜组

“渲染”滤镜组利用图案和模拟的光反射效果，通过光照效果与灰度图像相配合产生一种特殊的三维浮雕效果。“渲染”滤镜组中的滤镜可以在 3D 空间操纵对象，创建 3D 形状，也可以创建云彩图案、折射图。在菜单栏中选择“滤镜”→“渲染”命令，其子菜单包括 5 种命令，分别为❷分层云彩、❸光照效果、❹镜头光晕、❺纤维和❻云彩滤镜，效果如图 11-73 所示，其中❶为原图。

图 11-73 “渲染”滤镜组的滤镜效果

## 11.4.13 案例：为照片添加唯美光晕

“镜头光晕”滤镜常用于模拟因光照射到相机镜头产生折射而出现的眩光。虽然在拍摄时需要避免眩光的出现，但在后期处理时加入一些眩光能使画面效果更加丰富。使用“镜头光晕”滤镜的前后效果对比如图 11-74 和图 11-75 所示。

**01** 在菜单栏中选择“文件”→“打开”命令，或按 Ctrl+O 快捷键，打开“素材 \ 第 11 章 \ 小花 .tif”文件。由于镜头光晕滤镜需要直接作用于画面，容易对原图造成破坏，因此需要新建图层，并为其填充黑色，然后将图层的混合模式设置为“滤色”，如图 11-76 所示。这样既可将黑色部分去除，又不会对原始画面造成破坏。

**02** 选择“图层 1”图层，在菜单栏中选择“滤镜”→“渲染”→“镜头光晕”命令，在弹出的“镜头光晕”对话框中拖动缩览图中的“+”标志，即可调整光源的位置，并对光源的“亮度”与“镜头类型”进行设置，如图 11-77 所示，调整完成后，单击“确定”按钮，最终效果如图 11-75 所示。

图 11-74　添加光晕前

图 11-75　添加光晕后

图 11-76　添加黑色图层

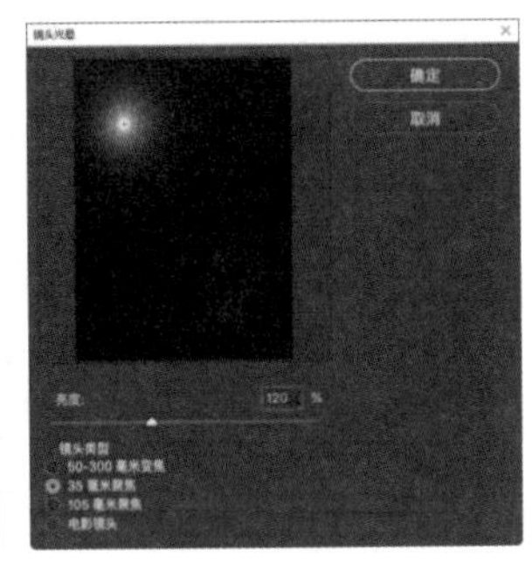

图 11-77　添加镜头光晕

## 11.4.14 “杂色”滤镜组

使用“杂色”滤镜组中的滤镜可以添加或移去图像中的杂色，可以创建与众不同的纹理或移除有问题的区域，如扫描照片上的灰尘和划痕。该组滤镜对图像有优化的作用，因此在输出图像时经常使用其中的“添加杂色”滤镜，将随机像素应用于图像模拟在高速胶片上拍照的效果，“中间值”滤镜在消除或减少图像的动感效果时非常有用。

在菜单栏中选择“滤镜”→“杂色”命令，其子菜单中显示了“杂色”滤镜组的全部命令，包括❶减少杂色、❷蒙尘与划痕、❸去斑、添加杂色和❹中间值，效果如图 11-78 所示。

图 11-78　“杂色”滤镜组的滤镜效果

## 11.4.15 案例：模拟雪景效果

通过“添加杂色”滤镜可以在图像中添加随机的单色或彩色像素点，下面将通过该滤镜打造雪景效果，前后效果对比如图 11-79 和图 11-80 所示。

**01** 在菜单栏中选择“文件”→“打开”命令，或按 Ctrl+O 快捷键，打开“素材 \ 第 11 章 \ 雪景 .tif”文件。

**02** 新建图层，设置前景色为黑色。使用“矩形选框工具”在画面中绘制一个矩形选框，按 Alt+Delete 快捷键填充黑色，然后按 Ctrl+D 快捷键取消选择，如图 11-81 所示。

**03** 选择“图层 2”图层，在菜单栏中选择“滤镜”→“杂色”→“添加杂色”命令，在弹出的“添加杂色”对话框中设置“数量”为 25%，选中“高斯分布”单选按钮和“单色”复选框，如图 11-82 所示，单击“确定”按钮，完成设置。

图 11-79　素材文件

图 11-80　使用“添加杂色”滤镜打造的雪景效果

图 11-81　新建图层

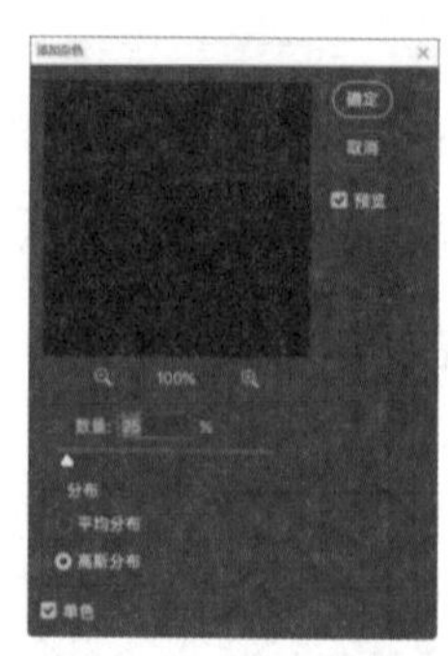

图 11-82　“添加杂色”对话框

**04** 选择“图层 1”图层，使用“矩形选框工具”绘制一个小矩形选区。按 Ctrl+Shift+I 快捷键将选区反选，按 Delete 键删除反选部分的图像。再按 Ctrl+D 快捷键取消选择，此时画面中只留下小部分黑色矩形，如图 11-83 所示。

**05** 按 Ctrl+T 快捷键进行自由变换，将矩形放大至与画面大小一致，如图 11-84 所示。

**06** 在菜单栏中选择“滤镜”→“模糊”→“动感模糊”命令，在弹出的“动感模糊”对话框中设置“角度”为 -40°、“距离”为 30 像素，如图 11-85 所示，单击“确定”按钮。

图 11-83　保留小部分选区

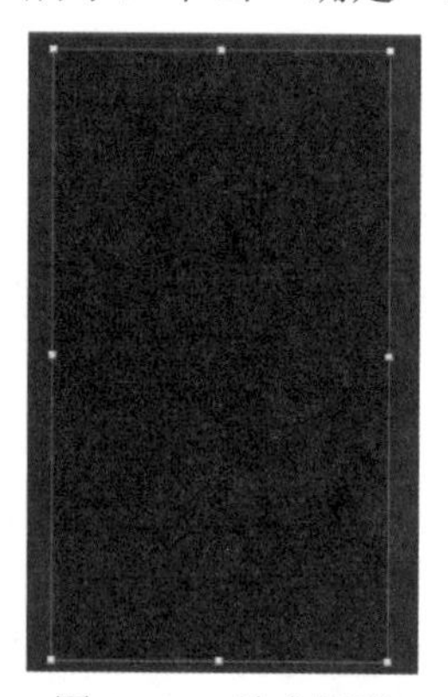

图 11-84　放大矩形

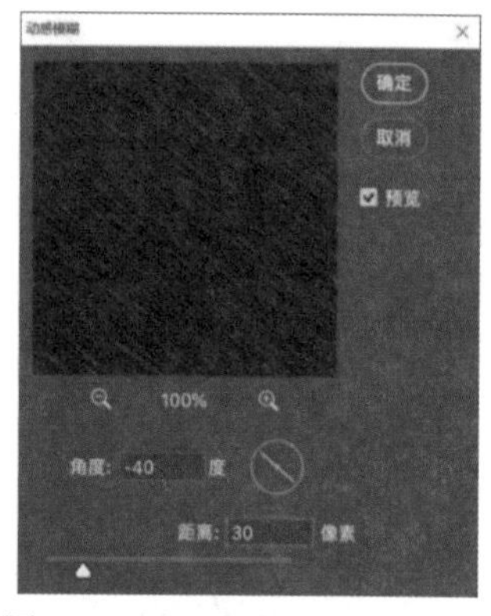


图 11-85　“动感模糊”对话框

**07** 在“图层”面板中设置“图层 2”图层的混合模式为“滤色”、“不透明度”为 75%，如图 11-86 所示。

**08** 按 Ctrl+J 快捷键复制得到“图层 2 拷贝”图层，如图 11-87 所示，然后按 Ctrl+T 快捷键进行自由变换，将其适当放大，使雪更具层次感，最终效果如图 11-80 所示。

图 11-86　设置图层混合模式和不透明度

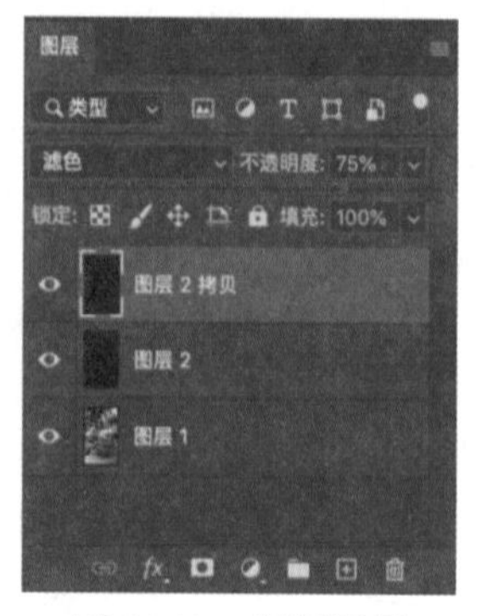


图 11-87　复制图层

## 11.4.16 “其他”滤镜组

“其他”滤镜组中的滤镜用于改变图像像素的排列，允许用户创建自己的滤镜，并可以使用滤镜修改蒙版，在图像中使图像发生位移和快速调整颜色。

在菜单栏中选择“滤镜”→“其他”命令，在其子菜单中显示了 6 种滤镜命令，分别是❶高反差保留、❷位移、❸自定义、❹最大值、❺最小值和❻ HSB/HSL 滤镜，效果如图 11-88 所示，其中“最大值”和“最小值”滤镜对于修改蒙版非常有用。

图 11-88　“其他”滤镜组的滤镜效果

## 11.4.17 综合案例：水墨竹子

水墨竹子案例使用 Photoshop 内置滤镜，将普通照片打造为水墨画，前后效果对比如图 11-89 和图 11-90 所示。

**01** 在菜单栏中选择“文件”→“打开”命令，或按 Ctrl+O 快捷键，打开“素材 \ 第 11 章 \ 竹子 .tif” ”文件。

**02** 按 Ctrl+J 快捷键复制得到“图层 1 拷贝”图层，为该图层执行“图像”→“调整”→“阴影 / 高光”命令，弹出“阴影 / 高光”对话框，选中该对话框左下角的“显示更多选项”复选框，调整“数量”等参数，如图 11-91 所示，单击“确定”按钮。

图 11-89　素材文件

图 11-90　水墨竹子效果

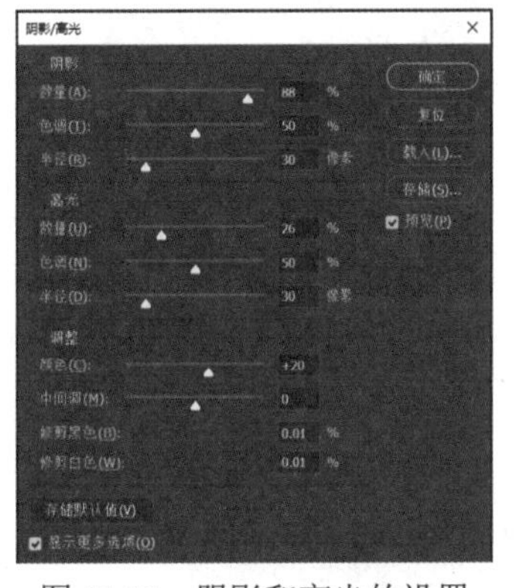

图 11-91　阴影和高光的设置

**03** 在菜单栏中选择“图像”→“调整”→“黑白”命令，在弹出的“黑白”对话框中调整颜色参数，如图 11-92 所示，设置完成后，单击“确定”按钮，此时得到的图像效果如图 11-93 所示。

**04** 按下 Ctrl+J 快捷键，复制得到“图层 1 拷贝 2”图层，如图 11-94 所示。

**05** 在菜单栏中选择“滤镜”→“其他”→“最小值”命令，在弹出的“最小值”对话框中调整“半径”为 2 像素，设置“保留”为“圆度”，如图 11-95 所示，单击“确定”按钮。

**06** 在菜单栏中选择“滤镜”→“滤镜库”命令，在弹出的“滤镜”对话框中选择“画笔描边”中的“喷溅”效果，并设置“喷色半径”为 6，设置“平滑度”为 7，如图 11-96 所示，完成后单击“确定”按钮，此时得到的图像效果如图 11-97 所示。

**07** 在菜单栏中选择“滤镜”→“滤镜库”命令，在弹出的“滤镜”对话框中选择“纹理”中的“纹理化”效果，并将“纹理”设为“画布”，调整“缩放”与“凸现”等参数，如图 11-98 所示，单击“确定”按钮，此时得到的图像效果如图 11-99 所示。

**08** 在“图层 1 拷贝 2”图层单击◪按钮，创建“照片滤镜”调整图层，并在其“属性”面板调整“浓度”参数，如图 11-100 所示。

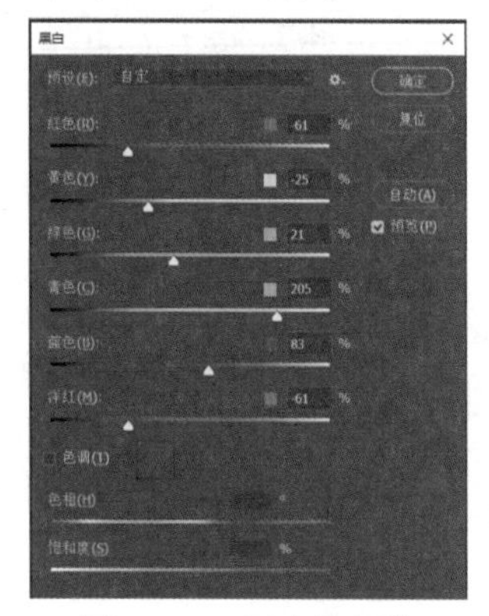


图 11-92　黑白的调整

图 11-93　调整黑白后的效果

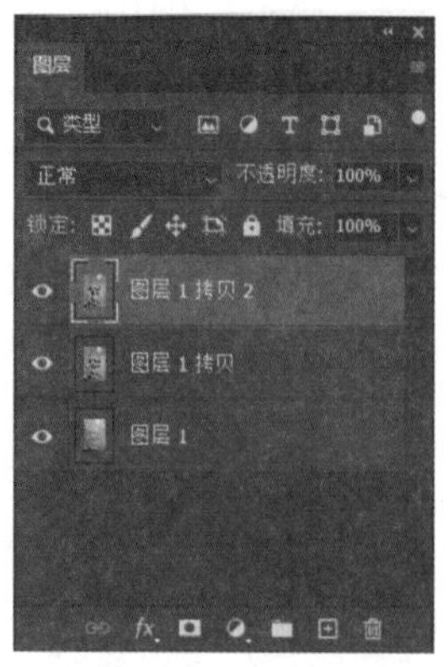


图 11-94　复制图层

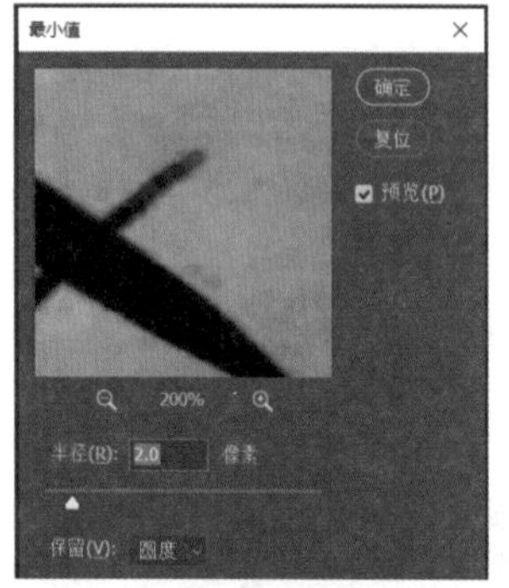


图 11-95　“最小值”滤镜的设置

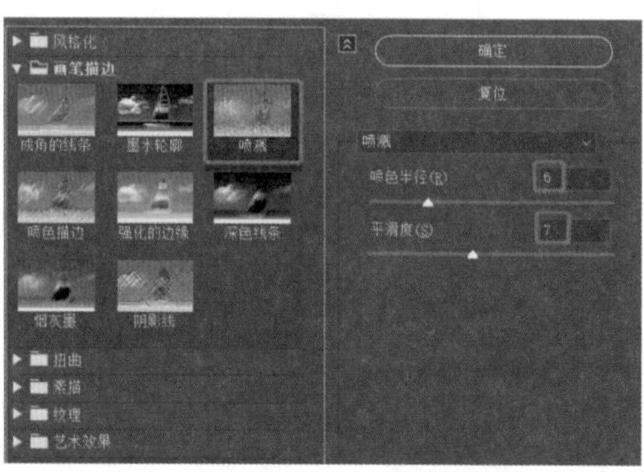


图 11-96　“喷溅”滤镜的设置

图 11-97　添加“喷溅”滤镜后的效果

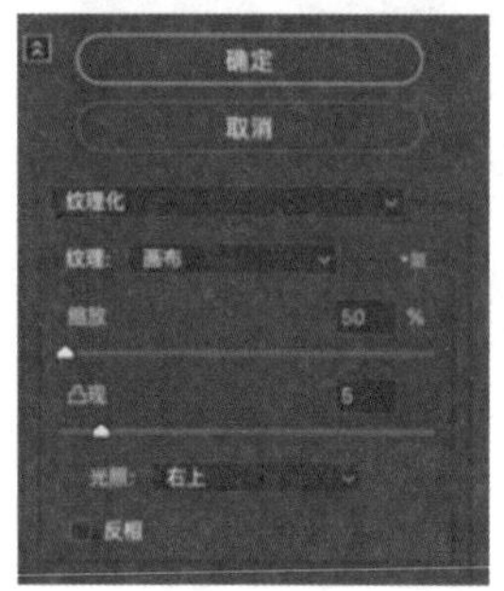


图 11-98　画布纹理的设置

图 11-99　设置画布纹理后的效果

图 11-100　创建“照片滤镜”调整图层

**09** 在菜单栏中选择“图像”→“调整”→“色阶”命令，弹出“色阶”对话框，在该对话框中调整各项参数，如图 11-101 所示，设置完成后，单击“确定”按钮。

**10** 在“图层”面板中，分别选中“图层 1”和“图层 1 拷贝”图层，拖至右下角的删除图标🗑，将这两个图层删除。单击面板右下角的⊞按钮，新建“图层 2”图层，置于图层最底端，如图 11-102 所示。

**11** 选择工具箱中的“裁剪工具”⧠，根据国画装裱的比例，将底图裁剪至理想的尺寸，在“图层”面板中，单击“图层 2”图层，在工具箱中将前景色调整为 R:255、G:250、B:235，按下 Alt+Delete 快捷键进行前景色的填充，如图 11-103 所示。

**12** 将位于顶层的“照片滤镜 1”图层的混合模式更改为“颜色减淡”，将“不透明度”设置为 20%，如图 11-104 所示，使最终的效果更加逼真、自然。

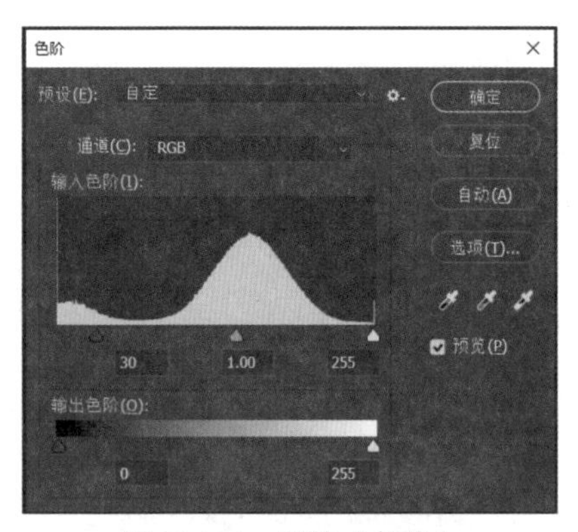

图 11-101　调整“色阶”

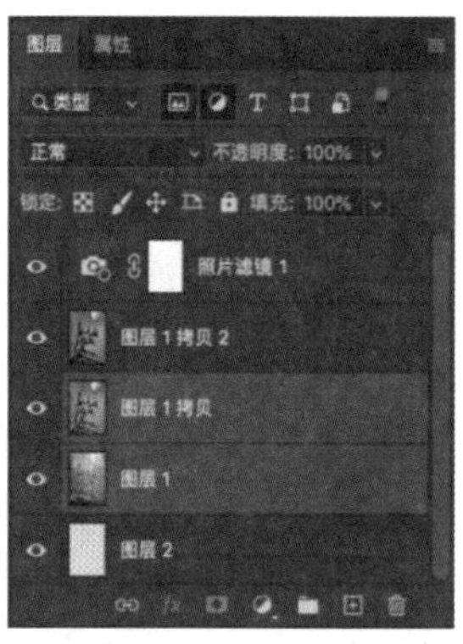

图 11-102　删除与新建图层

图 11-103　制作底图

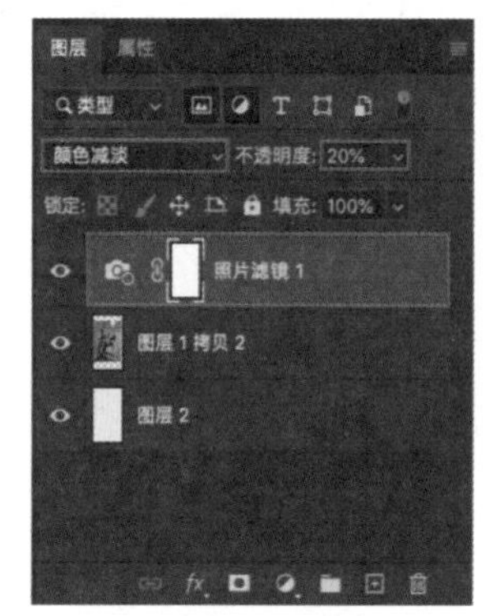

图 11-104　更改混合模式和不透明度

# 第12章 3D功能和动画制作

在 Photoshop 2020 中不仅可以处理平面图像，还可以编辑三维图像、制作动态图像效果。使用 3D 菜单和 3D 面板可对三维图像进行编辑和创建，利用"动画"面板可创建时间轴动画或帧动画。

# 12.1 创建 3D 对象

使用 Photoshop 2020 可直接在 3D 面板中完成多种 3D 对象的创建，也可在 3D 菜单中选择适合的命令进行创建，通过使用 3D 对象的创建功能，可将 2D 图像转换为 3D 明信片或预设的 3D 形状等。

## 12.1.1 创建 3D 明信片

3D 明信片是具有 3D 属性的平面图像，在图像文件中可将 2D 图层转换为 3D 明信片。在 3D 面板中选中“3D 明信片”单选按钮，可以快速将选择的图层内容转换为 3D 明信片图层，此外，也可以通过在菜单栏中选择“3D”→“从图层新建网格”→“明信片”命令进行创建。

### 1. 在 3D 面板中创建

打开“素材 \ 第 12 章 \ 蛋糕 .jpg”文件，在“3D”面板中选中“3D 明信片”单选按钮，再单击“创建”按钮，如图 12-1 所示，即可将 2D 图像转换为 3D 对象，效果如图 12-2 所示。

图 12-1 将 2D 图像转换为 3D 对象

图 12-2 3D 图像效果

### 2. 从菜单命令创建

将 2D 图像打开并选择要转换为明信片的图层，然后在菜单栏中选择“3D”→“从图层新建网格”→“明信片”命令，如图 12-3 所示，即可将选中的图层转换为 3D 明信片效果，如图 12-4 所示。

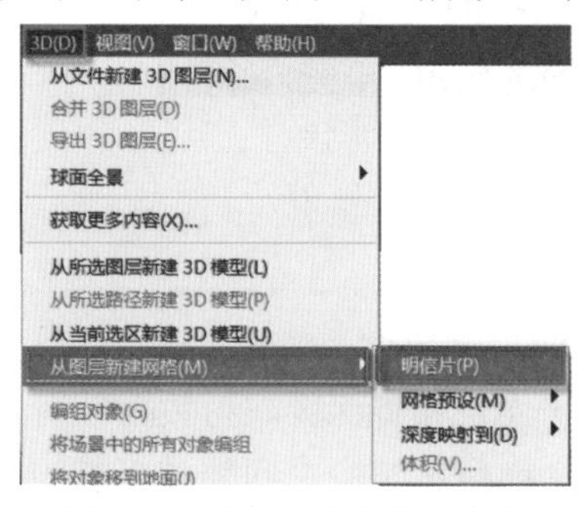


图 12-3 选择“明信片”命令

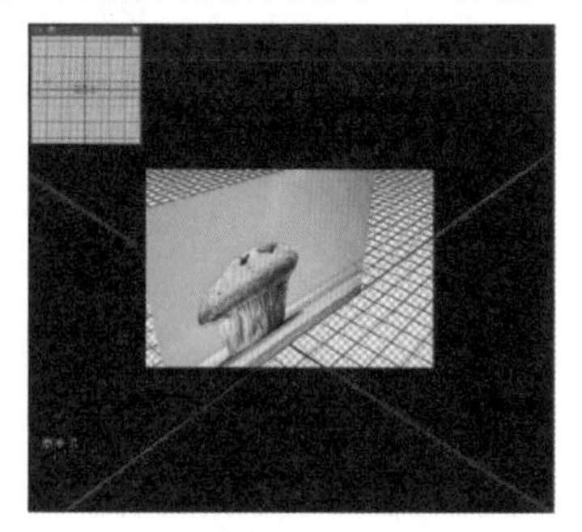

图 12-4 图层转换为 3D 明信片后的效果

**提示**

使用 3D 功能前需要在菜单栏中选择“编辑”→“首选项”→“性能”命令，在打开的“首选项”对话框中选中“使用图形处理器”复选框，启用后才能应用 3D 功能。

## 12.1.2 创建 3D 形状

创建 3D 形状有 2 种方法，一是利用“3D”面板创建 3D 形状；二是利用 3D 菜单创建 3D 形状。

### 1. 在 3D 面板中创建 3D 形状

打开“素材\第 12 章\荷花 .jpg”文件。在“3D”面板中选中“从预设创建网格”单选按钮，单击下方的下拉按钮，打开的下拉列表中提供了多种形状供选择，选择所需的形状，如“锥形”，如图 12-5 所示，单击“创建”按钮，可看到图像被创建为 3D 的圆锥体效果，如图 12-6 所示。

图 12-5　“从预设创建网格”下拉列表中选择“锥形”

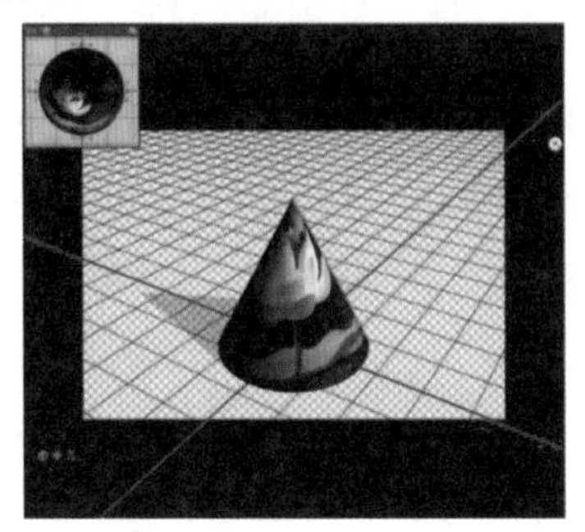

图 12-6　圆锥体效果

### 2. 从 3D 菜单创建形状

打开“素材\第 12 章\荷花 .jpg”文件。在菜单栏中选择“3D”→“从图层新建网格”→“网格预设”命令，在其子菜单中显示了可以创建的 3D 形状，如图 12-7 所示，当执行“帽子”命令后，得到如图 12-8 所示的 3D 帽子形状。

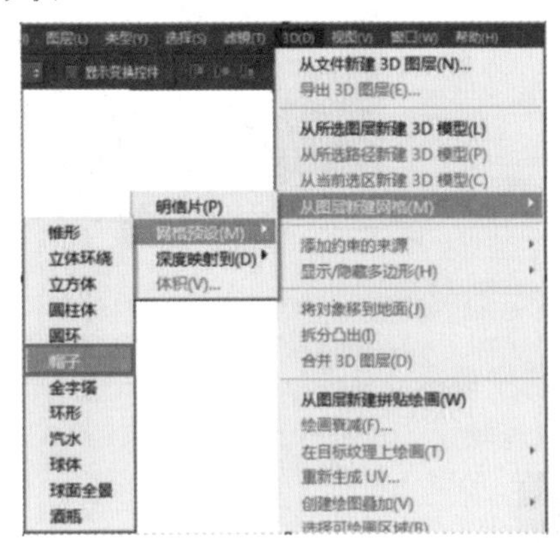


图 12-7　选择“帽子”命令

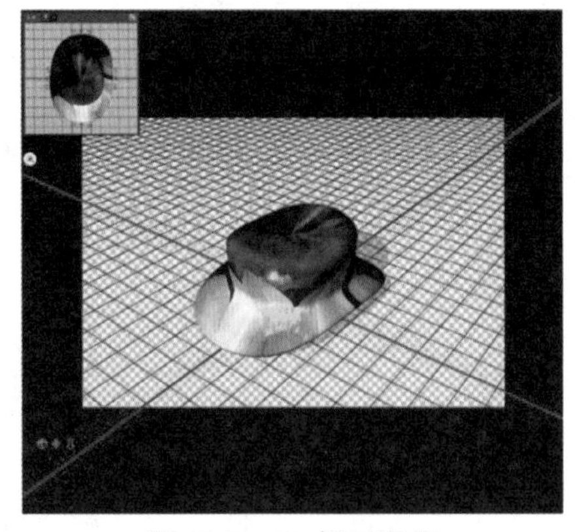

图 12-8　3D 帽子形状

## 12.1.3　创建 3D 网格

Photoshop 2020 拥有平面、双面平面、圆柱体和球体 4 种 3D 深度网格效果。其中“平面”网格将深度映射数据应用于平面表面；“双面平面”网格可创建两个沿中心轴对称的平面，并将深度映射数据应用于两个平面；“圆柱体”网格从垂直轴中心向外应用深度映射数据；“球体”网格从中心点向外呈放射状地应用深度映射数据。

打开“素材\第 12 章\枯树 .jpg”文件，在菜单栏中选择“窗口”→“3D”命令，打开“3D”面板，在该面板中选中“从深度映射创建网格”单选按钮，单击下方的下拉按钮，在下拉列表中选择“圆柱体”，如图 12-9 所示，单击“创建”按钮，将图像设置为圆柱体效果，如图 12-10 所示。

图 12-9　将图像设置为圆柱体效果

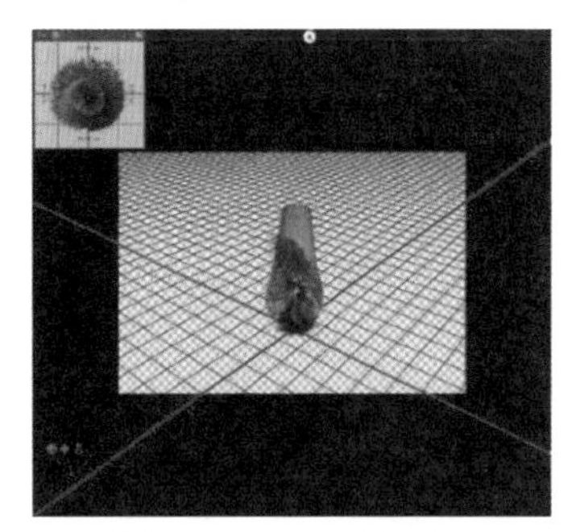
图 12-10　圆柱体效果

## 12.2　3D 对象的设置

创建或打开 3D 对象后将进入 3D 工作区，可对图像做进一步设置，用户可以通过 3D 对象调整工具，对图像进行旋转、移动等调整，还可以利用“3D”面板和“属性”面板对 3D 对象的材质、场景和光源等选项进行调整，为 3D 对象添加材质、灯光等表现效果。

### 12.2.1　3D 对象调整工具

进入 3D 工作区后，在工具选项栏中会出现 3D 模式的工具按钮，包括环绕移动 3D 相机、滚动 3D 相机、拖动 3D 相机、滑动 3D 相机和缩放 3D 相机，单击不同的按钮，可选择不同的 3D 工具，使用这些工具可以更改 3D 模型的位置和大小。

#### 1. 旋转 3D 对象

打开“素材 \ 第 12 章 \ 卡通狮子 /file.3ds”模型，在“图层”面板中关闭“图层 1”的纹理效果，如图 12-11 所示。单击工具选项栏中的“环绕移动 3D 相机”按钮，在 3D 模型中上下拖动，图像将绕 X 轴旋转，旋转后的效果如图 12-12 所示；若使用此工具向两侧拖动，则图像将围绕 Y 轴旋转，如图 12-13 所示。

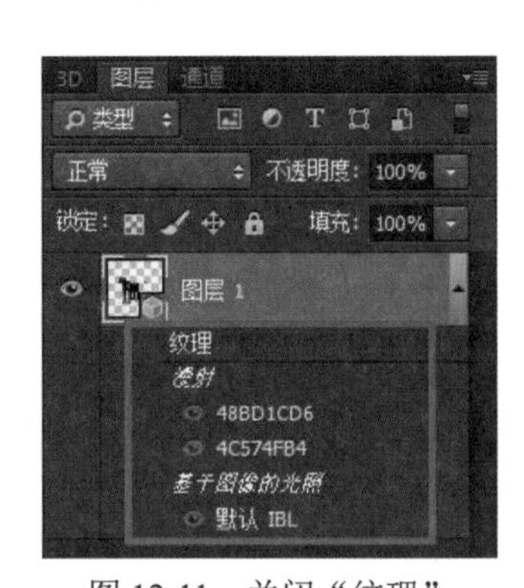

图 12-11　关闭“纹理”

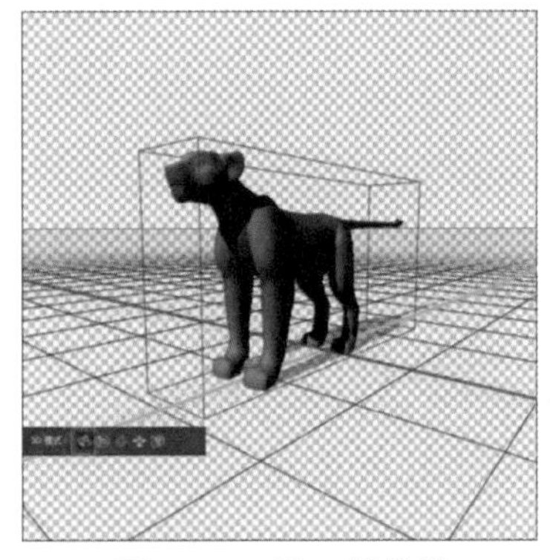
图 12-12　沿 X 轴旋转

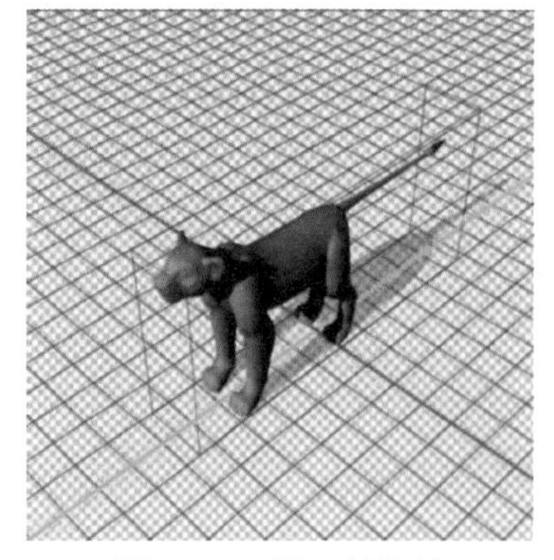
图 12-13　沿 Y 轴旋转

#### 2. 滚动 3D 相机与拖动 3D 相机

单击工具选项栏中的“滚动 3D 相机”按钮，在 3D 模型的两侧进行拖动，可使模型绕 Z 轴旋转。如图 12-14 所示；单击“拖动 3D 相机”按钮，在 3D 模型的两侧进行拖动，可沿水平方向移动模型 (如图 12-15 所示 )，上下拖动可沿垂直方向移动模型。

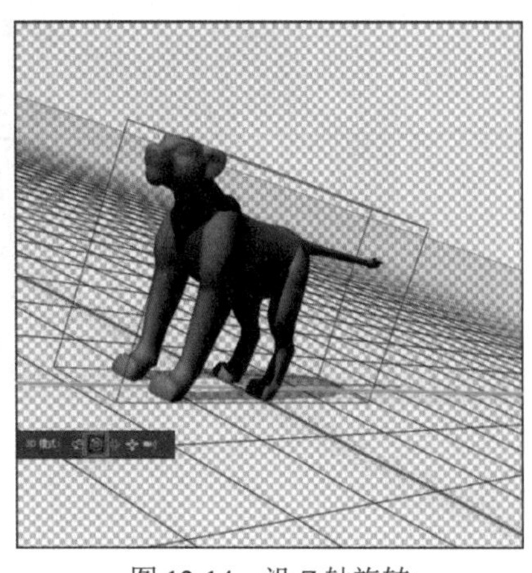

图 12-14　沿 Z 轴旋转

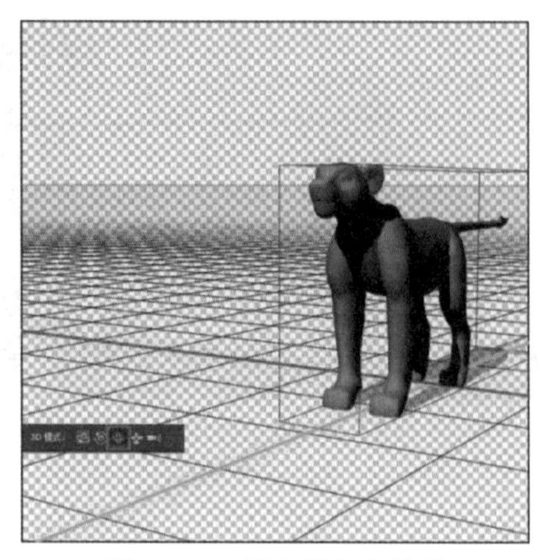

图 12-15　沿水平方向移动

### 3. 滑动 3D 相机与缩放 3D 相机

单击工具选项栏中的“滑动 3D 相机”按钮，在 3D 模型的两侧进行拖动，可沿水平方向移动模型；若上下拖动，则可将模型移近或移远，如图 12-16 所示为向上拖动移远后的效果。单击工具选项栏中的“缩放 3D 相机”按钮，在 3D 模型上拖动，可将模型放大或缩小，如图 12-17 所示为向上拖动放大后的效果。

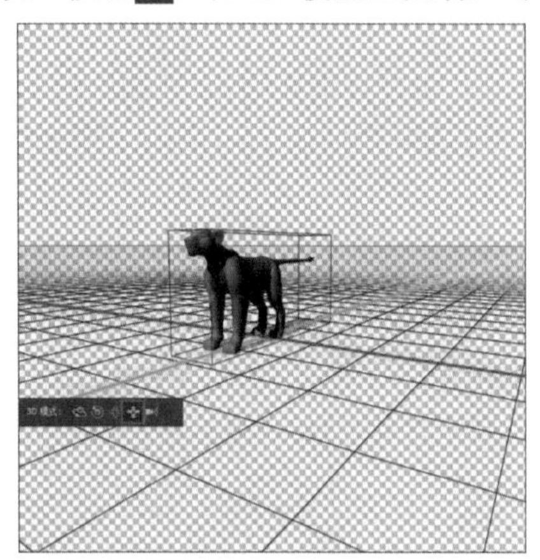

图 12-16　向上拖动移远后的效果

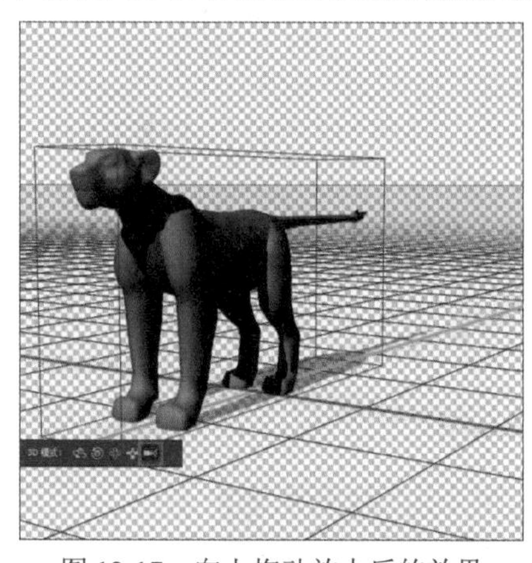

图 12-17　向上拖动放大后的效果

## 12.2.2　3D 材质

Photoshop 2020 具有完善的 3D 材质功能，用户可使用一种或多种材质来创建模型的整体外观。当模型中包含多个网格对象时，每个网格都会有与之关联的特定材质，3D 模型可以用一个网格构建，也可以使用多种材质构建。

### 1. 查看材质信息和选项

启动 Photoshop 2020 软件，在菜单栏中选择“文件”→“新建”命令，新建一个“高度”为 800 像素、“宽度”为 800 像素、“分辨率”为 72 像素 / 英寸、“颜色模式”为 RGB 的空白文档，填充红色渐变，浅色 (R:255、G:0、B:0)，深色 (R:127、G:3、B:3)。新建“图层 1”图层，如图 12-18 所示。

选择“图层 1”图层，在菜单栏中选择“3D”→“从图层新建网格”→“网格预设”→“球体”命令，生成 3D 对象，如图 12-19 所示。单击“3D”面板中的“滤镜：整个场景”按钮，即可在面板下方显示 3D 模型包含的材质信息，如图 12-20 所示。在“3D”面板中单击“球体材质”，打开“属性”面板，在“属性”面板中显示所有可调整的材质选项，如图 12-21 所示。

图 12-18　填充渐变和新建图层

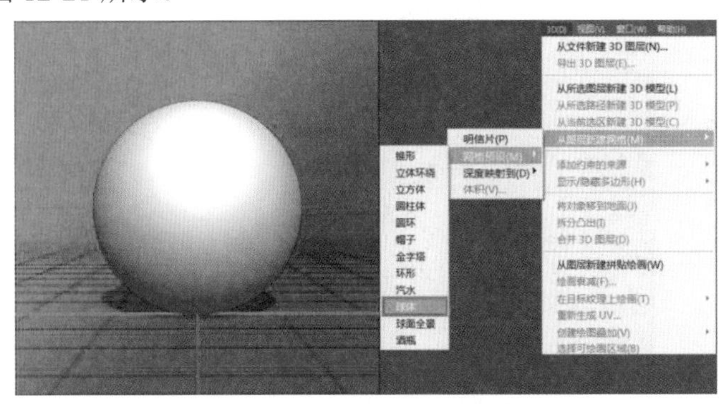

图 12-19　生成“球体”3D 对象

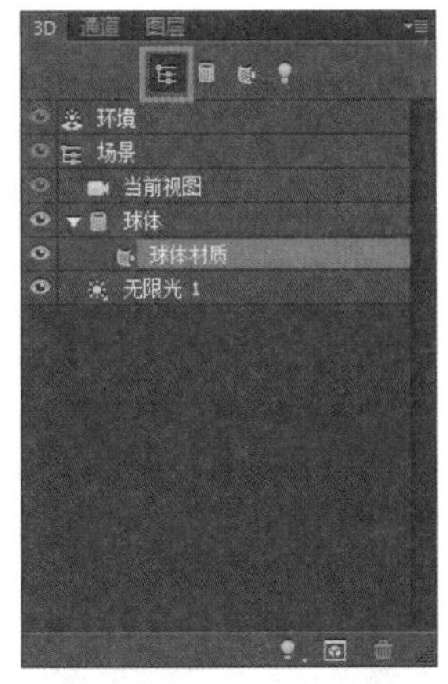


图 12-20　“3D”面板

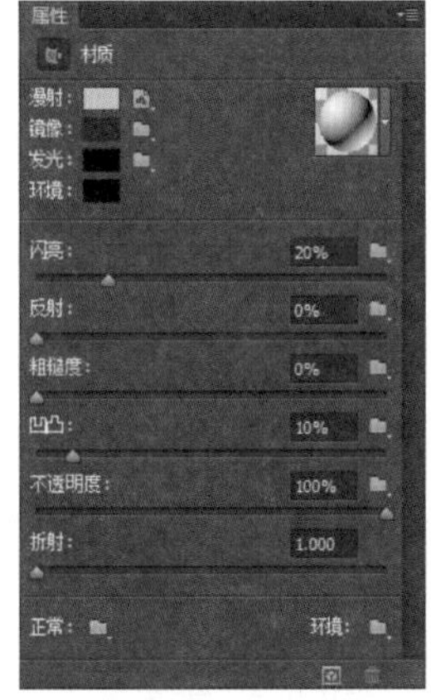


图 12-21　“属性”面板中的球体材质

### 2. 设置选项更改材质效果

在材质“属性”面板中可以设置漫射、镜像、发光和环境等选项，并且可以编辑其他选项参数。单击“属性”面板中“材质”右侧的下拉按钮，打开“材质”拾色器，可查看软件提供的多种材质效果，如图 12-22 所示。单击选择“棋盘”材质后，即可将该材质效果应用到 3D 对象中，如图 12-23 所示。

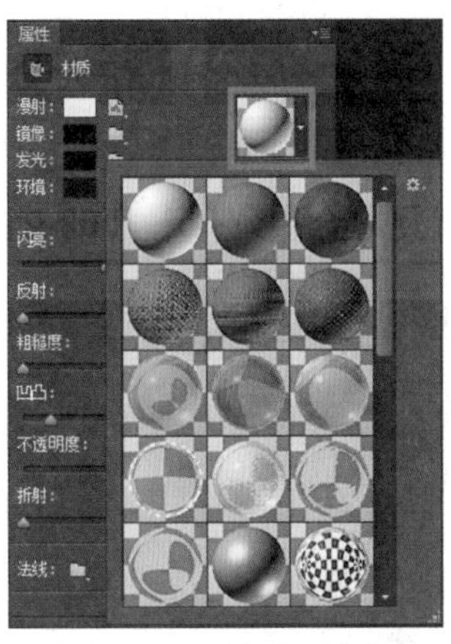

图 12-22　“材质”拾色器

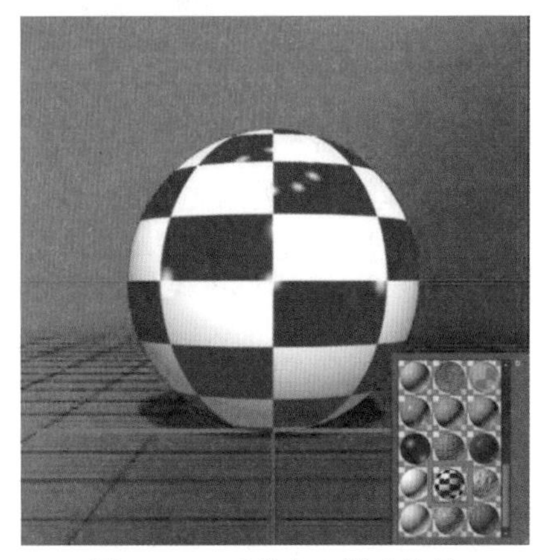

图 12-23　“棋盘”材质效果

## 12.2.3　3D 场景

对 3D 场景进行设置时，可更改 3D 对象的渲染模式，并能快速选择要在其上绘制的纹理或创建横截面。利用 3D 场景面板可以了解 3D 模式的所有场景信息，包括环境、材质、光源等。

在“3D”面板中单击“滤镜：整个场景”按钮，可显示当前 3D 模型的场景信息，如图 12-24 所示，如果需要对场景做进一步调整，可以在“3D”面板中选中场景，此时打开“属性”面板，在“属性”面板中可设置选项，如图 12-25 所示。

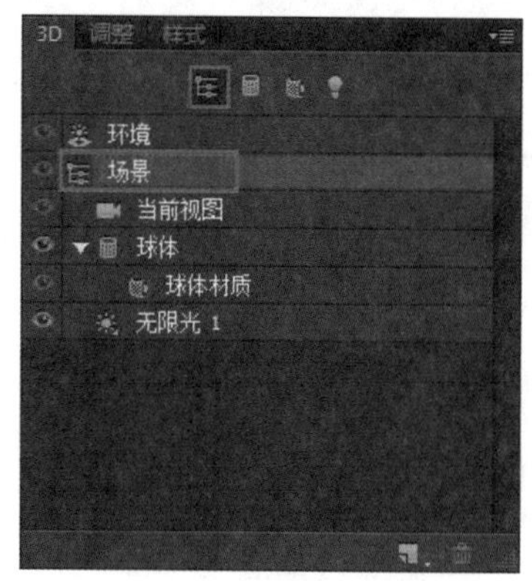

图 12-24　3D 模型场景信息

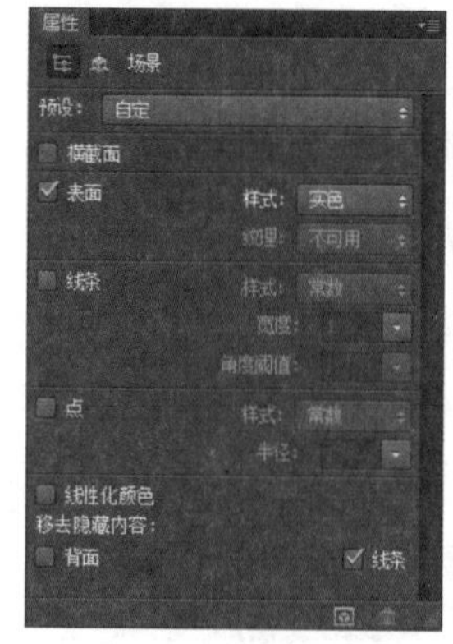

图 12-25　“属性”面板中的场景信息

## 12.2.4　3D 光源

3D 对象需要通过不同角度的光源照亮，从而添加逼真的深度和阴影。Photoshop 2020 提供了 3 种类型的光源，分别是点光、聚光灯和无限光。打开 3D 模型后，在“3D”面板中单击“滤镜：光源”按钮，即可看到该 3D 对象中的所有光源，选择其中一个光源，然后利用“属性”面板调整光源位置，更改照射范围和效果，或者添加光源到模型中，以获得需要的光照效果。

### 1. 选择光源

选中 3D 对象图层后，在“3D”面板中单击“滤镜：光源”按钮，即可显示光源信息，如图 12-26 所示。单击“无限光 1”，在 3D 模型上即可显示该光源，如图 12-27 所示。

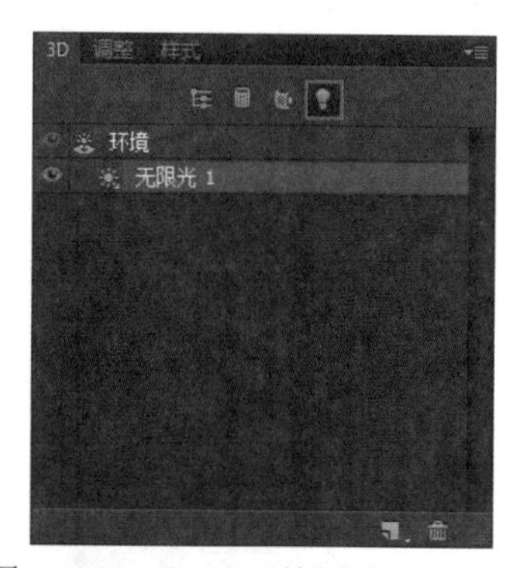

图 12-26　“3D”面板中的光源信息

图 12-27　模型上的光源效果

### 2. 新建和调整光源

根据需要可以为画面中的 3D 对象添加不同的光源照射效果。单击“3D”面板底部的“创建新光源”按钮，在打开的列表中选择新建的光源类型，包括点光、聚光灯和无限光，如图 12-28 所示。选择“新建聚光灯”命令，即可在 3D 模型中看到新增的聚光灯光源效果，使用鼠标单击并拖动，可以调整光源的位置，如图 12-29 所示。

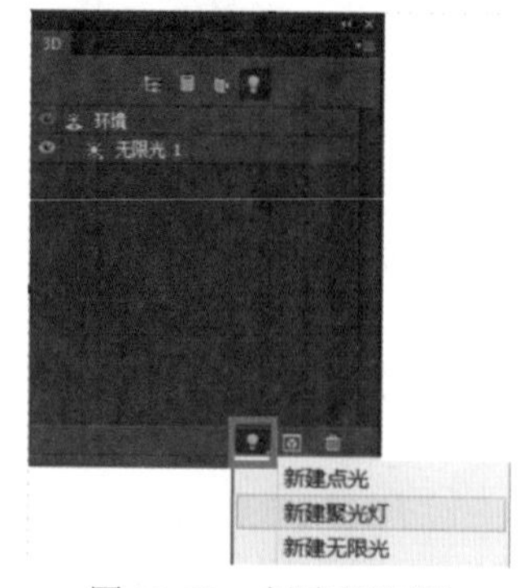

图 12-28　创建新光源

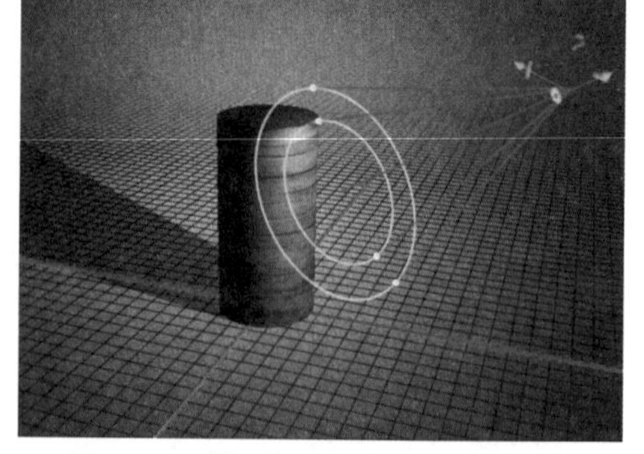
图 12-29　模型新增的聚光灯光源效果

## 12.2.5　案例：创建 3D 形状并添加材质及灯光

**01** 在菜单栏中选择“文件”→“打开”命令，或按 Ctrl+O 快捷键，打开“素材\第 12 章\纸纹 .jpg”文件。按 Ctrl+A、Ctrl+C 快捷键全选并复制图像。再打开 “素材\第 12 章\桌面 .jpg”文件，按下 Ctrl+V 快捷键，将“纸纹 .jpg”图片粘贴到“桌面 .jpg”图片中，得到“图层 1”图层，如图 12-30 所示。

02 选择“图层 1”图层，在菜单栏中选择“窗口”→“3D”命令，打开“3D”面板。在菜单栏中选择“3D”→“从图层新建网格”→“网格预设”→“酒瓶”命令，即可在选择的图层中新建一个 3D 酒瓶对象，如图 12-31 所示。

图 12-30　“图层”面板

图 12-31　新建一个 3D 酒瓶对象

03 单击工具选项栏中的“滑动 3D 相机”按钮，将酒瓶位置调远一些，如图 12-32 所示。

04 在“3D”面板中单击“滤镜：整个场景”按钮，可显示当前 3D 模型的场景信息，如图 12-33 所示，单击“玻璃材质”，打开“属性”面板，在该面板中设置各项数值，分别为“闪亮”40%、“反射”10%、“粗糙度”0%、“凹凸”0%、“不透明度”75%、“折射”1.000，如图 12-34 所示。

图 12-32　调整酒瓶位置

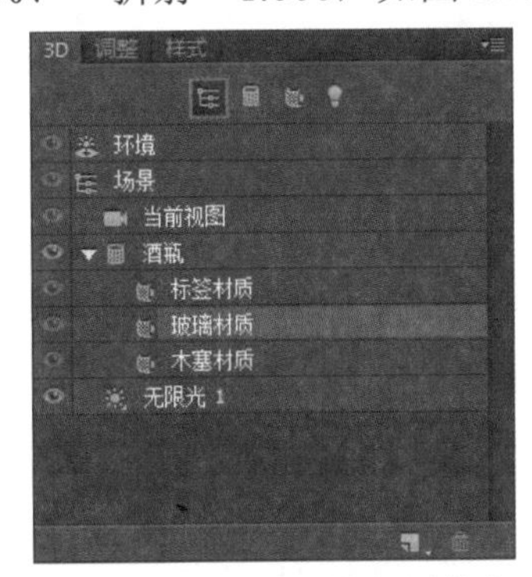


图 12-33　3D 模型的场景信息

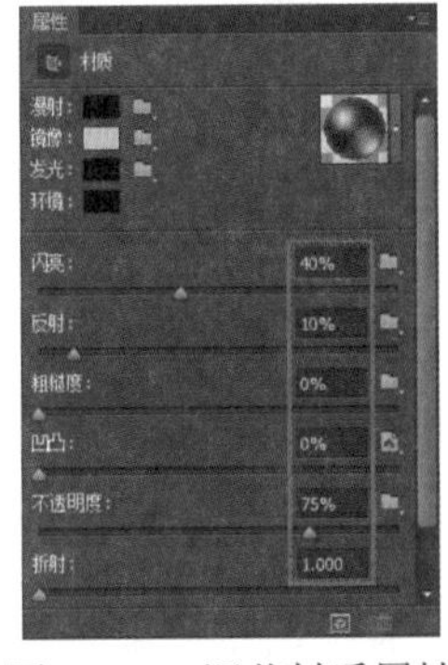

图 12-34　调节材质属性

05 在“3D”面板中单击“木塞材质”，打开“属性”面板，在面板中设置各项数值，分别为“闪亮”30%、“反射”0%、“粗糙度”0%、“凹凸”60%、“不透明度”100%、“折射”1.000，如图 12-35 所示。调整后的效果如图 12-36 所示。

06 在“3D”面板中单击“滤镜：光源”按钮，显示 3D 对象的光源。

07 将鼠标放到 3D 模型的光源点上，单击并拖动鼠标，移动光源位置，调整光照效果，如图 12-37 所示。在“属性”面板调节“无限光”参数，设置颜色“强度”为 120%、阴影“柔和度”为 5%，如图 12-38 所示。

08 在工具箱中选择“移动工具”，即可退出 3D 对象的选择状态，此时可清楚地看到 3D 模型被调整后的最终效果，如图 12-39 所示。

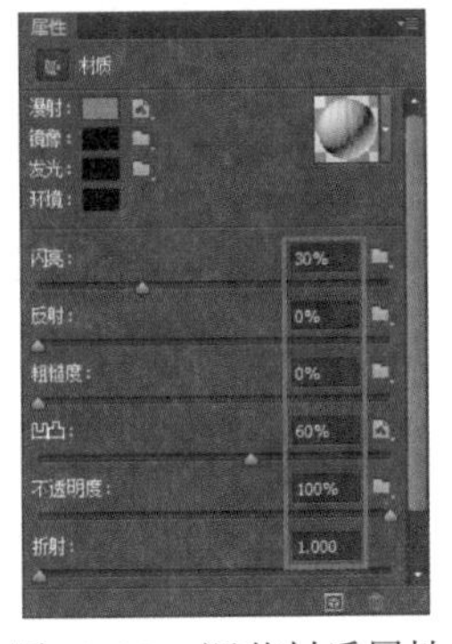

图 12-35　调节材质属性

图 12-36　调整后的效果

图 12-37　调整光照效果

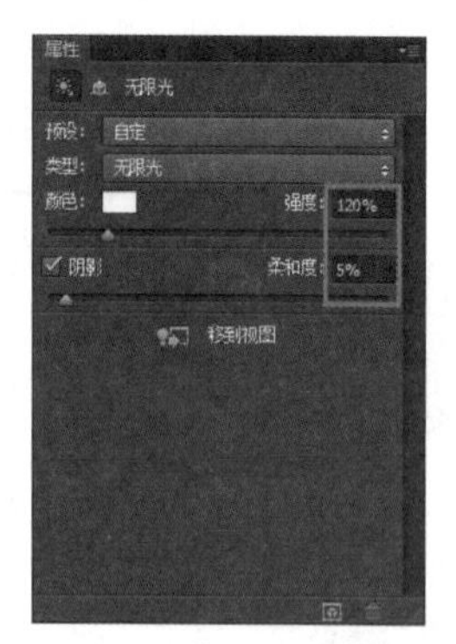


图 12-38　调节“无限光”参数

图 12-39　3D 模型的最终效果

## 12.3 动画的创建

动画就是在特定时间内显示一系列的图像或帧，用户可结合使用“时间轴”面板和“图层”面板来创建动画帧，制作 GIF 格式的动画。使用 Photoshop 2020 制作的动画模式有 2 种，一种为帧动画，另一种为时间轴动画，并且都可以通过导出的方式存储制作的动画。

### 12.3.1 “时间轴”面板

在菜单栏中选择“窗口”→“时间轴”命令，打开“时间轴”面板，默认情况下系统选择“动画(时间轴)”面板，用于设置时间轴动画，单击面板底部的“转换为帧动画”按钮，可切换到“动画(帧)”面板中，用于设置帧动画。如图 12-40 所示为“动画(时间轴)”面板，如图 12-41 所示为“动画(帧)”面板。

图 12-40　“动画(时间轴)”面板

图 12-41　“动画(帧)”面板

**提示**

创建的动画效果与图层内容息息相关。创建帧动画时，可以利用不同图层内容控制每帧中的内容，让每一帧中的效果不同，从而创建出动态的图像效果；在时间轴动画中，通过编辑选择图层的基本属性(不透明度、图层样式等)，可制作出在特定时间范围出现影像变化的效果。

### 12.3.2 帧动画

帧动画是由一帧一帧的单独画面串联组合而成的动态影像，利用“动画(帧)”面板，可创建简单的帧动画效果。在该面板中通过新建帧，创建出需要的帧数，然后对图像进行编辑，改变图像效果，让每帧中的内容不同，编辑后单击“播放动画”按钮，即可预览动画效果。

#### 1. 创建帧动画

01 启动 Photoshop 2020 软件，在菜单栏中选择“文件”→“新建”命令，新建一个“高度”为 800 像素、“宽度”为 800 像素、“分辨率”为 72 像素/英寸、“颜色模式”为 RGB 的空白文档。执行“文件”→“置入嵌入对象”命令，依次置入“素材\第 12 章”中的“卡通小人 1.jpg”“卡通小人 2.jpg”“卡通小人 3.jpg”

文件，如图 12-42 所示。

**02** 在菜单栏中选择“窗口”→“时间轴”命令。在“时间轴”面板中单击“创建视频时间轴”按钮，创建时间轴动画，此时单击“时间轴”面板左下角的“转换为帧动画”按钮，如图 12-43 所示，切换为帧动画模式。

**03** ❶ 在“时间轴”面板中选择第一帧，❷ 在“图层”面板中隐藏“卡通小人 2”“卡通小人 3”两个图层，如图 12-44 所示。

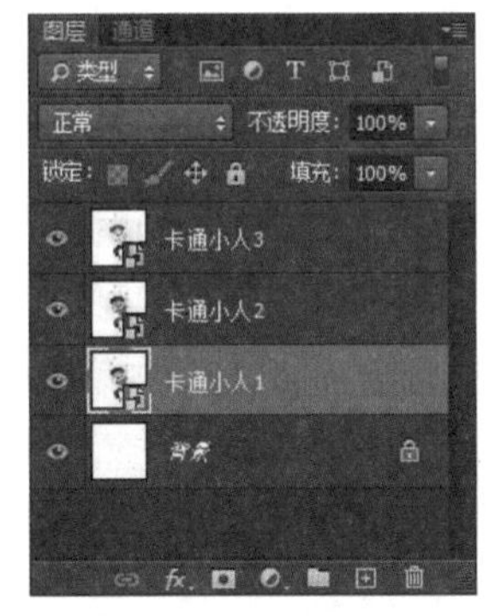


图 12-42　置入素材图片

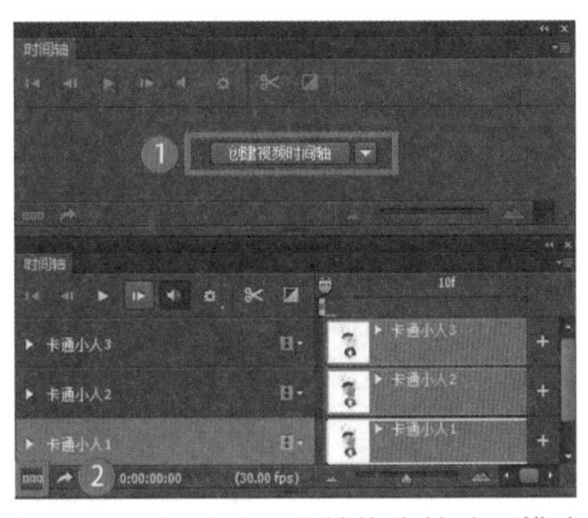


图 12-43　创建动画并转换为帧动画模式

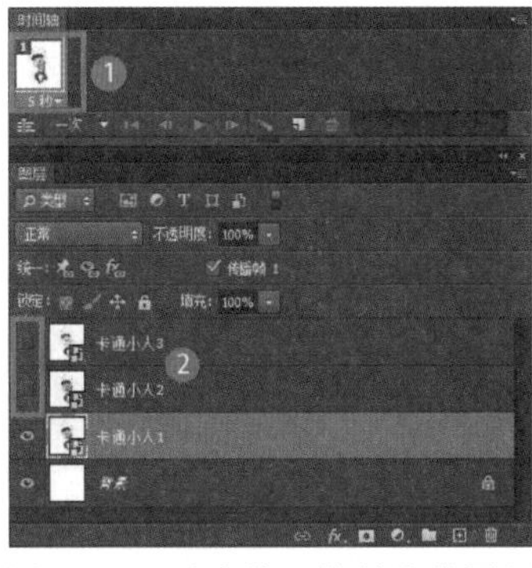


图 12-44　选中第一帧并隐藏图层

**04** ❶ 在“时间轴”面板中单击“复制所选帧”按钮，新建第二帧，❷ 选中第二帧，❸ 在“图层”面板中显示“卡通小人 2”图层，隐藏“卡通小人 1”“卡通小人 3”两个图层，如图 12-45 所示。

**05** ❶ 在“时间轴”面板中单击“复制所选帧”按钮，❷ 新建第三帧，选中第三帧，❸ 在“图层”面板中显示“卡通小人 3”图层，隐藏“卡通小人 1”“卡通小人 2”两个图层，如图 12-46 所示。

**06** 在“时间轴”面板中单击“播放动画”按钮，如图 12-47 所示，即可看到制作的富有色彩变化的动画效果。

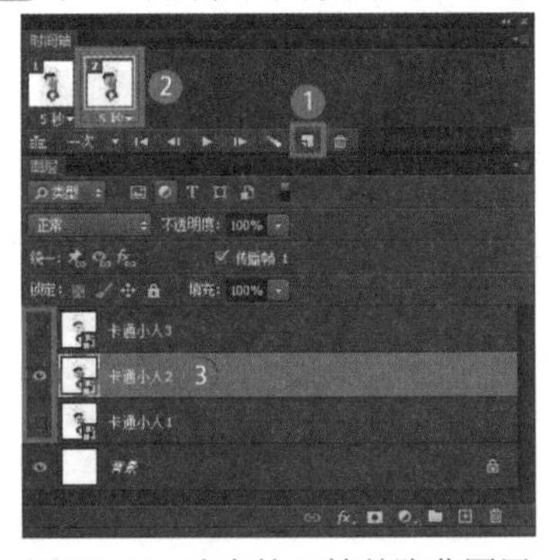

图 12-45　选中第二帧并隐藏图层

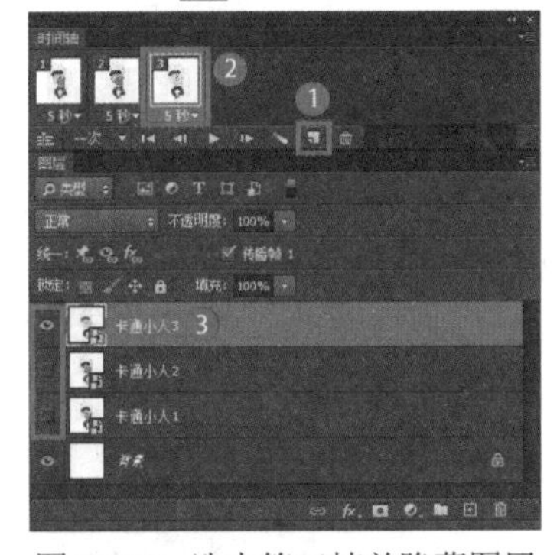

图 12-46　选中第三帧并隐藏图层

图 12-47　单击“播放动画”按钮查看动画效果

## 2. 设置时间与复制帧

每一帧的缩览图下方都显示了该帧内容的播放时间，单击下拉按钮，在打开的下拉列表中可选择更多的时间选项，以控制每帧的显示时间，如图 12-48 所示。

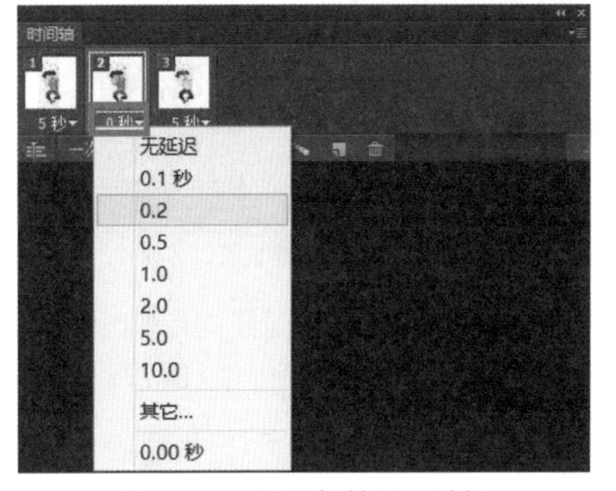


图 12-48　设置每帧显示时间

**提示**

在创建帧动画的过程中，可使用“过渡”功能在两帧内容之间直接添加设定的帧数，以产生自然的动画过渡效果。方法是选择某帧，单击“时间轴”面板底部的“过渡动画帧”按钮，如图 12-49 所示，在打开的“过渡”对话框中设置过渡方式、要添加的帧数、图层和参数等选项，如图 12-50 所示，单击“确定”按钮，可看到在选择的帧后添加了过渡内容，如图 12-51 所示。

图 12-49　单击“过渡动画帧”按钮

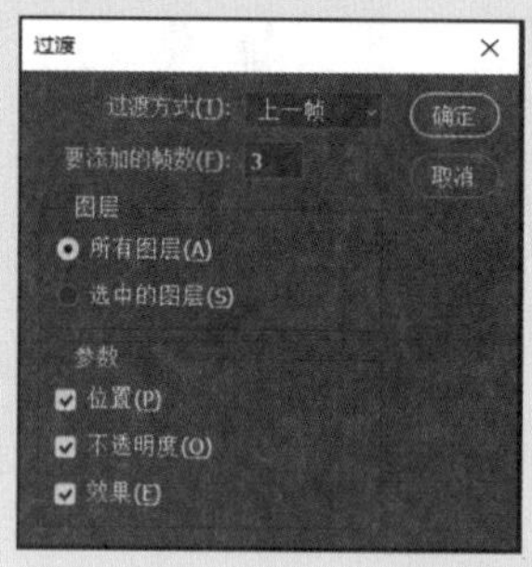


图 12-50　“过渡”对话框

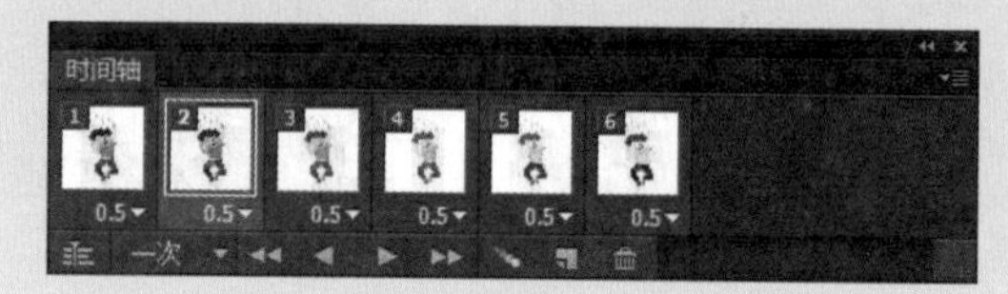


图 12-51　已添加过渡内容

## 12.3.3　时间轴动画

时间轴动画可在设定的时间内展现变化自然的动画效果，单击“动画(帧)”面板底部的“转换为时间轴动画”按钮，转换到“动画(时间轴)”面板，通过编辑图层内容的位置、不透明度或样式，创建运动或变化的显示效果。

在“动画(时间轴)”面板中可以编辑图层的不透明度效果。在菜单栏中选择“文件”→“打开”命令，或按 Ctrl+O 快捷键，打开“素材\第 12 章\卡通爱心 .psd”文件。在“时间轴”面板中“卡通爱心”图层的“不透明度”属性上单击“启用关键帧动画”按钮，如图 12-52 所示，为“卡通爱心”图层添加关键帧。在“图层”面板中将“卡通爱心”图层的“不透明度”调整为 0，如图 12-53 所示。设置完毕后，即可在图像窗口中看到“卡通爱心”图层消失的状态，如图 12-54 所示。

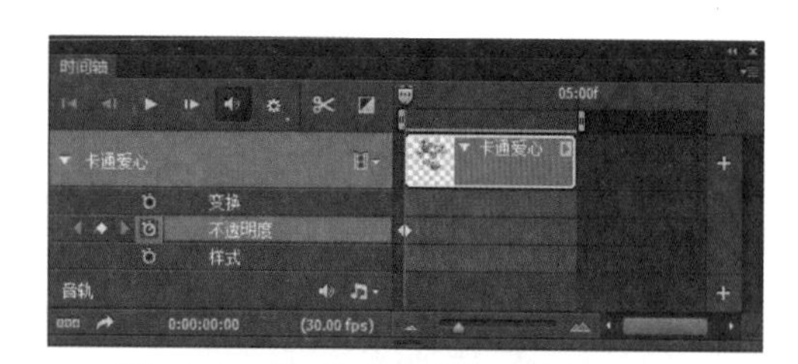


图 12-52　为“不透明度”添加关键帧

图 12-53　“不透明度”调整为 0

图 12-54　图像窗口显示效果

在“时间轴”面板中将时间线向后拖至“0:00:02:00”的位置，如图 12-55 所示，将“卡通爱心”图层的“不透明度”调整为 100%，如图 12-56 所示。播放动画后，可看到被编辑的图层内容逐渐显示出来，展现图像渐渐出现的动画效果，如图 12-57 所示。

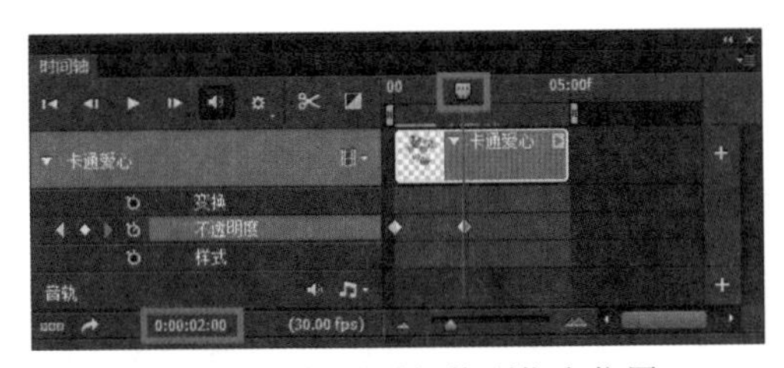
图 12-55　拖动时间线到指定位置

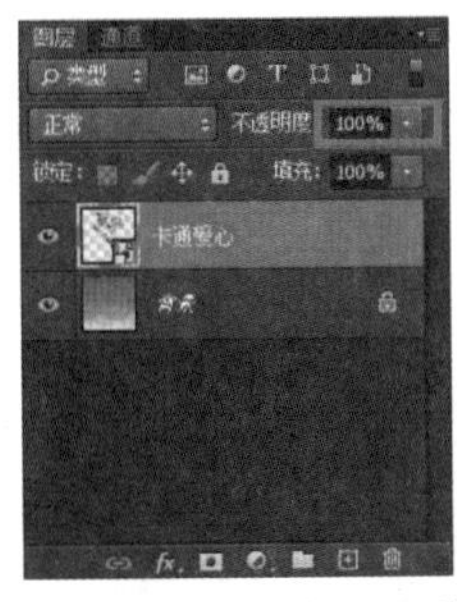
图 12-56　将“不透明度”调整为 100%

图 12-57　图像窗口显示效果

## 12.3.4　保存动画

动画效果制作完成后，需要通过“存储为 Web 所用格式 ( 旧版 )”命令，将图像保存为 GIF 动画格式。在菜单栏中选择“文件”→“导出”→“存储为 Web 所用格式 ( 旧版 )”命令，在打开的对话框中选择存储格式，并对图像大小、动画播放次数等选项进行设置，以获取需要的动画效果。

在“存储为 Web 所用格式”对话框的右侧，可将动画格式设置为 GIF 格式，并调整其他优化选项。在该对话框右下方单击“播放动画”按钮，此时在对话框中可预览动画效果，设置后单击“存储”按钮，如图 12-58 所示，即可将动画保存到指定位置。

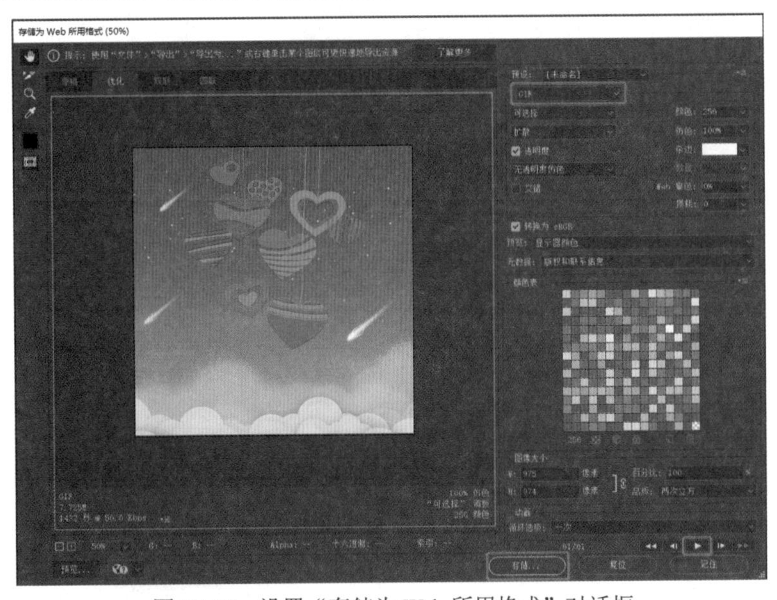
图 12-58　设置“存储为 Web 所用格式”对话框

## 12.3.5　案例：制作时间轴动画

01 在菜单栏中选择“文件”→“打开”命令，或按 Ctrl+O 快捷键，打开“素材 \ 第 12 章 \ 时间轴动画 .psd”文件。

02 在菜单栏中选择“窗口”→“时间轴”命令，打开“时间轴”面板，单击“时间轴”面板中的“创建视频时间轴”按钮，创建时间轴动画，如图 12-59 所示。

03 在“时间轴”面板中单击并拖动缩览图上方的“设置工作区域的结尾”滑块，如图 12-60 所示，确定动画的播放时间。

04 在“时间轴”面板中，单击“云朵”缩览图右侧的三角按钮，展开图层属性的设置选项，如图 12-61 所示。

05 ❶ 在“不透明度”选项前单击“启用关键帧动画”按钮，出现黄色关键帧滑块，在“图层”面板中选择“云朵”图层，

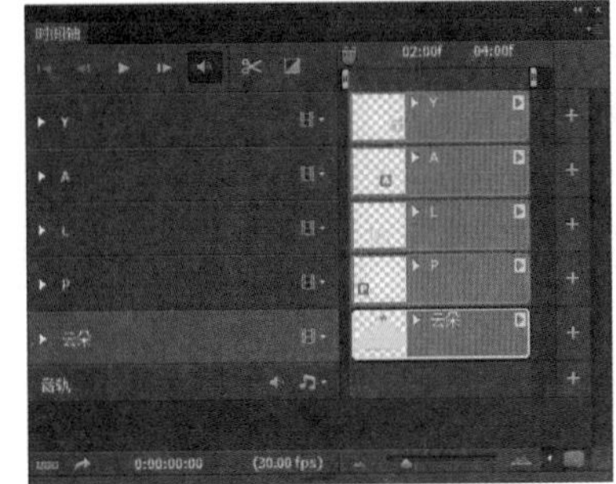
图 12-59　“时间轴”面板

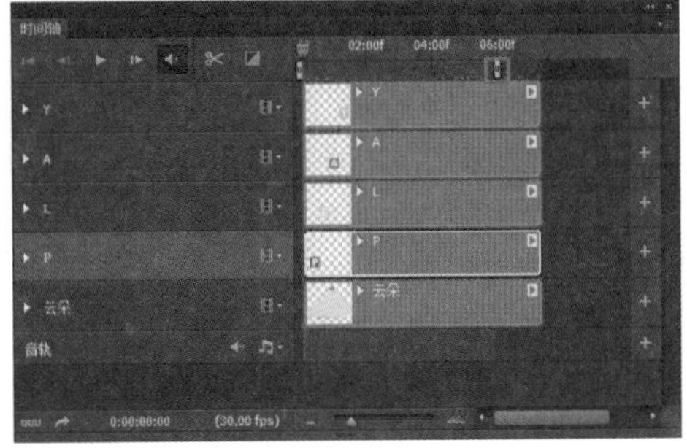
图 12-60　单击并拖动“设置工作区域的结尾”滑块

❷将“不透明度”设置为0%，如图12-62所示，画面中的云朵将被隐藏起来。

**06** ❶将“时间轴”面板中的时间线拖到01:00f处，在“图层”面板中选择“云朵”图层，❷将“不透明度”设置为100%，如图12-63所示，将云朵显示出来。

**07** 将“时间轴”面板中的P、L、A、Y四个图层选中并拖至时间线处，如图12-64所示。

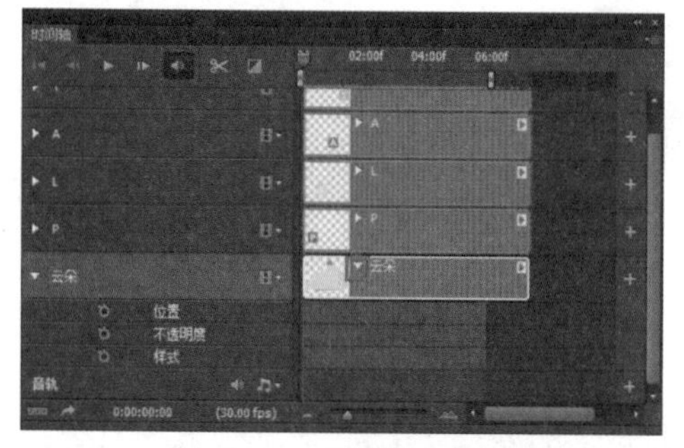

图12-61　展开图层属性

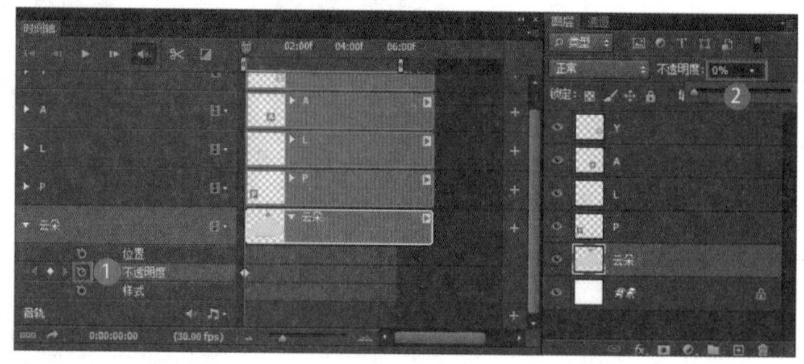

图12-62　设置关键帧和调整“不透明度”

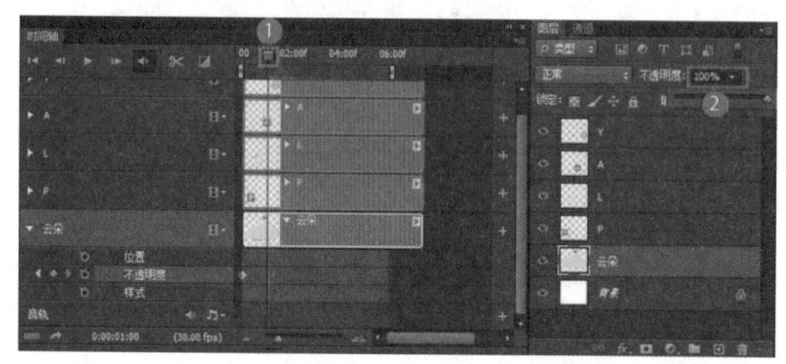

图12-63　拖动时间线和调整“不透明度”

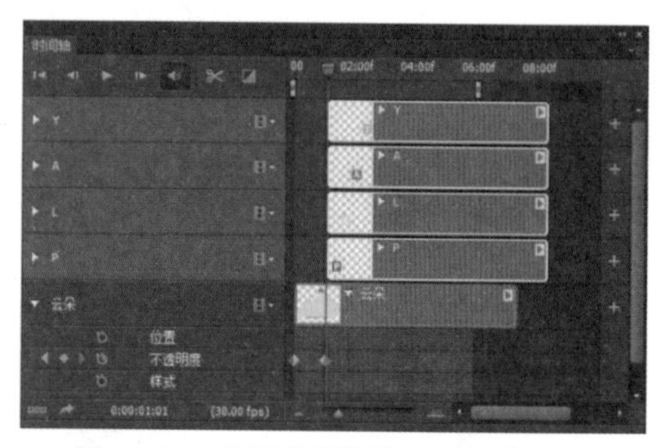

图12-64　将四个图层拖至时间线位置

**08** 在“时间轴”面板中为P的“位置”属性添加关键帧，回到“图层”面板，将P图层向左移出画布，如图12-65所示。将“时间轴”面板中的时间线拖到01:25f处，将P拖入画面中，如图12-66所示。

**09** 在“时间轴”面板中L的“位置”属性处单击“启用关键帧动画”按钮，出现黄色关键帧滑块，回到“图层”面板，选择L图层，按Ctrl+T快捷键将L图层旋转15°并向右移出画布，如图12-67所示。将“时间轴”面板中的时间线拖到03:00f处，将L拖入画面中，如图12-68所示。

**10** 在“时间轴”面板中为A的“位置”属性添加关键帧，回到“图层”面板，将A图层向下移出画布，如图12-69所示。将“时间轴”面板中的时间线拖到03:15f处，将A拖入画面中，如

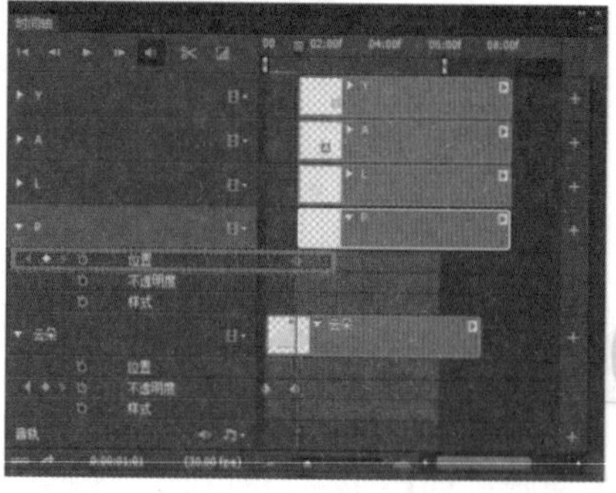

图12-65　为P图层“位置”添加关键帧并将P图层向左移出画布

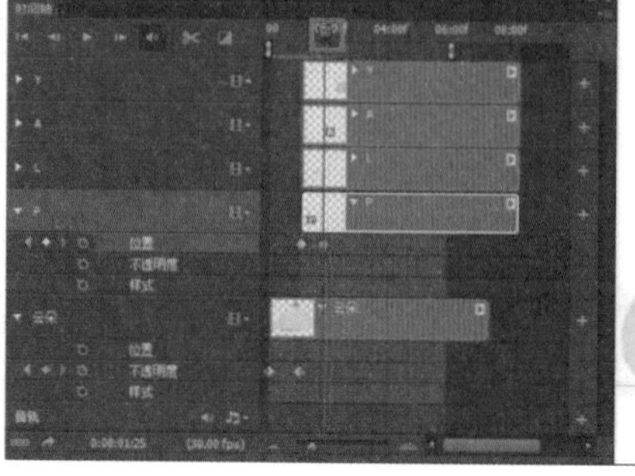

图12-66　拖动时间线并将P拖入画面中

图 12-70 所示。

图 12-67　为 L 图层“位置”添加关键帧并旋转和移动 L 图层

图 12-68　拖动时间线并将 L 拖入画面中

图 12-69　为 A 图层“位置”添加关键帧并将 A 图层向下移出画布

图 12-70　拖动时间线并将 A 拖入画面中

11 在“时间轴”面板中为 Y 的“不透明度”属性添加关键帧，回到“图层”面板，将 Y 图层的“不透明度”设置为 0%，如图 12-71 所示。将“时间轴”面板中的时间线拖到 04:00f 处，如图 12-72 所示，将 Y 图层的

“不透明度”设置为100%。

12 在“时间轴”面板中，单击面板左上方的“播放”按钮▶，如图12-73所示，即可看到时间轴的帧开始移动，图像窗口中的PLAY动画开始播放。

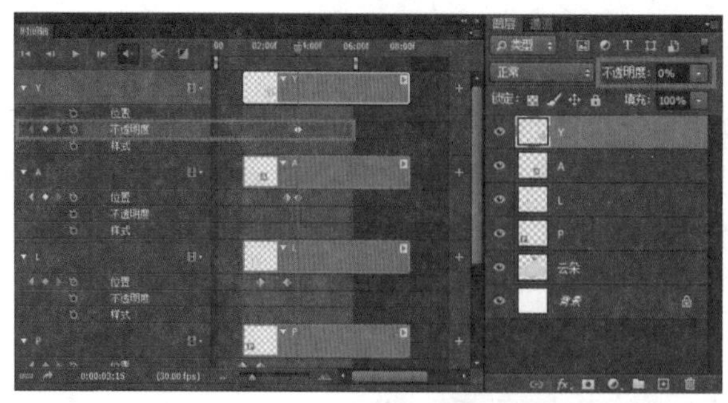

图 12-71　为Y图层的“不透明度”添加关键帧并调整Y图层的“不透明度”

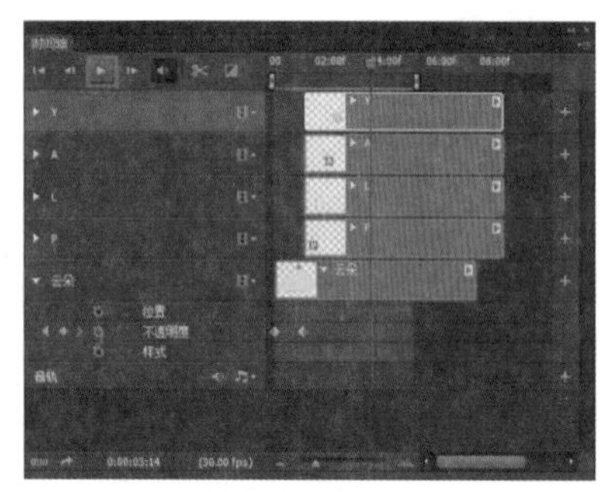

图 12-72　拖动时间线并调整Y图层的“不透明度”

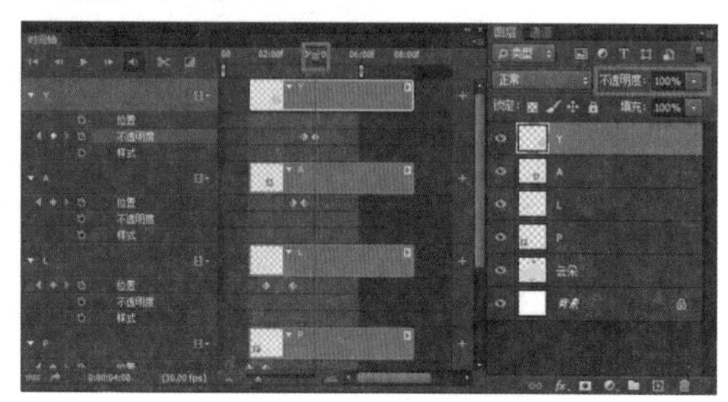

图 12-73　单击“播放”按钮查看动画效果

13 在菜单栏中选择“文件”→“导出”→“存储为Web所用格式(旧版)”命令，在打开的对话框中设置存储格式为GIF格式、“品质”为“两次立方”，如图12-74所示，设置后单击“存储”按钮，即可将动画保存为GIF格式的动画。

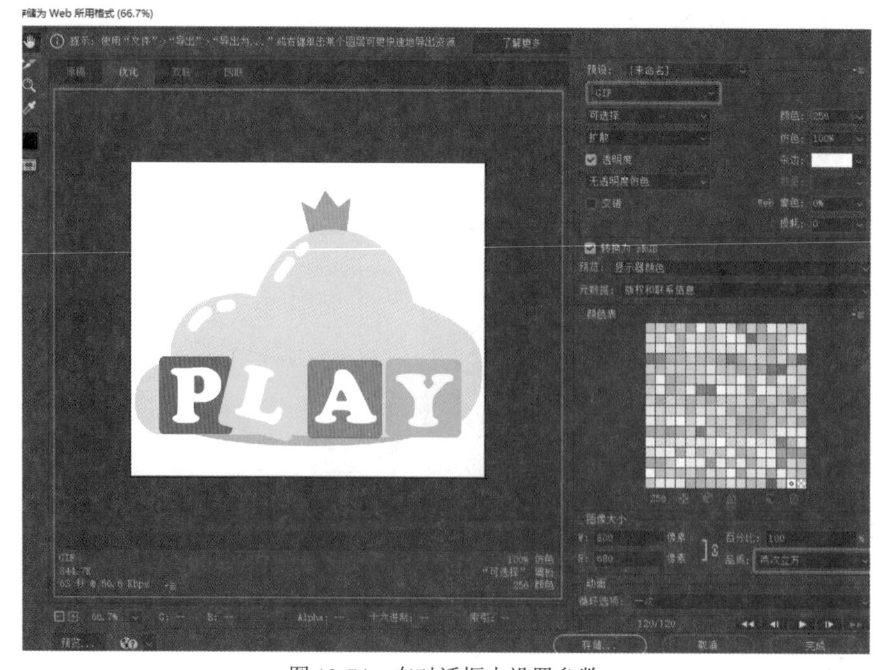


图 12-74　在对话框中设置参数

# 第13章 动作、批处理及图像输出

在图像处理的最后阶段，可通过动作、批处理功能，快速完成单个或多个文件的最终操作，并利用图像输出设置，优化输出效果或选取特殊的输出文件格式，让用户根据应用需求获取编辑后的作品。

## 13.1 “动作”的运用

Photoshop 2020 的“动作”功能用于自动处理图像，用户可通过“动作”面板来管理和应用动作。在“动作”面板中罗列了多种预设动作，选择后可直接应用到图像中。若将图像处理的操作步骤记录为新的动作，存储到“动作”面板中，当对其他图像应用该动作时，程序将自动运行这些操作步骤，快速处理出相同的效果。

### 13.1.1 了解“动作”面板

Photoshop 2020 中的动作都存储在“动作”面板中，在该面板中以动作组对动作进行归类。在菜单栏中选择“窗口”→“动作”命令，打开“动作”面板，在该面板中可显示默认动作。选择动作并进行播放，将该动作记录的操作步骤应用到图像中，实现自动处理。

#### 1. 查看并选择动作

打开“素材\第 13 章\街景 .jpg”文件，如图 13-1 所示。打开“动作”面板，可看到“默认动作”动作组，单击该动作组左侧的三角按钮，如图 13-2 所示，展开该组中的动作。单击某个动作，并单击该动作左侧的三角按钮，展开该动作的操作内容，如图 13-3 所示。

图 13-1　素材文件

图 13-2　展开“默认动作”

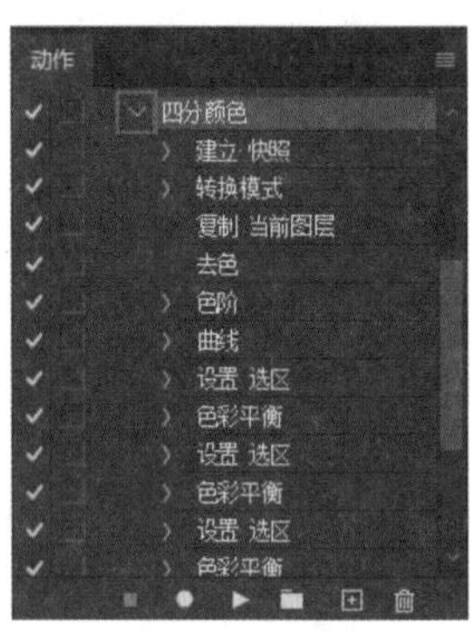


图 13-3　展开“四分颜色”

#### 2. 播放动作

选择动作后，单击“动作”面板底部的“播放选定的动作”按钮，如图 13-4 所示，即可自动运行该动作的操作内容，将该动作效果应用到图像中，如图 13-5 所示即为播放动作后产生的效果。

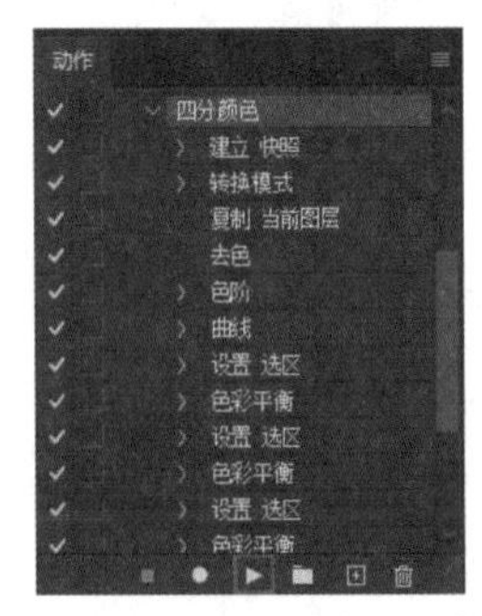


图 13-4　单击“播放选定的动作”按钮

图 13-5　应用“四分颜色”动作后的效果

## 13.1.2　添加预设动作组

“动作”面板中默认只显示“默认动作”动作组，此外，Photoshop 2020 提供的预设动作组还包括命令、画框、图像效果、流星、文字效果、纹理 9 个动作组，下面介绍将这些预设动作组加载到“动作”面板中的方法。

单击“动作”面板右上角的扩展按钮，在打开的列表中显示了各种预设动作组，如图 13-6 所示。单击选择某一预设动作组即可将该动作组添加到“动作”面板中，如图 13-7 所示。

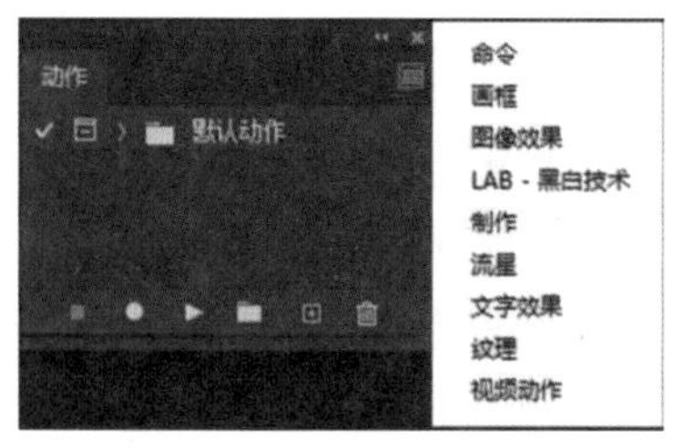


图 13-6　显示预设动作组

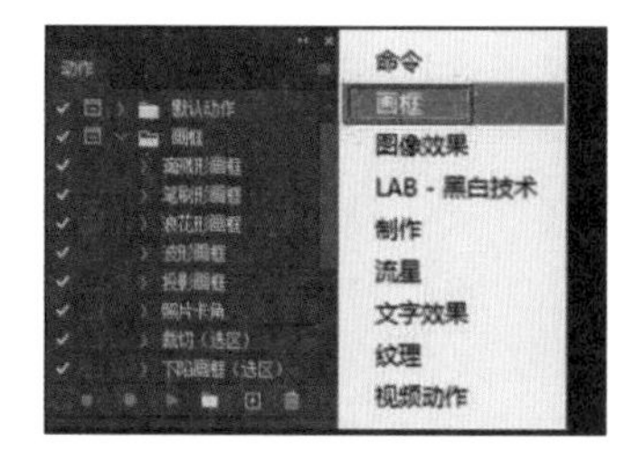


图 13-7　添加动作组

## 13.1.3　记录新动作

在“动作”面板中不仅可以选择预设的动作，还可以将常用的操作步骤记录为新的动作，存储到“动作”面板中。在新建动作前，需选择动作组或新建一个动作组，再利用新建动作功能，在动作组中新建动作，开始记录对图像的操作过程，将操作步骤一步一步记录下来，停止记录后，创建出完整的动作。

### 1. 新建动作组

在“动作”面板底部单击“创建新组”按钮，如图 13-8 所示。打开“新建组”对话框，在该对话框中设置新建的动作组名称，如图 13-9 所示。单击“确定”按钮，即可在“动作”面板中创建一个新的动作组，如图 13-10 所示。

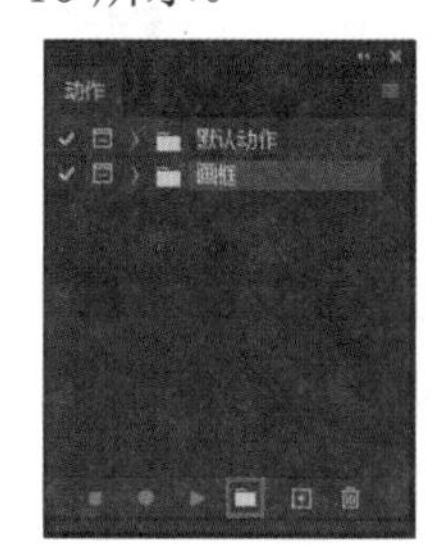


图 13-8　单击“创建新组”按钮

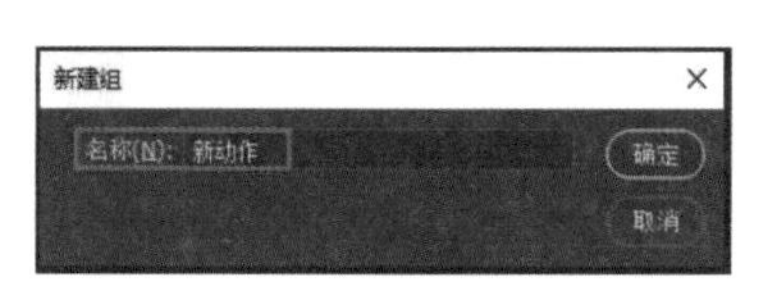


图 13-9　“新建组”对话框

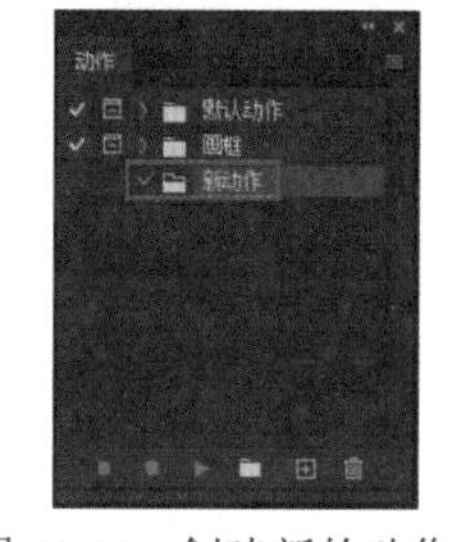


图 13-10　创建新的动作组

### 2. 新建并记录动作

在“动作”面板底部单击“创建新动作”按钮，如图 13-11 所示。在打开的“新建动作”对话框中设置该动作的名称、功能键等，如图 13-12 所示，单击“记录”按钮开始记录。此时“动作”面板中会显示创建的动作及记录下来的图像编辑过程中的操作步骤，如图 13-13 所示。单击“动作”面板底部的“停止播放 / 记录”按钮，结束记录。

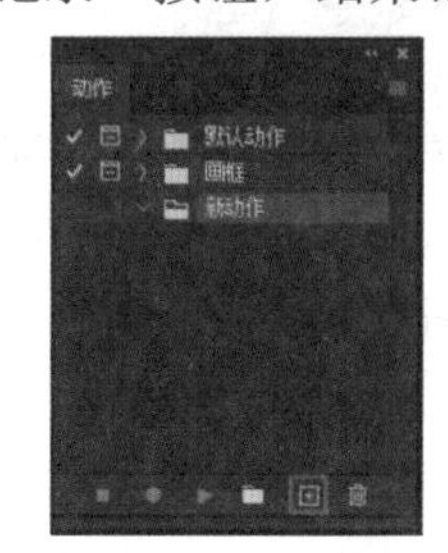


图 13-11　单击“创建新动作”按钮

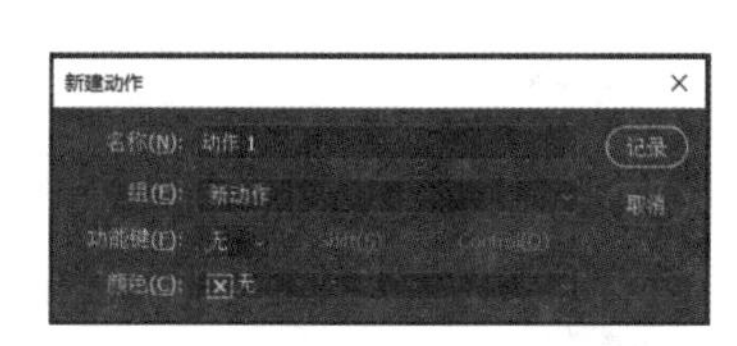


图 13-12　“新建动作”对话框

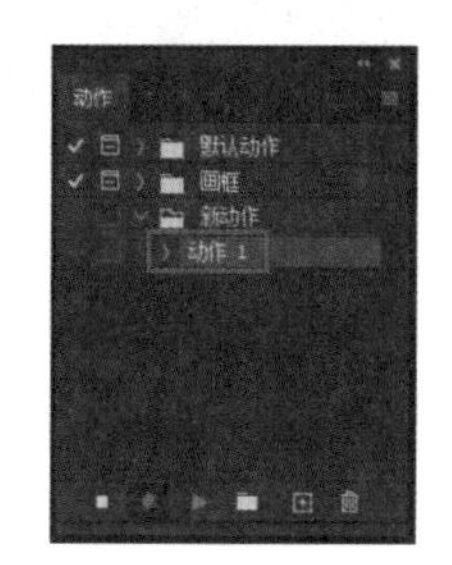


图 13-13　“动作”面板

## 13.1.4 案例：利用动作添加相框效果

对图像进行编辑后，可添加适合的相框来装饰画面，利用“动作”功能可快速完成这一操作。本案例在“动作”面板中选择预设的一个或多个画框动作，直接应用到图像上，自动添加简洁、漂亮的相框效果，让图像作品效果变得更完整，前后效果对比如图 13-14 和图 13-15 所示。

图 13-14　素材文件

图 13-15　添加相框后的效果

01 在菜单栏中选择“文件”→“打开”命令，或按 Ctrl+O 快捷键，打开“素材\第 13 章\猫猫 .jpg”文件。在“图层”面板中单击“背景”图层并将其向下拖至“创建新图层”按钮上，复制图层得到“背景 拷贝”图层，如图 13-16 所示。

02 在菜单栏中选择“滤镜”→“模糊”→“高斯模糊”命令，在打开的“高斯模糊”对话框中设置“半径”为 5.0 像素，如图 13-17 所示，单击“确定”按钮，模糊图像，在“图层”面板中设置“背景 拷贝”图层的混合模式为“叠加”，如图 13-18 所示。

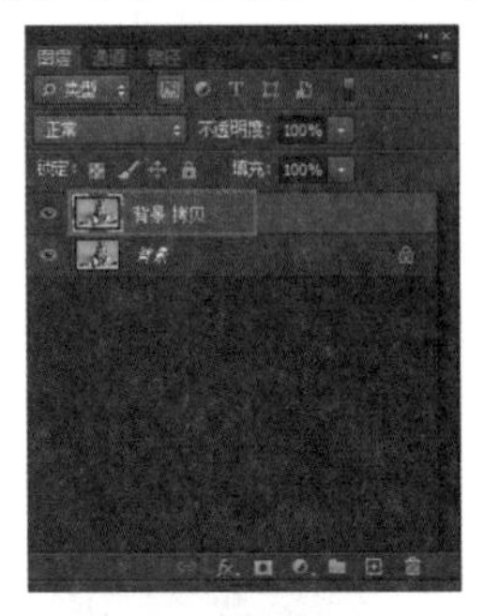
图 13-16　复制“背景”图层

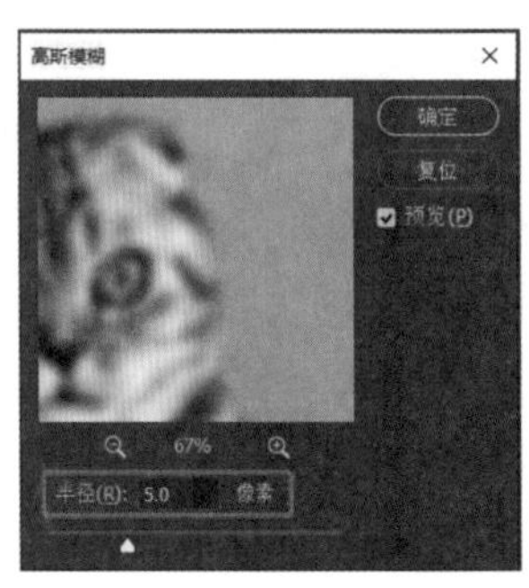

图 13-17　“半径”为 5.0 像素

图 13-18　设置混合模式为“叠加”

03 混合图层后，画面变得更柔和，在“通道”面板中按住 Ctrl 键的同时单击 RGB 通道缩览图，载入通道为选区，如图 13-19 所示。

04 创建“色阶 1”调整图层，在“属性”面板中调整色阶选项，依次输入 60、1.59、255，如图 13-20 所示，调整色阶后可增强画面对比度效果。

05 盖印图层 ( 按 Ctrl+Shift+Alt+E 快捷键)，得到“图层 1”图层，打开“动作”面板，单击面板右上角的扩展按钮，在打开的列表中选择“画框”命令，如图 13-21 所示。

图 13-19　载入通道为选区

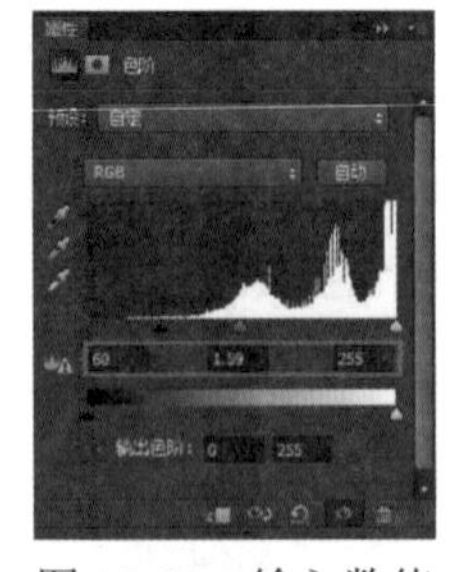
图 13-20　输入数值

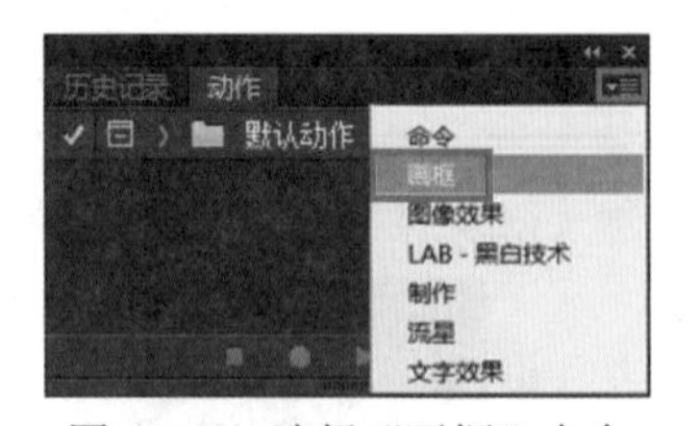

图 13-21　选择“画框”命令

06 在“动作”面板中可看到添加的“画框”动作组，并可查看到该动作组下的多个画框动作，如图 13-22 所示。

07 ❶ 在“动作”面板中选择“笔刷形画框”动作，❷ 单击“动作”面板底部的“播放选定的动作”按钮，如图 13-23 所示，开始为图像添加该动作，添加白色的笔刷形边框效果。

08 ❶ 在“动作”面板中选择“木质画框 -50 像素”动作，❷ 单击“播放选定的动作”按钮，如图 13-24 所示，应用该动作，为图像添加木质画框。

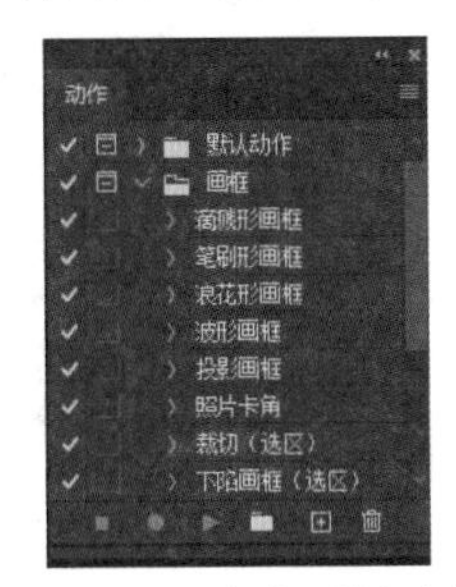


图 13-22　多个画框动作

图 13-23　为图像添加“笔刷形画框”

**09** 在“图层”面板中隐藏“图层 3”图层的“内阴影”效果，如图 13-25 所示，选择画框图层，按 Ctrl+T 快捷键，使用变换控制框对画框进行缩小变换，使画框调整到适当的大小和位置，按 Enter 键确认变换，最终效果如图 13-15 所示。

图 13-24　为图像添加“木质画框 -50 像素”动作

图 13-25　隐藏“图层 3”图层的“内阴影”效果

## 13.2 文件的批量处理

通过批量处理功能，可同时对多张图像进行相同的编辑处理，为用户节约大量的时间和精力。常用的批量处理命令包括批处理、Photomerge、图像处理器，使用这 3 个命令可以对照片批量应用动作以制作相同效果、拼合多张照片以及批量修改图像格式等。

### 13.2.1 使用“批处理”命令

使用“批处理”命令可对一个文件夹中的所有图像文件运用某个特定动作，实现同时对多个文件进行快速处理。在菜单栏中选择“文件”→“自动”→“批处理”命令，在打开的“批处理”对话框中即可选择要处理的文件、要执行的动作及处理后的存储位置等。

#### 1. 打开“批处理”对话框

需要批量处理的文件如图 13-26 所示。在菜单栏中选择“文件”→“自动”→“批处理”命令，即可打开“批处理”对话框，在该对话框中可选择动作、源文件等，如图 13-27 所示。

#### 2. 设置批处理选项

单击“源”区域中的“选择”按钮，打开“选取批处理文件夹”对话框，选中需要批量处理的文件夹后，单击“选择文件夹”按钮，如图 13-28 所示。在“批处理”对话框的“动作”下拉列表中选择“棕褐色调 ( 图层 )”动作，如图 13-29 所示，单击“确定”按钮，将自动处理所选文件夹中的所有图像，效果如图 13-30 所示。

图 13-26　需要批量处理的文件

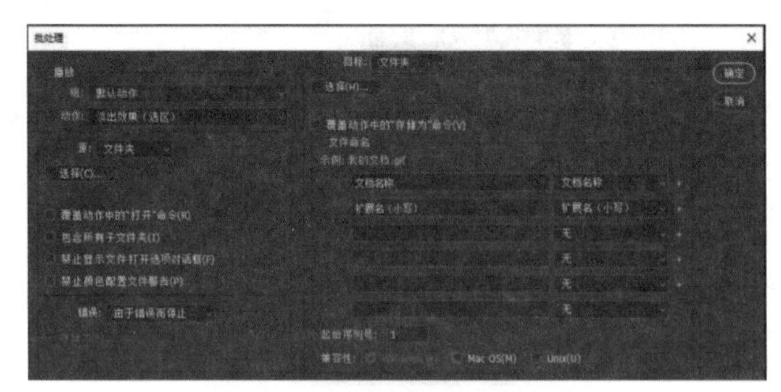

图 13-27　“批处理”对话框

图 13-28　“选取批处理文件夹”对话框

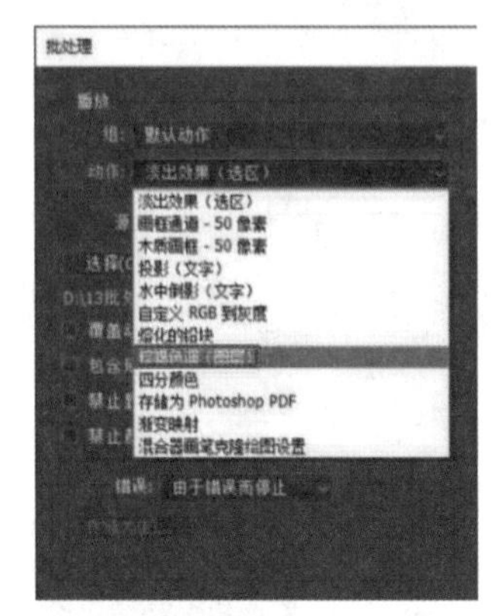


图 13-29　选择“棕褐色调 ( 图层 )”动作

图 13-30　“批处理”后的效果

## 13.2.2　创建快捷批处理

通过“创建快捷批处理”命令，可创建一个应用程序的快捷方式，并存储到需要的文件夹内。将需要处理的某个或多个文件选中后，拖至快捷批处理图标上，即可在 Photoshop 2020 中对这些文件进行自动处理，快速得到需要的效果。

### 1. 创建快捷批处理

在菜单栏中选择“文件”→“自动”→“创建快捷批处理”命令，在打开的“创建快捷批处理”对话框中设置快捷批处理的存储位置、选择处理动作等，如图 13-31 所示，创建的快捷批处理图标如图 13-32 所示。

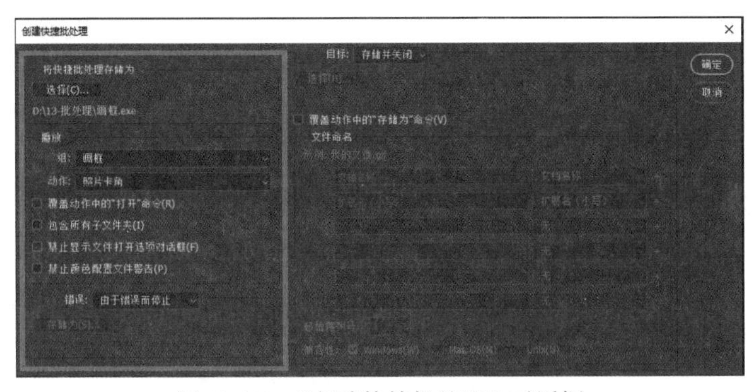


图 13-31　“创建快捷批处理”对话框

图 13-32　快捷批处理图标

## 2. 应用快捷批处理

将需要处理的图像选中后拖动到快捷批处理图标上，即可将图像在 Photoshop 2020 中打开并自动进行处理，快速为图像添加需要的效果，如图 13-33 与图 13-34 所示。

图 13-33　需要处理的图像选中后拖动到快捷批处理图标上

图 13-34　添加“画框”效果

## 13.2.3　多张照片的拼接处理

对于有相同区域的多张照片，使用 Photomerge 命令可对其进行不同形式的拼接，自动处理出完整的全景照片效果。在菜单栏中选择“文件”→“自动”→“Photomerge”命令，弹出“Photomerge”对话框，在该对话框中选择要处理的源文件，并且可以选择自动、透视、圆柱、球面、拼贴等多种版面对图像文件进行拼接。

### 1. 选择拼接文件

打开多个具有相同图像区域的文件，如图 13-35 所示，在菜单栏中选择“文件”→“自动”→“Photomerge”命令，在打开的对话框中添加需要处理的文件并选择版面方式，如图 13-36 所示。

图 13-35　打开多个素材文件

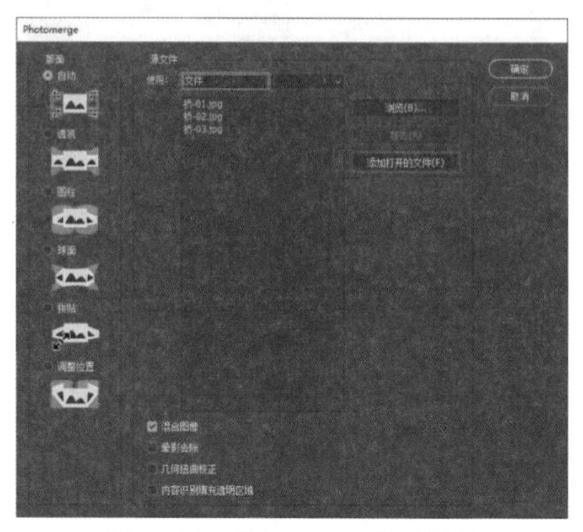

图 13-36　“Photomerge”对话框

### 2. 查看拼接效果

确认 Photomerge 设置后，自动新建一个“全景图 1”文件，将多个图像自动拼接成一幅新的全景图像，在“图层”面板中可看到合成图层效果，如图 13-37 所示，全景图像效果如图 13-38 所示。

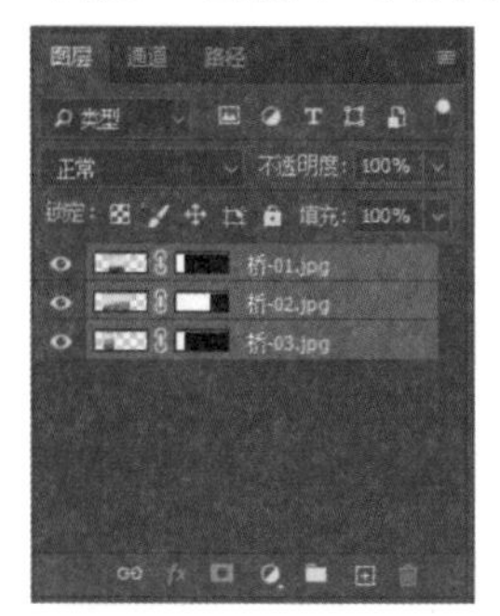

图 13-37　合成图层效果

图 13-38　全景图像效果

**提示**

“Photomerge”命令用于拼接全景图效果，为了能让全景图像的画面表现得更为广阔，可在拍摄时，为同一景物拍摄不同角度的多张照片，将照片上传到电脑中，利用“Photomerge”命令进行自动化处理，将多张照片完美合成为一张壮丽的全景图。对于拼接后出现的参差不齐的边缘效果，可利用“裁剪工具”进行裁剪，让画面变得更完整。

## 13.2.4　使用“图像处理器”批处理文件

使用“图像处理器”命令可以转换和处理多个文件，将选中文件夹中的图像文件以特定的格式和大小保存。在菜单栏中选择“文件”→“脚本”→“图像处理器”命令，在打开的“图像处理器”对话框中单击“选择文件夹”按钮，打开“选取源文件夹”对话框，选中需要批处理的文件夹，单击“确定”按钮，如图 13-39 所示。返回“图像处理器”对话框中设置文件类型和选择动作，如图 13-40 所示，设置结束后，单击“运行”按钮，即可对选中文件夹中的全部文件进行批处理。

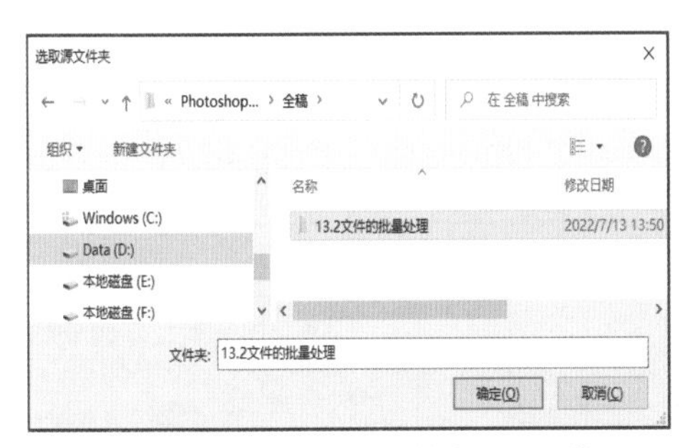


图 13-39　“选取源文件夹”对话框

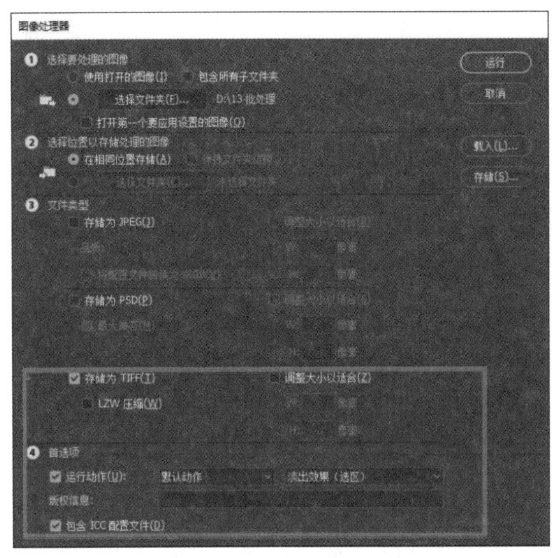


图 13-40　“图像处理器”对话框

## 13.2.5 案例：拼接出壮丽的全景图

本案例将拍摄的多张图像通过“Photomerge”命令自动创建为无缝拼接的图像，再利用“裁剪工具”去除拼接图像时产生的参差不齐的边缘，最后运用调整图层增强画面色彩饱和度，制作出一幅壮丽的全景图，如图 13-41 和图 13-42 所示。

图 13-41　多张素材文件

图 13-42　通过“Photomerge”命令创建壮丽的全景图

**01** 在菜单栏中选择“文件”→“自动”→“Photomerge”命令，打开“Photomerge”对话框，❶单击“浏览”按钮，❷在打开的对话框中选中 IMG_5525.jpg ～ IMG_5530.jpg 文件，单击“确定”按钮，如图 13-43 所示。

**02** 打开需要拼合的图像后，❶在“Photomerge”对话框中将版面选择为“自动”，❷单击“确定”按钮，自动拼接图像，新建一个文档，并出现“进程”对话框，❸以提示创建无缝合成图像的进程，如图 13-44 所示。

**03** 自动拼合图像后，在新建的文件中图像将会合成为一幅新的画面，在图像窗口中可看到该图像的合成效果，如图 13-45 所示。

**04** 选择“裁剪工具”，使用鼠标将裁剪边缘向内拖动，创建裁剪框，如图 13-46 所示，然后按 Enter 键确认裁剪。

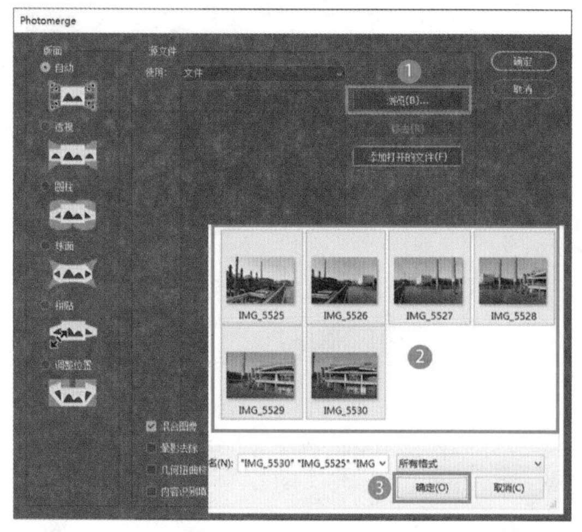


图 13-43 “Photomerge”命令对话框和选取素材文件夹

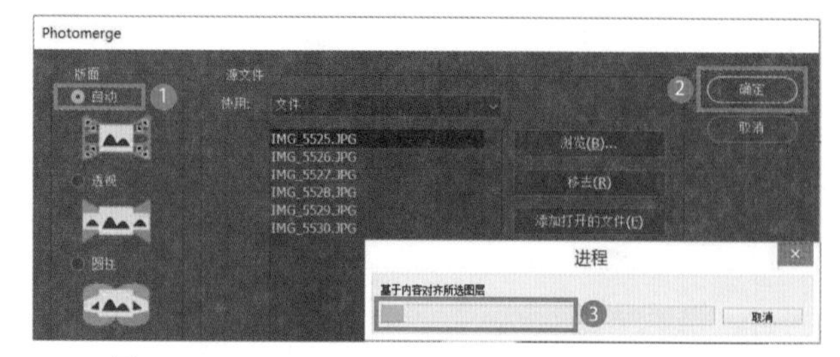


图 13-44 “Photomerge”对话框和进程对话框

图 13-45 “图层”面板和画面效果

图 13-46 使用“裁剪工具”进行裁剪

**05** 裁剪后，在图像窗口中可以看到边缘的多余像素已经被去除，最终展现一幅完整的全景图像画面，如图 13-47 所示。

**06** 创建“自然饱和度 1”调整图层，在打开的“属性”面板中设置“自然饱和度”为 +55、“饱和度”为 +20，如图 13-48 所示，设置调整图层后，可看到画面色彩饱和度增强，展现了色彩艳丽的风景画面，图 13-42 是通过“Photomerge”命令创建的壮丽的全景图。

图 13-47 裁剪多余像素后的效果

图 13-48 调整数值

## 13.3 文件的输出

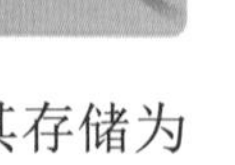

在 Photoshop 2020 中制作精美的作品后，可使用多种方式输出：执行“存储为”命令，可将其存储为各种文件格式；执行“存储为 Web 所用格式 ( 旧版 )”命令，可将其输出为适合网页显示的文件；执行“打印”命令，可以在图像打印前进行优化设置。

## 13.3.1　选择图像的存储格式

编辑图像文件后，在菜单栏中选择“文件”→“存储为”命令，弹出“另存为”对话框，在该对话框中可设置存储的图像位置、名称，单击“保存类型”下拉按钮，在打开的下拉列表中可选择PSD、BMP、JPEG、PNG 和 TIFF 等 22 种文件格式，选择需要的文件格式，如图 13-49 所示，也可设置存储选项，设置结束后，单击“保存”按钮即可。

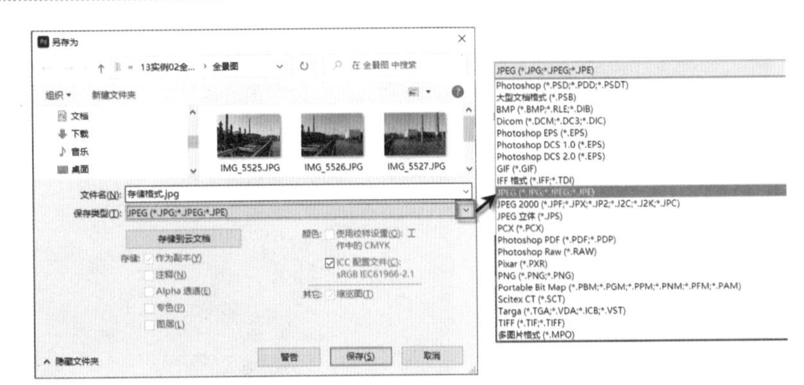


图 13-49　设置图像存储位置和格式

## 13.3.2　存储为 Web 所用格式

在菜单栏中选择“文件”→“导出”→“存储为 Web 所用格式 (旧版)”命令，在弹出的“存储为 Web 所用格式”对话框中对图像进行优化设置，选择需要的文件格式等，确认后即可将图像输出为 Web 所用格式。

### 1. 选择存储格式

对图像文件执行“文件”→“导出”→“存储为 Web 所用格式 (旧版)”命令，在弹出的“存储为 Web 所用格式”对话框的文件格式下拉列表中选择文件格式，如图 13-50 所示，设置后在对话框左侧的预览框中可看到该格式优化后的图像效果，如图 13-51 所示。

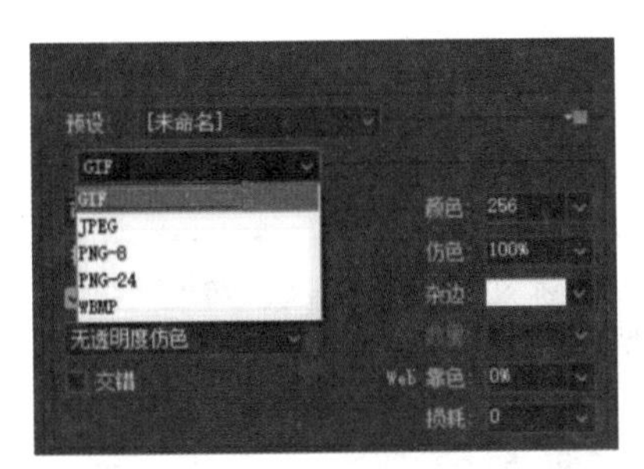


图 13-50　选择文件格式

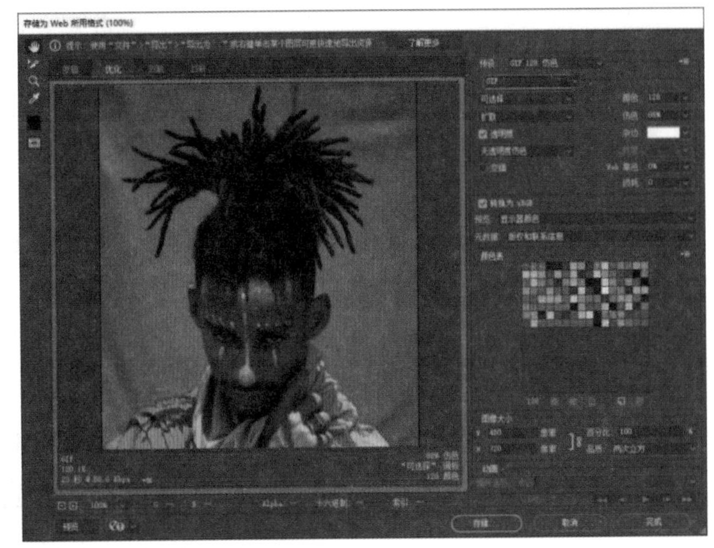

图 13-51　预览框中文件格式优化后的图像效果

### 2. 以四联预览图像

在预览框中单击“四联”标签，将预览框以四联形式显示，然后在对话框右侧的选项中设置各个选项以优化图像，如图 13-52 所示，优化后的画面效果如图 13-53 所示。

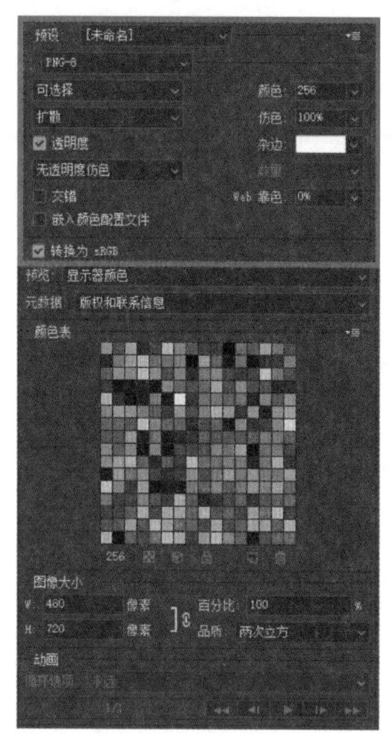

图 13-52　设置各个选项

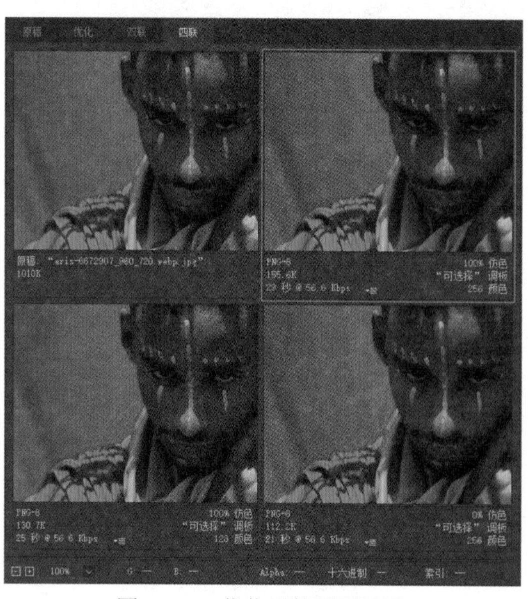

图 13-53　优化后的画面效果

**提示**

优化图像后，单击对话框下方的“预览”按钮，将打开 Web 浏览器，显示优化后的图像效果，并在图像下方显示图像的格式、尺寸、大小和设置内容等。

## 13.3.3　图像导出

通过“导出”命令可将图像导出为需要的特殊文件格式。例如，将图像导出为视频文件或将图像中的路径导出为 Illustrator 文件，也可以利用 Zoomify 命令将图像发布到 Web 服务器终端。在菜单栏中选择“文件”→“导出”命令，在打开的子菜单中即可选择需要的导出命令。

### 1. Zoomify 导出

在菜单栏中选择“文件”→“导出”→“Zoomify”菜单命令，如图 13-54 所示，打开“Zoomify 导出”对话框，如图 3-55 所示。在该对话框中设置文件输出的位置、浏览器大小等，设置完毕后单击“确定”按钮，可在 Web 浏览器中打开图像。

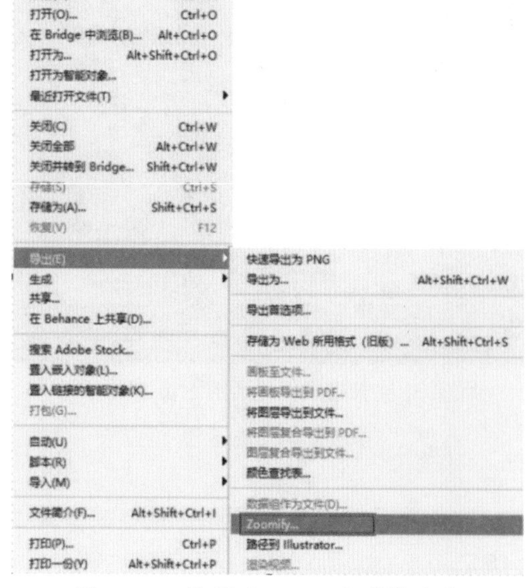


图 13-54　选择“Zoomify”菜单命令

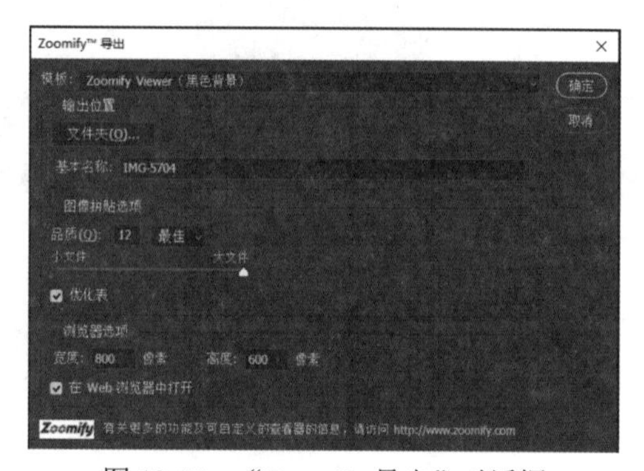


图 13-55　“Zoomify 导出”对话框

### 2. 导出路径到 Illustrator

对于绘制的矢量路径图形，可在菜单栏中选择“文件”→“导出”→“路径到 Illustrator”命令，在弹出的“导出路径到文件”对话框中选择导出的路径，如图 13-56 所示，单击“确定”按钮，在弹出的“选择存储路径的文件名”对话框中设置文件名称和保存位置，如图 13-57 所示，单击“保持”按钮。

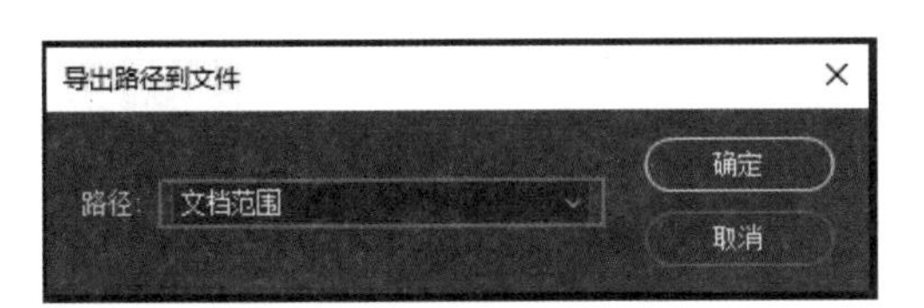


图 13-56　“导出路径到文件”对话框

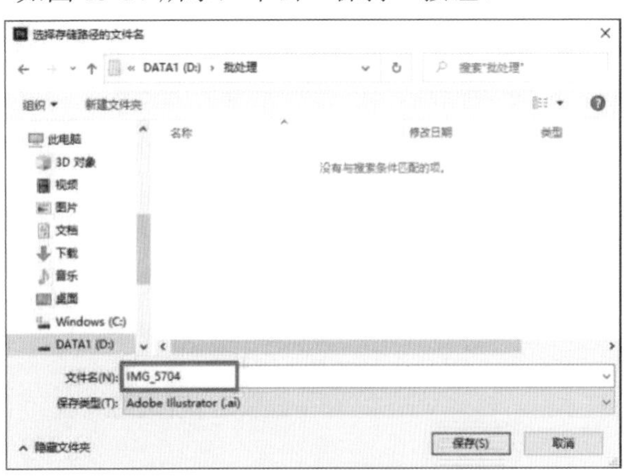


图 13-57　设置文件名称和保存位置

## 13.3.4　图像打印

若将编辑后的图像打印输出，在菜单栏中选择“文件”→“打印”命令，然后在“打印”对话框中对图像进行打印前的设置，可调整打印的图像区域、打印的页面大小、打印份数，也可以对打印文件进行色彩管理、调整位置和大小等操作。

### 1. 调整打印图像

对需要打印的图像执行“文件”→“打印”命令，弹出“Photoshop 打印设置”对话框，在预览框的图像上单击并拖动，调整图像大小，如图 13-58 所示。将图像调整到适合页面大小后的效果如图 13-59 所示。

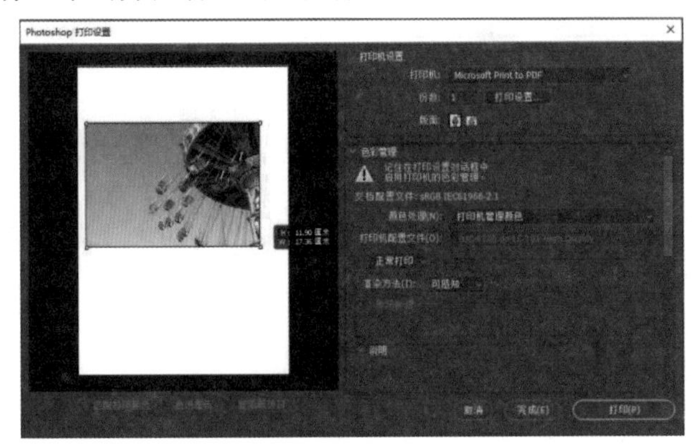

图 13-58　在“Photoshop 打印设置”对话框中调整图像大小

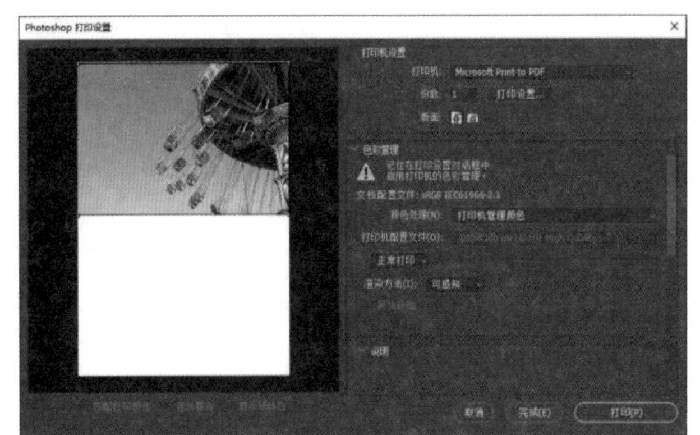

图 13-59　将图像调整到适合页面大小

### 2. 设置打印选项

在“Photoshop 打印设置”对话框右侧的设置栏中，单击“位置和大小”左侧的三角按钮，在展开的选项中可调整图像位置和缩放打印尺寸等，如图 13-60 所示。单击“打印标记”左侧的三角按钮，在展开的选项中为打印文件设置打印标记，如图 13-61 所示。

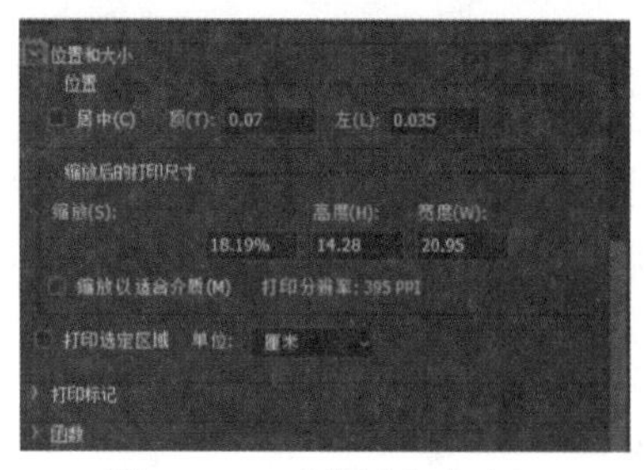


图 13-60 “位置和大小”

图 13-61 “打印标记”

# 第14章 平面设计实战

为了快速熟悉平面设计行业领域内不同的设计内容的特点和要求，以应对复杂多变的平面设计工作，本章将结合当下比较热门和典型的平面设计应用领域，深入讲解8个具有代表性的案例，其中包括UI图标设计、网站Banner设计、公众号首图设计、样机设计、会员卡设计、海报设计、明信片设计、包装设计。学习和掌握这些内容，能够迅速积累相关专业设计的经验、拓展设计知识的深度，进而轻松应对各类平面设计工作和挑战。

## 14.1 立体光感的 UI 图标设计

本例将绘制一款爱心药丸图，如图 14-1 所示，最后绘制药丸的高光部分和白色光斑时，需要读者对物体的光影走向有一定了解。

**01** 启动 Photoshop 2020 软件，在菜单栏中选择“文件”→“新建”命令，新建一个“高度”为 800 像素、“宽度”为 800 像素、“分辨率”为 72 像素 / 英寸的空白文档，并将其命名为“发光的药丸图标”。

**02** 设置前景色为蓝色 (R:60、G:60、B:150)，设置背景色为深灰色 (R:55、G:55、B:55)。在工具箱中选择“渐变工具”，然后在工具选项栏中设置“前景色到背景色渐变”，并单击“径向渐变”按钮，为背景添加径向渐变，如图 14-2 所示。

**03** 在工具箱中选择“圆角矩形工具”，在文档中单击，在弹出的“创建圆角矩形”对话框中设置“宽度”“高度”及“半径”参数，并选中“从中心”复选框，如图 14-3 所示。

**04** 单击“确定”按钮，将圆角矩形填充为白色。在“图层”面板中，将圆角矩形所在的图层命名为“胶囊”，然后将圆角矩形旋转 45 度，此时得到的图形效果如图 14-4 所示。

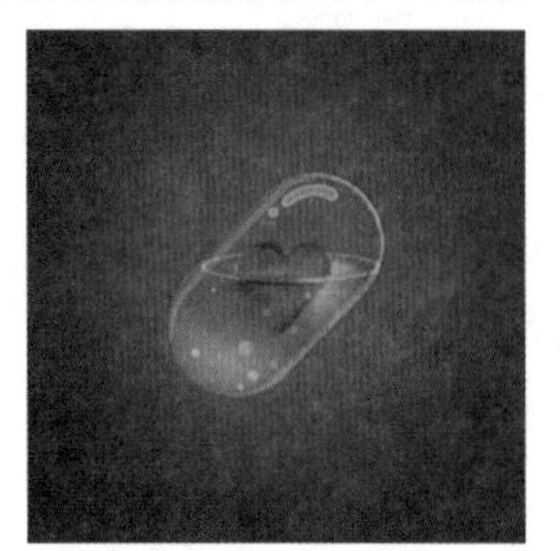

图 14-1 会发光的药丸完成效果图

图 14-2 径向渐变效果

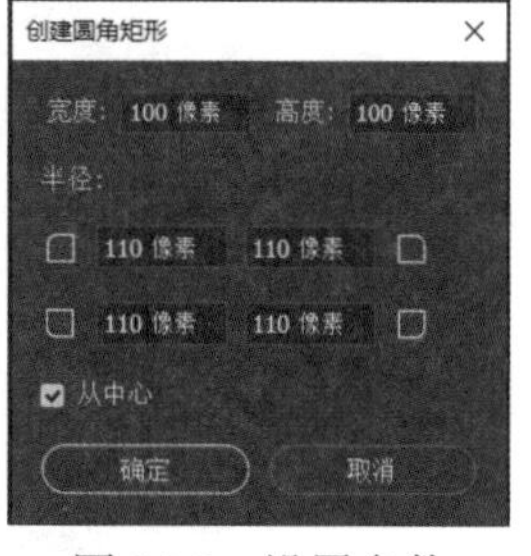


图 14-3 设置参数

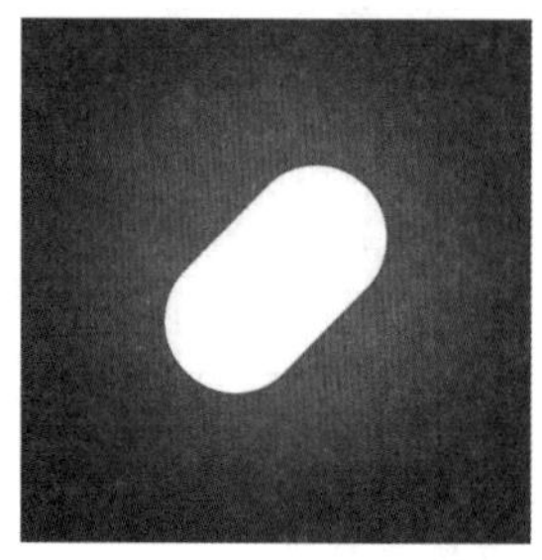

图 14-4 “胶囊”图层效果

**05** 双击“胶囊”图层，在弹出的“图层样式”对话框中，选中“内发光”复选框，并在右侧的“内发光”参数面板中修改“混合模式”为“柔光”，设置“不透明度”为 22%，设置颜色为绿色 (R:60、G:255、B:180)，并调整“大小”为 100 像素，如图 14-5 所示，单击“确定”按钮。

**06** 在“图层”面板中修改该图层的“填充”为 0，得到的图形效果如图 14-6 所示。

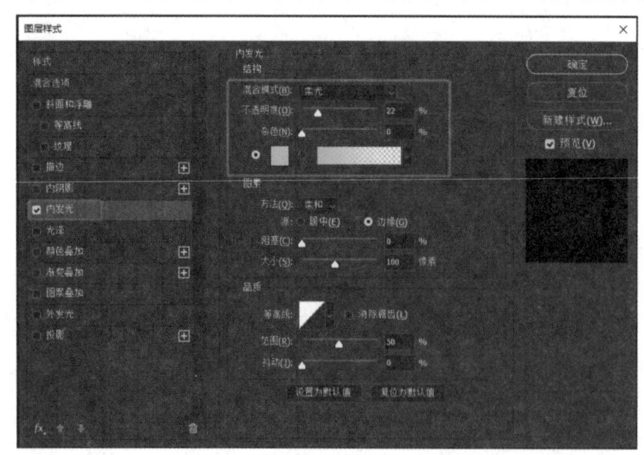


图 14-5 “图层样式”对话框

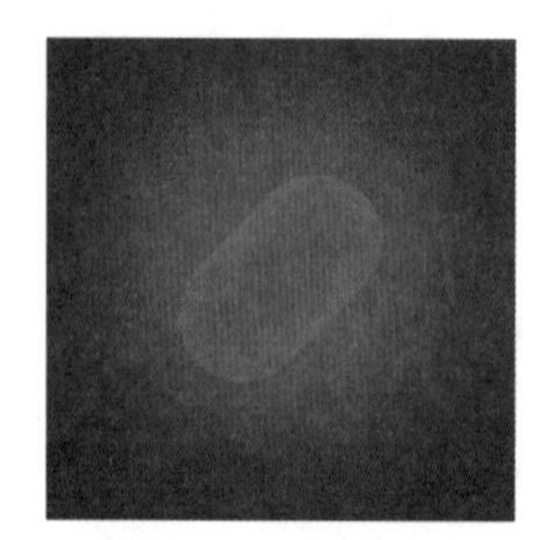

图 14-6 内发光效果

**07** 按 Ctrl+J 快捷键复制得到“胶囊 拷贝”图层，将其所带的“内发光”效果删除。双击该图层，打开“图层样式”对话框，选中“内阴影”复选框，并在右侧的“内阴影”参数面板中修改“混合模式”为“正常”，颜色为绿色 (R:60、G:255、B:180)，设置“不透明度”为 100%，同时调整“距离”为 8 像素、“大小”为

49 像素，如图 14-7 所示，完成设置后，单击“确定”按钮。

**08** 再次对“胶囊”图层进行复制，按下 Ctrl+J 快捷键，得到“胶囊 拷贝 2”图层。双击该图层，打开“图层样式”对话框，参照图 14-8 所示，修改“内阴影”的参数，单击“确定”按钮，保存设置，此时得到的图形效果如图 14-9 所示。

**09** 新建图层，选择“椭圆工具”，创建一个“宽度”为 286 像素、“高度”为 48 像素的椭圆形 ( 填充白色且无描边 )，将其命名为“水面轮廓”。双击该图层，在打开的“图层样式”对话框中选中“内发光”复选框，并在右侧的参数面板中修改“混合模式”为“滤色”，设置“不透明度”为 85%、“大小”为 8 像素，颜色为绿色 (R:15、G:210、B:110)，如图 14-10 所示，单击“确定”按钮。在“图层”面板中修改该图层的“填充”为 0%，如图 14-11 所示。

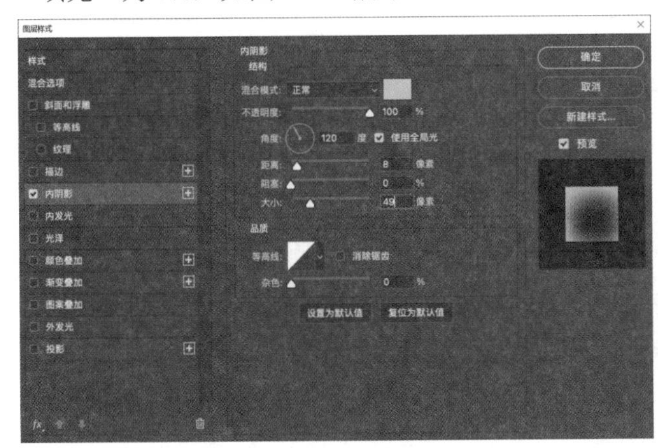

图 14-7　“图层样式”对话框

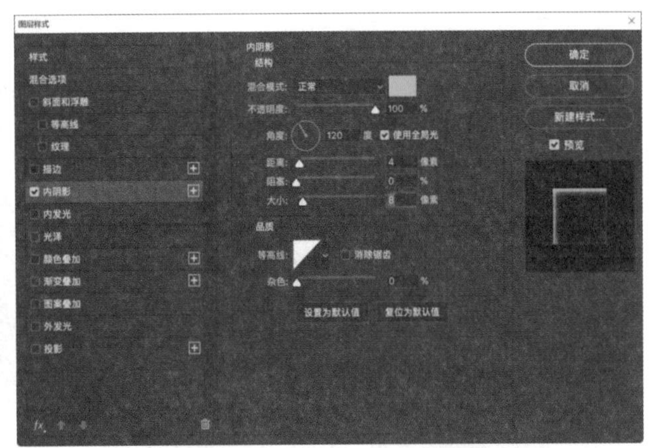

图 14-8　“图层样式”对话框

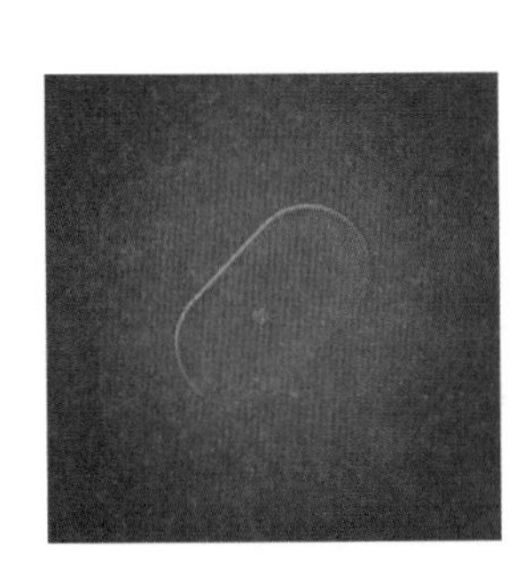

图 14-9　内阴影效果

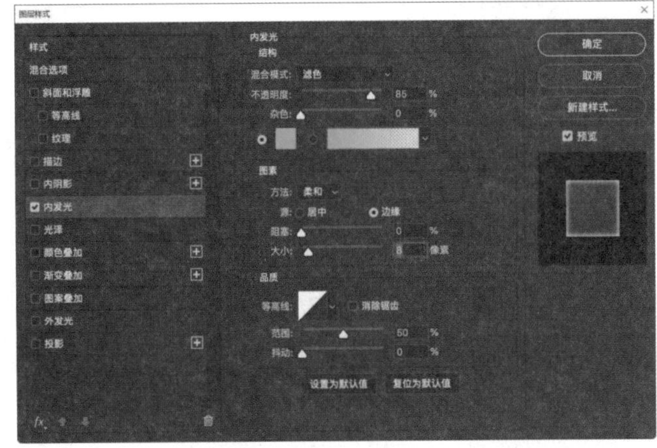

图 14-10　“图层样式”对话框

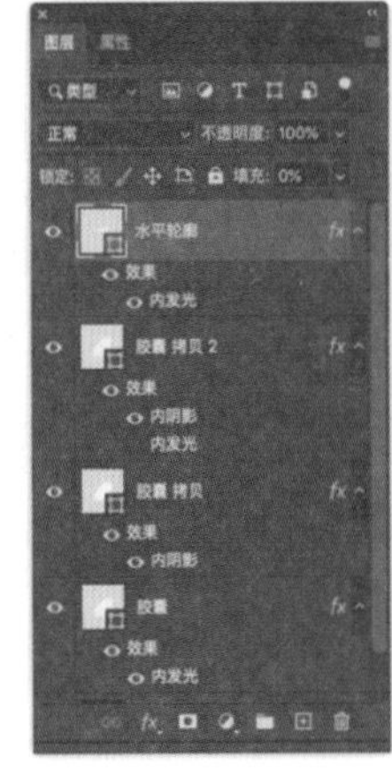

图 14-11　“图层”面板

**10** 使用“椭圆工具”创建一个“宽度”为230像素、“高度”为28像素的椭圆形，为其填充深绿色(R:15、G:210、B:110)。在菜单栏中选择“滤镜”→“模糊”→“高斯模糊”命令，在弹出的“高斯模糊”对话框中设置“半径”为 6.5 像素，如图 14-12 所示。单击“确定”按钮，得到的效果如图 14-13 所示。

**11** 使用“钢笔工具”绘制如图 14-14 所示的爱心形状，并将图层命名为“爱心 1”。双击该图层，为其添加图层样式：“内阴影”和“渐变叠加”效果，具体参数设置如图 14-15 所示。

**12** 使用“钢笔工具”绘制如图 14-16 所示的爱心形状，形成前面绘制的爱心的一个立体厚度，将图层命名为“爱心 2”，并在“图层”面板调整它的位置，将其置于“爱心 1”的下方。双击该图层，为其添加图层样式：“内阴影”和“渐变叠加”效果，具体参数设置如图 14-17 所示。

**13** 绘制爱心的水下部分，使用“钢笔工具”绘制如图 14-18 所示的三角形形状，由于水面的折射，位置上略有偏移，将图层命名为“三角形正面”，并在“图层”面板中调整它的位置，将其置于“水平轮廓”的下方。双击该图层，为其添加图层样式：“内阴影”和“渐变叠加”效果，具体参数设置如图 14-19 所示。

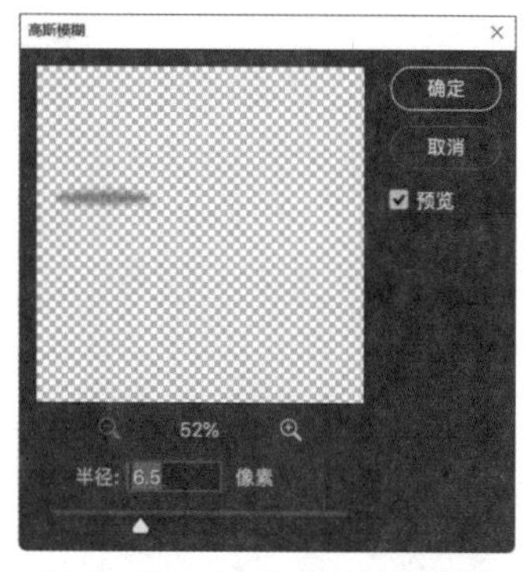

图 14-12　设置“半径”参数

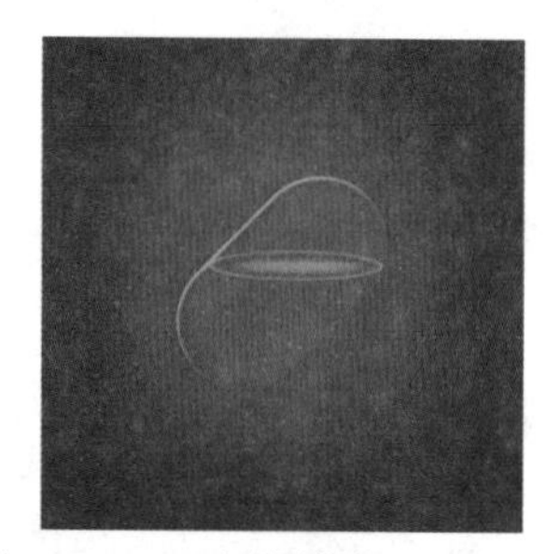

图 14-13　“高斯模糊”后的效果

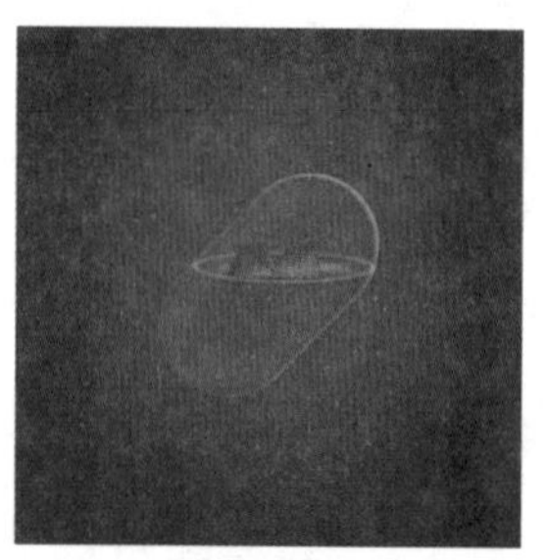

图 14-14　使用“钢笔工具”绘制爱心

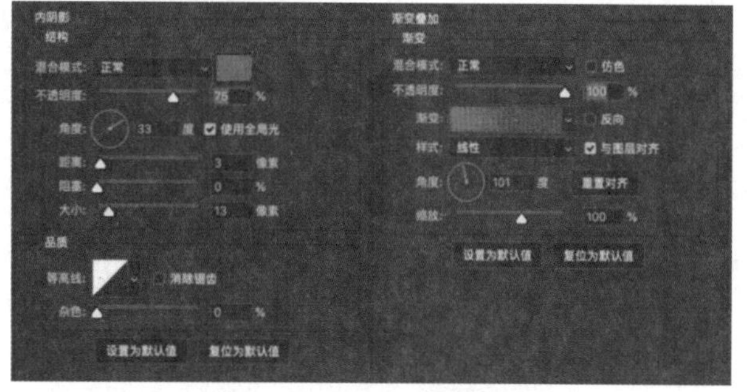

图 14-15　设置“内阴影”和“渐变叠加”参数

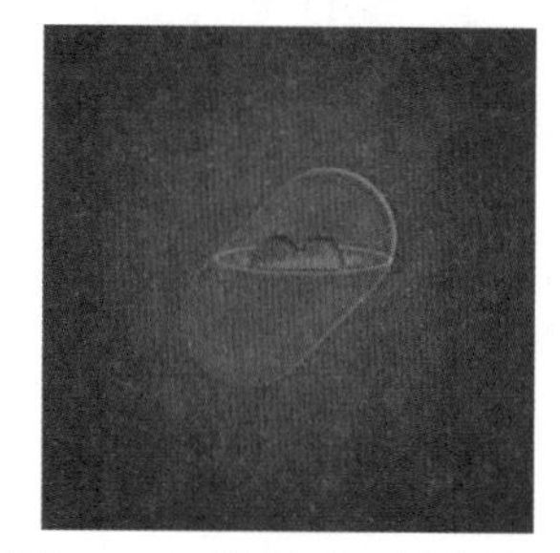

图 14-16　绘制爱心厚度效果

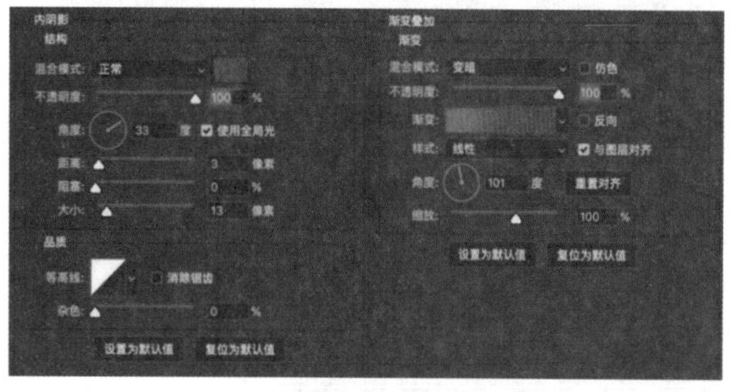

图 14-17　设置“内阴影”和“渐变叠加”参数

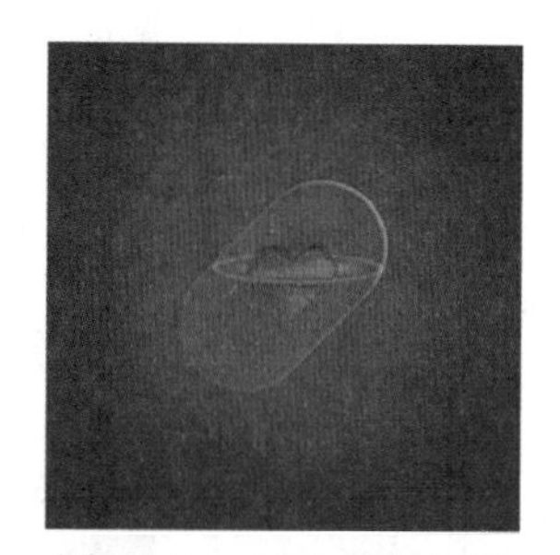

图 14-18　爱心折射效果

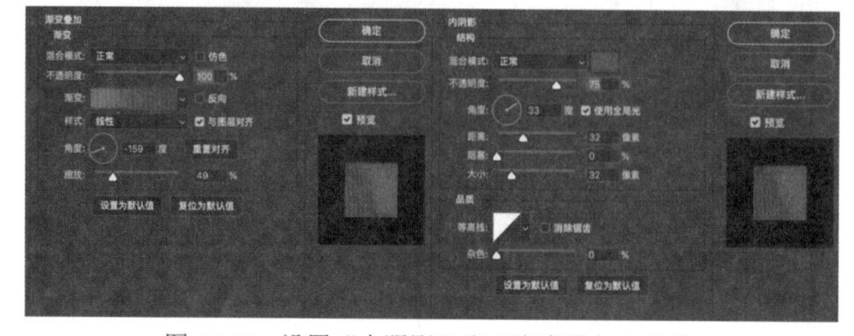

图 14-19　设置“内阴影”和“渐变叠加”参数

**14** 继续绘制爱心的水下部分，使用“钢笔工具”绘制如图 14-20 所示的平行四边形，形成三角形的厚度，将图层命名为“三角形顶面”，并在“图层”面板中调整它的位置，将其置于“水平轮廓”的下方。双击该图层，为其添加图层样式：“内阴影”和“渐变叠加”效果，具体参数设置如图 14-21 所示。

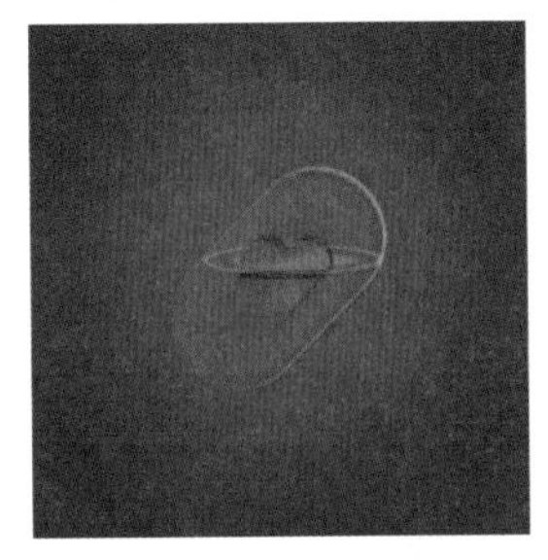

图 14-20　爱心绘制厚度效果

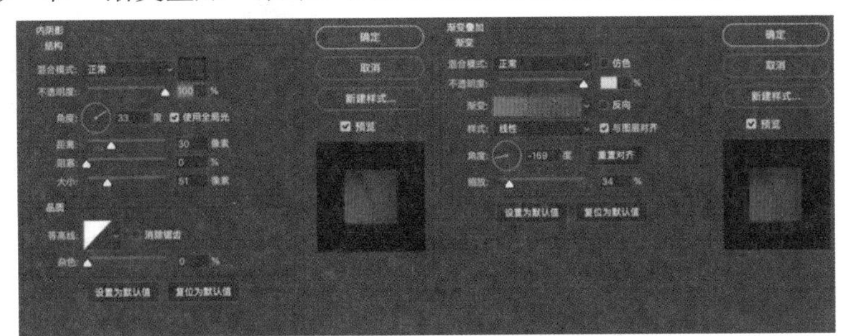

图 14-21　设置“内阴影”和“渐变叠加”参数

**15** 继续绘制爱心的水下部分，使用“钢笔工具”绘制如图 14-22 所示的平行四边形，形成三角形的厚度，将图层命名为“三角形侧面”，并在“图层”面板中调整它的位置，将其置于“水平轮廓”的下方。双击该图层，为其添加图层样式：“内阴影”和“渐变叠加”效果，具体参数设置如图 14-23 所示。

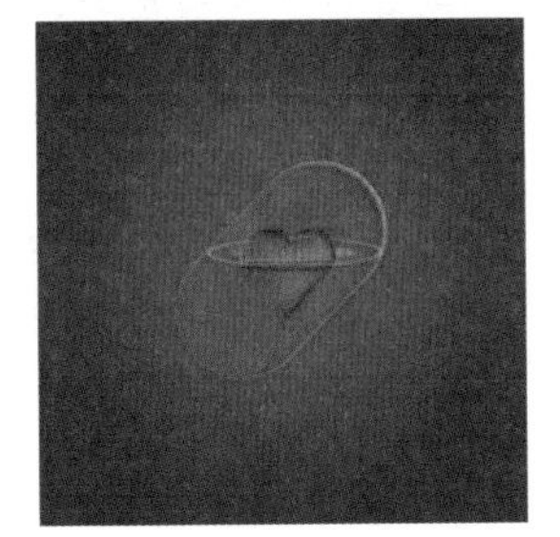

图 14-22　爱心绘制厚度效果

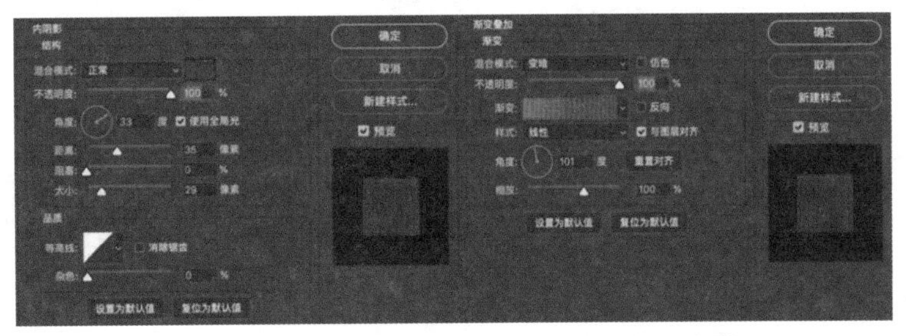

图 14-23　设置“内阴影”和“渐变叠加”参数

**16** 使用“椭圆工具”绘制一个圆形的无描边圆形，填充颜色为绿色 (R:35、G:250、B:225)，如图 14-24 所示。

**17** 在菜单栏中选择“滤镜”→“模糊”→“高斯模糊”命令，在弹出的“高斯模糊”对话框中调整“半径”为 28.8 像素，调整完成后得到的效果如图 14-25 所示。

**18** 用上述同样的方法，继续绘制几何图形并进行模糊处理，来制作水底的反光，如图 14-26 和图 14-27 所示。

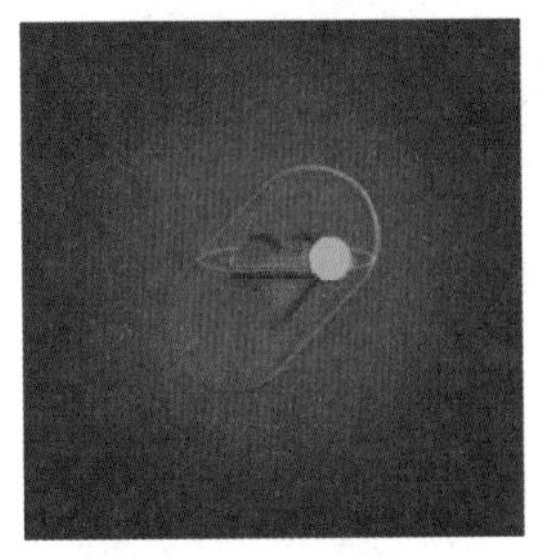

图 14-24　绘制圆形

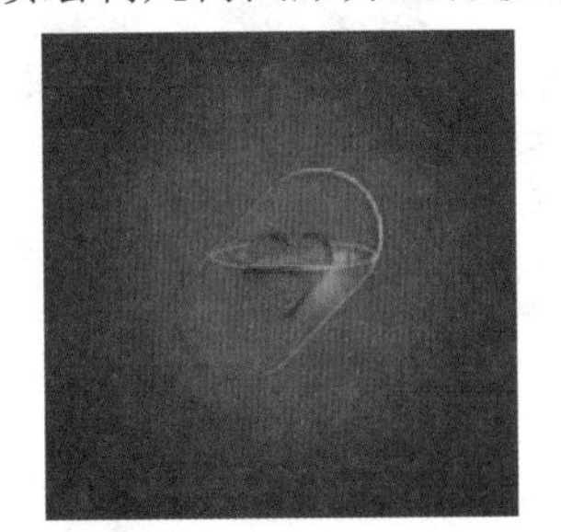

图 14-25　高斯模糊效果

图 14-26　绘制图形

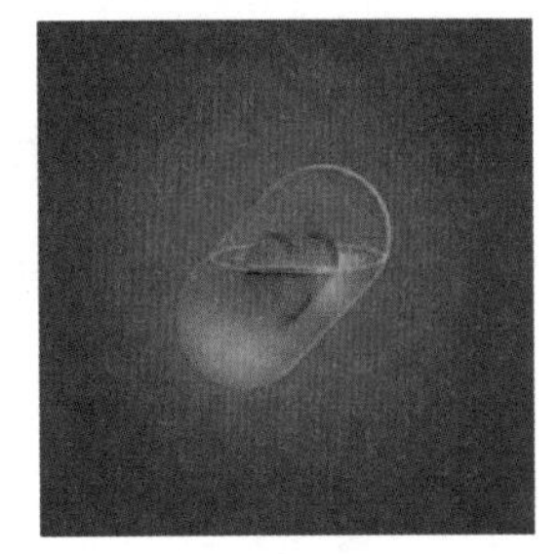

图 14-27　高斯模糊效果

**19** 使用“钢笔工具”沿着胶囊图形边缘绘制两组图形，作为高光部分，填充颜色为浅绿色 (R:235、G:255、B:191)，如图 14-28 所示，在“图层”面板中降低图形的“不透明度”至 30% 和 20%，使效果更加自然，如图 14-29 所示。

**20** 使用“钢笔工具”与“椭圆工具” 在图形左上角绘制白色光斑图形，如图 14-30 所示。

**21** 为上述绘制的白色光斑图形添加“内发光”图层样式，设置其“混合模式”为“滤色”，设置“不透明度”为 100%，颜色为白色，如图 14-31 所示。

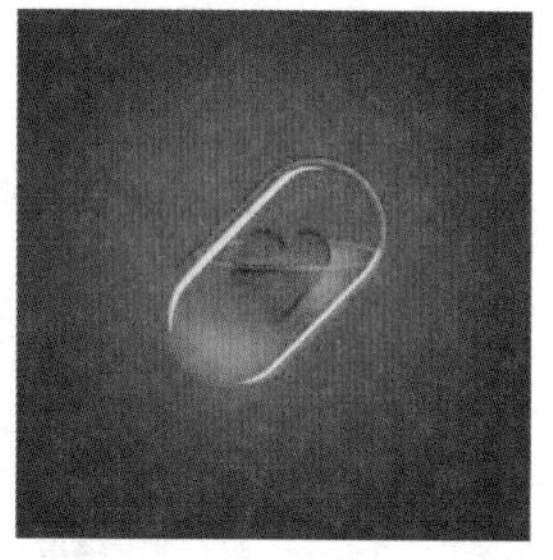

图 14-28　绘制高光部分

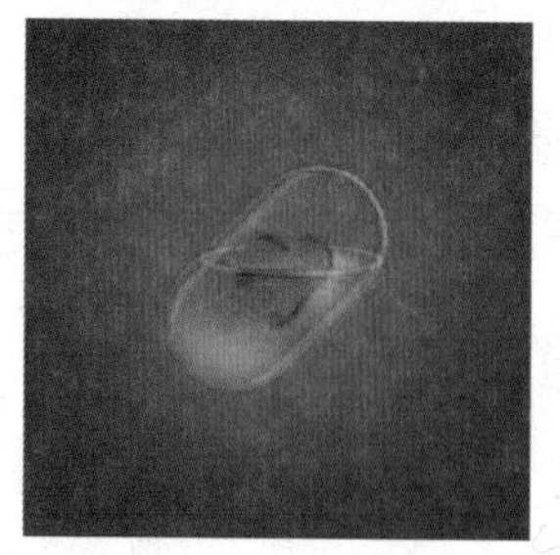

图 14-29　调整高光“不透明度”后的效果

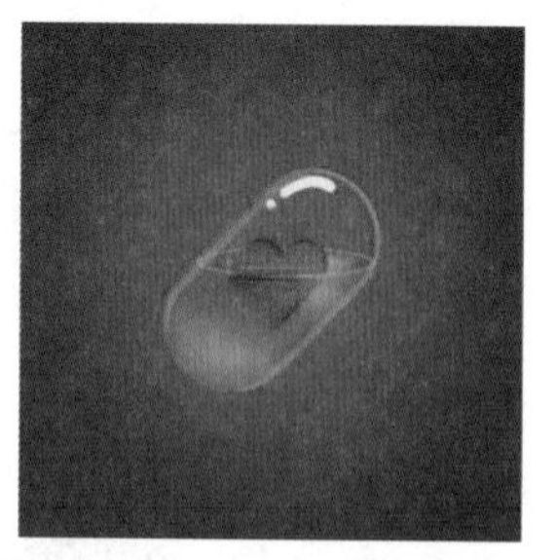

图 14-30　绘制白色光斑图形

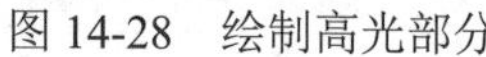

**22** 在“图层”面板中，调整白色光斑图形所在图层的“不透明度”为 70%，调整“填充”至 50%，如图 14-32 所示。操作完成后得到的图形效果如图 14-33 所示。

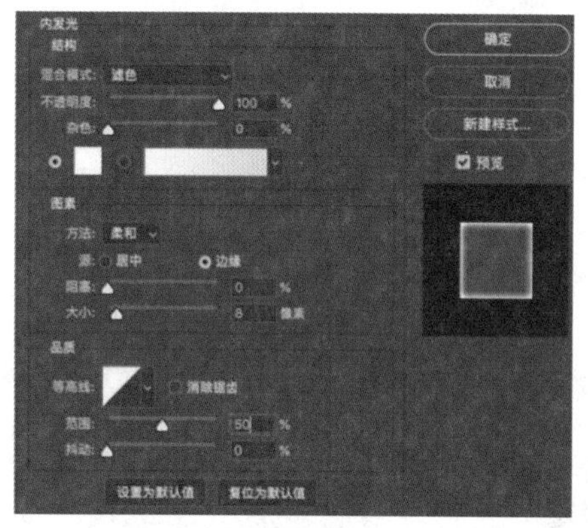

图 14-31　“图层样式”对话框

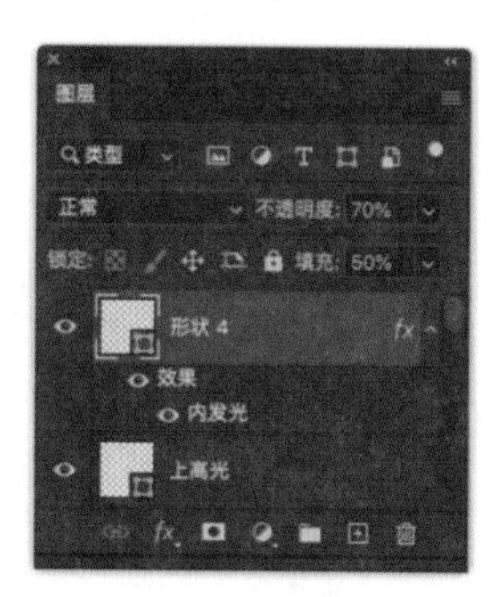


图 14-32　“图层”面板

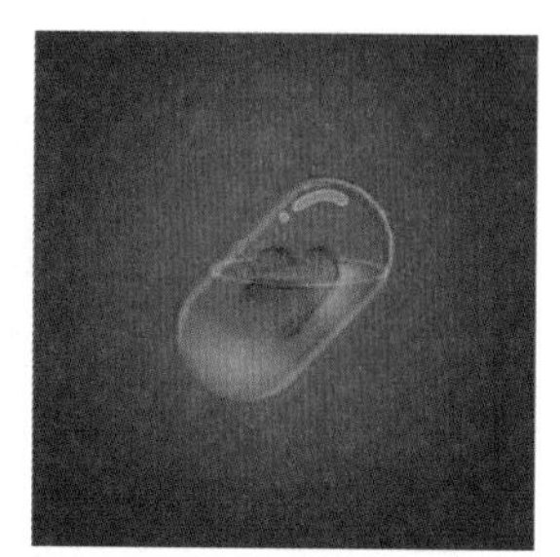

图 14-33　得到的图形效果

**23** 使用“椭圆工具”绘制圆形泡泡，为其添加“光泽”“内阴影”“内发光”图层样式，参数如图 14-34 所示。

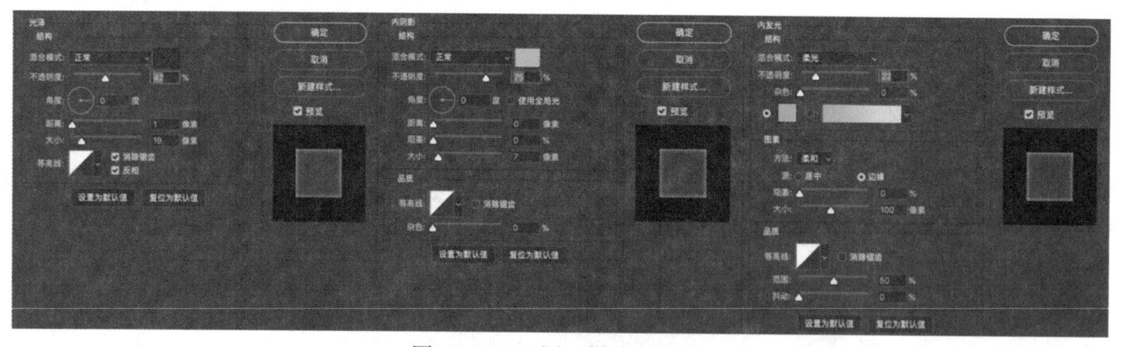

图 14-34　“图层样式”设置

**24** 使用“椭圆工具”绘制圆形泡泡的高光，应用“高斯模糊”滤镜效果，具体参数如图 14-35 所示，调整该高光的位置，使其位于泡泡的左上方，效果如图 14-36 所示。

**25** 批量复制这些泡泡，并通过调整“图层”面板中的“不透明度”来实现泡泡前后大小不同的立体效果，完成爱心药丸 UI 的制作，最终效果如图 14-1 所示。

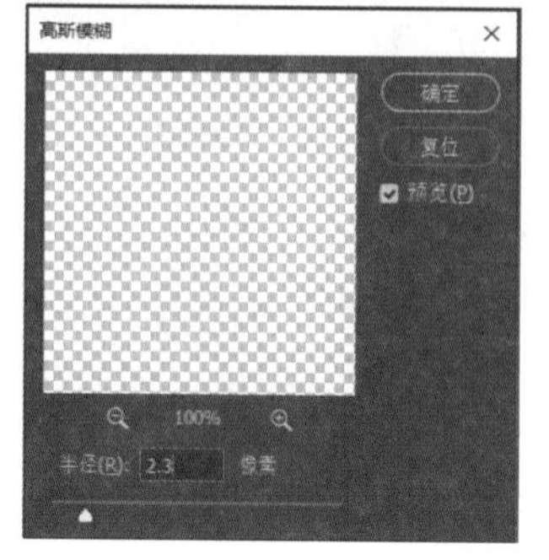


图 14-35　设置“高斯模糊”参数

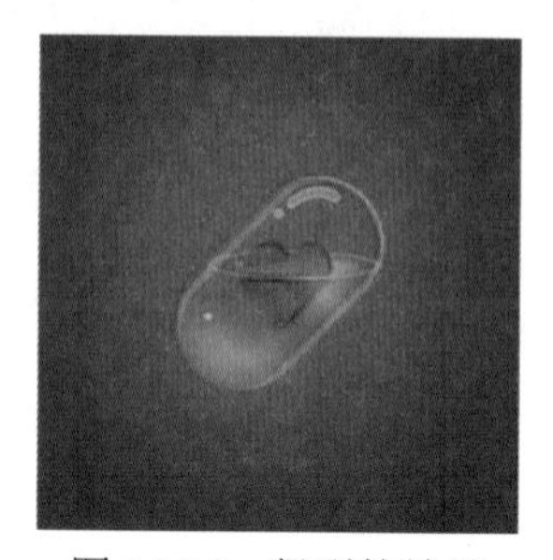

图 14-36　得到的效果

## 14.2 渐变效果的网站 Banner 设计

图 14-37　冰爽一夏效果图

本案例通过形状工具、滤镜与文字工具的结合应用，制作一款公众号的首图，营造一种夏日清爽的感觉，效果如图 14-37 所示。

**01** 启动 Photoshop 2020 软件，在菜单栏中选择“文件”→“新建”命令，新建一个文档，“宽度”为 1920 像素，“高度”为 800 像素，“分辨率”为 72 像素 / 英寸，背景使用“渐变工具”自左下至右上，创建一个蓝色 (R:167、G:213、B:255) 到白色的渐变，如图 14-38 所示。

**02** 在工具箱中选择“椭圆工具”，在文档中绘制一个“高度”为 606 像素、“宽度”为 956 像素的绿色 (R:34、G:204、B:170) 无描边椭圆形，将其放置在画面右下侧，如图 14-39 所示。

**03** 按 Ctrl+J 快捷键复制刚绘制的椭圆图层，使用移动工具将复制的椭圆图层向上移动，并将填充颜色修改为 (R:32、G:253、B:209)，如图 14-40 所示，制造立体的圆柱效果。

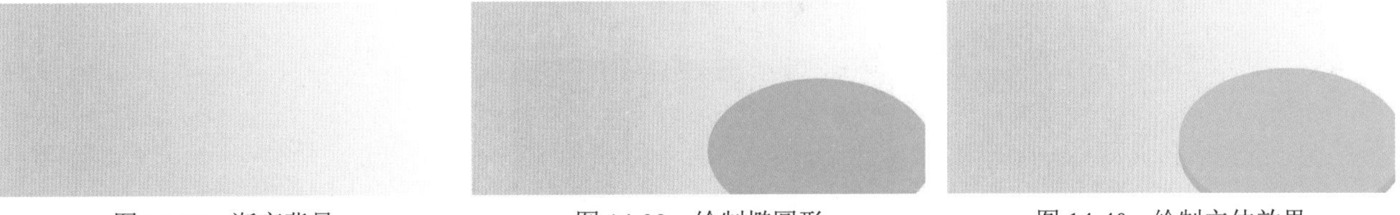

图 14-38　渐变背景　　图 14-39　绘制椭圆形　　图 14-40　绘制立体效果

**04** 使用“椭圆工具”绘制一个椭圆，“高度”为 455 像素，“宽度”为 710 像素，颜色为蓝色 (R:57、G:190、B:245)。在菜单栏中选择“滤镜”→“模糊”→“高斯模糊”命令，在弹出的“高斯模糊”对话框中，设置如图 14-41 所示的参数，制造晕影效果。按 Ctrl+J 快捷键复制晕影图层，调整它们的不透明度为 59%。通过“移动工具”调整两个晕影的位置，适当时按 Ctrl+T 快捷键调整角度和大小，效果如图 14-42 所示。

**05** 按 Ctrl+O 快捷键，打开“素材 \ 第 14 章 \ 手表 .tif”文件，按 Ctrl 键的同时单击“图层”面板中的“手表”图层，提取选区，按 Ctrl+C 快捷键复制手表图像。回到新建的文件，按 Ctrl+V 快捷键，将手表粘贴到新建的文档里，如图 14-43 所示。

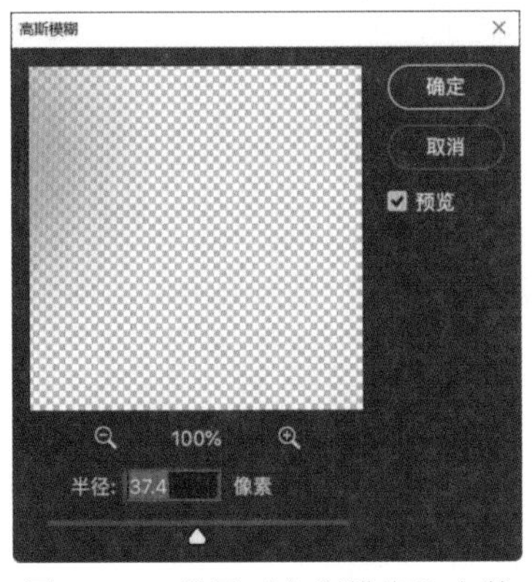

图 14-41　设置“高斯模糊”参数

图 14-42　制造晕影效果

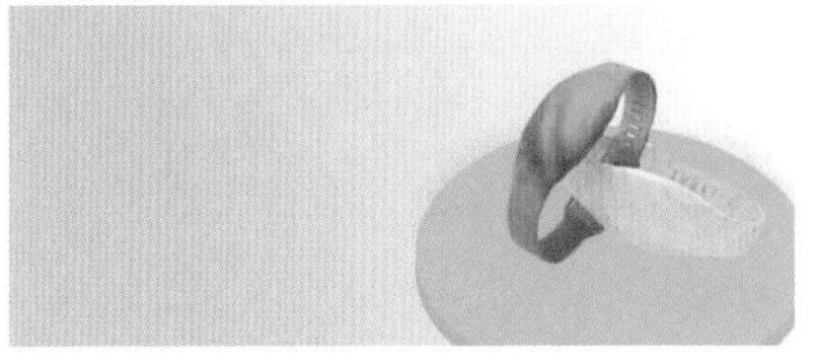
图 14-43　粘贴图片

**06** 双击手表所在的图层，为其添加一个新的“投影”样式，颜色为蓝色 (R:66、G:57、B:255)，其余参数如图 14-44 所示，效果如图 14-45 所示。

**07** 使用“椭圆工具”绘制一个圆形，“直径”为 618 像素，使用“渐变工具”将其填充渐变色，两个颜色的色值分别为粉色 (R:64、G:224、B:246) 和蓝色 (R:255、G:160、B:213)，具体参数设置如图 14-46 所示，气泡效果如图 14-47 所示。

**08** 双击气泡所在的图层，为其添加一个“投影”样式，具体参数设置如图 14-48 所示，阴影的颜色值为蓝色 (R:255、G:160、B:213)，效果如图 14-49 所示。

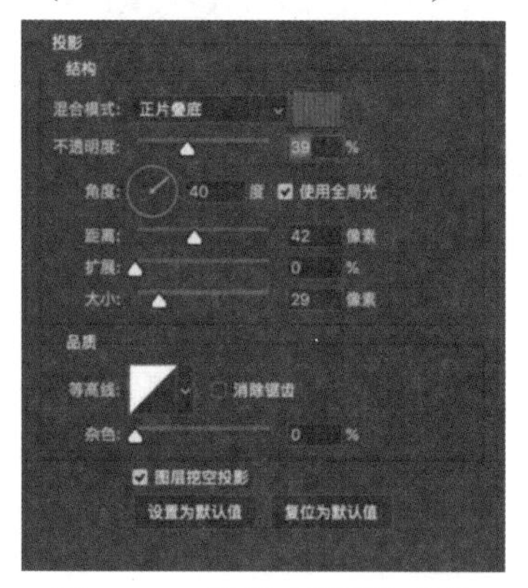


图 14-44 设置“投影”参数

图 14-45 增加投影效果

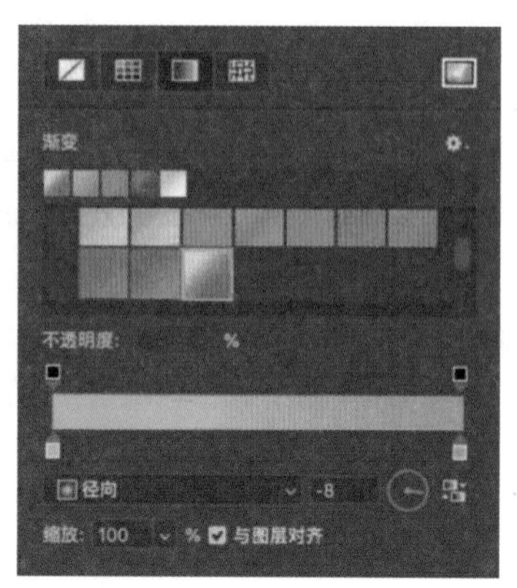


图 14-46 设置渐变色参数

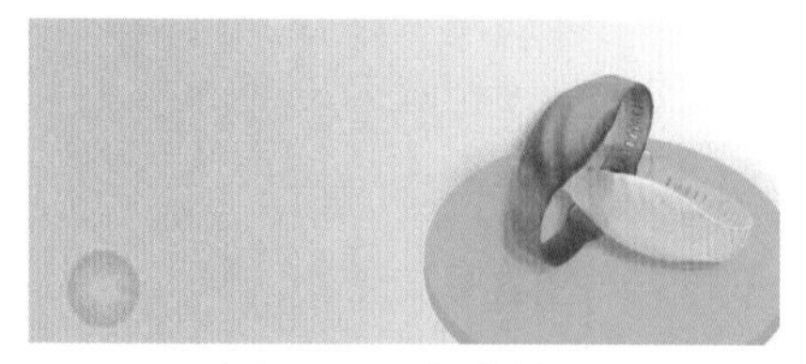

图 14-47 气泡效果

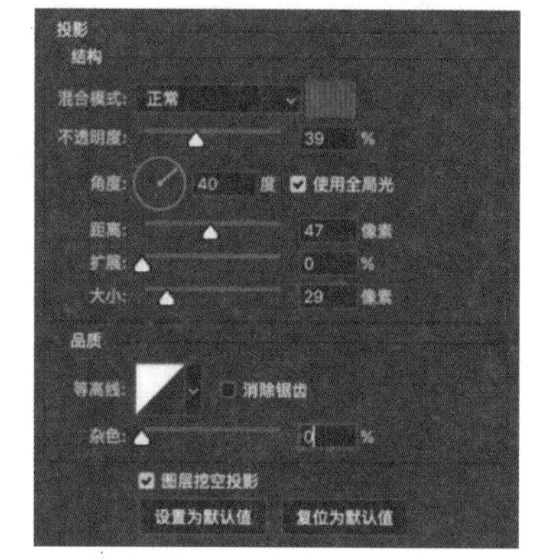


图 14-48 设置“投影”参数

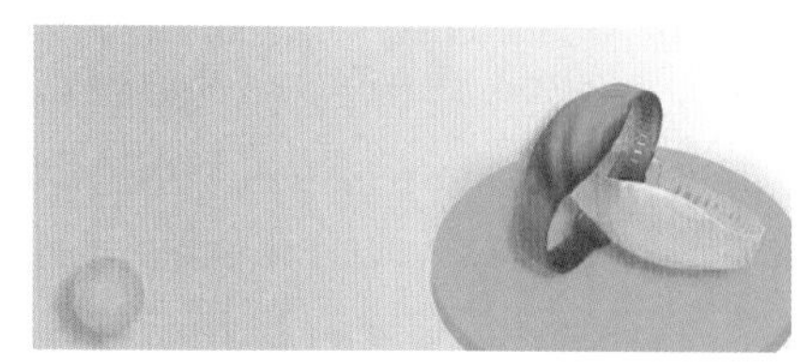

图 14-49 增加投影效果

**09** 陆续按 Ctrl +J 快捷键，复制 4 个气泡，调整它们的大小和位置，将不透明度设置为 60% 至 70% 不等，效果如图 14-50 所示。

**10** 使用“横排文字工具”在文档中输入文字“清凉时间”，并在“字符”面板中设置字体为“方正水云简体 _ 粗”、字号为 125、颜色为蓝绿色 (R:9、G:147、B:192)，效果如图 14-51 所示。

**11** 使用“横排文字工具”在文档中输入文字“冰爽一夏”，并在“字符”面板中设置字体为“方正水云简体 _ 粗”、字号为 168、颜色为蓝绿色 (R:0、G:124、B:188)，效果如图 14-52 所示。

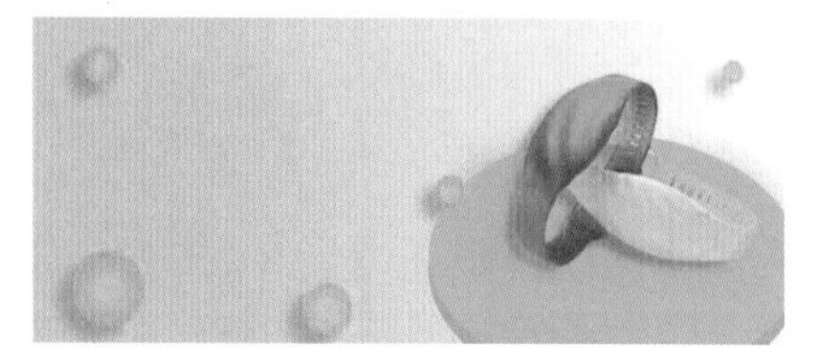

图 14-50 复制气泡

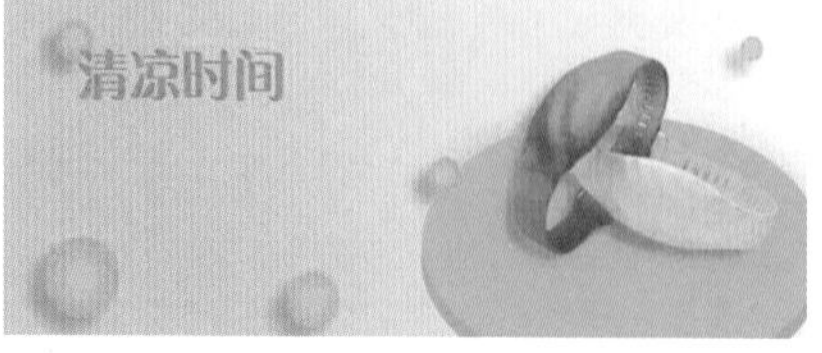


图 14-51 输入文字

图 14-52 继续输入文字

**12** 回到圆柱体立面所在的图层，为其添加图层蒙版，选择画笔工具，设置“不透明度”为 60%、“平滑”为 10%，绘制一种立体的渐变效果，使三维效果更自然，最终效果如图 14-37 所示。

## 14.3 照片排版的公众号首图设计

公众号的首图往往具有类似的版式，如图 14-53 所示。下面结合图片与文字的巧妙搭配，演示一组时尚公众号的穿搭首图。

**01** 启动 Photoshop 2020 软件，在菜单栏中选择“文件”→“新建”命令，新建一个文档，“宽度”为 1920 像素，“高度”为 800 像素，“分辨率”为 72 像素 / 英寸，按 Ctrl+Delete 快捷键，填充背景为奶咖色 (R:227、G:213、B:205)，如图 14-54 所示。

图 14-53　公众号首图的效果图

**02** 按 Ctrl+O 快捷键，打开“素材 \ 第 14 章 \ 模特 1.jpg”文件，将其复制、粘贴在新建的文档中，调整其大小和位置，如图 14-55 所示。

图 14-54　填充背景

图 14-55　粘贴图片

**03** 按住 Ctrl 键并单击“模特 1”图层，得到选区。选择选区工具，在得到的选区上单击鼠标右键，在弹出的快捷菜单中选择“描边”命令，在弹出的对话框中设置描边的宽度为 8 像素、颜色为橙色 (R:178、G:85、B:47)，如图 14-56 所示。

图 14-56　增加描边

**04** 使用“横排文字工具”在文档中输入文字“国货之光”，并在“字符”面板中设置字体为“方正大黑简体”、字号为 120、颜色为白色，继续在“图层”面板中添加“投影”效果，颜色与刚才的描边色相同，其他参数设置如图 14-57 所示，效果如图 14-58 所示。

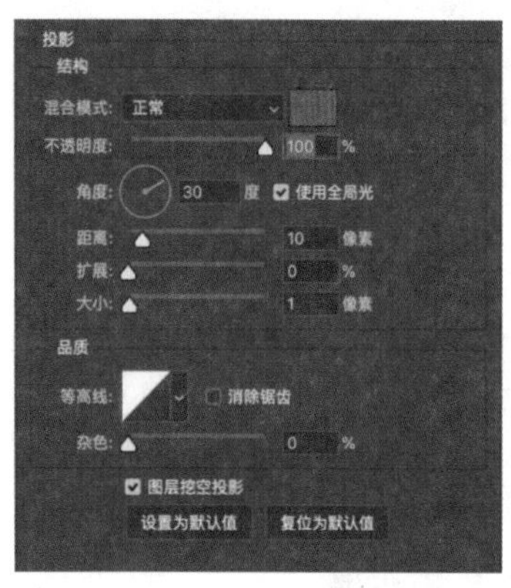


图 14-57 设置“投影”参数

图 14-58 输入文字

**05** 选择“椭圆工具”，按住鼠标左键拖动绘制一个正圆，直径为 70 像素，颜色同前，位于图片的左上角，效果如图 14-59 所示。

**06** 使用“横排文字工具”在文档中输入文字“Beauty”，并在“字符”面板中设置字体为 SignPainter，首字母 B 的字号为 200，其余字母的字号为 105，颜色同前，效果如图 14-60 所示。

图 14-59 绘制正圆

图 14-60 继续输入文字

**07** 选择“矩形工具”，按住鼠标左键拖动绘制一个矩形，宽度为 480 像素，高度为 72 像素，颜色同前，位于文字“国货之光”的正下方，效果如图 14-61 所示。

**08** 使用“横排文字工具”在文档中输入文字“Fashion China”，并在“字符”面板中设置字体为 Zapfino、字号为 35、颜色为白色，效果如图 14-62 所示。

图 14-61 绘制矩形

图 14-62 继续输入文字

**09** 按 Ctrl+O 快捷键，打开“素材 \ 第 14 章”中的“模特 2.tif”“模特 3.tif”“模特 4.tif”3 个文件，将其复制、粘贴在新建的文档上，调整其大小和位置，如图 14-63 所示。

**10** 通过双击鼠标左键，对刚粘贴的任意一张图片进行图层的样式设置，分别是“描边”和“投影”，具体参数如图 14-64 所示，效果如图 14-65 所示。

**11** 将图层样式粘贴到其余两张模特照片上，具体操作：在已设置样式的图层上右击，在弹出的快捷菜单中选择“粘贴图层样式”命令。用同样的操作

图 14-63 粘贴图片

方法，把图层样式复制到第三张模特图片上，效果如图 14-66 所示。

**12** 使用“横排文字工具”在文档中输入文字“CHINESE NEW FASHION ALL ABOUT YOU”，并在“字符”面板中设置字体为 Helvetica Condensed、字号为 35，在“图层”面板中将其“不透明度”调至 50%，用空格键调整字间距，使文字处在恰当的位置，最终效果如图 14-67 所示，完成时尚公众号首页图的制作。

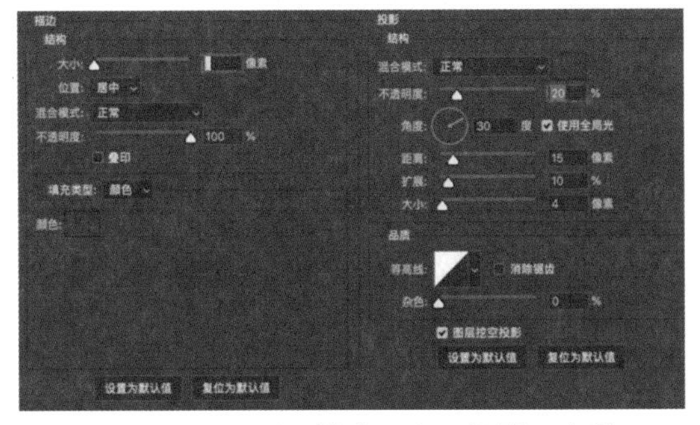

图 14-64　设置“描边”和“投影”参数

图 14-65　完成效果

图 14-66　粘贴图层样式

图 14-67　最终效果

## 14.4　烫金名片的样机设计

在品牌设计中，标识作为重中之重，往往需要模拟其在实际应用中的效果，也就是“样机”，这样才能以更加直观且美观的效果打动客户，Photoshop 作为“图像处理大师”，在这方面具有无可比拟、不可替代的优势。下面就跟着案例，学习一张名片的样机贴图设计，效果如图 14-68 所示。

**01** 启动 Photoshop 2020 软件，在菜单栏中选择“文件”→“新建”命令，新建一个文档，“高度”为 1667 像素，“宽度”为 2500 像素，“分辨率”为 72 像素 / 英寸。按 Ctrl+O 快捷键，打开“素材 \ 第 14 章 \ 名片背景 .tif”文件，新建一个“背景”图层，将其复制、粘贴到新建的文档中，继续按 Ctrl+O 快捷键，打开“素材 \ 第 14 章 \ 名片标识 .tif”文件，新建一个“标识”图层，将其粘贴到新建的文档中，如图 14-69 所示。

**02** 按 Ctrl+T 快捷键，调整图片的大小和位置，按住 Ctrl 将鼠标移至选区的四个角上，可以更加精准地调节透视角度，如图 14-70 所示。

图 14-68　最终样机效果

图 14-69　粘贴图片

图 14-70　调整透视

03 双击“标识”图层，对其进行“图层样式”的添加，分别是“投影”“斜面和浮雕”“渐变叠加”，具体参数设置如图 14-71 所示，效果如图 14-72 所示。

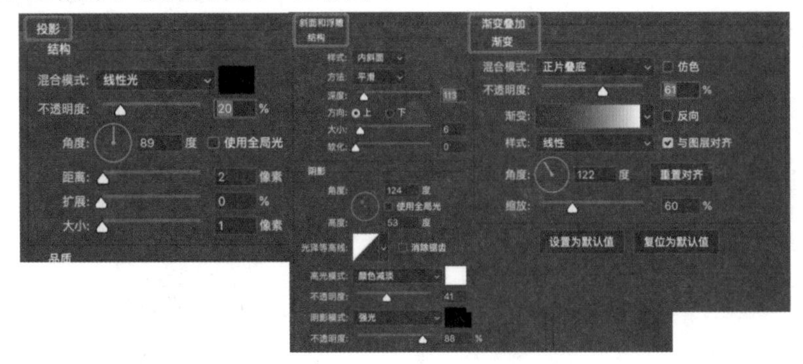

图 14-71　设置图层样式

04 复制“标识”图层，在菜单栏中选择“滤镜”→“转换为智能滤镜”命令，然后继续在菜单栏中选择“滤镜”→“模糊”→“高斯模糊”命令，在打开的“高斯模糊”对话框中设置“半径”为 7.4 像素，效果如图 14-73 所示。

05 按 Ctrl+O 快捷键，打开“素材 \ 第 14 章 \ 金纸 .tiff”文件，新建一个“金纸”图层，复制、粘贴该图层，并将该图层置于“标识”图层上方，效果如图 14-74 所示。

图 14-72　添加图层样式后的效果

图 14-73　高斯模糊效果

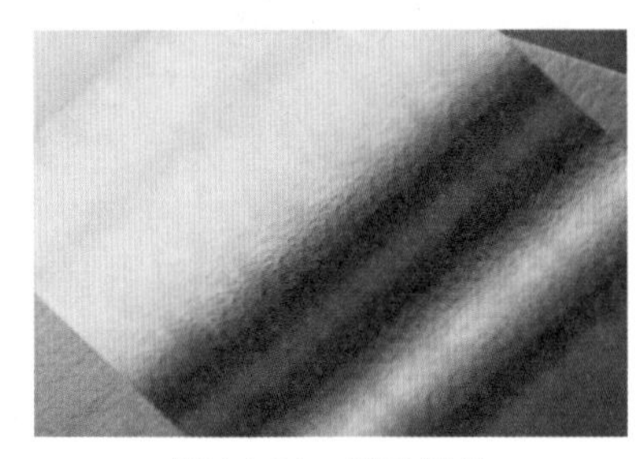

图 14-74　粘贴图片

06 在“图层”面板中单击“金纸”图层，在菜单栏中选择“图层”→“创建剪贴蒙版”命令。

07 重新复制“标识”图层，粘贴到新的图层，将颜色由黑色改为米驼色，色值为 R:208、G:196、B:171，命名为“柔和”图层，置于“金纸”图层上方，双击该图层，进行“图层样式”的添加，分别是“颜色叠加”“渐变叠加”和“图案叠加”，具体参数设置如图 14-75 所示。将图层的“填充”值降为 30%，效果如图 14-76 所示。

08 再次复制“标识”图层，粘贴到新的图层，将颜色由黑色改为咖啡色，色值为 R:76、G:63、B:37，命名为“模糊 2”图层，置于“模糊 1”图层下方，通过“滤镜”→“转化为智能滤镜”命令和“滤镜”→“模糊”→“高斯模糊”命令，进行阴影的调节，设置“半径”为 7.4 像素。将图层的“填充”值降为 30%，效果如图 14-77 所示。

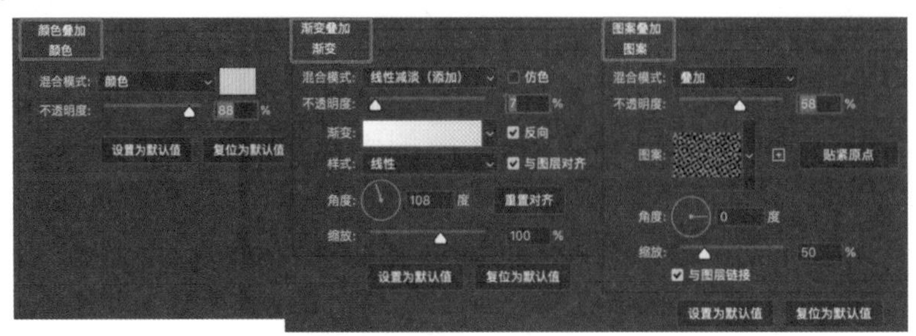

图 14-75　设置图层样式

**09** 按 Ctrl+J 快捷键复制“背景”图层，得到新的图层，将其命名为“灯光”，调整它的“不透明度”为 50%，效果如图 14-78 所示，置于“模糊 2”图层的上方，在菜单栏中选择“图层”→“创建剪贴蒙版”命令，完成样机的制作，最终效果如图 14-68 所示。

图 14-76　降低“填充”值后的效果

图 14-77　调节阴影效果

图 14-78　制作灯光效果

## 14.5　磨砂效果的会员卡设计

本案例综合运用 Photoshop 的多重图层效果与蒙版，结合光晕的弥散感，模拟逼真的磨砂卡片效果，颇具设计感，如图 14-79 所示。

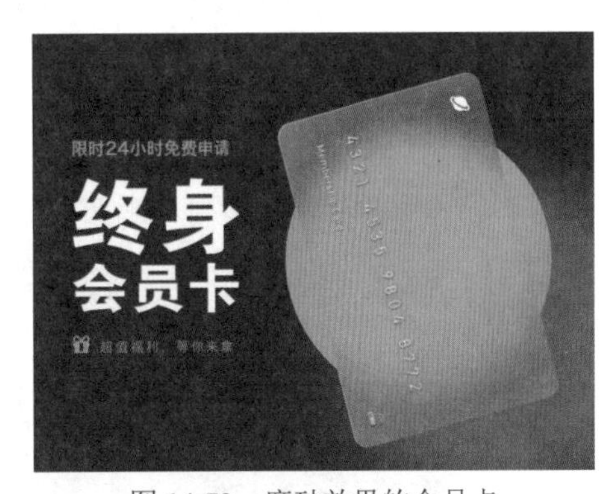

图 14-79　磨砂效果的会员卡

**01** 启动 Photoshop 2020 软件，在菜单栏中选择“文件”→“新建”命令，新建一个文档，“高度”为 1200 像素，“宽度”为 1600 像素，“分辨率”为 72 像素 / 英寸。

**02** 制作背景图层。在菜单栏中选择“图层”→“新建填充图层”→“纯色”命令，在弹出的对话框中单击“确定”按钮，在弹出的“拾色器 ( 纯色 )”对话框中输入颜色 (R:21、G:21、B:21)，如图 14-80 所示，填充后的效果如图 14-81 所示。

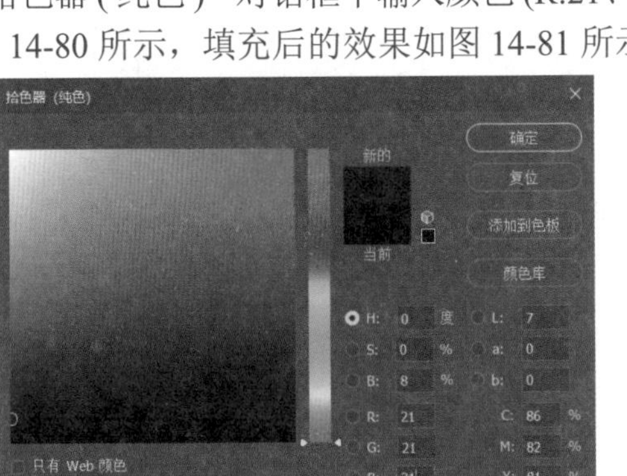

图 14-80　“拾色器 (纯色)”对话框

图 14-81　制作背景图层

**03** 丰富背景图层。在“图层”面板中新建一个图层，然后在左侧的工具箱中选择“画笔工具”，在工具选项栏中调整参数，如图 14-82 所示，调整颜色为 R:155、G:51、B:73，在画面的右下角适当位置单击，得到一个圆形的渐变图形。

**04** 制作具有渐变效果的圆形。在工具箱中选择“椭圆工具”，在画面中单击，在弹出的对话框中设置椭圆的宽度和高度均为“760 像素”，得到一个圆形，此时自动生成新图层“椭圆 1”，在“图层”面板中双击“椭圆 1”图层，将其重命名为“清晰层”。单击“图层”面板底部的“添加图层样式”按钮 fx，在打开的列表中选择“渐变叠加”命令，在打开的“图层样式”对话框中单击“渐变”选项，在弹出的“渐变编辑器”对话框中设置具体数值，渐变的颜色值分别为 R:255、G:113、B:74 和 R:245、G:64、B:68，如图 14-83 所示，效果如图 14-84 所示。

**05** 创建矩形卡片图层。在工具箱中选择“圆角矩形工具”，在画面中单击，在弹出的对话框中设置“宽度”为 600 像素、“高度”为 920 像素，圆角“半径”均为 40 像素，得到一个圆角矩形，此时自动生成新图层“圆角矩形 1”。在“图层”面板中双击“圆角矩形 1”图层，将其重命名为“卡片层”。为了使卡片有半透明效果，把“卡片层”图层的“填充”改为 10%，如图 14-85 所示。

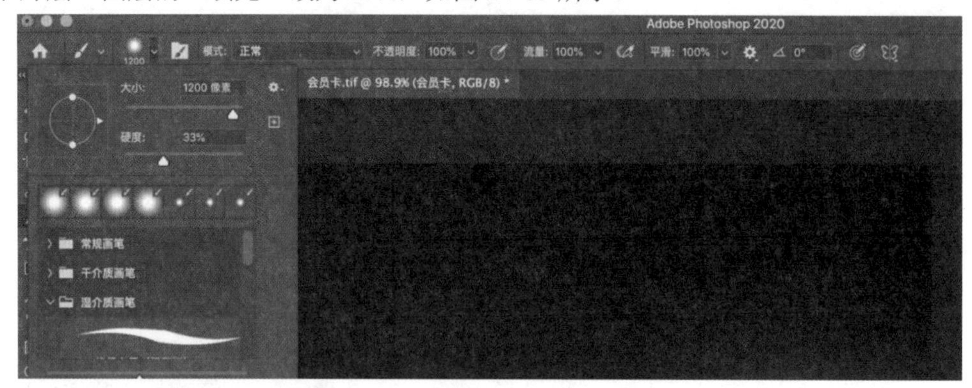

图 14-82　在工具选项栏中调整参数

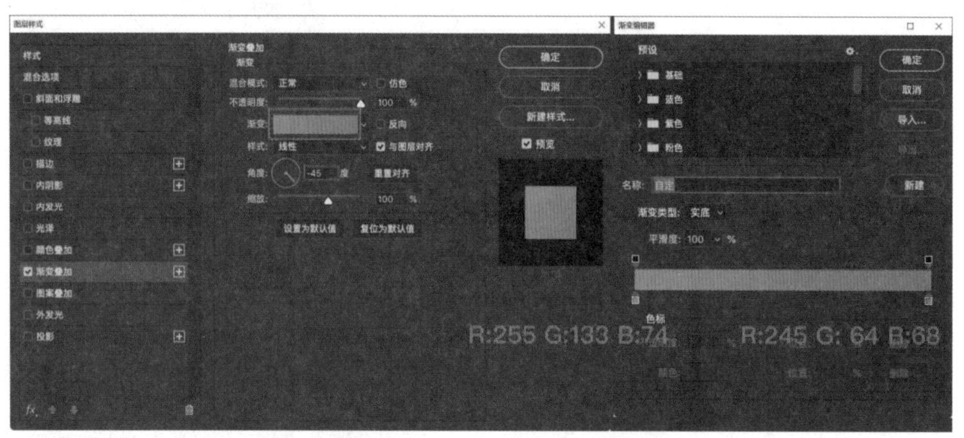

图 14-83　“图层样式”对话框和“渐变编辑器”对话框

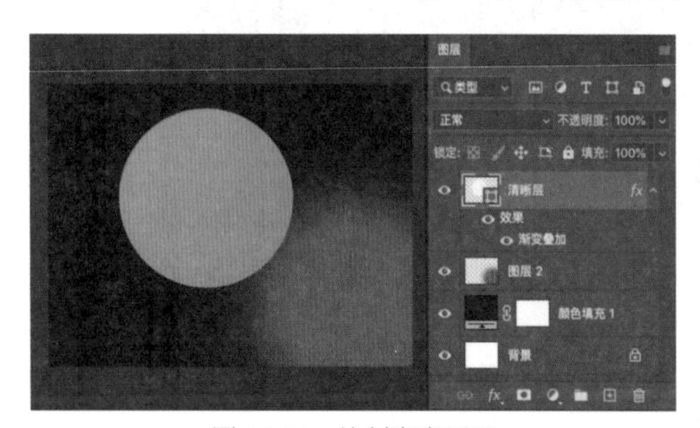
图 14-84　绘制渐变圆形

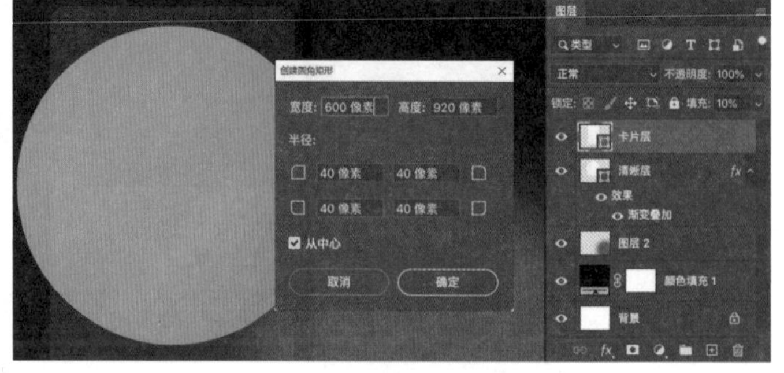

图 14-85　创建圆角矩形

**06** 添加卡片上的文字与图案。按 Ctrl+O 快捷键，打开“素材\第 14 章\小图标 .tiff”文件，在它的“图层”面板上，选择“PLANET”图层，按 Ctrl+C 快捷键，再回到“卡片层”，按 Ctrl+V 快捷键，把地球小图标粘贴到“卡片层”。用同样的方法，将“ROUTER”图层中的路由器图标粘贴到“卡片层”，如图 14-86 所示。

07 对卡片上的文字与图案进行排版。将小图标的填充颜色改为白色，小图标分别放在卡片的右上角和左下角的位置。然后选择工具箱中的“直排文字工具”，在卡片上输入一串数字，设置字体为 DIN、字体样式为 Bold、字体大小为 50 点、颜色为白色；继续在卡片上输入字母“Membership Card”，设置字体为 DIN、字体样式为 Bold、字体大小为 32 点、颜色为白色，如图 14-87 所示。

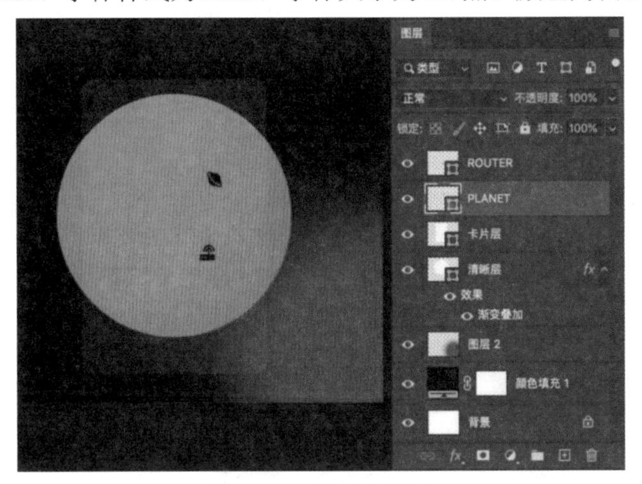

图 14-86　粘贴小图标

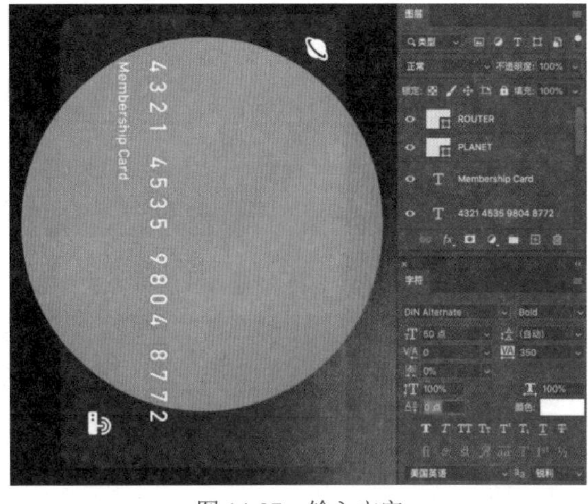

图 14-87　输入文字

08 创建文字组。单击“图层”面板右上角的图标，在打开的菜单中选择“新建组”命令，在弹出的“新建组”对话框中，将组的名称改为“文字组”，单击“确定”按钮。在“图层”面板中，选择“ROUTER”图层，按下 Shift 键的同时，单击数字图层，选择所有的文字层，然后向上拖动放进刚创建的文字组中，如图 14-88 所示，至此主体部分的基本要素已制作完成，接下来通过图层效果和蒙版，模拟卡片的材质、厚度和光影。

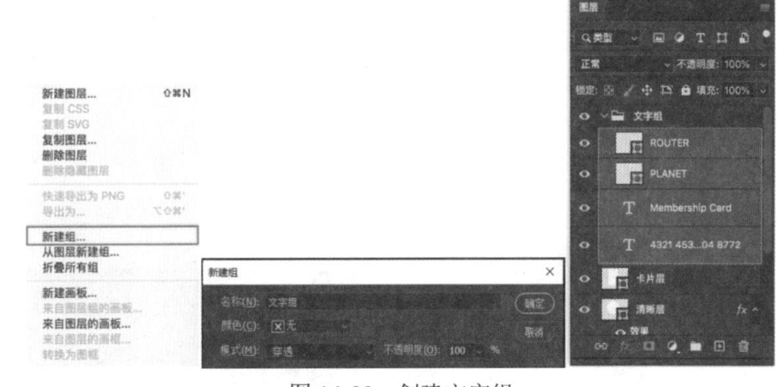

图 14-88　创建文字组

09 模拟卡片的体积感。目前的卡片是扁平的，可以利用图层样式叠加三次“内阴影”效果，为卡片增加高光、阴影、反光，打造体积感。在“图层”面板中，选择“卡片层”图层，然后单击“图层”面板底部的“添加图层样式”按钮fx，在打开的列表中选择“内阴影”，在弹出的对话框中设置具体的参数，如图 14-89 所示。继续添加第二次“内阴影”效果，在图层样式“内阴影”对话框中单击右侧的按钮，如图 14-90 所示。内阴影的具体参数如图 14-91 所示，其中阴影颜色的色值为 R:193、G:65、B:93。再次添加“内阴影”效果，在图层样式“内阴影”对话框中单击右侧的按钮，在弹出的对话框中，设置具体参数如图 14-92 所示，其中阴影颜色的色值为 R:154、G:46、B:69。

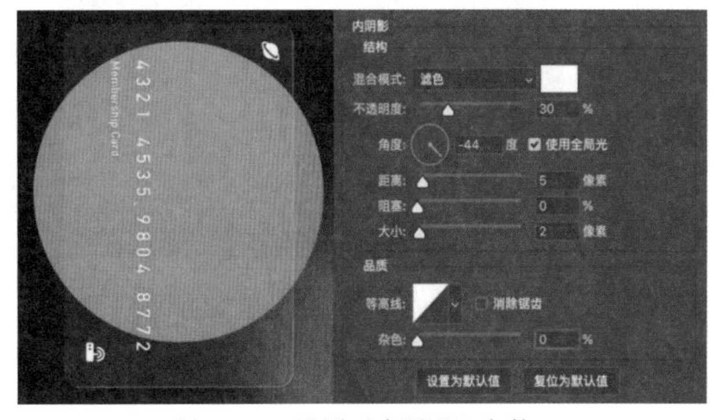

图 14-89　设置“内阴影”参数 1

**10** 在“图层”面板中，选择“文字组”图层，按住 Shift 的同时继续单击“卡片层”图层，此时，同时选择这两个图层，按 Ctrl+T 快捷键，按住 Shift 键将其向左旋转 15°，如图 14-93 所示。

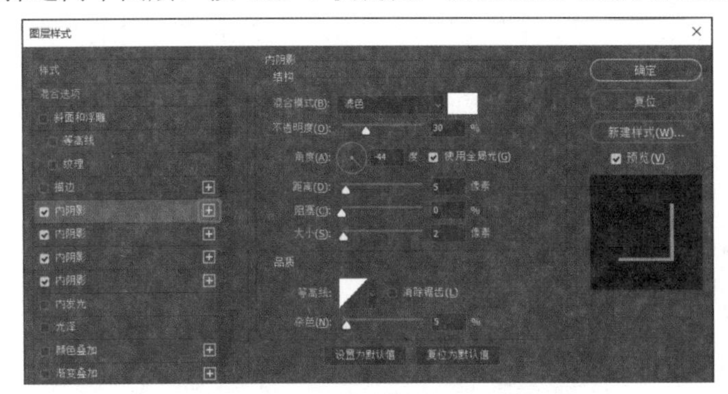

图 14-90 “图层样式”对话框

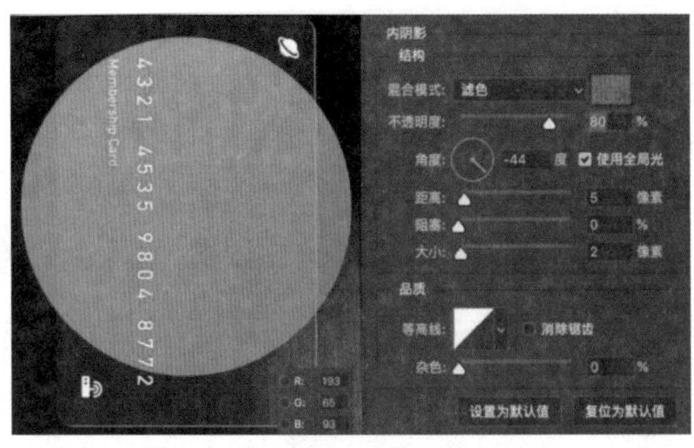

图 14-91 设置“内阴影”参数 2

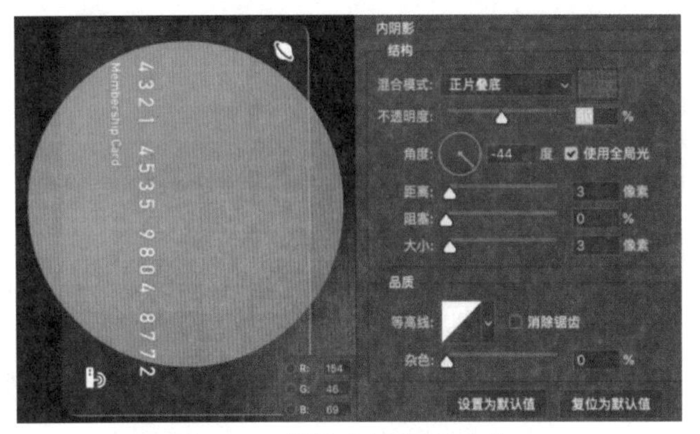

图 14-92 设置“内阴影”参数 3

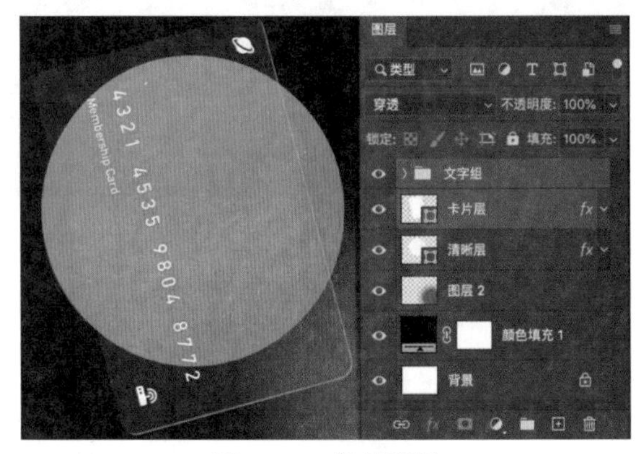

图 14-93 旋转图层

**11** 为卡片添加纹理杂色。同样通过图层样式的“内阴影”降低“不透明度”，增加“距离”和“大小”参数，为其再添加一层白色半透明的颜色，再添加“杂色”，具体参数如图 14-94 所示。

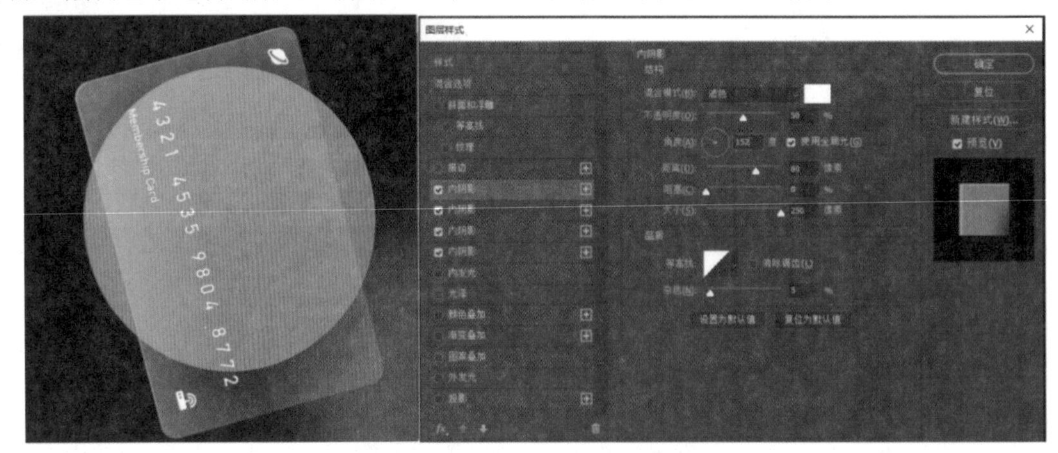

图 14-94 设置“内阴影”参数

**12** 完成上一步操作之后，为了使“卡片层”更有质感，与背景更好地融合，把“卡片层”图层的混合模式改为“正片叠底”，如图 14-95 所示，卡片层制作完成。

**13** 制作能产生毛玻璃质感的“羽化层”。选择“清晰层”图层，按 Ctrl+J 快捷键进行复制，将复制的图层命名为“羽化层”，通过鼠标拖动，将该图层置于“卡片层”与“文字组”图层的中间，如图 14-96 所示。

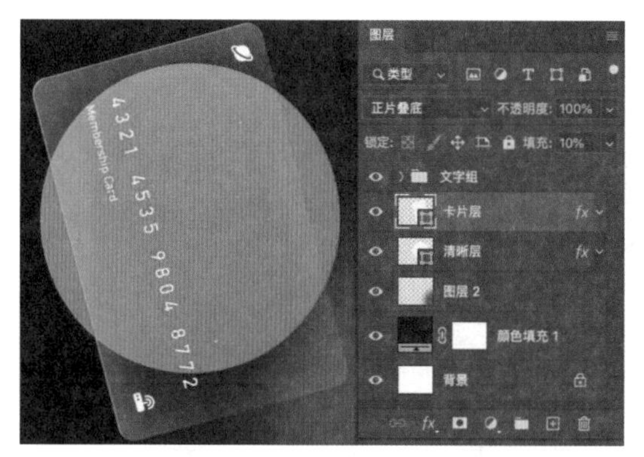


图 14-95　“正片叠底”混合模式

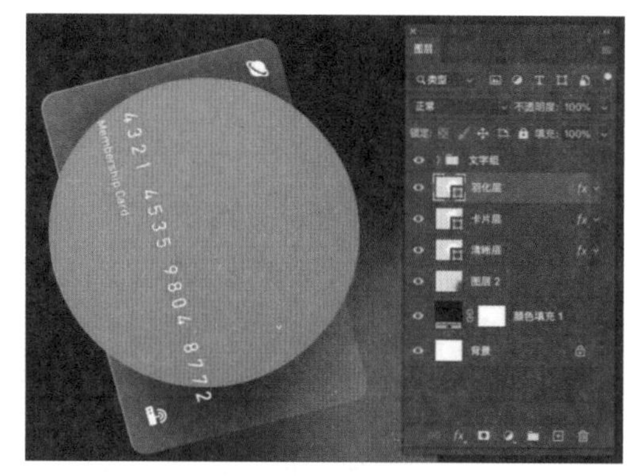


图 14-96　移动“羽化层”图层

**14** “卡片层”中间部分不再透明，被“清晰层”和“羽化层”遮挡，为了达到最终效果，可以利用图层蒙版“黑遮白显”的原理，遮掉不需要展示的部分，由此可利用选区进行图层蒙版操作。具体操作如下：先选择“羽化层”图层，按住 Ctrl 键，单击“卡片层”图层，这样得到了卡片的选区，然后再单击“图层”面板底部的“添加图层蒙版”按钮，如图 14-97 所示。

**15** 用同样的方式，把“清晰层”在“卡片层”内部的部分遮掉。先单击“清晰层”图层，按住 Ctrl 键，单击“卡片层”图层，这样得到了卡片的选区，然后按 Ctrl+Shift+I 快捷键进行反选，再单击“添加图层蒙版”按钮，如图 14-98 所示。

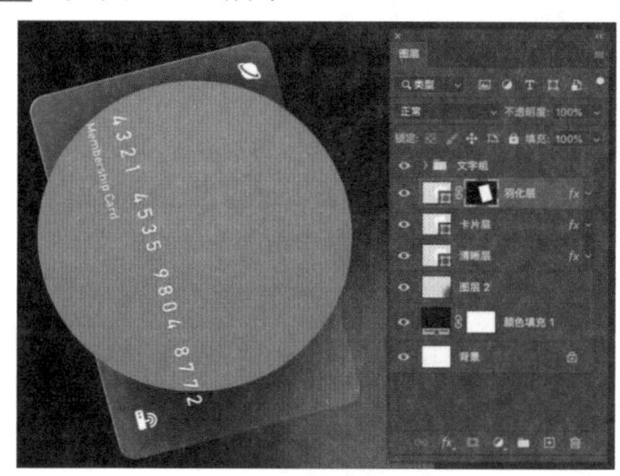


图 14-97　添加图层蒙版

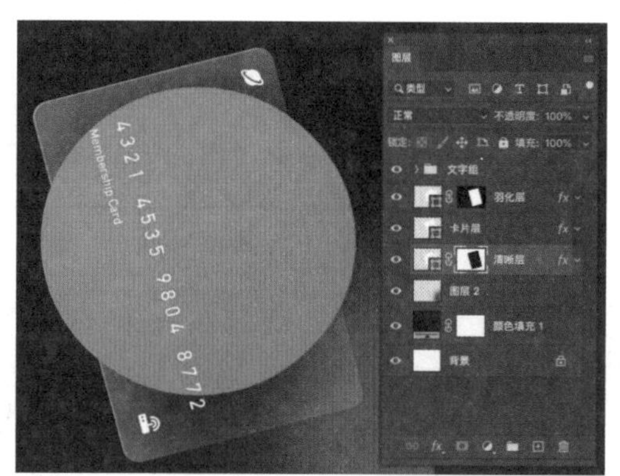


图 14-98　设置“清晰层”

**16** 选择“羽化层”图层，在菜单栏中选择“窗口”→“属性”命令，在打开的“属性”面板中，选择左上角的“蒙版”并设置“羽化”参数，如图 14-99 所示。

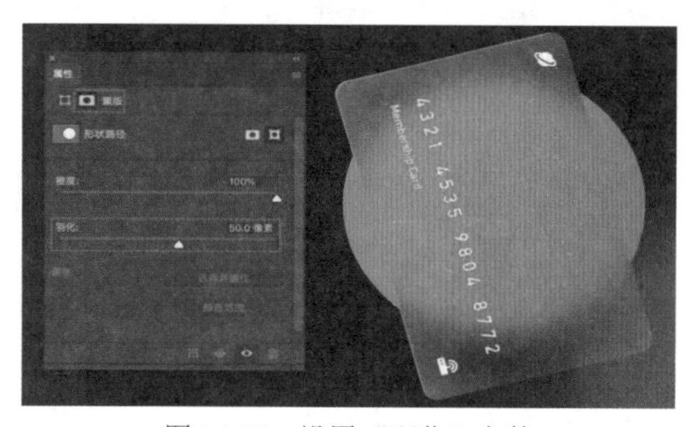


图 14-99　设置“羽化”参数

**17** 为了使卡片上的文字效果更加逼真，利用 3 种图层样式进行叠加，如图 14-100 所示，模拟凹凸的特殊印刷工艺效果，如图 14-101 所示。

**18** 复制图层样式到其他文字上。卡片上的第二行文字“Membership Card”需要同样的效果，可以通过复制刚才的图层样式，直接粘贴快速生成。右击数字所在的图层，在弹出的快捷菜单中选择“拷贝图层样式”命令，继续在字母“Membership Card”所在图层上右击，在弹出的快捷菜单中选择“粘贴图层样式”命令，如图 14-102 所示，效果如图 14-103 所示。

**19** 最后在画面的左侧添加文字和小图标，调整颜色，丰富整个画面，最终效果如图 14-79 所示。

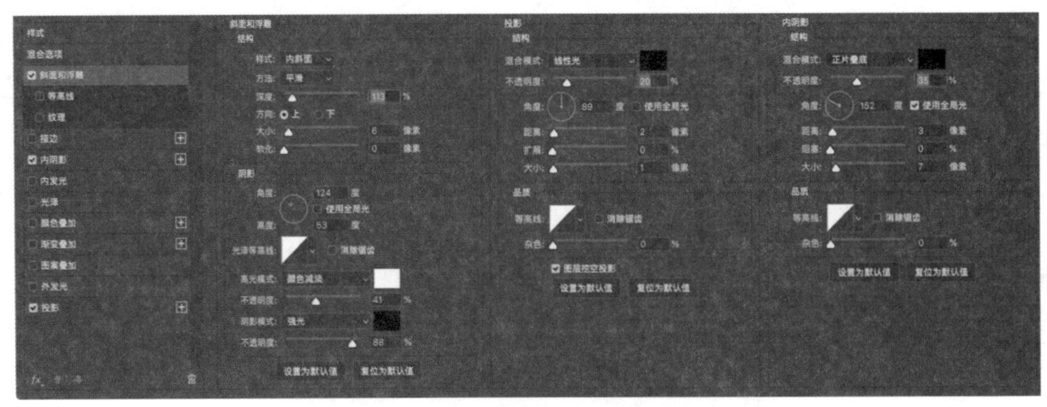

图 14-100 “图层样式”对话框

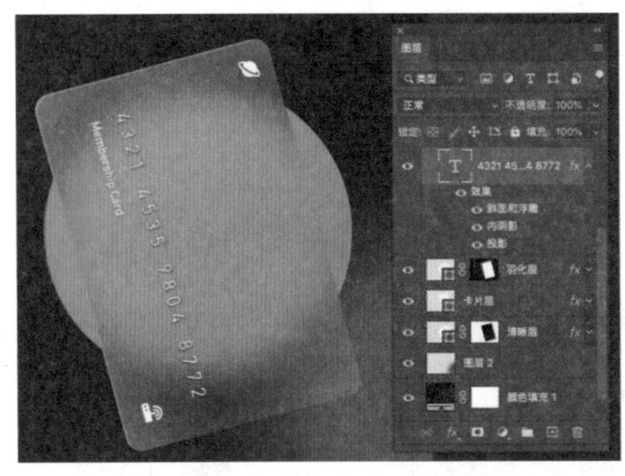

图 14-101 模拟特殊工艺效果

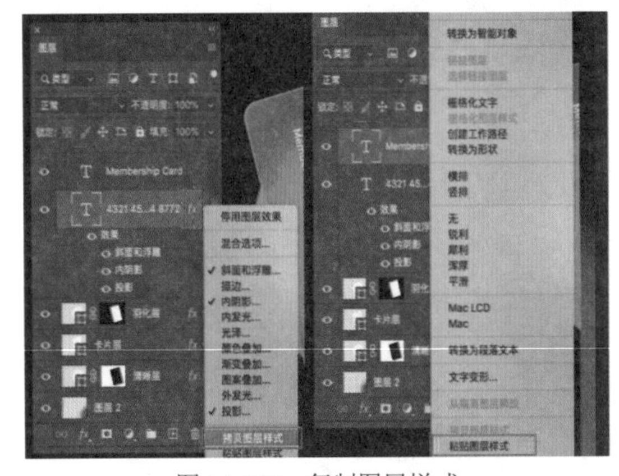

图 14-102 复制图层样式

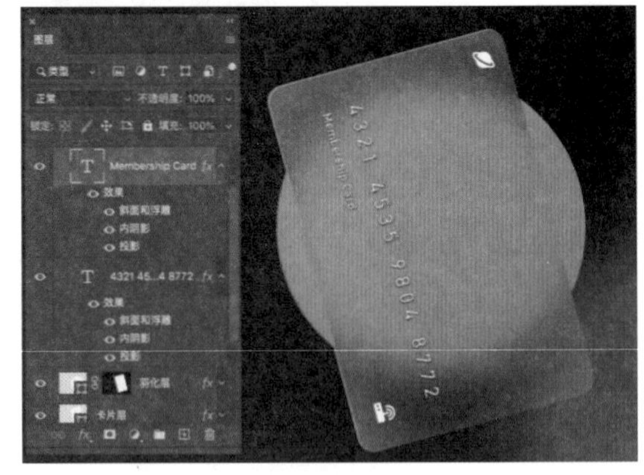

图 14-103 复制图层样式后的效果

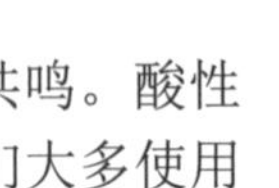

## 14.6 酸性风格的海报设计

酸性风格是最近几年比较流行的设计风格，在设计上“酸”具有比其名词形式更深的文化共鸣。酸性风格从美学上来讲会让人联想起嬉皮士运动中流行的佩斯利迷幻漩涡图案及欧普艺术。设计师们大多使用3D渲染图形及实验性的液态金属效果（通常呈现扭曲、前后颠倒、黏性滴状液态金属质感外观）。下面通过一个实例介绍酸性风格海报的制作方法，如图 14-104 所示。

01 启动 Photoshop 2020 软件，在菜单栏中选择“文件”→“新建”命令，新建一个文档，“宽度”为 1080 像素，“高度”为 1528 像素，“分辨率”为 200 像素 / 英寸，填充背景为黑色，如图 14-105 左侧所示。按 Ctrl+O 快捷键，打开“素材 \ 第 14 章 \ 小狗气球 .png”文件，将其复制粘贴在刚新建的文档上，调整大小和位置，如图 14-105 右侧所示。

图 14-104　酸性风格海报效果

图 14-105　新建文档并粘贴图案

02 在“图层”面板中，选择“小狗气球”所在的图层，在菜单栏里选择“图像”→“ 调整”→“黑白”命令，不需要修改参数，单击“确定”按钮。

03 在菜单栏中选择“滤镜”→“ 模糊”→“ 表面模糊”命令，在弹出的对话框中设置“半径”为 1 像素、“阈值”为 30，单击“确定”按钮。

04 将调整好的图层按 Ctrl+J 快捷键进行复制，按 Ctrl+I 快捷键反相，图层模式选择“差值”，将两个图层按 Ctrl+E 快捷键进行合并，如图 14-106 所示。该步骤再重复 3 次，效果如图 14-107 所示。

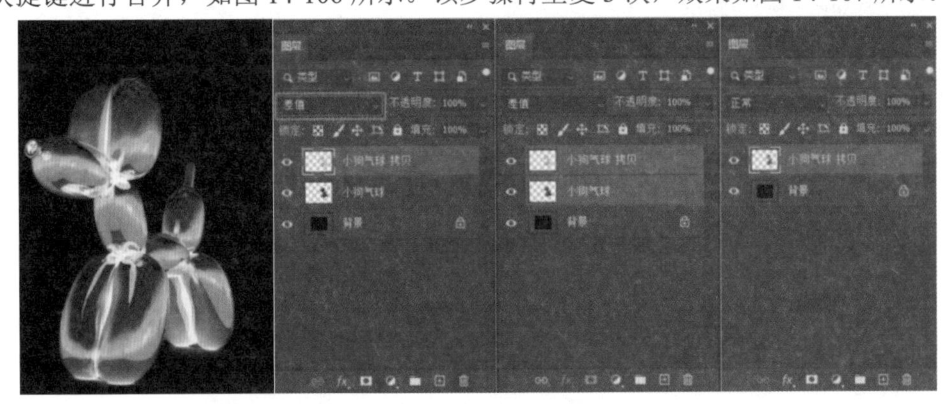


图 14-106　调整图层模式

图 14-107　调整图层模式后的效果

**05** 在菜单栏中选择“窗口”→“调整”命令，打开“调整”面板，调整“调整”面板中的曲线。再单击“图层”面板底部的“创建新的填充或调整图层”按钮，在打开的列表中选择“渐变映射”命令。在弹出的“渐变映射”对话框中单击渐变色条，弹出“渐变编辑器”对话框，在该对话框中选择黑白颜色，调整滑块改变高光范围，如图 14-108 所示。然后将三个图层合并，效果如图 14-109 所示。

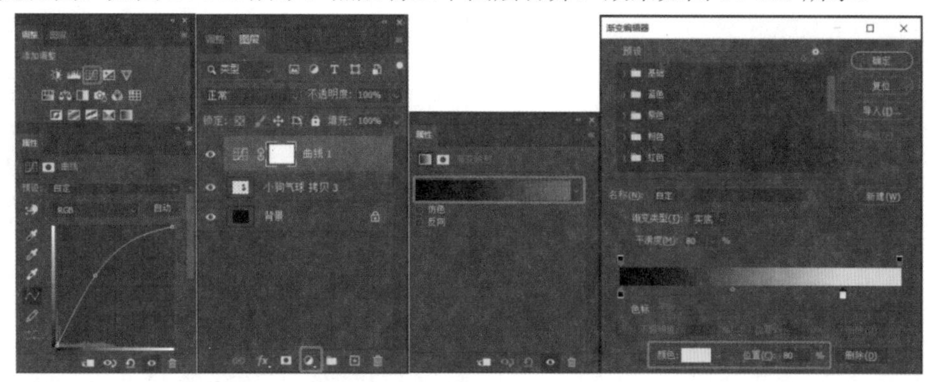

图 14-108 “调整”面板和“渐变编辑器”对话框

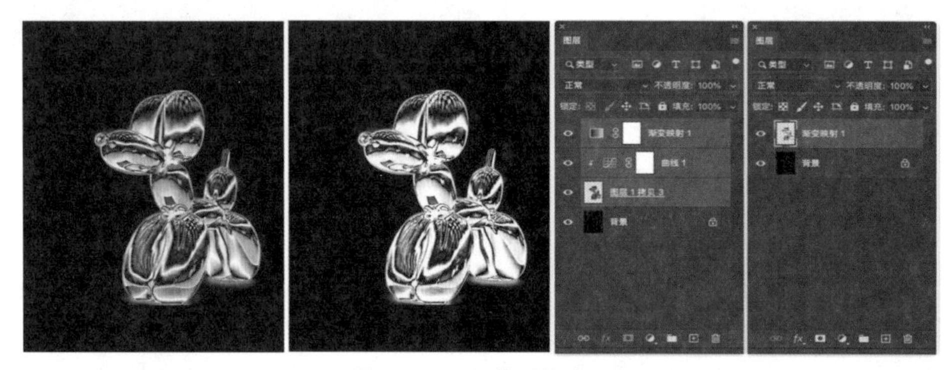

图 14-109 调整后的效果

**06** 制作液态背景纹理。按 Ctrl+O 快捷键，打开“素材\第 14 章\网格 .png”文件，在菜单栏中选择“滤镜”→“液化”命令，在弹出的“液化”对话框中用液化工具随意地进行涂抹，涂抹到想要的效果后，单击“确定”按钮，如图 14-110 所示。

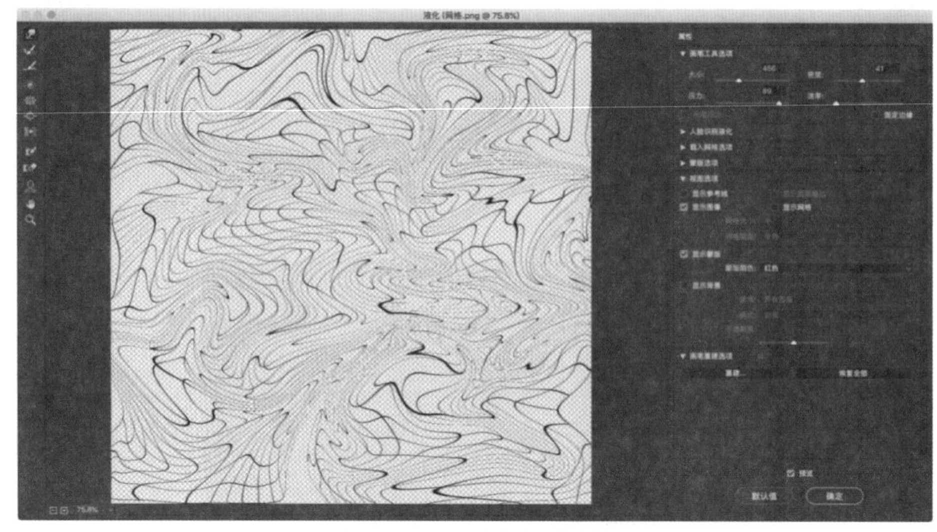

图 14-110 “液化”对话框

**07** 在网格“图层 1”图层下方新建一个“图层 2”图层，将颜色填充为黑色，在“图层”面板中选中“图层 1”图层并按 Ctrl+I 快捷键反相，将纹理“图层 1”图层的“不透明度”调整为 70%，在“图层”面板的底部单击“添加图层蒙版”按钮，使用黑色的画笔，调整画笔的“不透明度”为 20%，减弱四周的纹理。最后合并所有图层，重新命名为“网格”图层，液态背景纹理制作完成，如图 14-111 所示。

**08** 按 Ctrl+C 快捷键复制“网格”图层，回到小狗海报的文件，按 Ctrl+V 快捷键，将“网格”图层粘贴，置于“小狗气球”图层的下方，并将其“不透明度”调至 50%，如图 14-112 所示。

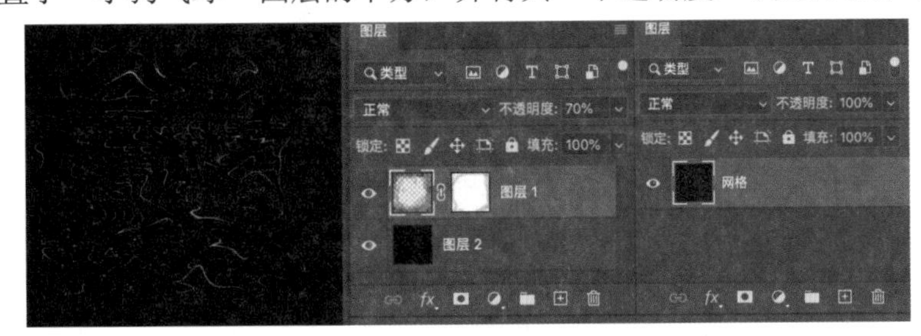

图 14-111　添加图层蒙版并调整不透明度

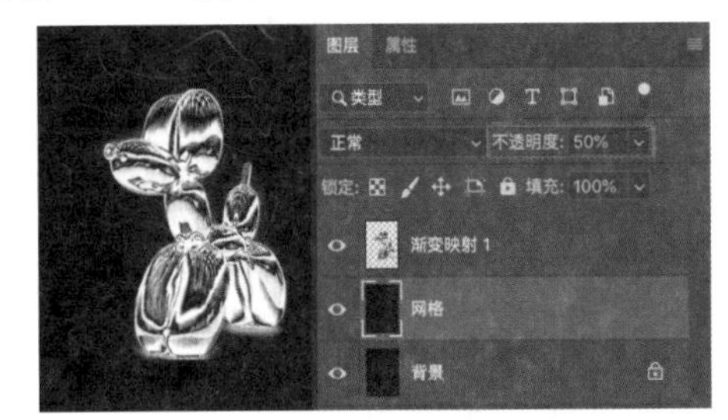

图 14-112　添加“网格”图层

**09** 为了使文字排版得规范、整齐，可以预设参考线。在菜单栏中选择“视图”→“新建参考线版面”命令，在打开的“新建参考线版面”对话框中，设置“预设”为“自定”、“列”中的“数字”为 5、“行数”中的“数字”为 8。具体设置如图 14-113 所示。

**10** 根据参考线的位置，输入文字信息，如图 14-114 所示。

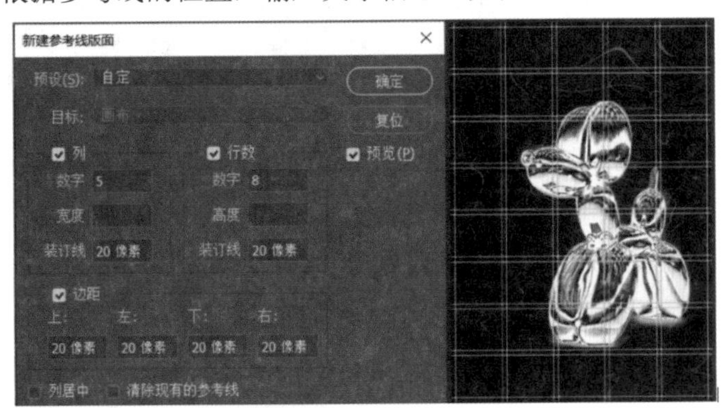

图 14-113　预设参考线

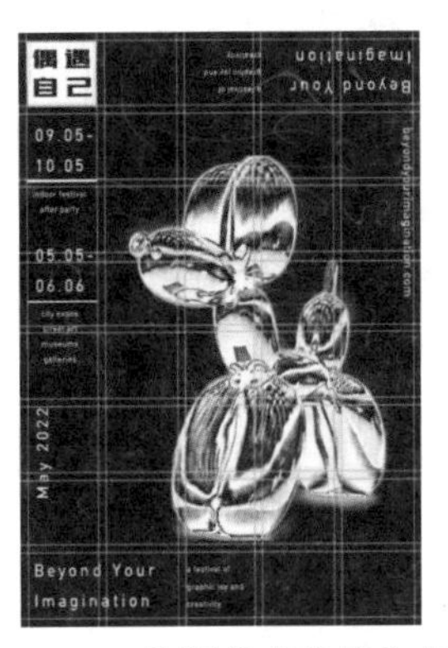

图 14-114　利用参考线输入文字

**11** 按 Ctrl+O 快捷键，打开“素材 \ 第 14 章 \ 装饰素材 .psd”文件，选择心仪的样式，复制并粘贴在海报上，调整大小，放置在恰当的位置，最终效果如图 14-104 所示。

## 14.7 超现实的明信片设计

古巴设计师 Magdiel Lopez 的海报颜色漂亮，画面极富冲击力，如图 14-115 所示。本案例综合运用 Photoshop 的蒙版和图层样式特效，通过对人物的切割错位和花卉的结合，学习 Magdiel Lopez 的手法，打造超越现实的奇幻风格，如图 14-116 所示。

**01** 启动 Photoshop 2020 软件，在菜单栏中选择“文件”→“新建”命令，新建一个文档，“高度”为 10.2 厘米，“宽度”为 16.5 厘米，“分辨率”为 200 像素 / 英寸。打开“素材 \ 第 14 章 \ 外国少女 .tif”文件，将少女的头像复制、粘贴到新建的文件中，调整头像的大小和位置，如图 14-117 所示。

**02** 将头部分成 4 部分 ( 注意不要切开五官 )，并使用“椭圆工具”绘制椭圆。将“椭圆”图层从上至下按 1~3 的顺序排列，如图 14-118 所示。

图 14-115　古巴设计师 Magdiel Lopez 的海报

图 14-116　超现实的明信片效果图

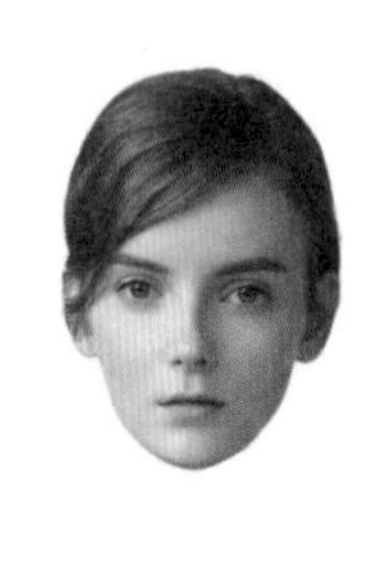

图 14-117　粘贴素材

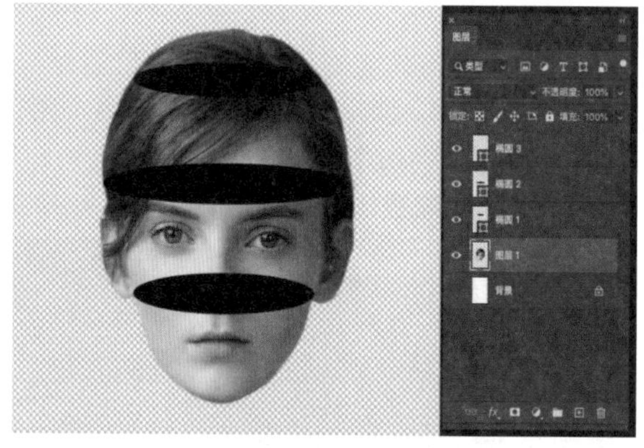

图 14-118　绘制椭圆

03 按 Ctrl 键，单击“椭圆 1”图层的缩览图得到选区，单击“矩形选框工具”，按住 Shift 键加选头顶的部分，选择“图层 1”图层，按 Delete 键删除头顶部分，如图 14-119 所示。

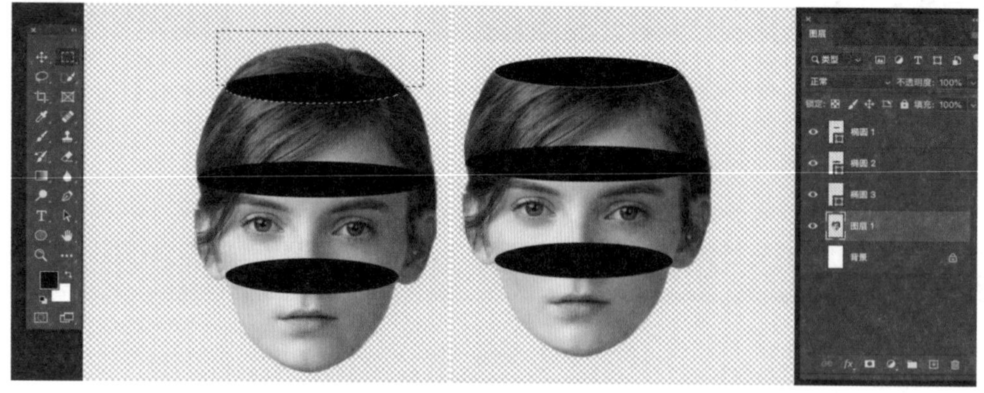

图 14-119　创建选区并删除头顶部分

04 用相同方法得到第二部分的选区，选择“图层 1”图层，按 Ctrl+X 快捷键剪切，然后粘贴到新建的图层中。用相同方法制作下面的部分，按图示进行摆放与命名分组，如图 14-120 所示。

05 由于这里要做一个镂空脑袋花瓶的感觉，因此先通过添加图层样式，给椭圆做出镂空的效果，具体的参数设置如图 14-121 所示。

图 14-120　进行图层分组并命名

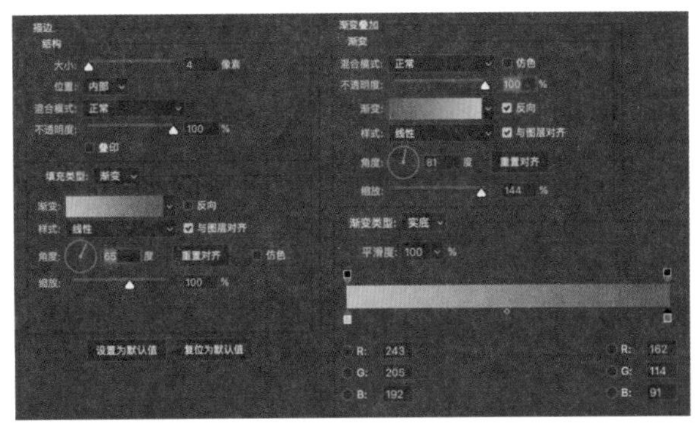
图 14-121　设置“渐变”参数

06 做好一个图层样式之后，选择第一个椭圆下的“效果”图标 效果，按住 Alt 键将效果拖到另两个椭圆上进行复制，或者在第一椭圆上右击，在弹出的快捷菜单中先后选择“拷贝图层样式”和“粘贴图层样式”命令，做出镂空的感觉，注意光源方向对描边以及镂空光影的影响，如图 14-122 所示。

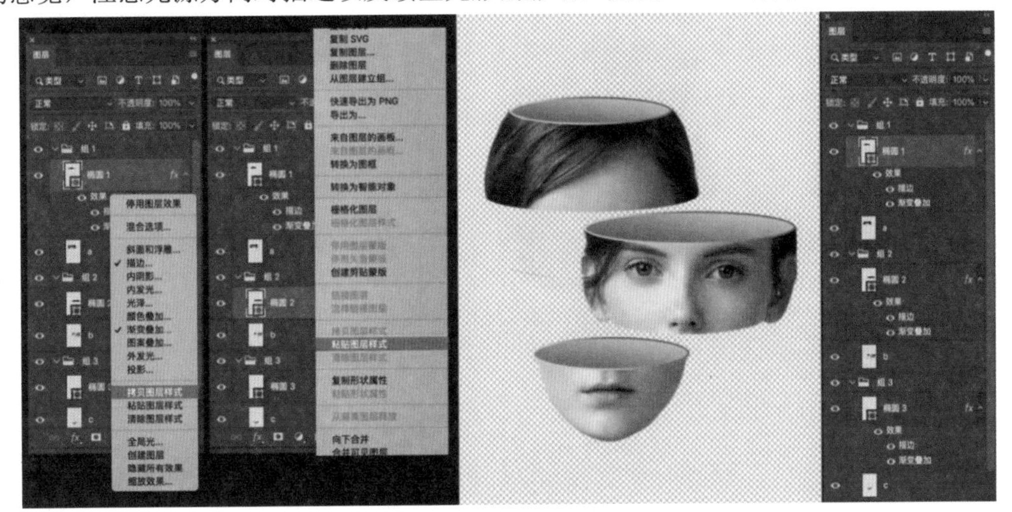
图 14-122　复制图层样式

07 打开“素材 \ 第 14 章 \ 装饰花卉 .tif”文件，将花卉复制、粘贴到新建的文件中，调整花卉的大小和位置，注意每一组花卉在图层中所处的位置，如图 14-123 所示。

08 接下来制作脸部的光影，首先制作最上面的光影。先新建一个图层“光影 a”放在“a”图层的上面，图层模式为“柔光”，在菜单栏中选择“图层”→“创建剪贴蒙版”命令，新建剪贴蒙版。选择一个黑色柔边画笔，调低不透明度，画出植物的投影，并加深脸右侧的暗部。用相同方法做出剩下两部分的阴影，注意光源与暗部的关系，以及 3 个截断之间的投影，如图 14-124 所示。

09 由于 Magdiel Lopez 的海报色彩非常浓郁，而本案例的脸部颜色稍微平淡，因此需要增加脸部颜色的对比度和饱和度。先选择图层“a”和图层“光影 a”，按 Ctrl+E 快捷键，合并这两个图层。在菜单栏中选择“图像”→“调整”→“亮度 / 对比度”命令，将“对比度”调整至 12，继续在菜单栏中选择“图像”→“调整”→“色相 / 饱和度”命令，将“饱和度”也调整至 12。然后创建一个柔光图层，在菜单栏中选择“图层”→“创建剪贴蒙版”命令，新建剪贴蒙版，用色值为 (R:178、G:85、B:47) 的柔边画笔将嘴唇的颜色调整一下，如图 14-125 所示。

图 14-123　粘贴素材并调整其大小和位置

图 14-124　创建剪贴蒙版来制作脸部光影

图 14-125　使用柔边画笔调整嘴唇的颜色

10 接下来做植物光影，在菜单栏中选择“图层”→“创建剪贴蒙版”命令，新建剪贴图层，用画笔进行涂抹，拉开花朵前后空间以及画面层次。注意分析光源相对的亮、暗以及投影的位置，如图 14-126 所示。

图 14-126　创建剪贴蒙版并制作植物光影

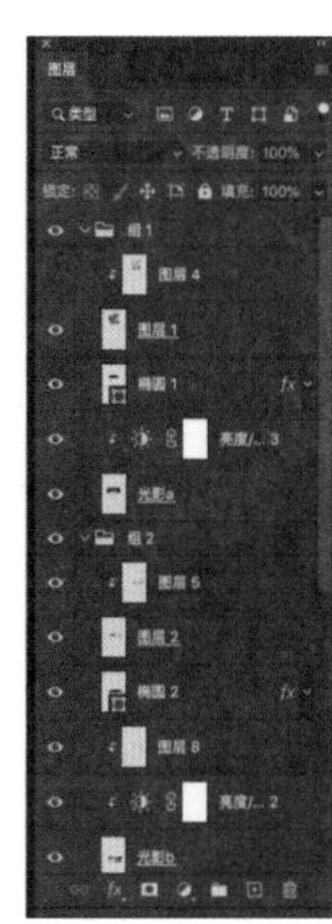

图 14-127　擦去暗部部分效果

**11** 设置“亮度 / 对比度”数值，将“亮度”与“对比度”各加 15。由于是要强化花朵的光影，因此选择蒙版用黑色画笔擦去暗部部分效果，如图 14-127 所示。

**12** 制作背景，使用“矩形工具”绘制一个宽为 520 像素、高为 700 像素的矩形，在矩形的上面叠加一个直径为 520 像素的圆形，选择这两个形状，按 Ctrl+E 快捷键合并图层。单击“图层”面板底部的“图层效果” 效果 图标，在打开的列表中选择“添加渐变叠加”命令，在打开的“图层样式”对话框中设置参数如图 14-128 所示，并将该图层的“不透明度”设置为 60%。

**13** 继续使用“矩形工具”绘制一个与背景等大的矩形，复制上一步的图层样式，并粘贴到这个背景图层中，将该图层的“不透明度”设置为 30%，效果如图 14-129 所示。

**14** 接下来丰富背景的层次，使用“矩形工具”绘制一个宽为 810 像素、高为 450 像素的矩形，填充色为绿色 (R:255、G:52、B:9)，将该图层的“不透明度”设置为 40%，效果如图 14-130 所示。

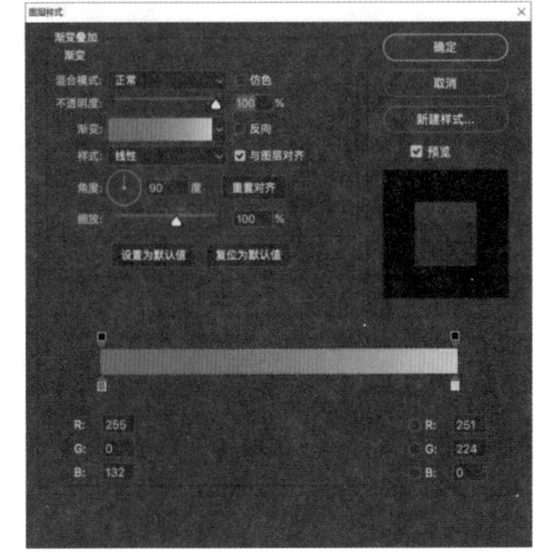

图 14-128　“图层样式”对话框

图 14-129　背景效果

图 14-130　丰富背景的层次

**15** 继续丰富背景的层次，使用“矩形工具”绘制 7 个宽为 7 像素、高度不等的矩形，填充色为背景渐变色，效果如图 14-131 所示。

**16** 最后添加文字，使用“横排文字工具”编辑文字信息，注意文字的大小和位置，填充色为黑色，最终效果如图 14-132 所示。

图 14-131　继续丰富背景的层次

图 14-132　最终效果

## 14.8　液态气泡的包装设计

液态气泡是时下流行的视觉效果，非常酷炫，在画面中添加液态气泡，既能保证信息的识别度，又能使画面更具有视觉冲击力和空间感，而且将气泡安排在重点信息部位，还能起到强调信息的作用。把液态气泡作为画面主视觉，是一个非常好的选择。本案例通过使用“钢笔工具”及形状工具完成包装的绘制，然后将绘制好的内容置入提前做好的模型文档中，完成最终效果的制作，如图 14-133 所示。

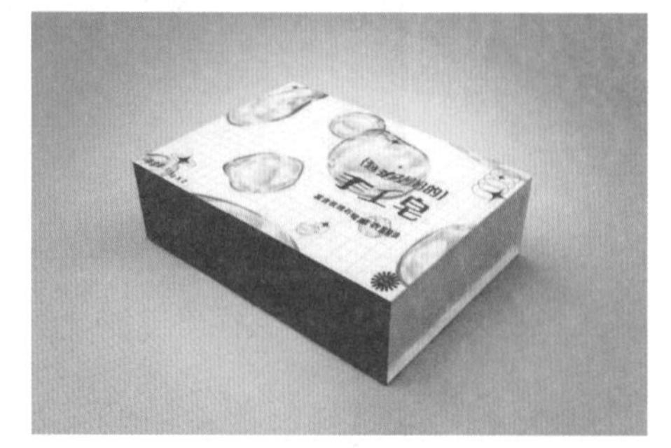

图 14-133　液态气泡包装效果图

**01** 新建一个“宽度”为 3000 像素、“高度”为 2000 像素、“分辨率”为 300 像素 / 英寸、背景为白色的文档。首先绘制一个椭圆，“宽度”为 845 像素，“高度”为 1385 像素。然后在“图层”面板中，单击面板底部的“添加图层样式”按钮 fx，在打开的列表中选择“渐变叠加”命令，在弹出的“图层样式”对话框中设置参数，如图 14-134 所示。

**02** 添加“斜面和浮雕”样式，在“图层”面板中，单击面板底部的“添加图层样式”按钮 fx，在打开的列表中选择“斜面和浮雕”命令，在弹出的“图层样式”对话框中制作椭圆边缘的颜色变化，参数设置如图 14-135 所示。

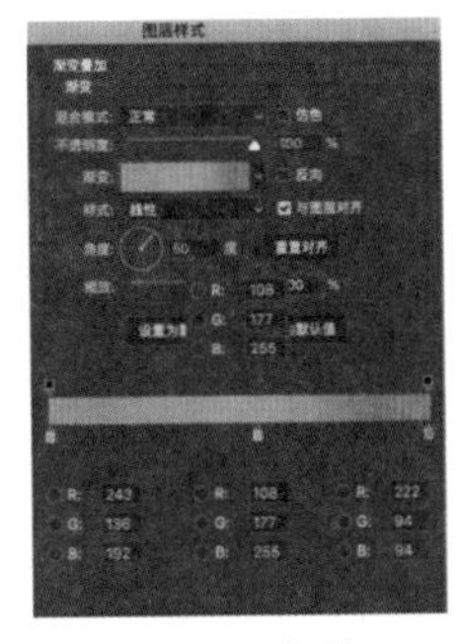

图 14-134　设置“渐变叠加”参数

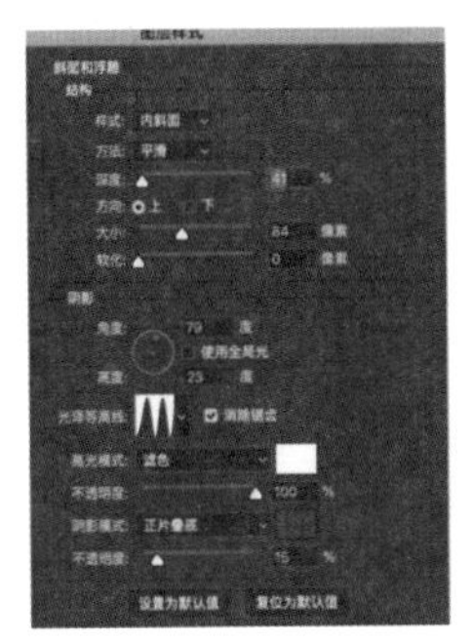

图 14-135　设置“斜面和浮雕”参数

**03** 这时椭圆边缘的颜色变化还不够丰富，可以设置下等高线，让边缘转折起伏变化更多，在“图层”面板中，单击面板底部的“添加图层样式”按钮 fx，在打开的列表中选择“斜面和浮雕”命令，在弹出的“图层样式”对话框中选中“斜面和浮雕”下的“等高线”复选框，制作更丰富的层次变化，参数设置如图 14-136 所示。

**04** 现在已经有了基础的底色，接下来制作水泡透明的感觉。先按住 Ctrl 键，单击“椭圆 1”图层缩览图得到选区，然后添加蒙版，如图 14-137 所示。

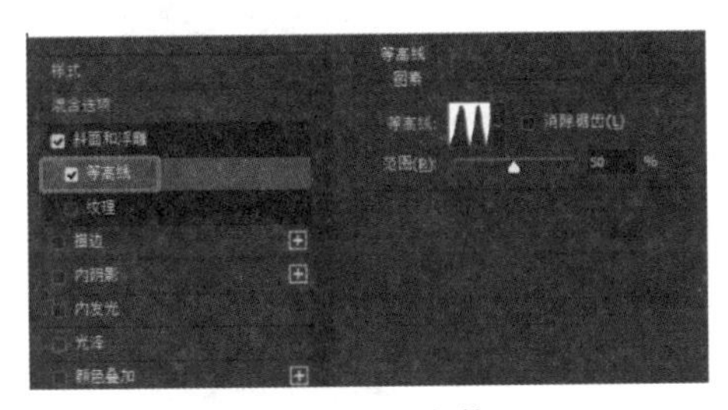


图 14-136　设置“等高线”参数

图 14-137　添加蒙版

**05** 解开图层和蒙版的关联锁，然后选择蒙版，按 Ctrl+T 快捷键，将其缩小一点，如图 14-138 所示。

**06** 按住 Ctrl 键选择蒙版，按 Ctrl+I 快捷键进行反相选择，如图 14-139 所示。

**07** 在菜单栏中选择“窗口”→“属性”命令，在打开的“属性”面板中调整“羽化”数值，具体参数如图 14-140 所示。

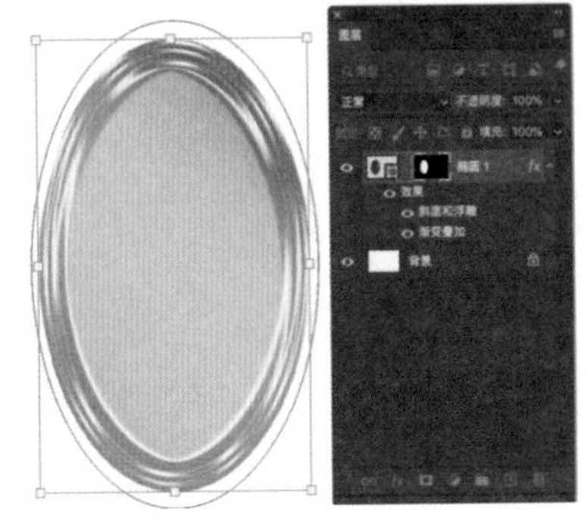

图 14-138　解开图层和蒙版的关联锁并缩小蒙版

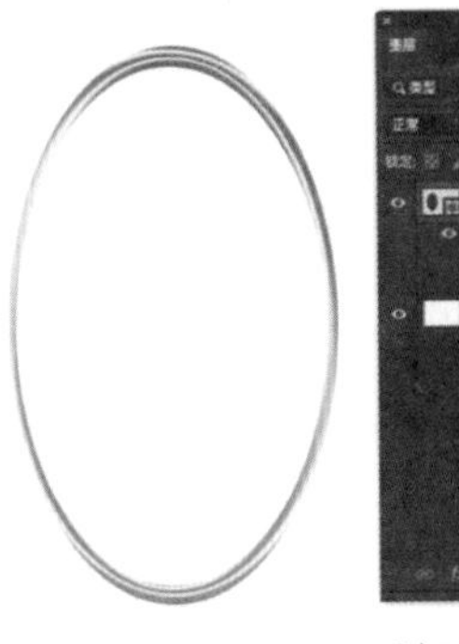

图 14-139　反相选择

图 14-140　设置“羽化”参数

08 此时，椭圆的边缘变化还很生硬，在工具箱中选择“画笔工具”，在工具选项栏中选择“柔边圆”画笔，颜色为白色，将“不透明度”调低，在边缘随机涂抹，如图 14-141 所示。

09 按住 Alt 键并单击蒙版，进入蒙版视图，效果如图 14-142 所示，具体细节可以根据实际效果进行调整。

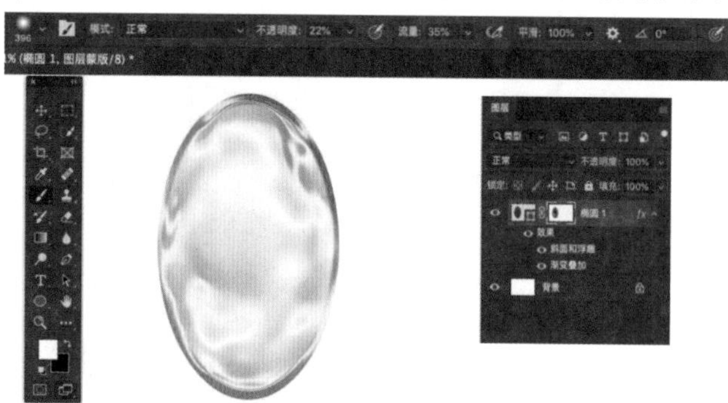

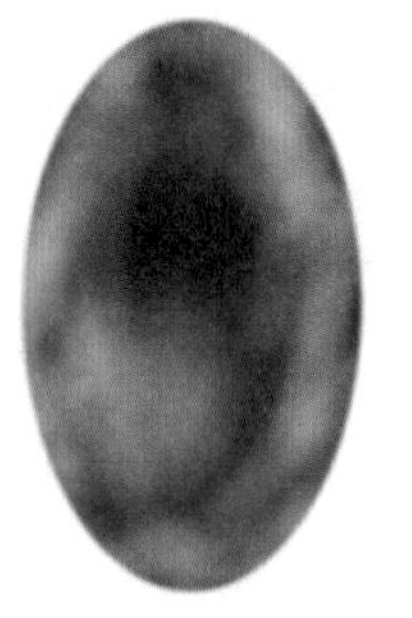

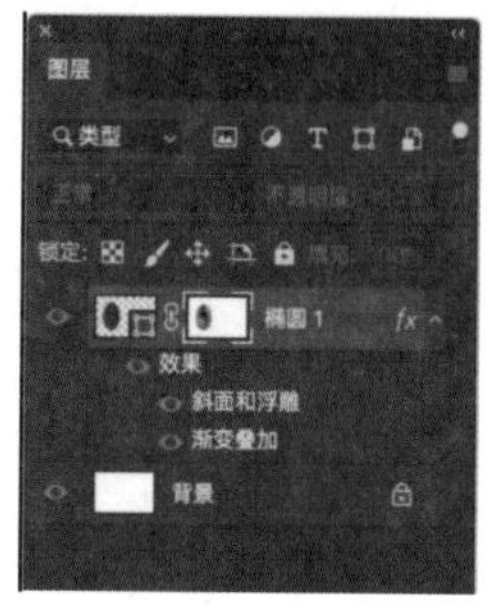


图 14-141　利用“柔边画笔”随机涂抹边缘

图 14-142　蒙版视图效果

10 按住 Alt 键并单击蒙版，返回常规视图，至此水泡基础造型制作完成。在图层上右击，在弹出的快捷菜单中选择“转换为智能对象”命令，按 Ctrl+C 快捷键进行复制，再按 Ctrl+V 快捷键进行粘贴，如此重复 7 次，共得到 8 个水泡。

11 打开“素材 \ 第 14 章 \ 泡泡素材 .psd”文件，复制并粘贴一些喜欢的元素到刚才的包装文件里，将其调整到适合的大小和位置，使用文字工具输入文字“泡泡妈妈的手工皂”，如图 14-143 所示。

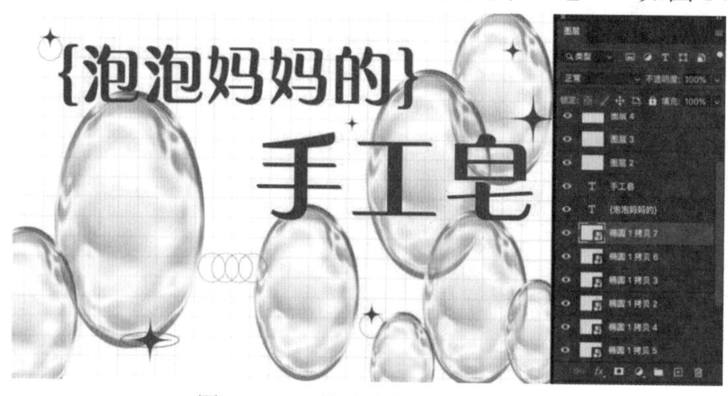


图 14-143　粘贴素材并输入文字

12 此时的水泡形状还比较呆板，可以对水泡自由变换，按 Ctrl+T 快捷键，继续在水泡上右击，在弹出的快捷菜单中选择“变形”命令，拉动变形网格对水泡进行简单的扭曲，调整成不同的大小形状，放在合适的位置，水泡大小的差异可以大一些，如图 14-144 所示。

图 14-144　拉动变形网格进行扭曲

13 接着制作水泡后面文字畸变的效果。先把版面整体转换为智能对象，然后在菜单栏中选择“滤镜”→“液化”命令。在打开的“液化”对话框中使用“膨胀工具”进行涂抹，将有水泡的部分都制作出膨胀畸变的效果，如图 14-145 所示。按 Ctrl+S 快捷键将文件保存为“液态气泡的包装设计 .psd”。

图 14-145　利用“膨胀工具”进行涂抹

14 接下来制作包装盒的立体效果图。首先将刚制作的文件进行图层的合并，在“图层”面板中，按住 Shift 键选择第一个和最后一个图层，选择全部图层，按 Ctrl+E 快捷键合并所有图层，继续按 Ctrl+A 快捷键全部选择，然后按 Ctrl+C 快捷键全部复制。打开“素材 \ 第 14 章 \ 盒子模型 .psd”文件，双击“主替换”图层的缩览图，如图 14-146 所示。

图 14-146　打开样机素材

15 此时会跳转至新的白底文档界面，将刚完成的“液态气泡的包装设计 .psd”文件进行复制，通过 Ctrl+V 快捷键粘贴到白底文档界面，按 Ctrl+T 快捷键将其缩小到与画面适合的大小，如图 14-147 所示。

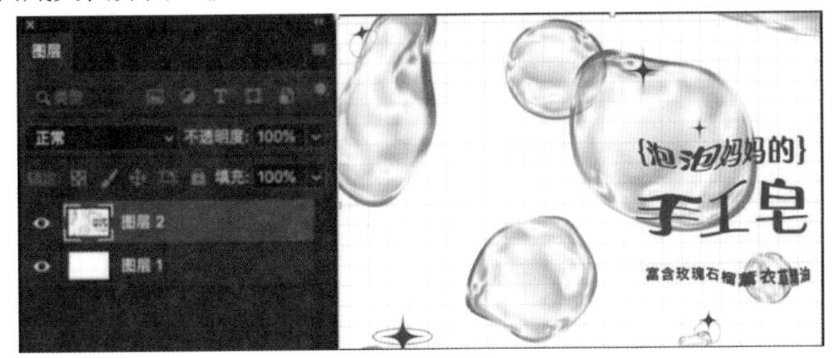


图 14-147　将图案粘贴到白底文档界面

16 完成上述操作后，关闭文档，此时弹出如图 14-148 所示的提示框，单击“是”按钮。

**17** 回到“盒子模型.psd”文档窗口，可以看到，此时“主替换”图层的内容已发生了改变，如图14-149所示。

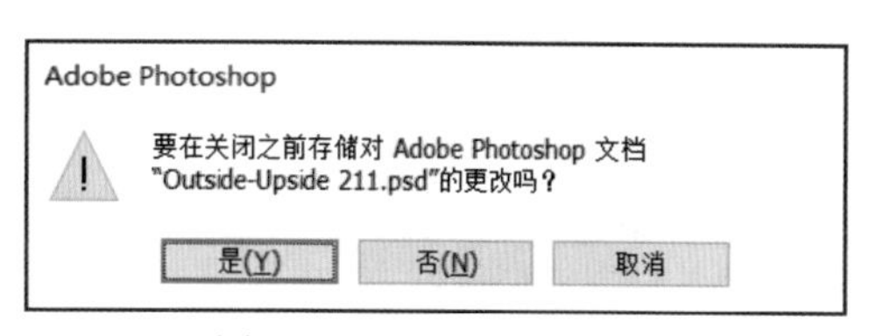


图 14-148　弹出的提示框

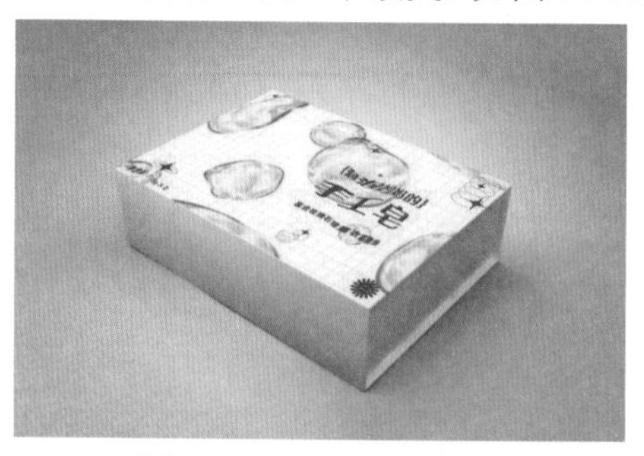

图 14-149　样机完成效果

**18** 使用同样的方法，将“侧替换”图层中的内容替换为蓝色背景，完成最终效果的制作，如图14-133所示。